근 대 건 축 의 흐 름
KB033343

근 대 건 축 의 흐 름

근 대 건 축 의 흐 름

근 대 건 축 의 흐 름

근대건축의 흐름

정 영 철 지음

머리말

문명과 함께 시작된 인간의 삶의 터를 위한 건조환경 구축은 산업혁명으로 인한 기술과 산업, 사회문화, 사상 등의 변화에 영향을 받으며 새롭게 근대건축을 형성하게 되었다. 모더니즘의 사회와 사상, 새로운 건축재료와 건축과제에 대응하여 근대건축은 아르누보와 같은 여러 가지 새로운 근대조형운동과 다양한 시도들을 통해 모습을 갖춰가며 제1차 세계대전 이후 본격적이고 획기적으로 발전되어 국제주의 양식의 건축으로 성숙되어 전 세계로 전파되었다. 제2차 세계대전을 기점으로 근대건축은 후반기에 들어서며 1950년대 말 근대건축국제회의가 해체되면서 건축은 또다시 새로운 전환기적 양상을 띠게 되었다.

이 책은 산업혁명에 따른 근대화 초기에서부터 1950년대 말까지 서양 근대건축 문화의 형성과 흐름, 건축가들의 활동 및 작품을 다루었다. 이 근대건축의 흐름은 저자가 오랫동안 강의하면서 정리한 것으로서, 건축에 뜻을 세우고 노력하는 건축학도들에게 다양하고 복잡하게 전개되어 온 근대건축의 형성과 특징, 건축가들의 생애와 작품을 작은 볼륨 속에서 비교적 쉽고 다양하게 섭취할 수 있도록 구성하였다. 이를 위해 먼저 산업혁명과 그로 인한 사회와 문화, 사상, 산업 등 각 분야의 급격한 변화와 근대건축으로의 과도기적 건축과 근대건축의 형성배경, 아르누보와 세제션, 바우하우스와 같은 여러 가지 새로운 건축조형운동을 살펴보고 국제주의 양식으로 대변되는 근대건축의 특징, 월터 그로피우스와 르 코르뷔지에, 프랭크 로이드 라이트, 미스 반

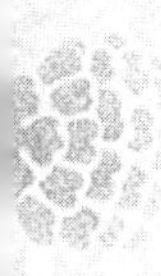

데어 로에, 알바 알토의 5대 거장들의 생애와 작품, 그리고 영웅시대의 건축가들과 구조주의 건축가들의 작품을 서술하고 현대건축으로의 전환기적 건축을 살펴보았다.

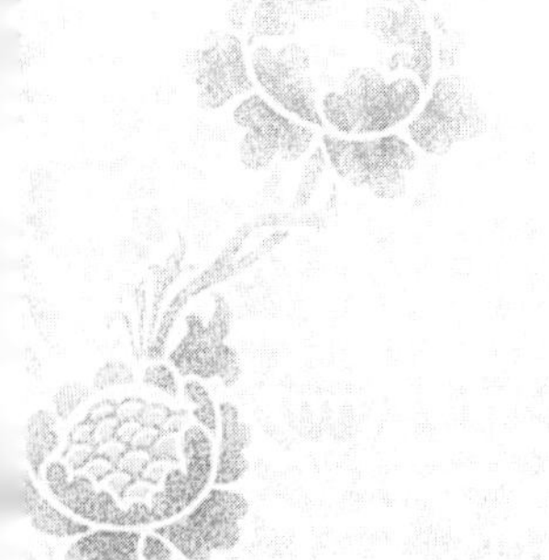
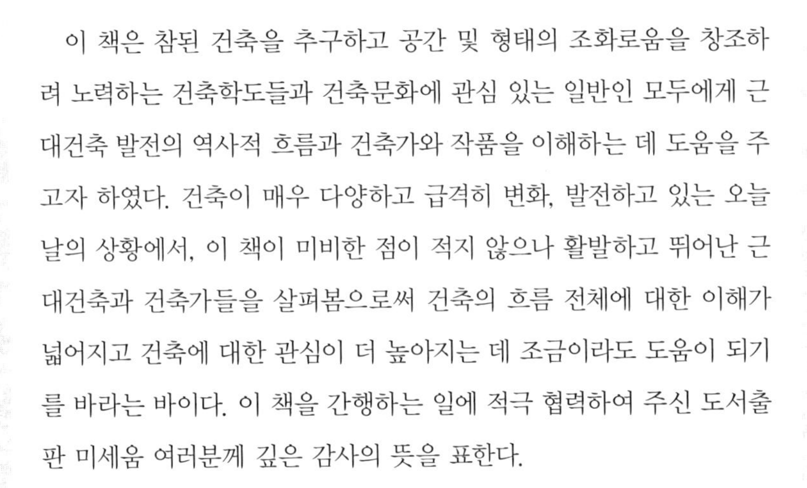

이 책은 참된 건축을 추구하고 공간 및 형태의 조화로움을 창조하려 노력하는 건축학도들과 건축문화에 관심 있는 일반인 모두에게 근대건축 발전의 역사적 흐름과 건축가와 작품을 이해하는 데 도움을 주고자 하였다. 건축이 매우 다양하고 급격히 변화, 발전하고 있는 오늘날의 상황에서, 이 책이 미비한 점이 적지 않으나 활발하고 뛰어난 근대건축과 건축가들을 살펴봄으로써 건축의 흐름 전체에 대한 이해가 넓어지고 건축에 대한 관심이 더 높아지는 데 조금이라도 도움이 되기를 바라는 바이다. 이 책을 간행하는 일에 적극 협력하여 주신 도서출판 미세움 여러분께 깊은 감사의 뜻을 표한다.

2012년 2월

저자

차 례

| 제6장 | **근대건축운동** 103

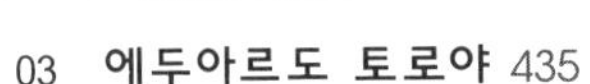

제 1 장

근대건축 개요

산업혁명 이후 기술과 과학의 발전, 사회적 변혁으로 유럽의 건축은 크게 변화되었다. 대규모의 공장과 창고, 철도역, 시장과 백화점, 고층 빌딩 등이 건축되고, 대도시의 형성이나 주택문제와 같은 새로운 과제가 대두되며, 주철과 강철, 철근콘크리트와 같은 새로운 재료와 공법의 발전 등이 전개되었다. 이러한 상황에서 근대적인 새로운 건축양식을 확립하기 위해서는 지금까지의 과거양식에 의존하던 건축에서 벗어나야 했다.

새로운 근대사회의 변화에 맞추기 위해 과거의 건축양식에서 찾으려는 신고전주의와 낭만주의, 절충주의의 과도기적인 건축의 흐름이 있는 반면, 이미 19세기 말에는 역사적 양식주의에서 벗어나 새로운 조형을 추구하는 흐름이 있었다. 영국의 W. 모리스 등은 1860년경부터 단순하고 솔직한 표현을 존중하는 미술공예 개혁운동을 일으켜 주택 합리화를 유도하였다. 모리스의 영향을 받아 1890년대의 벨기에에서 일어난 아르누보(Art Nouveau) 운동은 과거양식과 단절된 새로운 양식을 창조하고자 하는 시도로서, 이후 각국으로 번져나갔다.

'신예술', '새로운 예술'이라는 의미로, 1890년경부터 20세기 초기에 걸쳐서 일어난 아르누보는 20세기 디자인의 원리를 형성했던 앙리 반 데 벨데(1863-1957)를 중심으로 일어난 양식운동으로 전 조형분야에 걸쳐 곡선적이고 화려한 장식이 풍미하여, 건축의 외관이나 일상 생활용품에 자연물의 유기적 형태(Organic Form)에서 비롯된 장식을 이용한 하나의 양식을 의미한다. 아르누보를 거쳐 '예술의 유일한 주인은 필요성이다'라는 와그너는 새로운 재료와 구조법, 인간생활의 요구가 새로운 양식을 낳게 한다고 하였다. 새로운 건축을 이루기 위해서 독일공작연맹, 데 스테일, 구성주의, 표현주의 등 여러 가지 조형운동들이 펼쳐졌다.

1824년 포틀랜드 시멘트의 발명에 이은 철근콘크리트 구조는 근대건축의 모습을 변화시켰다. 아나톨 드 보드(Anatole de Baudot)에 의한 「장 드 몽마르트르 성당」(St. Jean-de-Montmartre, 1894)에 이어지는 오거스트 페레(Auguste Perret)의 여러 작품에서 철근콘크리트 구조는 건축의 구조와 조형의 통합을 이루었다. 또한 P. 베렌스가 설계한 「A.E.G 터빈 공장」(1907)은 근대건축의 새로운 철의 시기가 도래하였음을 나타내는 대표적 건물이다. 20세기에 이르러 철골조는, 특히 미국의 상업건축에서 특히 고층 건축을 발전시켰고, 강철의 사용은 건축의 조형을 크게 변화시키게 된다.

월터 그로피우스는 근대건축 디자인의 방법과 방향을 확립한 한 사람으로서, 그의 여러 작품들에서 철과 콘크리트, 유리에 의한 자유로운 기하학적 구성과 그 기본적 건축기법을 명시하였다. '건축의 본질은 그것이 충족시킬 기능에 있고, 건축의 형태는 기능에서 나온다'고 하는 그로피우스의 견해는 건축에서의 합리주의, 기능주의로서 인식되게 되었으며, 국제 건축양식이라고 불리는 건축을 탄생시키게 되었다. 르 코르뷔지에 또한 건축을 예술의 수준으로 높이려 하였으며, 주택에 기하학적 추상회화의 미학을 적용하여 보다 풍부한 조형성을 이룩하였다. 그는 『새로운 건축의 5가지 요점』(1926)에서 필로티(pilotis), 옥상정원, 자유로운 평면, 자유로운 파사드, 연속창 등을 근대건축의 특징으로서 강조하였다.

근대건축가들은 지크프리트 기디온과 르 코르뷔지에를 지도자로 하여 반전통주의를 표방하는 근대건축국제회의를 결성하였고, 이 국제적 단체는 〈아테네 헌장〉(1933) 등을 발표하여 이후의 건축과 도시계획에 강한 영향을 미치게 되었다. 또한 미스는 「바르셀로나 박람회의 독일관」(1929)에 건축조형의 순수화를 추구하여 기능주의와 기하학적 추상미학에 의한 근대 디자인을 성숙시켰다. 철과 유리를 가지고 새로운 조형을 추구하여 순수하고 추상적인 공간을 실현시키고 있던 미스 반 데어 로에는 미국 고층건축의 전통과 결합하여, 철과 유리에 의한 조형을 완벽한 것으로 만들었다.

이와 같이 일반적으로 근대건축은 20세기 초에 월터 그로피우스, 르 코르뷔지에, 미스, 라이트 등의 거장들에 의하여 성립된 것으로서 이로부터 '영웅주의', '국제주의', '기능주의' 등으로 불리는 근대건축으로의 기점을 맞게 된다. 이 거장들은 자본주의의 사회 경제체제, 20세기의 미학, 실용적 합리주의, 20세기의 기술 등을 건축이라는 총체를 통하여 가장 잘 종합한 건축가들이었다. 이들로 말미암아 근대건축은 1956년 근대건축국제회의의 해산 이후 현대건축으로 들어가기까지 20세기 전반을 주도하는 건축의 주류로서의 위치를 차지하게 되었다.

이와 같은 근대건축운동과 함께 건축구조학도 발전하여, 철근콘크리트조의 영역에서는 쉘 구조와 곡선상의 골조구조가 새로운 조형을 가능케 하였다. 프리스트레스트 콘크리트 기술의 발달은 대스팬의 가구를 가능하게 하고, 프리캐스트 콘크리트는 부재의 공장생산, 건축산업의 근대화를 추진시켰다. 강철구조의 분야에서는 스페이스 프레임(입체 골조구조)에 의한 대스팬 가구, 또 강철과 경금속을 골조로 하는 돔 구조가 발달되었다. 또한 현수지붕 구조와 막구조 등의 새로운 형식도 시도되었으며, 건축부재의 규격화와 공장생산에 의한 고품질과 저가격, 대량생산이 진전되었다.

제 2 장

근대 과도기 건축

01 근대 과도기 건축의 개관

정치와 사회, 경제의 급격한 변동이 문화의 동향에 민감히 반영된 19세기에는 '과학의 세기'라고 불릴 만큼 자연과학이 놀랍게 발달하였다. 그 성과가 인간생활의 각 분야에 응용되어 물질문명이 고도로 발달되었고, 이것은 인간의 생활과 사상, 예술의 흐름에 큰 영향을 미치게 되었다. 또한 통신기관이 획기적으로 발달하고 정치와 경제관계가 긴밀해져 세계가 하나로 결합되었으며, 자유주의와 개인주의, 합리주의는 19세기의 계몽주의에 이르러 뚜렷한 모습을 드러내었고 19세기에 완성되었다. 19세기 초에는 계몽사상의 자유주의, 개인주의, 합리주의가 고전주의로서 자리잡게 되었고, 계몽주의의 극단적인 합리주의를 비판하여 감정과 상상력의 자유분방을 존중하고 과거를 존중하는 낭만주의가 일어나게 되었다.

근대 과도기 건축은 바로크 건축양식이 쇠퇴하기 시작한 18세기 말로부터 근대건축이 발생한 19세기 말 이전까지의 양식적 혼란기에 전개된 과도기적인 건축양상으로서, 신고전주의, 낭만주의, 절충주의의 세 가지 경향으로 전개되었다. 곧 18세기 중엽에서 19세기 말에 이르는 근대 과도기의 건축시기는 바로크 건축에서 근대건축에 이르는 과도기적 진통의 시기였다. 19세기는 양식의 모방시대로서 여러 가지 양식이 병행되었는데, 수천 년의 역사를 통해 발전되어온 여러 형식들을 이용하는 것은 정보교환이 자유로워진 19세기에 가능하였던 것이다.

신고전주의(Neo-Classicism)는 바로크와 로코코 건축의 지나치게 화려하며 장식과잉적인 취미에 반발하여 좀더 순수한 건축을 지향했던 '새로운 고전주의'다. 낭만주의(Romanticism)는 너무 규칙적이며 합리적인 신고전주의에 대한 반동으로 모색되었으며, 인간감정의 자유로움을 존중하고 향토주의와 평민주의, 중세주의가 내포되어 있다. 이 시대에는 먼 과거로 복귀하는 것이 뜻있는 것으로 여겨졌으므로, 신고전주의는 고전시대 그리고 그리스의 지성과 간소, 고상함과 위대함에 대한 추억이었고, 고딕건축의 부흥은 소멸한 고딕건축을 부흥시킬 뿐만 아니라 자국주의, 향토주의를 반영하고자 하는 것이었다. 절충주의(Eclecticism)는 과거 양식을 재현하거나 하나의 양식으로 건물을 획일적으로 통일시키는 것이 우매하며 비합리적이므로 과거양식에 구애되지 않고 자유롭게 여러 양식을 선택하며 창조성을 우선하고자 하는 것이다.

신고전주의 건축 02

1) 발생배경

절대주의와 관련 있는 바로크에 대한 반동으로 순수하고 본질적인 건축미를 추구한 신고전주의는 계몽사상이나 이성의 시대, 고고학의 발달, 자연과학의 발달과 관련이 있다. 18세기 말, 19세기 초에는 자유와 평등, 박애를 추구한 계몽사상의 영향을 받아 고전주의 문학이 일어났다. 이것은 1770년대의 〈**질풍노도운동**〉(Sturm und Drang)에서 시작되었는데, 이는 낡은 봉건적인 전통을 타파하고 자유를 얻자는 계몽적 운동이었다. 괴테(Goethe, 1749–1832)와 실러(Schiller, 1759–1805)는 고전을 본보기로 평화스럽고 균형이 잡힌 조화로운 세계를 창조하고자 하였고, 건축도 다른 예술분야와 마찬가지로 새로운 인본주의적 계몽사상을 반

질풍노도운동은 18세기 말 독일에서 일어난 문예운동으로서 자연과 감정, 개인주의를 고양시켰다.

영하기 시작하였다.

18세기 전반기에는 고대유적에 대한 발굴과 고고학적 연구가 활발하여 고전건축에 대한 관심이 증가되었다. 독일의 요한 빙켈만(Johann Winckelman, 1717–68)은 1764년 고대예술을 객관적으로 연구한 『고대예술사』를 저술하여 고전부흥운동의 이론적 근거를 제공하였다. 신고전주의(Neo–Classicism) 건축은 1750년부터 1830년 사이에 꽃피웠으며 19세기까지 계속되었다.

18세기 말에는 유럽인들이 로마를 방문하면서 고대건축에 대한 정보가 증대되었는데, 1740년대 말 폼페이와 헤르클라네움의 발굴과 피라네시(Giovanni Battista Piranesi, 1720–78)에 의한 「로마건축 석판화의 발간」(1743), 그리스 고고학에 관계된 서적의 발간으로 인해 그리스 건축에 대한 관심이 더욱 커지는 등 고전건축 복고운동이 일어났다. 특히 빙켈만의 저서 『그리스의 회화와 조각에 대한 고찰』(1755)의 출간으로 인해 로마 건축보다 그리스 건축에 대한 관심이 커졌고, 건축의 원초성이나 본질에 대한 관심이 고조되어 이성주의 건축이 주목되었다. 한편 M. A. 로지에는 『건축에 관한 수상』(1753)에서 이성주의와 단순성을 지닌 건축으로 돌아가야 한다며 원시 오두막이야말로 가장 근본적인 건축적 요구의 표현이라고 주장하였다.

로마 대상(大賞): Grand Prix de Rome. 프랑스의 젊은 예술가들이 로마에서 공부할 수 있도록 프랑스 정부가 주는 장학금으로서, 각 예술 분야에서 대상이나 최우수상을 받은 학생들이 로마에 있는 '아카데미 드 프랑스'로 유학간 것이 계기가 되어 붙여진 이름이다. 이 상은 17세기에 제정되어 20세기 말에도 계속되었으나 현재는 그 의미가 많이 쇠퇴되었다.

신고전주의 건축의 국제적인 중심지는 로마였으므로, 1740년대부터 전 세계의 능력 있는 건축가들이 로마를 방문하였다. **로마 대상** 수상자들은 로마건축을 연구한 후 자기 나라로 돌아가 신고전주의의 특성을 나타내는 작품활동을 펼쳤다. 19세기 초기에는 유럽 전 지역에 고대의 예찬과 프랑스 나폴레옹의 로마제국에 대한 동경이 반영되어 고대 로마와 그리스의 양식을 채택하였는데, 특히 프랑스에서는 로마시대의 양식을 계승한 건축이 많이 세워졌다. 이러한 고전주의 건축의 대표적인 예로는 프랑스의 「에트와르 개선문」과 「마드레느 성당」을 들 수 있다. 그리스의 간결성을 담은 건축은 특히 독일 고전주의의 대표자라고 할 수 있는 K. F. 쉰켈의 작품인 「베를린의 왕립극장」, 스머크 경에 의한 「대영박물관」 등이 유명하다.

한편 신고전주의 건축은 새로운 대륙인 미국에서도 19세기에 번성하였는데, 미국의 거의 모든 주요 도시에 그 실례들이 남아 있다. 토머스 제퍼슨이 설계한 「버지니아 주 의회의사당」, 「몬티첼로」, 「버지니아 대학교 캠퍼스」 등이 그 대표작품이다. 라트로브는 1796년 유럽에서 미국에 건너온 최초의 미국 직업건축가였으며 많은 제자들을 키웠다.

2) 신고전주의의 특성

당시 사람들은 시대를 초월하는 절대적 미는 그리스와 로마의 고전건축이라고 믿고 그리스 건축과 로마 양식을 모방하려 하였다. 특히 신고전주의자들은 고대 그리스와 로마 건축양식의 정확하고 엄밀한 복원과 모방에 열중하였으며 무엇보다도 주범(Order)을 중시하였다. 똑같은 복고주의였던 르네상스 건축은 로마 건축을 규범으로 하여 창조적으로 이용한 반면, 신고전주의 건축은 그리스와 로마의 건축을 정확하게 복원하는데 주력하였던 것이다.

한편 이와 다르게 고전에서 건축의 원형을 찾아 기본적인 기하학 형태에서 출발해 이를 이념적으로 적용하려는 건축의 경향도 있었다. 블레, 르두, 길리 등과 같은 신고전주의 건축가들은 고대건축과 같은 장대한 규모와 순수 기하학적 입방체를 결합한 단순하고 거대한 환상적인 또는 혁명적인 건축을 추구하였다.

3) 프랑스의 신고전주의 건축

바로크와 로코코의 지나친 화려함과 퇴폐적 장식성에 대한 이성의 존중, 합리주의 사상으로 유발된 과학사상은 사람들의 관심을 고전으로 돌리게 했고, 프랑스 혁명 후 나폴레옹의 등장 등 정치와 사회면에서 변혁은 신고전주의 운동을 야기시켰다. 프랑스에 있어서는 신고전주의가 루이 15세의 마지막 20년 기간과, 루이 16세 및 나폴레옹 통치기간에 주로 이루어졌다.

프랑스에서는 1671년 루이 14세가 왕립 건축 아카데미를 설립하면서 고전의 창조이념에 따른 건축을 추구하기 시작했다. 1714년 A. 코르드무아(Abbe de Cordemoy, 프랑스의 건축사가)의 저술에서 이성주의 건축이 거론되었고 1740년대에 로코코 건축에 대한 반항이 나타났다. 특히 로지에의 저서는 프랑스 이성주의 건축에 대한 이론적 기초를 제공하였다. 프랑스의 신고전주의 건축을 대표하는 건축가는 수플로인데, 그는 1750년대에 이탈리아에 머물면서 고대 로마와 그리스의 유적을 답사하며 연구하였다. 수플로의 대표작은 파리에 있는 「성 주느비에브 교회」(1757-90, 지금의 판테온)다. 프랑스는 신고전주의 건축의 발상지로서 이를 유럽에 전파시켰다.

수플로, 성 주느비에브 교회, 파리, 1757-90

그리고 이 시기에는 블레나 르두와 같은 건축가들에 의한 단순한 형태의 장대한 조립을 특징으로 하는 환상적 건축, 혁명적 건축의 조형도 생겼다. 혁명적인 건축가 E. L. 블레는 1780년대 이후 신고전주의 건축형태의 특성인 순수한 기하학과 단순성을 추구했는데, 1780년경의 뉴턴 기념비 계획안이 대표적이다. 또한 블레의 제자인 C. N. 르두는 1765년부터 1780년 사이에 여러 건물을 설계하면서 프랑스 고전주의 전통과 고전건축의 새로운 정신을 조화시키며 극적인 효과를 만들어내는 건축을 추구했다. 듀랑(J. N. L. Durand, 1760–1834)은 많은 건축서적과 교육을 통해 단순하고 장대한 혁명적 신고전주의 건축을 전개하였다. 이론가 듀랑은 1795년에서 1830년까지 신공립중앙공예학교(New Ecole Centrale Travaux Pubiques)에서 건축교수로 역임하며, 『각 시대 건축의 비교집성』(1800), 『건축학 강의 개요』(1802)를 출판하였다. 그는 '건물은 반복되는 모듈 평면으로 계획될 수 있고 건물의 골격은 기능이나 취향에 따라 다양한 양식으로 구성될 수 있으며, 풍부한 장식은 건축적 효과에 불필요하다'고 하였다. 당시 신속하고 효과적이며 경제적인 건축과 도시개발에 많은 영향을 미쳤다.

(1) 앙피르 양식

앙피르 양식(Empire Style)은 프랑스 대혁명 발발(1789) 이후 즉위한 **나폴레옹 1세**의 제2제정시대 당시(1804–14)에 성행한 로마 양식을 모방한 신고전주의 건축양식이다. 로마 문화를 동경하고 숭배한 나폴레옹 1세는 로마 건축을 모방한 장엄하고 웅장한 대규모 건축물을 건설하여 정치적, 군사적 강대함을 과시하려 했으며, 주로 로마의 신전과 개선문을 모방한 기념건축물을 다수 건립하였다. 전통적인 로마 양식을 채택한 앙피르 양식의 건축물들은 대외적으로 나폴레옹의 제국적 권위와

나폴레옹 보나파르트(Napoleon bonaparte, 1769–1821)는 코르시카 섬에서 태어나, 1804년 국민투표에 의해 제위에 올라 '프랑스 인민의 황제 나폴레옹 1세'라 일컬어졌다.

대내적으로 전제정치를 상징하는 표상이 되었다. 앙피르 양식은 나폴레옹 1세의 재위기간을 넘어 대체로 1800년부터 1830년 사이 프랑스 공예미술, 실내장식의 고전주의적 양식으로서, 전 유럽을 거쳐서 러시아에까지 확대되었으며, 간단명료한 윤곽과 엄격한 형식, 평면적 성질 등을 특징으로 삼는다. 앙피르 스타일은 영웅적 엄격함과 단순 명쾌함이 돋보이며 딱딱한 직선이 즐겨 사용되었지만 세련되고 우아한 정취도 엿보인다.

(2) 건축실례

프랑스의 신고전주의 건축의 대표적 작품으로는 샬그랑(Jean Francois Chargrin, 1739–1811)의 파리 「에트와르 개선문」, 비뇽(Pierre Alexander Vignon, 1763–1828)의 파리 「마드레느 교회당」(Madeleine), 가브리엘(Ange-Jacques Gabriel, 1698–1782)의 「트리아농 성」(Petit Trianon, 1762–68) 등이 있다. 수플로(Jacques Germain Soufflot, 1713–80)는 이탈리아에 직접 가서 고대건축을 연구한 후 프랑스로 귀국해 고전주의 건축을 추구하였으며,

1. 샬그랑, 에트와르 개선문, 파리, 1806–36
2. 비뇽, 마드레느 교회당, 파리, 1807–42
3. 가브리엘, 쁘띠 트리아농 성, 파리, 1762–68

「성 주느비에브 교회」(파리, 1758-89)는 일명 '판테온'이라고도 하며 로마의 판테온을 모방한 작품이다.

블레와 르두는 많은 계획안에서 단순한 기하학적 질서를 사용하였는데, 그들은 물리학과 우주론에서 새로 나타난 공간개념을 시각화하는 것에 관심을 가지며 기이할 정도의 형태를 만들어내려고 하였다. 블레(Étienne Louis Boullée, 1728-99)는 건축의 제일 원리가 육면체, 구, 원통형, 피라미드 등과 같은 순수 기하학적 대칭적 입체에서 발견된다고 주장하였고, 작품으로는 「대형교회 계획안」, 「뉴턴 기념관 계획안」(1784) 등이 있다. '뉴턴 기념관 계획안'은 공과 같은 형태로 되어 긴장된 무한한 공간적인 이미지를 나타내고 있다. 르두(Claude Nicholas Ledoux, 1736-1806)는 블레의 제자로서 순수 기하학적 입방체나 매스가 지니는 극적 효과를 활용하였고, 건물의 상징성을 표현할 수 있는 '말하는 건축'(architecture parlante)을 주장하였다. 건축적인 매스를 통해 육중함과 빛, 기품, 세련됨 등을 전달하려 한 르두는 베산콘(Besancon) 근교의 「왕립제염소」(1775-79)와 파리 근교의 「통행문」(Toll-gates, 1785-89) 설

1. 블레, 대형교회 계획안, 1781
2. 블레, 뉴턴 기념관 계획안, 1784
3. 블레, 대형박물관 계획안, 1783

계에서 로마 양식과 관계 없는 원시적인 터스칸 양식을 사용하였다. 르두의 작품으로는 「쇼(Chaux) 이상도시 계획안」(1790), 「농장관리인 주택 계획안」(1780), 「제염공장 감독관 집」(1775-79) 등이 있다.

4) 영국의 신고전주의 건축

로버트 스머크, 대영박물관, 런던, 1823-47

토머스 제퍼슨, 몬티첼로 저택, 버지니아, 1796-1806

버링턴 경, 치스위크 하우스, 런던 근처, 1725-29

17세기 동안 영국의 혁명은 왕정의 절대적 권력을 종식시켰고 중산계급이 정치적 및 경제적 힘을 성장시켰으며 산업화의 조건들을 정립시켜 나아갔다. 영국은 18세기 후반 유럽 최강국이 되어 강대한 자본국가로 번영하였던 사회 정세 아래 이니고 존스, 크리스토퍼 렌에 의하여 신고전주의가 발전하게 되었다. 영국에서는 1720년대부터 팔라디오풍 건축이 대두되었는데, 비트루비우스와 팔라디오, 이니고 존스 등을 추앙한 버링턴 경, 캠벨과 그 후계자들이 대표적이며, 특히 1780년대 이후에는 고귀한 단순성, 고풍스러운 장려함 등을 추구하였다. 1800년대가 되면 존 소온 경(Sir John Soane, 1753-1837)을 대표로 영국 전역에 신고전주의가 성행했으며 후기에 들어서 그리스풍의 복고건축이 계속 추구되었다. 소온 경은 이탈리아에서 피라네시를 알게 되었으며 르두의 영향을 받았다. 영국에 있어서는 주범, 열주랑, 박공, 엔테블레처 등을 이용한 그리스 복고양식이 성행하였다.

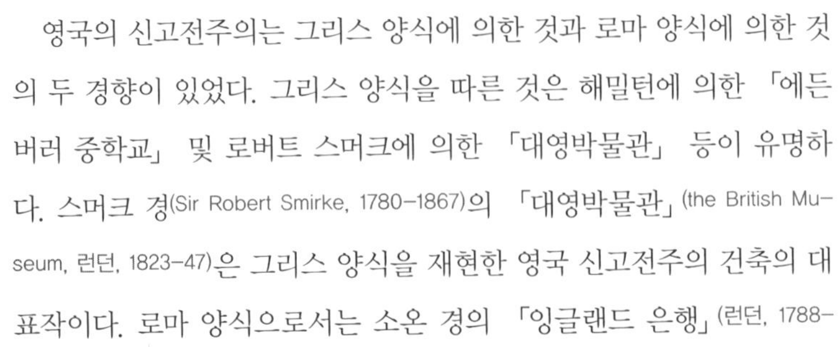

영국의 신고전주의는 그리스 양식에 의한 것과 로마 양식에 의한 것의 두 경향이 있었다. 그리스 양식을 따른 것은 해밀턴에 의한 「에든버러 중학교」 및 로버트 스머크에 의한 「대영박물관」 등이 유명하다. 스머크 경(Sir Robert Smirke, 1780-1867)의 「대영박물관」(the British Museum, 런던, 1823-47)은 그리스 양식을 재현한 영국 신고전주의 건축의 대표작이다. 로마 양식으로서는 소온 경의 「잉글랜드 은행」(런던, 1788-

1835), 버링톤 경 3세(3rd Earl of Burlington)의 「치스위크 하우스」(Chiswick House, 런던 근교, 1725–29), 우드 부자(부친 존 우드, John Wood Ⅰ, 1704–54; 아들 존 우드, John Wood Ⅱ, 1728–81)에 의한 「로열 크레센트」(Royal Crescent, 1767–75) 등이 대표적인 작품이다. 소온 경의 「잉글랜드 은행」은 당시 군국주의와 반공화정, 보수주의자인 지주층의 토리(Tory)당에 대한 도시 중산층을 지지하는 진보적이고 입헌군주주의자들인 휘그(Whigs)당의 세력을 솔직하게 표현한 작품이다.

5) 독일의 신고전주의 건축

18세기 중엽, 프랑스의 루이 16세 양식은 독일로 전래되면서 독일의 신고전주의 건축에 커다란 영향을 주었다. 루드비히 1세(Ludwig Ⅰ, 1786–1868)는 1825년에 바이에른(영국명 바바리아)의 왕위에 오른 후, 바이에른을 유럽 문화의 중심지로 부흥시키려 많은 건축가들을 동원하여 고대 도시 뮌헨의 중심가를 격자식 광장과 도로, 미술관과 박물관, 교회, 궁전 등으로 변형시켰다. 건축가들 가운데 레오 본 크렌제(Leon von Klenze, 1784–1864)는 파리에서 공부하였고 「글립토테크 조각실」(Glyptothek sculpture hall, 1816–30), 「고대회화관」(Alte Pinakothek Art Gallery) 등을 설계하였다.

레오 본 크렌제, 글립토테크 조각실, 뮌헨, 1816–30

프로이센의 프리드리히 빌헤름 2세(1786–97년 재위)는 베를린을 문화의 중심지로 만들기 위해 당시 뛰어난 건축가인 칼 랑간스(Karl Gotthard Langhans, 1732–1808), 프리드리히 길리(Friedrich Gilly, 1772–1800) 등을 초빙하였다. 이러한 노력으로 인하여 독일은 신고전주의 건축을 어느 나라보다도 잘 이해하고 강력하게 추구하게 되었다. 곧 독일은 고대의 재발견이 끼친 영향이 늦게 나타났지만 정확한 고고학적인 고전건축의 재흥이 열렬히 시도되었던 것이다. 독일의 신고전주의는 북쪽 베를린의 쉰켈과 남쪽 뮌헨의 크렌제라는 두 위대한 건축가가 주도하였다.

프리드리히 길리의 제자인 칼 프리드리히 쉰켈(Karl Friedrich Schinkel, 1781-1841)은 프러시아 태생으로서 이탈리아와 파리에서 공부하였으며 신고전주의적 양식 내에서 자신의 작품세계를 심화시켜 나갔다. 쉰켈은 1815년 궁정건축가가 되었으며 베를린을 이성적인 그리스 양식 건축으로 가득 채워지는 도시로 조성하는 데 큰 역할을 하였다. 쉰켈은 루이스 여왕(Queen Louise)의 능묘설계로 훔 볼트(Hum Bolt) 수상의 관심을 끌게 되어 1810년 신설된 공공 토목사업에 채용되었고 이후 수많은 건물들을 건립하였다.

건축가이자 화가인 쉰켈은 품위 있는 디자인 속에서 고전적인 형태와 낭만적 정신을 결합시켰다. 쉰켈은 고전 그리스를 정직하게 묘사하였을 뿐만이 아니라, 그 구조와 사용한 재료, 근대적 생활 등을 고려하는 동시에 그리스 고전의 미를 유감없이 나타내었다. 쉰켈은 우아한 비례의 미와 간결한 벽면의 처리에 의해 그리스 건축의 아름다움을 재현하였으며, 19세기 초 유럽의 신고전주의 건축을 선도하며 미스 반 데어 로에 등 근대와 현대건축에 영향을 미쳤다. 쉰켈의 작품으로는 「베를린 신위병소」(Neue Wache Guard house, 1816), 베를린 「고대미술관」(Altes Museum, 베를린, 1822-30), 「베를린 왕립극장」(Schauspielhaus, 베를린, 1818-21), 「니콜라이 교회」(포츠담, 1830-37) 등이 있다. 고대박물관은 억제되고 전통적인 신고전주의 양식을 띠고 있는 외부에 비해, 내부는 주랑 부분의 2층 높이 출입공간, 화려한 돔으로 구성된 조각 홀, 조명효과를 최대한으로 살리기 위해 창문에 직각으로 매단 스크린을 배열한 회화용 전시실로 구성되며 유동적인 공간효과를 나타내고 있다.

1. 칼 프리드리히 쉰켈, 고대미술관, 베를린, 1822-30
2. 칼 프리드리히 쉰켈, 베를린 왕립극장, 베를린, 1818-21

레오 본 크렌제(Leon von Klenze, 1784-1864)는 고전주의 건축가로서 고전건축의 인식과 그 표현역량이 쉰켈에 필적하였다. 그의 작품으로는 그리스의 파르테논을 모사한 「왈할라」(Walhalla: 신의 전당, 레겐스부르그, 1830-42), 뮌헨의 「루멘스할레」(Ruhmenshalle, 뮌헨, 1843-53) 등 뛰어난 것이 있다. 왈할라는 국내 영웅들을 추모하기 위해 건립된 기념사원으로서, 건물 주위에 기둥을 세운 그리스 신전처럼 의식용 경사로와 계단, 벽돌을 인위적으로 증축하여 산 중턱에 건립한 걸작이다. 그 외에 랑간스(Karl Gotthard Langhans, 1732-1808)가 아테네의 아크로폴리스의 프로필리아(propylaea)를 표본으로 하여서 세운 「브란덴부르그 문」(Brandenburg Gate, 베를린, 1788-91), 프랑스의 르두의 영향을 받은 길리(Friedrich Gilly, 1772-1800)의 「베를린 국립극장 계획안」(1739), 「프레데릭 대제 기념당 계획안」 등의 작품이 있다. 랑간스가 세운 브란덴부르그 문은 19세기 유럽 전역에서 건립된 기념비적인 아치형 통행문들 가운데 최초의 작품으로서 그리스풍을 보여준다.

1. 크렌제, 왈할라, 레겐스부르그, 1830-42
2. 크렌제, 프로피레온(propylaeon) 시문, 1846-63
3. 칼 랑간스, 브란덴부르그 문, 베를린, 1788-91

03 낭만주의 건축

1) 낭만주의 건축의 개요

고전주의가 이성을 존중하고 법칙과 형식을 유지하는 반면, 낭만주의는 감정과 상상력의 자유분방을 존중하고 신비스럽고 괴기하며 비현실적인 것에 집중하였다. 낭만주의는 전원생활과 산천초목의 자연을 사랑하였으며, 중세의 가치를 강조하여 게르만인의 생활, 기사도 정신, 가톨릭 교회 등을 찬미하였다. 낭만주의는 18세기 말과 19세기 초 워즈워드(Wordsworth), 바이런(Byran), 키이츠(Keats)와 같은 시인과 괴테(Goethe), 쉴러(Schiller)와 같은 극작가, 스코트(Scott)와 만조니(Mansoni)와 같은 많은 소설가의 작품에서 절정을 이루었다. 또한 들라크루아(Delacroix)의 야생과 이국정취, 컨스터블(Constable)의 자연에 대한 열정, 터너(Turner)의 자연과 고풍에 대한 열정, 슈베르트(Schubert)의 서사적인 순례에 대한 인생관, 베토벤(Beethoven)의 인간 자유에 대한 즐거운 시각 등 예술가와 음악가들이 많은 공헌을 하게 되었다. 한편 낭만주의는 대서양 양쪽에서 일어난 일련의 정치적 혁명을 자극시켰던 자유와 평등, 박애와 같은 자유사상과도 밀접한 관계가 있다.

나폴레옹 실각 후에는 유럽 전체에 공통적인 경향으로 자국의 전통 속에서 건축 모델을 찾으며 과거나 이국의 사물이나 생활을 동경하고 이상으로 삼는 낭만주의가 출현하였다. 낭만주의는 고전을 복원하는 신고전주의 건축이 자신들과 시간, 거리상으로 먼 이국적 양식을 도입하고 건물 외관의 피상적 형태를 추구하는 데 반발하여 고대보다는 당시와 시간적으로 가까우며 자기 국가와 민족의 기원으로 삼고 있던 중세의 고딕양식에 주목하였다.

즉 낭만주의는 자유주의 사상에 의한 사회변혁 때문에 생긴 건축적 표현으로서, 고딕과 같은 중세로의 복귀적인 양상이었으며, 중세의 교회와 건조물의 수리가 성행하였다. 법칙과 규준을 중시하는 고전주의에서 벗어나 자유롭게 취미적인 표현을 존중하는 사조를 '픽처레스크(picturesque-회화적)'라고 한다. 오거스투스 퓨긴(Augustus Welby Pugin, 1812-52)은 『고딕건축 실례집』(1821-23)을 출판하여 고딕건축을 전파하였고, A. 퓨긴과 W. 퓨긴은 신고딕건축을 개척하여 「노팅엄 성당」(1842-44), 「성 어거스틴 성당」(1846-51)의 작품을 남겼다. 독일에서는 K. F. 쉰켈이 「베를린 위병본부」(1816) 등 이 방면에서도 활약하였고, 영국에서는 고딕양식을 채택한 찰스 배리 경(Sir Charles Barry, 1795-1860)의 「영국국회의사당」, J. 내쉬의 「버킹검 궁전」 등이 유명하다. 고딕 복고건축은 1730년대부터 1930년대까지 영국과 미국에서 널리 성행하였으나, 유럽 대륙에서는 그다지 유행하지 않았다. 고딕 복고건축은 주로 교회와 대학건물에 사용되었으며 고딕건축과는 쉽게 구별하기 어렵다.

2) 특성

신고전주의 건축이 그리스와 로마의 고전건축에 열중한 반면 낭만주의 건축은 중세의 고딕건축에 관심을 두었다. 자신들의 국가와 민족의 기원이 중세에 있는 것으로 보고 중세를 낭만주의의 이상으로 삼았던 것이다. 이것은 첫째 고고학 유적의 발굴에 따른 중세에 관한 고고학적 발달과 연구, 둘째 낭만주의 문학 운동, 셋째 자기 민족과 국가에 대한 향토주의, 평민주의, 국민주의적 경향, 넷째 기독교적 양식 등에서 기인된다. 낭만주의 건축은 구조와 재료의 정직한 표현이라는 진실성이 반영된 고딕건축의 양식과 방법을 그대로 유지하려고 시도하였다.

낭만주의 건축의 대표적인 건축가인 A. C. 퓨긴(1762–1832)은 고딕 복고건축을 처음으로 규범화했으며, 영국의 존 러스킨과 프랑스의 비올레 르 뒤크 등은 그 중요한 옹호자들이다. 19세기 후반부는 낭만주의가 가장 활발하게 나타났는데, 건축가들은 고딕건축에 내재하는 구성원리를 추구하고 그 이념에 몰두하였다. 낭만주의는 건축이 갖는 구조의 진실성과 자유스러움을 추구함이 중요하다고 여겼으며, 필요에 따라 구조적인 요소들을 건축설계에 구사할 수 있다고 믿었다. 비올레 르 뒤크는 합리적이고 역학적으로 잘 조직된 고딕건축 구조의 적응성을 높이 찬양했는데, 고딕건축의 골조는 바로 당시 대두되기 시작한 철골구조와 비슷한 것이었다.

찰스 배리, 영국 국회의사당, 런던, 1835–60

3) 영국의 낭만주의 건축

영국은 낭만주의 건축의 발상지로서 이를 유럽에 전파하였다. 영국에 있어서 낭만주의 건축은 고딕건축에 대한 향수 때문에 18세기부터 발달하기 시작하였고, 특히 19세기에 회화적인 정원을 계획하면서 이에 가장 적합한 양식으로 받아들여졌다. 영국에 있어서는 1818년 영국의 교회건물법이 제정되면서부터 고딕건축이 더욱 강조되었고, 1836년 웨스트민스터 대수도원을 재건하면서 고딕건축은 국가적인 양식으로 정착하게 되었다. 옥스퍼드 운동가들과 교회학자들은 돌출된 성가대석과 성단소로 이루어진 새로운 형태의 건물 그리고 높은 제단을 요구하였고 질적 수준을 향상시키고 성스러운 도덕적 목적을 지닌 교회를 만들려고 하였다. 퓨긴은 고딕건축을 가톨릭 정신을 표현하는 건축으로

조지 스코트, 앨버트 황태자 기념관, 런던, 1863–72

발전시키려 했는데, 이러한 그의 주장은 영국 국교회 개혁가들에게 적극 채택되었다. 그 결과, 1850년대 중엽 고딕건축은 영국 교회건축의 기본이 되었고 20세기까지 일종의 절충 형식으로 지속되었다. 의회정치의 중심지인 웨스트민스터의 화재(1834) 이후 이의 재건 담당자로 임명된 고전주의자인 찰스 배리 경(Sir Charles Barry, 1795-1860)에 의한 영국 「국회의사당」(런던, 1835-60)은 고딕양식을 재현한 건물이다.

스코트(George Gilbert Scott)가 설계한 「앨버트 황태자 기념관」(Prince Albert Memorial, 1863-72)은 화강석과 대리석, 모자이크, 황동으로 된 거대한 제단 내에 황태자 동상을 배치시킨 고딕양식으로서 종교적 분위기를 추구하였다. 기단 주위에는 영국의 국력이 팽창하는 것을 묘사한 상징적인 형상들이 있고, 소크라테스에서 멘델존에 이르기까지의 명사들을 띠모양으로 새겨 장식하였다. 한편 고딕 복고운동을 도덕적, 지적 운동으로 전개하였던 사회학자 존 러스킨(John Ruskin, 1819-1900)은 확고한 도덕적 기준을 가지고 고딕건축을 받아들였으며, 1853년 『베네치아의 돌』(Stones of Venice)을 출간하면서 이탈리아 베네치아의 고딕을 영국에 크게 유행시켰다. 영국의 낭만주의 건축은 이후 19세기 말의 근대건축운동인 미술공예운동을 유발하는 요인이 되기도 하였다. 러스킨의 건축 관련 책들과 퓨긴의 건축활동은 미술공예운동에 영향을 주었고, 건축가이자 사회개혁가인 윌리엄 모리스는 르네상스 이후, 특히 산업혁명 이후 쇠퇴한 예술의 사회적 기반을 인식하고 공업생산을 거부하며 중세의 정신적, 미학적 원리가 담긴 수공예 제품으로 복고할 것을 주장하였다.

앨버트 황태자(1819-61)는 해가 지지 않는 나라로 불렸던 대영제국의 최전성기를 다스렸던 빅토리아 여왕(1837-1901 재위)의 남편

비올레 르 뒤크, 성 드니 드 에스트레 성당, 1864-67

발류와 고우, 성 클로틸드 교회당, 파리, 1846-57

4) 프랑스의 낭만주의 건축

프랑스에서는 신고전주의 건축이 활발했으므로 낭만주의 건축은 상대적으로 저조하였다. 프랑스 건축가들은 고딕건축이 지닌 합리성을 강하게 추구하였는데, 이러한 사실은 「성 주느비에브 교회」가 신고전주의 건축이지만, 그 구조원리를 고딕건축에서 찾은 것에서도 미루어 알 수 있다. 비올레 르 뒤크(Viollet-le-Duc, 1814-79)는 중세건축 연구의 대가로서 고딕건축이 지닌 구조와 구성의 합리적인 체계를 추구하며 건축형태의 논리적 발전을 강조하였다. 뒤크는 중세건축의 연구를 통해 고딕건축의 구조적 합리성과 우수성을 지적하였으며, 모든 건축형태는 재료와 구조의 논리적 사용에 의해 결정된다는 구조합리주의 이론을 주장하였다. 그는 19세기 건축은 19세기의 재료와 기술로 19세기의 기능을 표현하여 이루어져야 한다고 주장하였다. 비올레 르 뒤크의 구조합리주의 이론은 후에 근대건축에 큰 영향을 미쳤다.

비올레 르 뒤크는 1840년경부터 베즈레이(Vezelay)에 소재한 「마드레느 성당」(St. Madeleine)을 시작으로 대성당과 성곽의 복원 및 연구에 활동하였고, 고딕양식에 대한 이론서인 『프랑스 중세건축사전』(1854-68)과 『건축회담』(1863-72) 등을 출판하였다. 뒤크는 「성 샤펠 성당」(St. Chapelle)과 「노트르담 대성당」(Notre Dame de Paris, 1845-56), 「피에르폰 성관」(Chateau de Pierrefonds, 1859-70), 「카르카손 성관」(Chateau Carcassonne, 1855-79) 등의 폐허를 복원했고, 「성 드니 드 에스트레 성당」(St. Denis-de-l'Estree, S. Denis, 1864-67)을 설계했다. 테오드르 발류(Theodre Ballu, 1817-85)와 프랑즈 크리스찬 고우(Franz Christian Gau, 1790-1854)가 건조한 파리의 「성 클로틸드 교회당」(St. Clotilde, 1846-57)은 14세기 고딕양식이며 뛰어난 통일성을 보인다.

5) 독일의 낭만주의 건축

페르스텔, 보티브 교회당, 빈, 1853-79

쉰켈은 고전주의 건축가로서도 유명하였으나, 프랑스와 이탈리아의 뛰어난 중세건축을 접한 후 낭만주의적인 작품을 만들게 되었다. 쉰켈에 의하여 1819년에 「베를린 대성당」, 1825년에는 「베른데르 교회당」이 고딕식으로 완성되었다. 베를린에 있는 「토마스 대성당」은 아돌러가 설계한 개신교의 교회당으로 로마네스크식으로 세워졌다. 독일에서는 고딕이야말로 진정한 게르만적인 양식이라고 생각되면서 그동안 방치되었던 「쾰른 대성당」의 정서면이나 「울름 대성당」의 탑이 각각 1826년부터 1880년, 1844년부터 1890년 사이에 건조되었다. 쾰른 대성당은 16세기 중반부터 공사가 중단되었지만 1842년에 공사가 재개되어 1880년 준공되었다. 페르스텔(Heinrich von Ferstel, 1828-83)에 의한 「보티브 교회당」(Votivkirche, 빈, 1853-79) 등은 19세기 고딕 재흥의 가장 뛰어난 실례로 여겨진다.

절충주의 건축 04

1) 절충주의 건축의 개요

산업혁명 이후 새로운 사회가 형성되던 19세기 후반에는 그리스, 로마 위주의 신고전주의 건축과 고딕 위주의 낭만주의 건축을 통해 과거 건축양식의 복원에 의한 새로운 건축양식의 접근 방법을 습득하는 한편, 활발하고 광범위한 역사의 연구를 통하여 과거 건축양식 전반에 관한 지식이 증대되게 되었다. 이 시기에는 정치와 사상에 있어서 새로운 움직임이 있었으며 학술상으로는 자연과학의 급진적인 발달이 있었다. 자연과학과 기술의 발달은 과거 양식에 대해 정당한 이해와 비판을 하면서 한정된 과거 양식의 재현이 무의미함을 깨닫게 하고 새로운 견지에서 과거 양식 전체를 돌아보게 해주었다.

따라서 19세기 후반에는 단지 한 가지의 역사적 양식을 채택할 뿐만 아니라, 개인의 자유로운 선택에 따라 여러 양식을 결합시켜 새로운 건축미를 창출하는 선택적이며 절충적인 경향이 두드러졌다. 더구나 과거양식에 관한 객관적 이해와 평가가 이루어졌기 때문에 건축양식 선택 대상의 범위는 서양의 과거양식들뿐만 아니라 사라센, 비잔틴, 중국과 인도 등 동양 건축으로까지 매우 폭 넓게 확대되었다.

2) 특성

절충주의(Eclecticism)는 그리스와 로마 위주의 신고전주의 건축과 고딕 위주의 낭만주의 건축처럼 일정한 양식에 국한되지 않고 과거의 모든 양식을 선택, 이용하게 되었다. 따라서 과거양식의 절충을 통하여 새로운 양식의 창조를 시도하였으며, 일정한 기준이 없이 건축가의 주관에 의해 각종 양식을 선택하거나 종합하였다.

최근까지 많은 사람들은 19세기 역사주의 건축가들이 기술과 공학에 바탕을 둔 기능주의 건축을 가로막았다고 혹평하여 왔다. 하지만 오늘날에는 화려한 근대건축에 감추어졌던 1830년부터 1930년 사이의 건축에 대해 새로운 해석을 하고 있는 결과, 19세기의 건축은 역사적인 건축에 대해 진지하게 연구함으로써 그 자체 높은 수준에 도달한 독립적인 건축운동이라고 인식되고 있다.

3) 프랑스의 절충주의 건축

프랑스는 신고전주의 건축이 발달하였으므로 그리스 양식과 로마 양식, 르네상스 양식을 기본으로 한 절충주의 건축이 성행하였다. 당시 파리의 **'에콜 데 보자르'**(Ecole des Beaux-Arts)는 19세기 유럽에서 가장 중요한 건축 교육기관이었는데, 그 경향은 이탈리아 르네상스 절충주의적이었다. 에콜 데 보자르는 기원이 1671년 콜베르가 설립한 건축학교로 거슬러 올라가지만, 이 건축학교는 1816년 재창립되어 프랑스뿐만 아니라 유럽 전역에서 가장 중요하고 영향력 있는 기관으로 발전했으며, 그리고 1850년 이후에는 미국에서도 학생들이 몰려들었다. 에콜 데 보자르의 교육방법은 강의와 예술가의 아틀리에, 또는 건축사무소에서 실습하는 것으로 되어 있다. 에콜 데 보자르에서는 건축을 공익사업으로 취급하여 기념비적인 공공건축을 고전양식으로 설계하는 데 교육의 중점을 두었다. 이 학교의 건축에 대한 기본적 태도는 균형이 잡힌 전체 속에서 부분적 요소를 조화롭게 구성하는 것이다.

1846년 헌트가 미국 최초의 에콜 데 보자르 학생으로 등록했으며, 1859년부터 1862년까지는 H. H. 리처드슨, 1867년부터 1870년까지는 리처드슨의 제자 매킴이 공부하였다.

대표적인 건축가로는 샤를르 가르니에, 앙리 라브로스트(Henri Labrouste, 1701–75), 파리 도시개조계획을 한 오스만(George-Eugene Haussman, 1809–91) 등이 있다. 샤를르 가르니에(Charles Garnier, 1825–98)에 의한 「파리 오페라 하우스」(파리, 1861–74)는 베네치아 바로크 양식에 르네상스 양식을 혼합한 신바로크 양식의 건물이다. 파리 오페라 하우스의 대지는 광대한 시민광장으로 연결되어 새로운 도로망의 중심지가 된 궁전에 가깝게 위치하였으므로 가르니에는 오페라 하우스에 새로운 루부르 궁전(1852–57 증축)의 바로크 양식과 분위기를 받아들였다. 극장의 전면과 동일한 크기의 무대와 분장실을 가진 오페라 하우스 건물 그 자체는 거대하였으며, 건물 내부에서는 대계단실과 조각상, 화

샤를르 가르니에, 파리 오페라 하우스, 파리, 1861–74

아바디에, 사크레 쾨르 성심교회당, 파리, 1870

려한 전등과 채색된 천정으로 이루어진 웅장한 출입공간이 가장 인상적이었다.

비잔틴식의 절충양식으로는 아바디에(Paul Abadie, 1812-84) 작품인 파리 몽마르트 언덕의 「사크레 쾨르 성심교회당」(Sacre Coeur)이 있다. 사크레 쾨르 성심교회당은 거의 비잔틴풍의 로마네스크와 다섯 개의 돔을 설치한 「성 프롬 성당」을 조합하여 호화롭고 환상적인 분위기를 만들어내었다. 앙리 라브로스트에 의한 「파리 국립도서관」(1843-55)과 「성 주느비에브 도서관」(St. Genevieve, 1858-68)은 새로운 재료인 철을 구조체로 사용하여 과거양식을 재현하였다.

1843년 나폴레옹 3세는 오스만을 파리의 행정장관으로 임명하여 '파리의 도시개조계획'을 단행하였는데, 오스만은 새로운 급수시설과 배수시설을 설치하고 공원과 새로운 교량, 분수 그리고 공공건물을 건설한 대규모의 도시개선안을 추진하였다. 오스만은 가로에 일렬로 건립된 건물과 도로의 폭, 코니스(cornice)의 정도, 발코니의 위치, 지붕의 형상과 관계하여 건물의 높이를 결정하는 엄격한 계획의 원칙을 수립하며 도시를 재건하고자 하였고, 이 새로운 파리의 모습은 유럽의 다른 도시들의 계획에 큰 영향을 미치게 되었다.

4) 영국의 절충주의 건축

산업혁명의 선구적 나라인 영국의 절충주의 건축은 사회변화에 따른 건축적인 요구에 의하여 발전되었다. 19세기 영국에 있어서는 상업적 및 개인적인 접촉이 이루어지는 장소로서, 또 격리된 상거래의 장소로서 신사클럽이 성장하였다. 여러 단체들이 점차 전문화되고 편협해지면서 자부심을 가지고 다른 단체들보다 더 좋은 위치와 더 많은 것을 부여하려고 함에 따라 1813년과 1834년 사이에 주요한 몇몇 단체들이 결성되었다. 토리당과 자유당을 위해 그리고 휘그당과 급진당을 위해 '파수군 클럽'(Guards' club), '종합 서비스'(United Service), '문예협회'(Athenaeum), '여행자 클럽', '칼톤 클럽'(Carlton) 등이 창립되었고 이들의 건물은 육중하고 화려하였다. 건축적으로 유명한 찰스 배리 경에 의한 「자유당 클럽」(Reform Club, 런던, 1834)과 「여행자 클럽」(Traveller's Club, 런던, 1829) 은 16세기 이탈리아 피렌체의 팔라초(Palazzo)를 기본 모델로 한 르네상스식 절충주의 건물이었다.

존 내쉬, 로열 파빌리온, 1812–21

영국은행의 공식 건축가인 찰스 코커럴(C. R. Cockerell, 1788–1863)에 의한 브리스톨(1844)과 리버풀 「영국은행 지점」(1844–45), 팬네손(James Pennethorne, 1801–71)의 「런던 대학」(현재 Burlington Gardens의 Royal Academy, 1866) 등은 이탈리아 르네상스식으로 된 절충양식 건축이다. 존 내쉬(John Nash, 1752–1835)에 의한 「로열 파빌리온」(Royal Pavilion, 브라이튼, 1818–21)은 「브라이튼 궁」(Brighton)이라고도 하며 동양의 사라센과 고딕양식의 혼합 양식이다. 로열 파빌리온은 나폴레옹 전쟁의 종결(1815) 후 **리젠트 황태자**(the Prince Regent, 1820–30 재위)가 내쉬에게 지시하여 해변 휴양지인 브라이튼에 세운 복잡하고 과장적이며 흥미있는 궁전이다. 존 프란시스 벤트리(John Francis Bently, 1839–1902)의 「웨스트민스터 사원」(Westminster Abbey, 런던, 1895–1903)은 비잔틴 양식을 기본으로 하여 여러 양식을 절충하였다.

리젠트 황태자, 즉 조지 4세(George Augustus Frederick, 1762–1830)는 정신이상자가 된 아버지 조지 3세의 섭정을 시작한 1811년부터 사실상 군주역할을 하였다.

5) 독일의 절충주의 건축

존 벤트리, 웨스트민스터 사원, 런던, 1895–1903

독일에서 절충주의가 성행한 19세기 후반에 국내 각 도시는 크게 발전되었으며, 이탈리아 르네상스 양식을 기본으로 한 신르네상스 양식이 성행하여 왕궁과 도서관 등이 많이 건축되었다. 1840년대에는 절충주의적 수법이 점점 증가되어서 반원형 아치 양식과 초기 기독교 디자인, 중세양식과 이슬람 양식까지도 선택되었다. 대표적 건축으로는 고트프리드 젬퍼(Gottfried Semper, 1803-79)에 의한 「국립 가극장」(Operahaus, 드레스덴, 1837-41), 「오펜하임 궁전」(Oppenheim Palace, 1845), 「브루그 극장」(Brugtheater, 빈, 1873-88), 그리고 프리드리 폰 가르트너(Friedrich von Gartner, 1792-1847)에 의한 「국립도서관」(Staatsbiliothek, 뮌헨, 1831-40) 등의 작품이 있다. 젬퍼는 이탈리아 르네상스, 비잔틴, 이슬람, 로마네스크 양식들을 즐겨 절충하였으며, 가르트너는 파리에서 공부하였고 로마네스크식 원형 아치를 응용한 반원형 아치 양식을 자주 사용하였다.

베를린에서는 왈로트(Paul Wallot, 1841-1912)에 의하여 바로크식인 「제국의회의사당」(Berlin Reichstag, 1884-94)이 제2제국을 상징하는 듯한 규모로 세워졌다. 오스트리아 빈에서는 본 슈미트(Friedrich von Schmidt, 1825-91)가 거대한 붉은 벽돌조의 신고딕식인 「빈 시청사」(Rathaus, 1872-83)를 완성하였다. 이처럼 한편으로는 절충주의가 성행하고 양식상에 혼란이 있었을 때, 다른 한편으로는 근대건축의 개척자 오토 와그너가 빈에 나타나게 되어 근대건축의 새 출발을 시작하게 되었다.

본 슈미트, 빈 시청사, 1872-83

제 3 장

근대건축의 태동과 배경

일반적으로 문화는 사회조직이나 정치제도, 경제체제 등 하나의 사회가 사회생활을 이끌어가는 방법에 크게 좌우된다. 근대건축은 18세기 생산과 산업의 급진적 변혁으로 막강한 중산계급이 탄생되고 공장생산에 기반을 둔 새로운 사회가 만들어지고 근대적 경제조직이 형성되면서 탄생되었다고 볼 수 있다. 즉 인류역사에 커다란 변혁을 가져온 산업혁명으로 인한 공업사회의 도래는 사회구조의 변화에 엄청난 영향을 주었고 서구사회는 근대사회로 진입하게 되었다. 근대건축을 탄생시키게 된 산업혁명은 18세기 영국에서 봉건사회로부터 탈출한 새로운 시민층의 형성, 자연과학 기술의 발달, 식민지 정책에 의한 시장의 확대, 농업혁명과 자본축적 등을 배경으로 일어났다. 산업혁명은 수공업적 가내공업을 공장제 대량생산으로 바꾸면서 그때까지의 공업관에 커다란 변화를 불러일으켰다. 한편 르네상스의 인본주의와 종교개혁, 17세기 합리주의 철학의 영향으로 인하여 17세기에서 18세기로의 전환기에는 봉건사상을 타파하려는 혁신적이며 이성중심의 계몽주의가 발생되었다.

19세기 후반은 사회와 산업 등 모든 것이 근대를 향해 급변하는 시대로서, 그때까지 위주였던 궁전과 교회의 건축을 벗어나 사무소와 공장, 백화점 등 공중적인 건축들이 새롭게 등장하였다. 건축재료의 변화도 현저해졌는데, 철과 유리의 성능도 새로워지고 일반화되며 철근콘크리트가 등장하는 등 건축에 새로운 세계를 열어놓았다. 1889년 파리의 만국박람회를 위한 에펠 탑은 과학적인 구조기술과 새로운 공간조형을 이룩했으며, 영국에서는 공예분야에서 과거의 양식을 물리치고 새로운 디자인에 의한 간결한 작품을 만들어냈다. 이러한 개혁은 건축에도 크게 작용하여 과거와 같은 번잡한 양식을 버리고 참신한 건축을 지향하는 운동이 각국에서 일어났다. 이처럼 새로운 사회,

새로운 건축이 탄생되는 배경에는 계몽주의, 산업혁명과 만국박람회, 자본주의 경제체제와 대도시의 등장, 새로운 재료와 건설기술, 건설과제 등이 놓여 있었다.

계몽주의 01

계몽주의(Enlightment)는 시민계급의 대두와 자연과학의 발달을 배경으로 합리주의적 비판정신에 입각하여 종교적으로나 정치적, 사회적인 여러 전통과 인습의 속박에서 벗어나려는 합리적인 사상으로서, 17세기에서 18세기로의 전환기에 발생되었다. 17–18세기 유럽의 정신사상인 계몽주의는 신과 이성, 자연, 인간 등의 개념을 하나의 세계관으로 통합한 사상운동으로서, 예술과 철학, 정치에 엄청난 영향을 가져왔다. 칸트에 의하면, 계몽이란 인간이 미성숙 상태에서 탈각하고 미신 또는 편견에서 해방되는 것을 의미하였다. 계몽주의는 이성을 거울삼아 일체의 계시와 전통, 권위에 대하여 비판을 가하였고, 이성의 힘에 의해 인간은 우주를 이해하고 자신의 상황을 개선할 수 있다고 하는 이성중심이며, 지식과 자유, 행복이 합리적 인간의 목표라고 보았다. 계몽사상은 이성에 의하여 세계를 지배할 수 있다고 하여 이성에 맞지 않는 비합리적인 것을 배격하는 합리주의였고, 18세기는 '이성의 세기'라고 한다.

개인의 자유와 인간의 기본권리를 부인하는 모든 종교적, 사회적, 정치적 제한과 구속에서 벗어나고자 하는 계몽주의는 이성을 통해 삶에서의 무지몽매함, 편견, 미신, 비합리적인 권위, 구습을 타파하고 깨우치고자 한 운동이다. 그리하여 계몽주의 시대에는 각 개인의 이성과 자율성, 자유와 존엄성을 인정하고자 했고 국가와 문화의 세속적인 성격이 강조되었다. 계몽주의에 의해 싹튼 정치적 민주주의 혁명으로 교회와 국가의 절대주의가 쇠퇴하고 민주주의, 자유, 평등 등 새로운 가치를 중요시하게 되었다.

계몽사상의 선구자는 영국의 존 로크(John Locke, 1632–1704), 프랑스의 볼테르(Voltaire, 1694–1778)이고, 루소(Rousseau, 1712–78)는 계몽사상의 최후를 장식한다. 한편 디드로(Diderot, 1713–84), 다랑베르(D'Alembert, 1713–83) 등에 의하여 꾸며진 백과전서의 간행은 18세기 중엽에 계몽사상의 전성기를 가져오게 되었다. 1715년에 시작되어 1772년에 완성된 백과전서는 단편적인 지식이 아니라 체계적 지식을 주고, 정신과학뿐만 아니라 자연과학과 산업, 기술에 관한 지식을 주는 것을 목적으로 하였다.

이러한 계몽주의는 시민계급의 형성을 촉진하였으며 이 시민계급은 절대주의적인 봉건질서에서 해방되어 이성을 인간의 본질로 생각하게 되었다. 또한 미국의 독립(1776)과 **프랑스 혁명**(1789)을 유발하여 민주적인 공화정의 수립을 촉진시켰다. 사회의 새로운 주체로 등장한 시민계층과 중산계층이 과학적 자연관과 새로운 동력수단을 바탕으로 기계를 발명하고 산업혁명을 주도함으로써 근대건축이 발생되게 되었다.

프랑스 대혁명은 시민계급을 선두로 절대주의하의 구제도를 타파하고 자유와 평등의 사회를 건설하기 위하여 싸운 투쟁이다.

산업혁명과 만국박람회 02

1) 산업혁명

유럽 대륙에 프랑스 혁명과 나폴레옹 전쟁이 벌어지고 있을 무렵, 자본주의의 선진국 영국에는 산업혁명(Industrial Revolution)이 일어나고 있었다. 제임스 와트(Watt, 1736-1819)가 1769년 증기기관을 발명함으로써 새로운 동력수단을 제공하였고, 새로운 동력수단의 광범위한 활용으로 공업이 발달하여 산업혁명이 발생하게 되었다. 도구에서 **기계**로의 진보인 산업혁명으로 인해 생산방식이 가내수공업에서 공장생산으로 전환하면서 대량화와 저렴화가 가능하게 되었다. 또한 1735년 다비(Darby) 부자가 석탄을 코크스로 바꿔 연료로 사용하는 용광로를 발명하면서 제철기술이 변혁을 이루어 제철업과 기계공업이 비약적으로 발달해 '철의 문명'이 형성되었고, 공장의 원료와 생산품의 수송을 위하여 기관차와 기선 등 교통기술이 발달하게 되었다.

기계는 동력기(증기기관과 같이 동력을 일으키는 것), 전동기(벨트나 톱니바퀴와 같이 동력을 전하는 것), 작업기(각각 특수한 일을 하는 것)의 3부분으로 이루어진다.

18세기 영국에서 일어난 산업혁명은 기계혁명이자 생산혁명이고 사회혁명인 동시에 디자인 혁명이었다고 할 수 있다. 시대적으로 프랑스 혁명이 진행되고 있을 무렵 영국에서는 명예혁명 이후 상공업이 크게 발전하여 기술혁신에 필요한 자본이 축적되어 있었고 기업가들의 열의도 대단해졌다. 최초로 산업혁명을 이룸으로써 자연히 영국은 세계의 공장이라 불릴 만한 지위를 차지한 후에 자유무역론을 내세워 세계시장을 지배하는 돌풍을 일으켰다. 일찌기 식민지 개척에 눈을 뜬 대영제국은 여러 가지 풍부한 자원을 바탕으로 수공업에서 탈피하여 기계에 의한 대량생산 등 산업혁명을 일으켜 유럽 세계를 놀라게 했다. 특히 세계지배를 꿈꾸며 새 기술에 의한 발전을 전 세계에 과시하려고 1851년 런던에서 제1회 만국박람회를 개최하여 큰 성과를 거두었다.

산업혁명은 생산과 경제, 기술 등 생활과 문화 전반에 커다란 영향을 미치게 되었다. 생활전반에 기계 및 공업을 이용하게 되며, 건축에 있어서도 공업기술을 수용함으로써 철과 유리, 콘크리트 등 건축재료의 대량생산과 기계에 의한 건축부재의 공장생산과 표준화, 규격화가 이루어지게 되었다. 산업혁명의 영향으로 인해 공업활동 및 경제활동의 도시집중과 인구밀집에 따른 도시화와 집합주택이 발생하게 되었고, 자본주의 경제의 발달로 인해 관청과 은행, 사무소, 상업시설 등 새로운 건축과제가 대두되게 되었다. 한편 산업화와 공장화, 급격한 도시화, 지역경제의 붕괴 등은 당시 사회에 엄청난 파괴를 가져왔다. 산업화와 산업도시의 발생으로 과잉노동, 실업의 장기적 지속, 비참한 주거환경, 빈곤과 무지, 질병 등이 야기되었다.

2) 만국박람회

19세기의 사회와 산업을 이해하는 데에 주목할 만한 만국대박람회(Great Exhibition)는 The Great Exhibition of the Works of Industries of All Nations의 줄임말로 말 그대로 세계 여러 나라의 산업제작물을 전시하는 거대한 박람회다. 수공업에서 기계공업으로 변화하는 시기에 유럽 여러 나라에서는 새로운 기계와 제법을 개발하려 노력하였으며, 그 결과인 새로운 제품과 발명품들을 전시하여 비교하고 판매하고자 하였다. 즉, 19세기 후반 유럽 각국은 새로운 공업발명품과 공업기술을 전시, 교류하기 위한 박람회를 개최하기 시작하였는데, 이는 유럽 각국의 활발한 공업발전의 계기와 의욕을 제공하였다. 1851년, 1862년의 영국 런던 박람회와 1855년, 1867년, 1889년의 프랑스 파리 박람회가 대표적인 사례다. 이들 만국박람회는 산업혁명 이후 새로운 재료와 기술 등을 실제로 형태화할 수 있는 의욕적 기회를 제공하였다. 즉, 산업과 공업이 비약적으로 발전한 19세기 후반에는 만국박람회가 여러 차례 개최되어 건축창조에 절호의 기회를 제공한 것이다.

최초의 만국박람회는 영국의 앨버트 황태자의 구상에 의해 이루어졌다. 1850년 런던 시장을 비롯한 많은 요인들이 참석한 만찬회에서 앨버트 공은 만국박람회 계획에 대해 다음과 같이 연설하였다:

> 우리가 태어난 이 시대는 눈부신 추세로 변화하고 있다. 이제까지 모든 역사가 지향한 위대한 목표는 인류의 통일이며, 현대는 그 실현을 향해 급속히 접근하고 있다. … 대륙간의 거리는 차츰 축소되고 학문과 지식은 공통의 재산으로 되어 가고 있다. 어느 나라 사람이든지, 가만히 앉아서 세계 각국의 생산물을 입수할 수 있다. 대규모의 박람회에 참가하는 사람들은 한결같이 전지전능한 신에 대해 감사하는 마음으로 넘쳐 있을 것이다.

만국박람회는 근대건축에 큰 영향을 미쳤는데, 19세기 후반의 박람회의 역사는 철구조의 역사와 맥락을 같이 한다고 할 수 있다. 곧 박람회 건물은 신속한 조립과 해체가 필요하였는데 철제의 사용은 이에 적합하였던 것이다. 만국박람회를 통해 박람회의 전시관에 적절한 신속하고 간단하게 조립, 해체할 수 있는 건축재료와 공법이 추구되었고, 규격화된 유리와 철골부재에 의한 현장 조립공법의 사용을 촉진시켰으며, 새로운 재료와 공법을 실험하는 기회를 제공함으로써 근대건축의 발전을 유도하였다.

3) 1851년 런던 만국박람회와 수정궁

영국은 산업혁명이 가장 먼저 일어났고 그에 따른 산업의 발전이 가장 앞선 것을 다른 나라에 과시하고 이를 토대로 세계를 계속 지배하려는 제국주의적인 전략을 꾀하였다. 영국은 만국박람회를 1851년 런던 하이드 파크에서 처음 개최하며 빅토리아 시대의 영국의 기술력을 총결집시켰다. 이 박람회는 '기계, 과학, 예술'(Machine, Science, Taste)이라는 주제 아래 영국의 우수한 공업기술뿐만 아니라 영국의 평화와 번영을 과시한 세계 최초의 박람회였다. 이 런던 만국박람회는 중세적인 궁전을 디자인하는 등 전시기간이 5개월 반이었으며 국내외에서 600만 명의 관람객이 참여하였다.

이 최초의 박람회는 각국의 기계공업의 성과를 한곳에 모은 것으로, 전시품들은 예전처럼 공예가의 수공기술로 만든 것이 아니라 기계로 제작되어 미적 수준은 낮았지만, 이 박람회는 새로운 기계의 시대가 열렸음을 알리고 디자인에 대한 중요성을 일깨우는 데 크게 기여하였다. 이 박람회는 전 세계의 생활문화를 인공적인 환경 속에 넣으려 시도했으므로 거의 온실과 비슷한 전시관인 수정궁이 만들어졌다. 박람회의 가장 큰 성과는 전시품이라기보다 오히려 전시관 건물인 수정궁 그 자체라 할 수 있고 이는 산업국가의 우수성을 입증한 것이었다.

런던에서 열린 세계 최초의 박람회장 건물인 「수정궁」(Crystal Palace)은 주철로 된 구조물의 미학적 가능성을 보여주었다. 박람회 건물은 크고 작은 수많은 전시품을 수용하는 거대한 규모였으므로 런던의 하이드 파크에 위치되었고, 시공의 경제성과 짧은 공기, 박람회 종료 후 장차 철거 가능한 구조 등이 요구되었다. 수정궁은 영국의 조원가 겸 온실건축가인 조셉 팩스톤(Joseph Paxton, 1803-65)이 설계한 전시관 건물로서, 1837년 채스워스(Chatsworth)에서 「열대식물온실」을 설계했을 때 채택한 프레임 구조를 사용했다. 수정궁은 폭이 125m, 길이가 563m인 거대한 건물로서 8피트의 모듈을 사용했으며, 내부는 나누어지지 않고 뛰어난 조명과 끝없이 펼쳐진 넓은 일체적 공간으로 이루어졌다. 수정궁에서는 거대한 건물을 가볍게 하고 전시효과를 높이기 위해 충분한 채광이 되도록 유리를 많이 사용하였다.

조셉 팩스톤, 채스워스 열대식물온실, 1836–41

짧은 기간 동안 수정궁을 완성할 수 있었던 것은 공장재 생산(pre-fabrication)의 조립식 구조 덕분이었다. 이 수정궁은 공장생산에 의해 규격화된 철골부재와 유리를 이용하여 현장 조립공법에 의해 9개월 만

1. 조셉 팩스톤, 수정궁 당시 판화
2. 수정궁 전경
3. 수정궁, 1854년 sydenham에 재건된 내부
4. 수정궁 내부

에 길이 560m 정도의 건물이 완성됨으로써 새로운 재료와 공업기술에 의한 근대건축의 가능성을 예시하였다. 이 수정궁은 폭스 헨더슨(Fox and Henderson) 건설회사와 유리 제조업자인 R. L. 챈스(Chance)와의 제휴로 건조되었다. 그 당시로서 사상 최대의 건물이었던 이 수정궁은 24피트의 모듈에 입각한 대량생산의 규격부재를 사용한 완전히 조립식 구조체로 면적이 건평 770,000평방피트(약 71,537㎡; 약 21,640평) 이상이었다.

이 거대한 건축물은 19세기의 그 어느 건물보다도 당시 사람들에게 신선한 자극을 주었다. 온실 시스템을 이용한 선구적인 프리패브 구조의 수정궁에 있어서 유리를 끼운 정교한 금속제의 섬세한 창틀, 간막이 없이 연속하는 일체화된 실내공간, 중량감이 없는 투명한 벽 등은 새로운 양식의 도래를 알려 주었다. 수정궁은 박람회가 끝난 후 건물은 철거되어 적합한 모습으로 개조되었으나, 1936년의 화재로 소실되었다.

4) 1889년 파리 만국박람회와 에펠 탑

런던 만국박람회 이후 1860년 뉴욕에는 시민을 위한 대중공원인 센트럴 파크가 만들어졌고, 1889년 파리 만국박람회에서는 철골구조의 기계관과 에펠 탑이 세워지는 등 새로운 형태의 디자인이 이루어졌다.

1. 구스타브 에펠, 에펠 탑, 파리, 1889
2. 에펠 탑 풍자 삽화
3. 파리 만국박람회 전경, 1889

뒤테르, 파리 만국박람회의 기계관, 1889

1889 파리 만국박람회의 「기계관」은 뒤테르(Dutert, 1845-1906)가 설계하고 기술자인 빅토르 콘타민(Victor Contamin, 1843-93)에 의해 건설되었는데, 스팬이 115m, 높이 45m, 길이 420m로서 대형 아치의 철제 트러스를 주구조체로 하고 벽체를 유리로 마감하였다. 기계관은 연속된 거대한 철제 아치로 지지되고 기단과 정상부는 힌지로 연결되었으며, 수평적 견고성은 철제 리브를 이용하여 강화시켰다. '기계의 전당(Galerie des Machine)'이라고 불린 기계관은 역학적으로 극히 명쾌한 철골 3힌지(hinge) 아치를 이용한 대규모 가구식 공간의 사례다. 구조적으로 더욱 역동적이고 철을 능가하는 강철의 우수성을 입증한 최초의 중요한 사례인 기계관의 천정 등은 양식적으로 만들어졌으므로, 대담한 발상의 기술적 산물과 양식적인 세부 의장이 공존하였다.

1889년 파리 만국박람회를 기념하여 세워진 「에펠 탑」(Eiffel Tower)은 구스타브 에펠(Gustave Eiffel, 1832-1923)이 설계하였으며, 석조 받침대 위의 4개의 다리로 세워진 높이 300m의 철골조립 구조체로서 근대건축 초기의 발달된 공업기술과 건설기술을 상징한다. 에펠은 지반이나 바람과 같은 복잡한 문제에 대한 기초나 지지체를 처리하는 데 대한 경험을 바탕으로 하였으며, 전체적으로 부드러운 곡선형태, 비스듬하게 올라가는 엘리베이터를 사용한 관객운반 시스템도 독특하다. 에펠은 대지에서의 조립도면, 조립에 대한 세부도면뿐만 아니라 일시적인 비계도 상세하게 설계할 정도로 철저히 준비하고 문제를 해결하였다. 에펠 탑의 세부는 레이스와 같은 섬세한 장식이 만들어져서 기계관과 마찬가지로 기술과 양식적 세부의 공존이 보인다.

이 에펠 탑은 철골구조의 19세기적 결산이며 미의식에 대한 새로운 길을 연 기념비적 건축이다. 하지만 에펠 탑은 세워질 당시에는 건축가와 기술자, 정치인, **모파상**(Maupassant)과 같은 파리 지식인 등 많은 사람

에펠 탑을 싫어했던 소설가 모파상은 탑 안이 파리에서 유일하게 그 건물을 볼 수 없기 때문에 점심을 의도적으로 탑 안의 식당에서 해결했다고 한다.

들에게서 비판을 받았다. 1892년 미국 정부 출판부서에서 윌리엄 왓슨이 발간한, 『파리 만국박람회: 토목공학, 공공 토목공사와 건축』에는 "향후 20년간 우리가 도시 전체에서 보게 될 이것은 수 세기에 걸쳐 내려온 도시미관을 위협하고 있고, 우리는 철판으로 엮인 역겨운 기둥의 검게 얼룩진 역겨운 그림자를 보게 될 것이다."라고 적혀 있다.

구스타브 에펠, 마리아 삐아교, 1877-78

에펠은 프랑스의 구조공학자로서 철을 이용한 합리적 구조와 조립공법에 의해 대규모의 교량과 탑, 정거장 등을 다수 건설하였다. 에펠의 중요한 작품으로는 「부소 철도교」(Busseau, 1864), 오쁘르드 부근의 두로 강에 놓은 「마리아 삐아교」(Douro, 1877-78), 프랑스의 중앙 산악지대 가라비(Garabit) 부근의 「트리에르교」(1880-84), 파리 「봉마르쉬 백화점」(Bon Marche)의 철과 유리로 된 구조, 19세기 철골조의 결정체로 기념적인 파리의 에펠 탑 등이다. 이 거대한 구조물들은 대부분 최소한의 중량으로 최대한의 강도를 얻을 수 있도록 격자보를 기본으로 하였는데, 개개의 작은 부재인 이미 상품화된 앵글 또는 평판을 리베팅하여 3차원적인 입체 트러스(space frame)로 조립한 것이다.

 03 자본주의 경제체제와 대도시의 탄생

18세기 중엽에 시작된 산업혁명으로 물리학과 화학, 생물학 등 자연과학과 교통 및 통신기관 등 기술이 발달하고, 자유경쟁의 자본주의에 힘을 입어 성장한 중산 계급층들의 문화와 대중들의 확대된 관심은 새로운 환경, 곧 철도역 등의 교통기관, 도서관, 학교, 극장 등을 요구하게 되었다. 또한 공업화에 의한 기계사용이 증가하게 되면서 노동력의 요구도 증가하여 도시로 인구가 유입되었고 이에 따라 도시주택과 빈민자들의 슬럼(slum)에 대한 문제가 발생하여 이상적 도시에 대한 모델들이 제시되었다.

1) 자본주의

이윤추구를 목적으로 하는 자본이 지배하는 경제체제인 자본주의는 생산수단에 대한 사적 소유에 기초한 체제로서 자유경쟁을 원칙으로 한다. 봉건제에서 자본주의로 이행되는 것은 모든 생산수단이 소수에게 집중되면서 종래에 다수가 가졌던 생산수단이 박탈당하고, 생존을 위해 자본가에게 노동력을 제공하는 노동자가 발생되었음을 의미한다. 자본주의는 대규모 기계공업 형태로 물적, 기술적 토대를 창출한 후 노동생산성을 급속도로 성장시켰으며, 19세기 이후 지배적인 생산양식으로 자리잡는다. 이러한 변화의 배후에는 18세기 후반과 19세기 초반에 서유럽에서 발생한 산업혁명이 놓여 있었다. 생산의 집중이 대규모의 자금의 융통을 필요로 하는 자본주의에서 각국은 과잉자본을 수출하여 국외에 투자하게 되었는데, 투자할 장소의 안정성을 얻기 위하여 후진국 지역을 식민지로 영유하는 것이 필요하였으므로, 열국 사이에 식민지 쟁탈전이 벌어졌고 제국주의가 형성되게 되었다.

자본주의제도는 급속도로 가속화되었는데, 값싼 노동력은 방적산업에서 엄청난 자본을 축적할 수 있게 하였으며 화학과 야금술, 공업산업과 건축을 자극시켰다. 건설활동이 활발해지면서 기존의 건축 설계방법도 발전하게 되었다. 산업화 이후 공장과 제작소, 창고, 교량, 탄광소, 제철소와 같은 커다란 규모의 새로운 건물이 필요하였고 이러한 건물들은 형태나 기술면에서 유례가 없이 특별한 것이었다. 엄청난 규모와 높이, 강도, 복합적 기능의 이러한 건물들은 대부분 기존의 이론적인 교육을 받은 귀족 건축가들이 다루기에는 실무적 기술과 능력이 부족하였다. 즉 기존의 건축가들이 수공업 전통에 따라 건설하기에는 너무나 정교하고 새로운 것이어서 새로운 조직기술과 방법이 필요하게 되었다. 이에 따라 18세기 후반에는 새로운 직업으로 형성된 공학기술자들, 토목공학자(civil engineer)들이 나타나게 되었다. 그 당시까지 대규모 측량기술과 공학기술은 주로 군사적인 업무로 사용되었으며 교량건설과 토목건설은 광범위한 경험을 토대로 축적된 결과였다.

2) 자본주의적 대도시

산업혁명 이후 형성된 자본주의 체제 안에서 근대화와 산업화, 도시화가 비슷한 시기에 발생하였다. 근대화는 개인의 가치체계와 이에 따른 사회제도의 변화를 가져왔고, 산업화는 기술의 발전과 전문적인 직업의 탄생, 공장체제의 발전을 가져왔으며, 도시화는 인구의 집중과 도시영역의 확산, 도시적 생활양식의 확산을 가져왔다. 산업화 이후 기술(Technology)은 근대도시의 발전의 열쇠라 할 수 있는데, 산업도시가 형성되기 이전에는 인구 대부분이 농촌지역에 거주했지만, 공장체계와 산업의 발달이 급속한 도시화와 일련의 사회적·경제적 변동을 수반하였으며, 급속한 공업화는 새로운 교육체계를 필요하게 하였고 경제적 개념이 확립되었다.

한편 산업혁명의 결과로 자본주의적 대도시가 형성되었는데, 이들 도시들은 인구의 증가와 주택문제, 건조환경의 문제 등이 심화되었다. 이 대도시들은 영아사망률의 감소와 수명연장으로 인구가 자연 증가될 뿐 아니라 농촌지역에서 도시로의 인구유입이 가속화되었다. 인구의 성장에 비례하여 적절한 시설 및 주택의 공급이 불가능했으므로 도시는 과밀화되고, 무허가 주택과 슬럼이 만들어지며 도시 교외로의 무분별한 확장이 이루어졌다. 산업혁명기의 영국 공업도시들의 과밀화와 슬럼화 현상은 상상을 초월하는 것으로서, 서민 주거지역의 위생상태는 최악이었다. 또한 도시들에 있어서 인간의 소외, 전염병의 확산, 노동자들의 주거환경 불량으로 인해 시민들의 불만이 폭발하게 되어, 도시와 주거환경에 대한 국가적인 개입이 시작되며 건축가들이 새로운 도시와 주거개념을 제시하게 되었다.

3) 새로운 도시개념

최초로 도시의 근대적 재편으로 도시공간을 크게 다루었던 것은 유진 조지 오스만(Eugene Georges Hausmann, 1809-91) 남작에 의한 파리 대개조였다. 19세기 중반에 일어난 오스만의 파리 개조계획은 서구에서 산업혁명으로 인한 도시인구의 팽창에 대응하는 최초의 대규모 도시계획으로서, 기존 도시구조에 대해서 대대적인 외과수술을 벌인 것이었다. 19세기 파리는 인구의 급증과 그에 따른 위생상태 및 치안이 열악

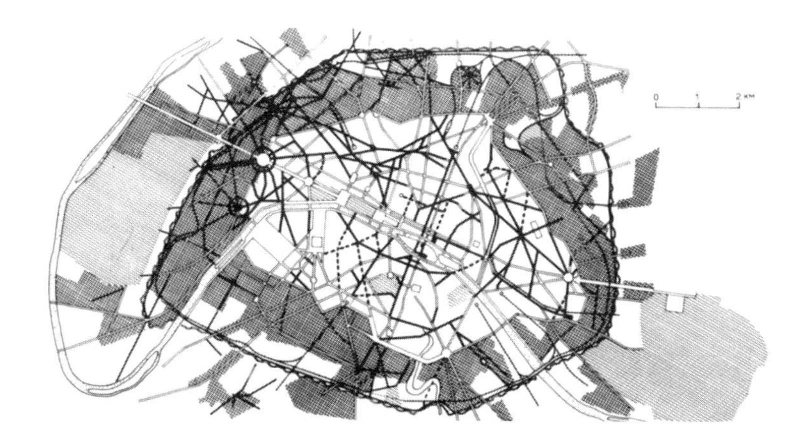

오스만의 파리 개조계획, 1853

하였으므로, 최초의 도시계획이 탄생하게 되었던 것이다. 1853년부터 1869년 사이의 이 개조에 의해 안정된 파리 시가지가 실현되었으며 그 후 독일과 스페인 등 유럽으로 널리 파급되었다.

이 개조는 파리의 주택 중 7분의 3을 파괴하고 미로식의 가구에 직선의 관통로를 설치하며, 공원을 설치하고 상하수도를 정비하는 것이었다. 오스만의 도시계획은 세 가지 단계로 구체화된다. 첫째로 교통망을 조직하는 것으로서, 교통체계에 따른 중요성에 따라 도로의 크기가 결정되고, 도로를 둘러싸고 있는 건물의 성격을 결정하였다. 디자인의 지침은 도로의 폭에 관련시켜서 건물의 높이를 조절하여 지붕의 형태를 결정하도록 하였다. 둘째는 도시를 청결한 삶의 터전으로 만드는 것으로서, 새로운 급수설비는 공원분수, 식수 등 도시생활을 향상시킬 수 있는 최상의 프로그램을 만들 기회를 제공하였다. 셋째는 도시계획에서 공공시설의 중요성을 인식하여, 모든 이에게 필요한 시청과 구청들, 도서관, 교회, 극장, 공공시장 등을 전 도시에 고루 분포시켰다.

04 새로운 건설재료와 기술, 과제

1) 새로운 건설과제와 건축재료

18세기 중엽에 시작된 산업혁명으로 과학기술이 발달하고, 자본주의에 힘을 입어 성장한 중산계급층들의 문화와 대중들의 확대된 관심은 새로운 환경과 건축유형, 곧 철도역과 같은 교통기관이나 도서관, 학교, 백화점과 극장 등을 요구하게 되었다. 즉, 도시의 인구집중으로 인해 도시성장이 촉진되고 대규모의 공공시설과 공공기능의 증대와 공장, 대상점, 창고, 역사 등의 새로운 건물과 시설물이 요구되게 된 것이다.

산업혁명 이후 19세기에는 유리와 철, 강철과 시멘트, 철근콘크리트 등의 새로운 재료가 사용되었고, 건설공법을 발전시켜 전통적인 석재로 건설된 건물과는 다른 새로운 구조의 건물을 구축할 수 있는 풍부한 가능성을 열어주었다. 이 새로운 재료들은 전통적인 재료와 비교도 안될 만큼 풍부한 공간 가구능력을 부여하였다.

근대 이전의 철은 단철이나 주철이었지만 18세기 후반에서부터 철이 근대 제철기술에 따라 공업적으로 생산되며 건축재료로서 점진적으로 사용되게 되었다. 제철기술의 공업화가 발전되면서 철은 비약적으로 생산량이 증대되고 품질이 개량되었다. 영국에 있어서 철의 생산은 1740년 1만 7천 톤에 불과했으나 1820년에는 약 25만 톤, 1850년에는 약 2천만 톤 이상으로 증대되었다. 자연 시멘트보다 수경성이 좋고 강도가 높은 인공 시멘트는 1756년 영국의 스미톤(John Smeaton, 1724-92)에 의해 선구적 실험이 발표되고 1824년 아습딘(Joseph Aspdin, 1779-1855)에 의해 포틀랜드 시멘트(Portland cement)가 제작되었다. 한편 1880년대에 공업화된 기계조작에 의한 판유리는 대량생산되면서 건축의 양상을 크게 변화시키게 되었다.

2) 철골구조

도드는 1770년부터 1772년까지 리버풀에 주철기둥을 사용한 「세인트 앤 교회」를 건설했으며, 그후 J. 와트와 M. 볼턴은 맨체스터의 목면 공장에 주철제 기둥과 주철제 보를 사용하였다. 1779년 아브라함 다

영국에서 석탄과 철강공업은 오랫동안 분리되어 왔는데, 18세기 말 다비가에서 코크스의 용융실험으로 철강생산을 효율적으로 하면서 석탄과 철강산업이 병행되었고, 그 물량들의 이동을 위해 최초의 주철 교량이 만들어진 것이다.

비(Abraham Darby)는 콜부르크데일(Coalbrookdale)에 주철교를 건설했는데, 이 주철교는 전체가 주철로 된 최초의 다리로서 길이는 약 30m이고 2개의 반원 아치가 연결되었으며 교각은 석조였다. 19세기의 많은 건축가들은 고전양식에 철골구조를 사용한 건물을 지었으며, 보수적인 건축가들도 철과 유리를 사용하였다.

주철이나 연철로 만든 아치교량, 현수교 또는 거더를 건넨 교량 등 초기의 교량들도 근대건축의 발전에 일익을 담당하였다. 철이 기술자들에 의해 사용된 최초의 사례는 「세번교」(Severn Bridge, 1775–79)로서, 윌킨슨과 다비가 설계했으며 길이 30.5m, 높이 12m이고 5개의 반원 아치로 구성되었다. 1793년부터 1796년 사이에 건조된 「선더랜드교」(Sunderland Bridge)는 대담한 실험의 하나로서, 토마스 페인(Thomas Paine)이 설계하였으며 길이 72m, 높이 10m의 단일 아치로 구성되었다.

철재를 사용한 것 가운데 거대한 도로와 철도를 건설한 공학기술자들의 작품은 가장 창의적인 구조물을 보여주었다. 텔포드(Thomas Telford, 1757–1834)는 홀리헤드 도로를 메나이(Menai) 해협까지 확대하기 위한 140m 스팬의 메나이 현수교(1819–26)와 콘웨이 현수교(Conway, 1824–

토마스 페인, 선더랜드교, 1793–96

토마스 텔포드, 콘웨이 현수교 판화, 1824–26

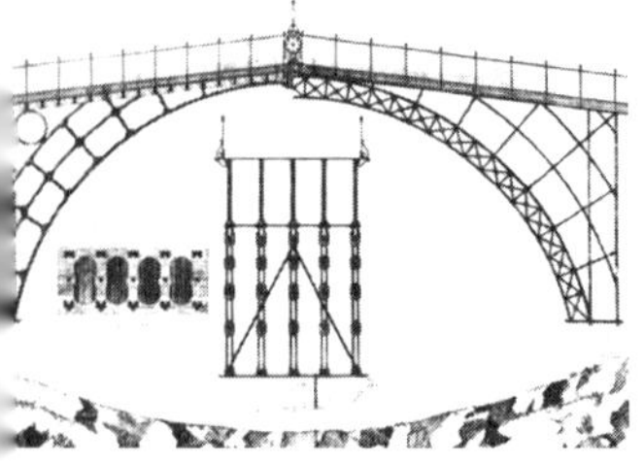
다비와 윌킨슨, 세번 강 주철교 도면, 1775–79

세번교, 1775–79

26)를 건설한 이후, 브루넬(Isambard Brunel, 1806–59)과 함께 브리스톨 근교인 클리프톤(Clifton)에 이집트 신전의 탑문(Pylon)과 같이 매우 거대하고 장엄한 석재교각이 200m 이상의 스팬을 가로지르는 현수교(1830–63)를 건설하였다.

이처럼 당시 영국이나 북미에서는 이미 놀랄만한 길이의 스팬을 갖춘 교량들이 완성되고 있었고, 고층건축으로는 조적조와 철골조가 병용되는 것도 있었다. 구조기술자들에 의한 석조벽체 속에 철골을 넣는 구조에 의한 다층 구조방식이 1850년대 공장과 창고, 도시의 상점, 사무소 건물에 널리 보급되면서, 런던과 리버플, 글래스고 등지에서 큰 판유리와 노출된 철구조의 단순한 파사드의 건물이 도시를 장식하게 되었다. 한편 시장과 정거장, 식물원 온실 등과 같은 산업건물은 밝은 대공간을 경제적으로 구축할 것을 요구하였으므로, 철골 아치의 스팬을 증대시키고 철골과 유리를 결합시켜 밝은 대공간을 구축하게 되었다. 스코트(G. G. Scott)와 바로우(W. H. Barlow)가 구축한 런던의 「성 판크라스 호텔 역사」(St. Pancras Station, 1863–67)는 스팬 75m의 첨두 아치로 구성되었다. 이 역사 지붕은 힘을 지탱할 수 있는 구조탑이었으며 사용된 주철은 고장력을 지탱하기에 적합하였고, 75m의 스팬과 높이 30m의 거대한 포물선 볼트 구조의 이 건물은 당시에는 세계 최대의 규모였다.

더비셔(Derbyshire)에 소재한 「채스워스 주택」(Chatworth House)의 온실은 철골과 유리를 사용한 초기적 단계의 건물로서 길이 84m, 이중 볼트 구조였다. 거대한 스팬으로 구성된 철골과 유리지붕의 선구적인 사례들로서는 데시머스 버튼(Decimus Burton)이 설계한 런던 근교의 「큐 식물원」(Kew Garden, 1845) 소재의 「팜 주택」(Palm House), 제임스 버닝(James Burning)이 1846년에 설계한 런던 소재의 「석탄거래소」(Coal

데시머스 버튼, 팜 주택 외관, 1844–48

Exchange) 등이 있다.

철제와 유리가 유기적으로 결합되는 구상이 집대성된 것은 1851년 런던에서 개최된 만국박람회 건물인 수정궁이라 할 수 있다. 온실구조처럼 철과 유리로 된 수정궁에서 나타난 표준화된 공장제품 생산, 현장조립 시공방법 등은 이후의 만국박람회 건축에 큰 영향을 주었다. 조셉 팩스톤에 의한 이 수정궁은 건축의 혁명이라고 불릴 만큼 획기적인 건물이었다. 이 수정궁은 당시의 사람들에게 많은 논란을 불러일으켰다. 신고딕주의의 대가인 퓨긴은 '수정 허풍궁', '유리로 된 괴물', '크리스탈의 잠꼬대', '비속한 구조'라고 혹평했으며, **토마스 카라일**(Thomas Carlyle, 1795–1881)은 '큰 유리의 비누 거품'이라고 부르짖었다. 존 러스킨은 '저것은 온실일뿐이며, 철로서 고도의 미를 창조하는 것은 영원히 불가능하다'고 하였다. 반면 스트리트는 수정궁을 '참신하고 훌륭한 목적에 일치한다'고 평하였고, **토마스 해리스**(Thomas Harris, 1829–1900)는 1862년 '수정궁은 획기적인 건축의 새로운 스타일이다. 철과 유리가 결합되어 장래 건축양상에 명확하고 특징적 성격을 부여하는 데 성공하였다고 여겨진다'고 하였다. 한편 유럽에서는 거의 완전한 강철구조인 파리 만국박람회의 에펠 탑과 기계관이 1889년 탄생되었다. 에펠은 파리 같은 유서깊은 도시 심장부에 철골이 노출된 구조물을 건설하여 20세기를 상징하는 모뉴멘트를 구축하는 데 성공하였다.

토마스 카라일은 물질주의와 공리주의에 반대하여 인간정신을 중시하는 이상주의를 제창한 영국의 사상가, 역사가.

토마스 해리스는 영국의 건축가이며 건축작가.

19세기 말에는 중후하고 튼튼한 벽과 내부에 경쾌한 철골기둥을 갖춘 건물들이 큰 성과를 이루었으며 아름다운 건물로 받아들여졌다. 여기에 큰 공헌을 하며 주철골조를 건축적으로 소화시키려고 노력한 최초의 건축가라고 할 수 있는 인물이 앙리 라브로스트(Henri Labrouste, 1808–1875)이다. 기술자와 건축가의 양방의 재질을 갖춘 앙리 라브로스트는 파리의 「성 주느비에브 도서관」(St. Genevieve Bibliotheque, 1843–50)

열람실에서 양쪽 석축 피어들과 중간의 가는 주철주로 지지된 두 개의 반원 아치를 노출시켰고, 「파리 국립도서관」(1858-68)의 서고공간에서는 주철의 기둥과 보와 바닥의 격자를 서로 아름다운 건축적 구성으로 처리하였다.

한편 철제와 철골구조의 모험적인 사용은 고인장 강관을 줄곧 채택한 존 뢰블링(John Roebling)의 작품과 시카고학파의 건축가들 작품에서도 찾아볼 수 있다. 뢰블링은 「나이아가라 철도교」(Niagara railway bridge, 1851-55)와 「오하이오 강 철교」(Ohio River bridge, 1867-83), 뉴욕 소재의 「브루클린교」(Brooklyn bridge, 1867-83) 등 수많은 현수교를 건립하였다. 미국에서는 뼈대 전체가 철로 되고 돌로 피복하는 철골구조의 마천루가 창안되어, 시카고에는 1883년부터 1885년까지 제니에 의해 「홈 인슈어런스 빌딩」(Home Insurance)이 세워지고 1887년 홀라버드와 로치(Holabird and Roche)에 의해 「타코마 빌딩」(Tacoma)이 세워졌으며, 철골구조의 마천루는 1890년부터 1891년까지 설리번에 의한 「웨인라이트 빌딩」(Wain-Wright, 세인트 루이스)에 이르러 완성되었다.

새로운 건축을 창조하려는 건축가의 의도에 의해 철이 중요한 기초가 되었던 19세기에는 발달된 건축기술을 이용하여 건축의 주요 부재들이 규격화, 표준화되어 대량생산되고, 현장 조립됨으로써 건축의 가격이 저렴하게 되어 경제성과 시공성을 획득할 수 있었다. 또한 신재료의 이용과 건축기술의 발달로 건물규모가 점점 대규모화되었다. 1900년경에는 기계를 '늠름하고 냉정한 외관에 잠긴 경이적인 힘의 아름다움'이라거나 '깨끗하고 번쩍번쩍 빛나는 기계의 광택' 등으로 표현하며 사람들을 감동시키게 되었다.

3) 철근콘크리트

1824년 아습딘(Joseph Aspdin, 1779-1855)에 의해 포틀랜드 시멘트가 제작된 이후 시멘트 공업은 비약적으로 발전하여 근대건축에 철재 이상으로 큰 영향을 미치게 되었다. 시멘트와 모래, 자갈을 혼합하여 만든 콘크리트는 19세기 전반에서부터 토목공사나 건축의 기초나 바닥에 널리 사용되어 왔는데, 이와 함께 철과 콘크리트를 조합하여 내화적이고 강력한 재료를 만들려는 노력이 경주되었다.

프랑스인 프랑소와 안네비끄(Francais Hannebique, 1843-1921)는 현재의 일체식 구조의 철근콘크리트 방식을 최초로 성공하며 1892년 특허를 얻었다. 안네비끄에 의한 일체식 콘크리트 구조는 철골의 강접구조를 대신할 수 있는 강한 골조를 만드는 방식으로서, 자유로운 조형성을 가능하게 하며 얇은 곡면과 평면을 자유롭게 만들 수 있는 특징을 가졌다. 한편 미국에서는 안네비끄와 관계 없이 일체식 콘크리트 방식이 개발되었는데, 시카고의 기술자 랜섬(Ransome)이 1894년 안네비끄의 방식과 똑같은 원칙으로 배근한 철근콘크리트 구조를 발표하였다.

제 4 장

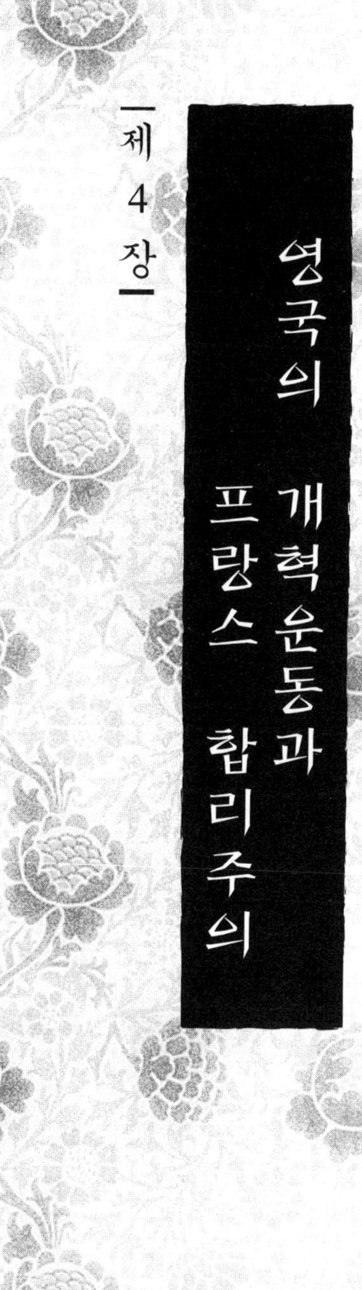

영국의 개혁운동과 프랑스 합리주의

01 영국 산업도시의 개혁

산업혁명에 따른 산업화와 공장화, 급격한 도시화는 과잉노동, 실업의 장기적 지속, 비참한 주거환경, 빈곤과 무지, 질병 등 당시 사회에 엄청난 변화를 가져왔다. 19세기에 이르면 여러 사회주의자와 건축가들이 산업화에 따른 폐단을 지적하면서 노동자들에게 양호한 환경을 제공하며 도시환경을 합리적으로 계획하여 바람직하게 역할을 하는 이상도시를 제안하게 되었다.

이상도시안을 제창한 최초의 개혁주장자로서 로버트 오웬(Robert Owen, 1717-1858)을 들 수 있는데, 그는 방직산업에서 얻은 엄청난 이익으로 재물을 축적한 웨일즈 지방의 산업가로서, 글래스고 부근의 뉴라나크(New Lanark)에서 1800년 거대한 공장의 경영자가 되었으며 그곳에서 유토피아 이론을 실행한 후 『사회의 새로운 시점』(A New View of Society, 1813)을 출판하였다. 오웬은 인간의 신분은 인간에 의해서가 아니라 인간을 위해서 만들어진다고 하며, 뉴라나크에서 생활조건과 작업조건을 개선하고 특히 교육을 통하여 노동자들의 정신적 요구에 수용함으로써 당시 상황을 수정하려고 노력하였다. 사업가로 성공하고 정치가로도 활동한 오웬은 당시 공업과 농업이 분리되면 안되고 농업이 영국 국민의 주된 직업이고 공업은 부수적이라고 주장하였다.

공상적 사회주의는 유토피아적 사회주의라고도 하는데, 18세기 후반 산업혁명의 여파로 인한 빈부차별, 노동자계급의 빈곤과 같은 현실사회를 비판하고 이상적 사회를 추구하였으며, 로버트 오웬, 샤를르 푸리에, 생 시몽 등과 그들의 문하생들이 해당된다.

공상적 사회주의자인 오웬은 자급자족하며 모든 바람직한 기본적인 생활환경을 갖추고 커뮤니티를 위한 조화와 협동이 이루어지는 이상적 주거단지 계획을 1817년 제안하였다. 오웬은 자신의 계획안을 성공시키기 위하여 영국 오비스톤(Orbiston)에서 시도하였고(1826-27), 1825년에는 미국 인디애나 주 하모니(Harmony)촌을 구입하여 9백 명의 추종자와 함께 이민을 하여 4만 에이커의 대지를 모범적인 농업 커뮤니티 뉴 하모니(New Harmony)로 건설하고자 하였다. 오웬은 비록 성공을 이루지는 못하였으나 19세기 유토피아의 제창자 중 매우 중요한 위치를 차지한다.

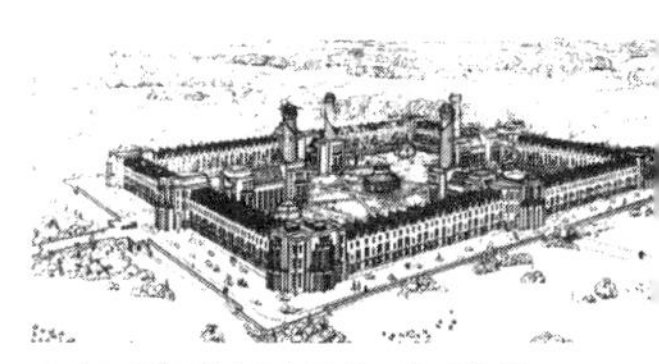
로버트 오웬, 인디아나 주 하모니 마을 상상도, 1825

프랑스 철학가며 공상적 사회학자인 샤를르 푸리에(Charles Fourier, 1772–1837)는 철학적이고 심리학적으로 인간활동을 설명하였는데, 인간적인 감정을 7가지로 구별하고 그 연계성으로 역사를 해석하였다. 푸리에는 『4운동의 이론』(1808)을 발표하고, 1822년 간행한 『농업가족 집단』, 『우주적 통일이론』 등으로 집단소유에 입각한 팔랑주라는 공동조합제도를 구상하였다. 푸리에는 생활과 재산이 완전히 공유되는 인간성의 제7기인 조화기가 되면 사람들은 도시를 떠나 1,620명이 사는 공동조합 팔랑주(Phanlange)에 옮겨서 팔랑스테르(Phalanstere: grand hotels)라는 건물에서 살게 된다고 주장하였다. 푸리에에 의한 팔랑스테르는 주민들이 큰 홀에서 공동생활을 하고 노인은 1층, 어린이는 2층, 성인은 3층에서 생활하는 건물로서, 3개의 큰 중정을 가지며 외관은 대칭적 형태다.

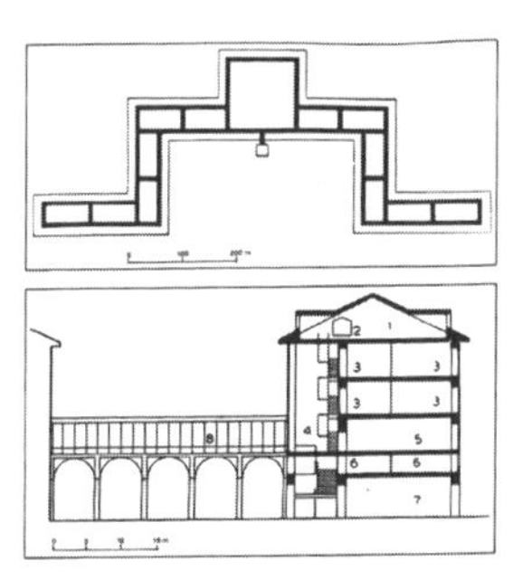
푸리에의 팔랑스테르 계획안, 개략평면도와 단면도, 19세기 초

푸리에의 팔랑스테르 계획안

샤를르 푸리에의 사상은 미국에도 영향을 주어 텍사스 주 달라스 근처의 La Reunion(1855)이라는 공동체를 비롯하여 뉴저지의 North

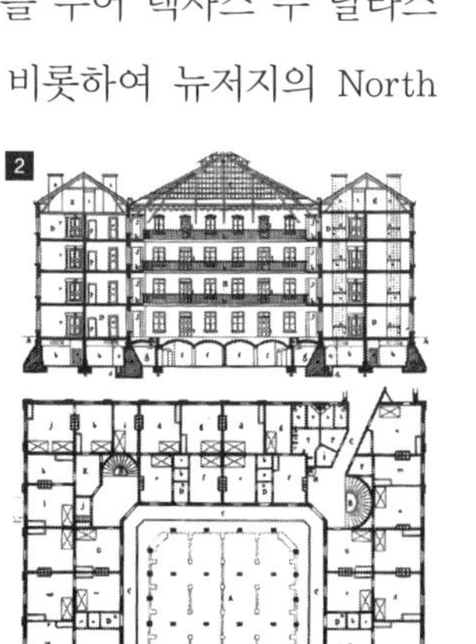
1. 고뎅, 파밀리스테르 종합 배치도, 1830
2. 고뎅, 파밀리스테르 평면과 단면, 1830

American Phalanx(1843), 뉴욕 주의 Community Place(1830) 및 Sodus Bay Phalanx(1833-44) 등 여러 공동체 사회를 설립하는 데 자극을 주었다. 또한 고뎅(Jean-Baptiste André Godin, 1817-1889)은 푸리에의 계획에 영향을 받아서 1856년부터 1859년까지 기즈(Guise)에서 파밀리스테르(Familistere)라는 산업 및 주거의 복합건물을 실현하였는데, 푸리에의 계획을 두 가지 변경하여 기업의 기초를 공업에 두고 공동생활을 하지 않으면서 각 가족이 주호를 가지며 보육원과 집회실을 설치하였다. 오웬과 푸리에의 계획안은 농업과 공업의 통합, 도시와 지방의 통합 등이 비현실적이었고 근대적인 대공장과 기계화된 농업의 성장을 고려하지는 못하였지만, 근대적 도시계획 및 환경의 방향을 제시하였고, 또한 주거자수를 한정한 주거단위, 집중화된 시설, 건물 내부통로 등 근대적인 계획에서 나타나는 모습과 비슷한 점들이 있다.

02 영국의 미술공예운동

1) 형성 및 전개 과정

근대건축의 시작은 영국에서부터 나타나기 시작하였는데, 미술공예운동(Arts and Crafts Movement)은 19세기 말 영국에서 일어났던 공예개량운동이다. 근대건축운동의 하나인 미술공예운동은 산업혁명의 물결 속에서 가구 등의 일용품과 건축에 범람하기 시작한 값이 싸고 저속하며 조잡한 기계생산 공예품에 대한 반작용으로 시작되었다. 18세기 말에 시작된 산업혁명은 빅토리아 시대에 이르러 사회의 모든 분야에서 인간의 생활을 완전히 변화시킬 만큼 발전하였고, 공업생산과 기계생산에 의한 제품들이 대량 생산되었다. 산업혁명 이후 기계생산에 의한 저속한 공산품이 범람하게 되었는데, 일용품의 평균수준과 사회 전반의 예술성이 저하됨에 따라서 19세기 중반 일용품을 비롯한 응용미술 전반의 질적 향상과 예술성 회복의 필요성이 대두되었다.

이 운동을 이끈 대표적인 인물은 존 러스킨, 윌리엄 모리스, 필립 웨브, 리처드 노먼 쇼 등의 건축가와 문필가이고, 여기에 라파엘 전파(Pre-Raphaelite)라고 불리는 화가들도 참여하였다. 19세기 영국의 예술평론가인 **존 러스킨**과 중세 고딕의 복고를 주도하며 중세 수공업자들의 장인 정신으로 복귀할 것을 주장한 **퓨긴**의 영향을 받은 모리스는 수공예의 부흥을 통한 일용품과 공산품의 예술성 및 질적 향상을 도모하며, 일반인들을 위한 대중적, 실용적 예술을 주장하였다.

존 러스킨 : 19세기 영국의 사회학자, 예술평론가인 존 러스킨은 예술창조 수단으로서 기계를 부정하고 중세 수공예의 이용을 주장하였다.

퓨긴 : 19세기 영국 건축가 오거스투스 퓨긴은 당시의 고딕 복고양식을 주도하며 중세의 고딕 건축을 찬양하고 중세의 수공업과 장인정신으로 복귀할 것을 주장하였다.

모리스는 기계만능주의가 결국은 생활 속의 아름다움을 파괴할 것이라는 우려에서 가구와 집기, 옷감, 디자인, 제본, 인쇄 등 응용미술의 여러 분야에서 '수공업'이 지니는 아름다움을 회복시키려고 중세적 직인제도의 원리에 따른 공예개혁을 기도하였다. 모리스의 이러한 혁신운동은 1860년대부터 시작하여 건축가와 공예가들의 큰 호응을 받았으며, 1880년대에는 직인기술의 향상을 위한 몇 개의 조직도 결성되었는데, 1882년의 '센추리 길드', 1884년의 '아트워커즈 길드'와 '아츠 앤드 크래프츠 전람 협회' 등이 그것이다. 모리스의 예술관은 영국에서 월터 크레인(Walter Crane, 1845–1915)이나 찰스 로버트 애슈비(C. R. Ashbee, 1863–1942) 등과 같은 많은 후계자들에 의해 이어졌다. 애슈비는 1888년 미술공예전람회를 결성하여 이 운동의 최종적인 완성을 보게 된다. 이들 직인적인 공예운동은 기계능력의 가능성을 무시하였다는 점에서 시대를 역행한 듯하나, 예리한 문제점 제기와 세련된 미의식은 그 후의 공예발전에 커다란 영향을 주었다.

하지만 영국에서 시작된 미술공예운동은 기계적 생산을 거부하고 중세의 미학적, 정신적 원리의 부흥을 시도하였으나, 기계 생산을 부정함으로써 수공예 제품의 가격이 기계생산품 보다 비싸지게 되는 딜레마에 빠지게 되며 대중성의 실현에 실패하였다. 미술공예운동가들은 공업시대에 대한 불만, 노동의 분업이나 공업생산 공정에 대한 불신, 기계에 대한 적의 등 진단은 비교적 정확했으나 그 치료방법이 불완전하였던 것이다. 따라서 1905년 이후 미술공예운동의 예술가들은 기계생산의 활용이라는 시대적 조류를 더 이상 무시하지 못하고 공업기술을 예술창조의 수단으로 수용하게 되었다.

기계와 공업화에 대한 불신은 20세기에 이르도록 깊이 남아서, 바우하우스의 초기 슬로건에도 여전히 반영되었었다: '건축가여, 조각가여, 화가여, 우리는 손으로 하는 일로 되돌아 가지 않으려는가?'

미술공예운동의 도안

시대의 흐름에 역행하면서 기계에 반발하였던 이 운동은 새로운 기계문명에 대해 건축계에서 최초로 일어난 윤리적이고 예술적인 운동이라는 것에 역사적 의미가 있는데, 이들이 주장한 고딕부흥운동, 수공예의 중시 등은 이후 바우하우스의 건축이념으로 흡수되어 근대건축의 형성에 중요한 역할을 수행하였다. 이것은 아르누보, 반 데 벨데, 헤르만 무테시우스라고 하는 독일 건축가에 의해서 독일에 소개되고 미술과 공예, 건축이라는 3가지의 상관된 개념이 종합되어 1907년에 창설된 독일공작연맹에서 구체적으로 표현되게 된다.

2) 주요 이론 및 영향

(1) 예술 및 일용품의 질적 향상과 대중성 추구

월터 크레인의 여러 가지 장식 모티프

미술공예운동은 산업혁명 이후 기계화와 공장생산으로 인한 예술 및 일용품의 질적 저하를 비판하며, 일용품의 품질 자체를 예술적으로 높은 수준으로 향상시키고자 노력하였다. 또한 일반민중들을 위한 대중적, 실용적 예술을 주장하고, 대량생산 제품의 품질 자체를 수공업에 의해 예술적으로 높은 수준으로 향상시키고자 노력하였다. 이 운동은 수공예제품의 부흥을 목표로 기계가 생활에 미치는 침해와 싸우기 위해 각종 협회를 설립하는 등 실험과 연구, 투쟁을 계속하였다.

(2) 기계문명 부정

미술공예운동의 건축가들은 기계에 대해 매우 부정적인 입장을 취하며, 예술창조의 수단으로서 기계 대신에 수공업의 부흥을 주장하였다. 퓨긴은 기계가 수공업을 모방하지 않는다는 제한된 조건하에서 기계의 역할을 인정했지만, 존 러스킨은 매우 강하게 기계에 반대하였다. 그는 『건축의 7등』(Seven Lamps of Architeture)에서 기계는 나쁜 것이고 부정직한 것이며, 기계가 주는 해악을 치유할 수 있는 유일한 방법은 노동의 고귀함이 살아 있는 수공업으로 되돌아가는 것이라고 보았다. 하지만 대중을 위한 제품생산이라는 미술공예운동의 이상을 실현하기 위해서는 당시의 기계문명을 배제할 수 없었으며, 이러한 시대착오적 모순 속에 이 운동의 한계점이 있었다.

(3) 중세의 동경

모리스는 중세와 자연, 넓은 농촌을 사랑했지만 대도시는 적합한 환경이 되지 못한다고 하였다. 모리스는 매일의 노동에 창조의 기쁨이 따랐던 중세시대처럼, 인간이 노동하는 가운데 자기의 기쁨을 표현하는 것이 예술이라고 정의하였다. 그래서 예술활동에는 제작자와 사용자를 위한 즐거움이 동시에 내포되어야 하고, 그것을 위해서는 수공예운동이 전개되어야 한다고 보았다. 미술공예운동은 수공예의 부흥을 통한 일용품과 공산품의 예술성과 질적 향상을 주장하였고, 중세예술에 대한 정신적 고양은 고딕양식의 부흥으로 연결되었다. 19세기 후반 영국은 고딕부흥운동이 강력하게 대두되었다.

(4) 영향

미술공예운동은 디자인과 재료, 개인능력의 수준을 강조하며, 뛰어난 중세의 장인 기질을 많이 부활시켰다. 하지만 미술공예운동은 기계적 생산을 거부하고 중세의 미학적, 정신적 원리의 부흥을 시도하였으나, 기계생산을 부정함으로써 수공예제품의 가격이 기계생산품보다 비싸지게 되어 대중성의 실현에 실패하게 되면서 영향력을 상실하였다. 미술공예운동은 이념적으로는 사회적 및 도덕적 동기를 가지고 있었으며, 가치 있는 예술을 생산해야 한다는 신념에서 윤리적인 측면에 더욱 많은 관심을 집중하였다.

새로운 기계문명에 대한 건축계 최초의 예술적 운동으로서 미술공예운동은 고딕부흥이나 수공예의 중시 등을 통해 이후 근대건축의 형성에 중요한 영향을 미치게 되었다. 미술공예운동은 앙리 반 데 벨데(Henry van de Velde) 등의 아르누보(Art Nouveau) 건축가들에게 영향을 주었고, 독일의 무테시우스(H. Muthesius)에게 영향을 주어 독일공작연맹의 창설을 초래하였다. 무테시우스는 영국 주택에 관해 여러 가지의 실례를 제시한 책을 저술하고, 영국의 가구며 장식계획을 광범하게 수집한 전람회를 개최하는 등 중요한 구실을 하였다.

미술공예운동의 새로운 사상과 작업방법은 전 유럽에 걸쳐 큰 영향을 주었다. 이 운동은 예술활동에서의 중요한 부분과 19세기 후반의 사회주의적 사고를 지배하였으며, 유럽과 미국 전역에 걸쳐서 장식미술에 대한 새로운 이해의 출발점이 되기도 하였다. 이 운동의 영향을 받아서 오토 와그너, 아돌프 루스, 루이스 설리번, 프랭크 로이드 라이트, 앙리 반 데 벨데, 빅터 오르타, 베를라헤 등의 건축가들은 기계를 찬양하고 기계생산의 본질을 이해함으로써 건축조형과 장식 사이의 관계를 온전히 파악하고 근대건축운동의 선구자적 역할을 하게 되었다.

3) 건축가 및 건축사례

(1) 존 러스킨

존 러스킨(John Ruskin, 1819-1900)은 19세기 영국의 사회학자이자 예술평론가, 저술가로서, 1837년 옥스포드 '크라이스트 처어치(Christ Church) 컬리지'를 졸업하였으며, 예술창조 수단으로서 기계를 부정하고 중세의 수공예의 이용을 주장하였다.

존 러스킨의 형태연구, 『Modern Painter』(1860)

러스킨은 장식이란 것이 건축에서 중요한 역할을 하는 것이며, 건축에 화려함과 아름다움을 주는 데 필요한 것이라고 하였다. 러스킨의 사상은 미술공예운동에 철학적 및 사상적 배경을 제공하였으며, 주요 저서로는 『건축의 7등』, 『베니스의 돌』(The Stones of Venice, 1852) 등이 있다. 이 두 저서는 러스킨을 예술비평의 대가라는 명성을 얻게 했으며, 그 시대의 문학을 대표하는 글이 되었다. 러스킨은 옥스퍼드 대학 교수를 지내면서 강의내용을 묶은 책을 많이 편찬하며 예술에 대한 설득력 있는 견해를 수립하였다. 러스킨은 이탈리아의 로마네스크 양식과 고딕양식, 그리고 13세기 후반과 14세기 초 영국의 고딕양식을 최고의 양식으로 생각하였다.

『베니스의 돌』에서 러스킨은 베니스 고딕에 대한 검증을 통해, 중세 후기의 북이탈리아 건축양식 및 장인들을 높이 평가하고 그들의 생활과 창작활동을 이상으로 삼아 베니스 고딕의 건축에 우수성을 부여하였다. 러스킨은 중세 장인들의 창조적 예술을 건축물의 창조과정과 연관시켰고, 근대의 추악함은 근대 장인들이 예술적 창조의 기회를 상실한 것에서 비롯되었다고 하였다. 러스킨은 『건축의 7등』에서 디자이너로서 갖추어야 할 자질로 '희생, 진실, 힘, 미, 생명, 기억, 순종'의 7가지를 들고, 건물이 지녀야 할 덕목을 고전적인 방식이 아니라 중세의 고딕적 방식의 도덕적 입장에서 제시하였다:

> 우수해지려는 노력 속에 포함된 '희생', 재료를 정직하게 사용하는 '진실성', 단순하고 거대한 형태를 만드는 '힘', 영감의 원천으로서의 '자연의 미', 수공예기능으로 나타나는 '생명', 후세들을 위한 예술작품에서 미래의 시대에 전달되는 '기억', 과거의 양식 중 최고의 양식을 사용하도록 하는 '복종'.

A. 희생의 등불: 희생의 건축은 단순한 건물로서가 아니라, 신성함과 아름다움이라는 불필요한 요소가 포함된다.
B. 진실의 등불: 진실된 건축은 쓸모 없는 구조를 지니지 않으며 거짓된 재료를 사용하지도 않고 사람의 손을 배제한 기계적 방식을 사용하지도 않는다.
C. 힘의 등불: 건축의 힘은 장엄하고 간단한 구성을 통해 얻을 수 있다.
D. 미의 등불: 건축의 미는 자연을 모방하거나 자연에서 얻는 영감에 의해서만 가능하다.
E. 생명의 등불: 건축은 생명을 충분히 표현하여 자유분방하고 규칙에 구애받지 않아야 하며 세련됨을 거절하는 것이어야 한다. 또한 인간의 인간다운 일의 결과, 즉 수공으로 세워진 것이어야 한다.
F. 기억의 등불: 건물의 최고 명예는 기억되는 것이다. 그러기 위해서는 불멸의 건축을 세워야 한다.
G. 복종의 등불: 양식은 보편적으로 받아들여져야 한다. 우리는

새로운 양식을 원하지 않는다. 이미 알려진 건축의 형태는 우리에게 충분히 좋은 것이다.

(2) 윌리엄 모리스

영국의 시인이며 공예가, 사회개혁가로서 미술공예운동의 대표적인 선구자 윌리엄 모리스(William Morris, 1834~1896)는 부유한 중산계층의 가정에서 태어났으며, 옥스퍼드에서 러스킨과 카알라일, 화가 번 존스 등과 친분을 맺게 되었다. 모리스는 사회개혁자며 사상가인 존 러스킨과 고딕 부흥양식의 대표적인 건축가인 퓨긴의 영향을 받고 미술공예운동을 창시하고 주도하였다. 모리스는 산업화와 그로 인해 나타난 불결과 추함, 산업화의 촉진을 위한 개발과 소외현상으로 나타난 자본주의 그 자체를 비난하며 매혹적인 중세형태를 추구하였다. 모리스는 기계생산으로 인한 예술의 질적 저하에 반대하여 중세의 미학적, 정신적 원리의 부흥을 시도하여 대중성을 지향하는 예술, 즉 실용적 가치를 지닌 예술을 주장하였다. 모리스는 예술에 대한 위기를 인식하며 예술과 사회성에 관련하여 근대성을 추구하였다고 할 수 있다.

평생 동안 자연과 중세에의 동경과 애정이 남달랐던 모리스는 중세 기능인의 작업에서 계시를 받아, 주택 내부에 속하는 장식예술과 건축에 대해서 거짓이 없는 창조적 감각을 만회하기 위해 노력하였다. 모리스는 일상생활 속에서 허위와 조잡함을 보인 값싼 대량 생산품들이 시장에 범람하고 그로 인해 나타난 수준의 질적 저하에 대항해서 싸웠다. 모리스는 1857년 번 존스(Edward Burne Jones, 1833-98)와 함께 런던에서 스튜디오를 개설하여, 이곳에서 기성 가구와 직물의 조잡한 디자인에 반기를 들고 그들 스스로 필요한 집기와 가구를 디자인하고 제작했으며 텍스타일 또한 직접 만들었다.

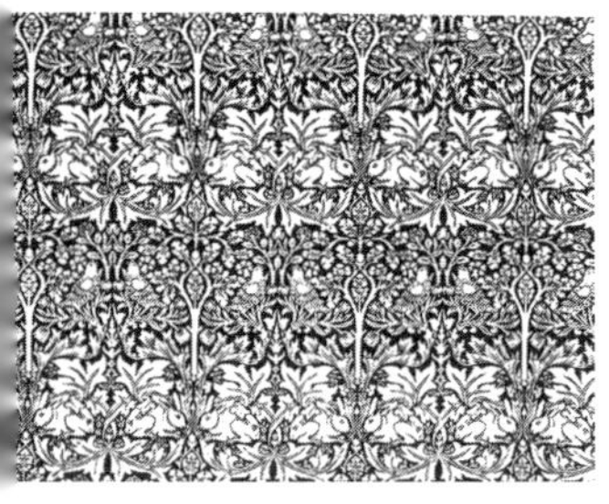

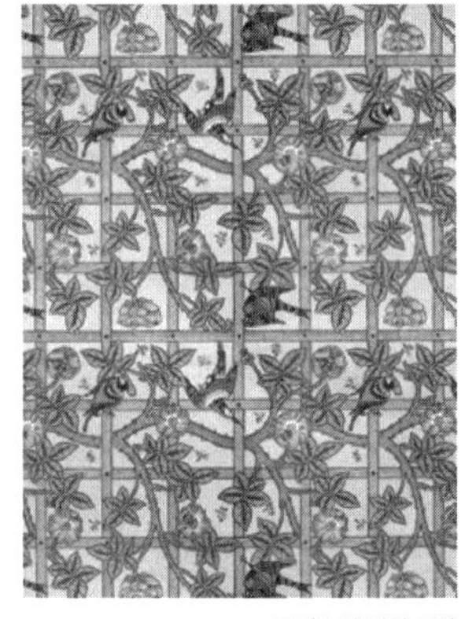

모리스의 장식 도안

모리스는 번 존스, 화가 로제티(Dante Gabriel Rossetti, 1828-82), 매독스 브라운(Madox Brown, 1821-93), 필립 웨브 등의 도움을 받아 1861년 모리스 마샬 포크너 상회(Morris, Marshall, Faulkner Co)라는 회사를 설립하고 수공예 가구와 회화, 조각, 양질의 벽지, 염색직물, 스테인드글래스, 양탄자, 실내장식 용품 등을 스스로 디자인하고 제작하였다. 모리스는 '나는 소수를 위한 예술은 바라지 않으며, 더욱이 소수를 위한 교육이나 자유는 더 바라지 않는다. 모든 사람이 향유할 수 있는 예술을 추구한다'는 원리에 따라 조형하였다. 이 당시에 '미술공예'라는 명칭이 〈미술공예전람회협회〉라는 단체의 이름으로 최초로 사용되었다. 모리스는 디자이너로서 국제적 명성을 얻게 되었으며 고대건축보호협회(Society for the Protection of Ancient Building, 1873)의 설립으로 그 명성은 더욱 높아갔다. 모리스는 후세 사람들에게 예술과 공예가 산업화함에 따라 뒤따르는 저속이나 저급한 디자인을 벗어나게 하여 새로운 길을 제시해 주었다고 할 수 있다. 모리스의 주요 작품으로는 필립 웨브가 설계하고 모리스가 실내장식을 한 주택으로서 미술공예운동의 상징적인 출발점이 되는 작품인 「붉은 집」 등이 있다.

붉은 집 「붉은 집」(Red House, 켄트, 1859)은 1859년 영국의 켄트주 벡슬리히스(Bexleyheath)에 필립 웨브가 설계하고, 모리스가 가구 등 실내장식을 한 주택이다. 이 주택은 제인 버든(Jane Burden)과의 결혼생활을 위해 모리스 자신의 사상에 따라 건설한 주택으로서 당시의 건축양식과는 대조되는 매우 뛰어난 것으로 평가된다. 모리스가 설계한 우수한 주택 중에서 최초인 붉은 집은 수준 높은 주택건축의 부활에 공헌했으며, 19세기 후반 주택건축의 새로운 경향을 제시하였다. 평평한 벽돌벽과 가파른 경사의 점토타일 지붕으로 된 이 붉은 집은 전체가 놀랄 만큼 독자적인 성격을 띤 건물로서, 견고하고 넓은 외관을 지니며 부자연스런 점이 없다.

이 주택은 샘이 있는 뜰을 둘러싼, 당시로서는 드물게 보는 L자형 평면으로 들어간 모서리 부분에 탑 모양의 계단실이 놓여졌다. 이 주택은 좌우대칭 대신에 각기의 목적에 가장 알맞도록 설계되고 각 실은 서로 편리하게 연결되었으며, 배치는 일조시간을 고려하여 방향이 결정되었다. 이것은 불규칙한 평면을 사용하기도 하는 중세건축을 따라 설계되었으며, 최고의 재료들이 풍부한 표현력을 구사하여 사용되었다. 이 주택은 붉은 벽돌을 그대로 노출시키고, 내부기능으로부터 외부형태가 결정되었으며, 내부에서 구조를 솔직하게 드러냈다. 벽난로와 같은 디테일은 어떤 시대적 암시도 없고 매우 기능적으로 설계되어 매우 혁신적인 모습을 보여준다. 창은 원형과 사각형, 첨두아치 등 여러 가지 모습을 보여주나 중세기적인 모습이 남아 있다.

필립 웨브와 모리스, 붉은 집, 켄트, 1859

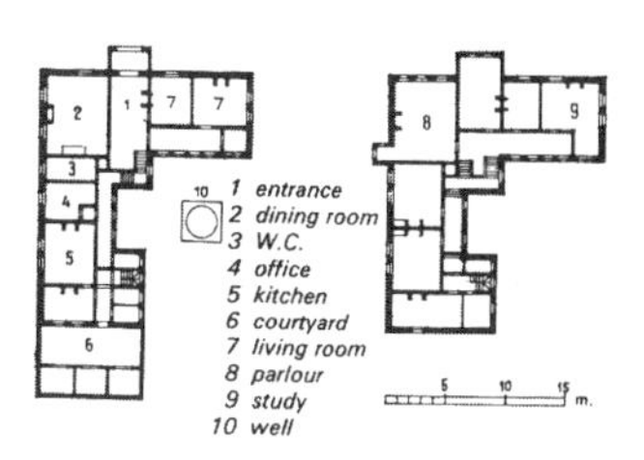

붉은 집 평면도

(3) 기타 참여 건축가

19세기 영국 건축가 오거스투스 퓨긴(Augustus Pugin, 1812–52)은 당시의 고딕복고 양식을 주도하며 중세의 고딕건축을 찬양하고 중세의 수공업과 장인정신으로 복귀할 것을 주장하였다. 미술공예운동에 참여한 그 밖의 건축가들로는 윌리엄 모리스와 같이 활동한 필립 웨브, 리처드 노먼 쇼, 윌리암 리처드 레타비(Wiliam Richard Lethaby, 1857–1931), 찰스 로버트 애슈비, 에드윈 루티엔스(Edwin Lutyens, 1869–1944) 등이 있다. 이들은 비형식적이고 유기적인 설계의 장점과 산업사회 이전의 전통형태를 새롭게 재사용하였다.

필립 웨브(Philip Webb, 1831–1915)는 영국의 건축가 겸 디자이너로서, 관습을 벗어난 전원주택 설계로 특히 유명하며, 영국의 주거건축 부흥운동의 선구자였다. 웨브는 G. E. 스트리트(Street, 1824-81)의 옥스퍼드 건축설계 사무소에서 실무를 쌓는 동안 모리스와 절친한 사이가 되었다. 이들은 1861년 유명한 모리스 마샬 포크너 상회 사무소를 차렸고 1877년에 고대건물보존협회를 설립했다. 켄트 주 벡슬리히스의 유명한 붉은 집은 1859년 그가 처음으로 맡은 건축으로서 모리스를 위한 소박하고 평범한 설계를 보여준다. 그는 서로 대조적인 재료를 사용해 그림같이 아름다운 외관을 제안했는데, 예를 들어 짙은 색조의 벽돌로 장식하고 흰색 페인트를 칠한 실내에, 줄눈이 드러난 벽돌과 노출된 환기통 창살을 배열해 활기를 불어넣었다.

리처드 노먼 쇼(Richard Norman Shaw, 1831-1912)는 수공예와 전통적인 재료의 정직한 사용, 양식의 사용방법에 흥미를 가졌으며 다양한 작품활동을 하였다. 쇼가 구축한 「크래그사이드 주택」(Cragside, 1870)은 노덤버랜드(Northumberland)의 공장주를 위해 옛 영국 양식으로 설계하였고, 서섹스에 소재한 「레이즈 우드 저택」(1868)은 규칙성을 탈피한 비정형적인 평면을 가지며, 첼시에 소재한 「스완 주택」(Swan House, Chelsea, 1876)은 앤 여왕 양식을 개인적으로 해석한 우아한 작품이다.

찰스 로버트 애슈비(Charles Robert Ashbee, 1863-1942)는 런던 동부 외곽지인 노동자 계층의 주거지에서 「수공예 길드 및 학교」(the Guild and School of Handicraft)를 1888년에 설립한 이론가이며 교사이며, 실질적인 수공예 디자이너이면서 개혁가로서 모리스의 개념을 받아들였다. 그는 첼시(Chelsea)에 소재한 「체인 워크 37번지와 38-9번지 주택」(Cheyne Walk, 1894, 1904), 글래스고 캠덴가에 있는 「노먼 채플 하우스」(Norman Chapel House, Campden, 1906) 등의 대표적 작품을 남겼다.

프랑스의 구조합리주의 03

프랑스의 구조합리주의 전통은 수플로(Sufflot)에서 시작되어, 앙리 라브로스트, 비올레 르 뒤크, 오거스트 페레(Auguste Perret)로 연결된다. 페레는 철근콘크리트조로 최초의 건축양식을 마련한 프랑스 건축가다. 이들은 새로운 재료와 구조방식을 건축에 적극적으로 도입하였고, 그것이 새로운 예술적 감수성을 일깨울 수 있다고 보았다. 합리주의자들은 건축이 진실되기 위해서는 두 가지 방식이 필요하다고 본다. 하나는 프로그램에 충실히 따르는 것 곧, 필요에 의해 건축에 부과된 조건들을 정확하게 성취하는 것이며, 또 다른 방식은 구조방식에 충실한 것, 말하자면 그것의 성질과 특성에 따라 재료들을 사용하는 것이다.

앙리 라브로스트, 성 주느비에브 도서관, 파리, 1850

1) 앙리 라브로스트

앙리 라브로스트(Henri Labrouste, 1801–1875)는 그의 대표적인 건물인 파리의 「성 주느비에브 도서관」(Sainte Genevieve, 1850)과 「프랑스 국립도서관」(Bibliotheque Nationale, 1861)을 설계하였다. 성 주느비에브 도서관은 주철재를 사용한 초기 건물로서 2단의 우아한 신르네상스풍의 파사드가 내부를 숨기고 있는 장방형의 건물로서, 2열의 반원형 철재 볼트가 철재 기둥 위에 놓여 있다. 국립도서관은 주철기둥과 아치를 가진 도서관으로, 파리의 마자란 궁 중정에 증축된 파사드가 없는 건물이다. 국립도서관은 주요 열람실의 지붕이 실내 채광을 위해 둥근 개구부로 구성되었고 도자기 판넬로 덮인 9개의 돔으로 되어 있다. 기존 건물의 그리드에 실린 9개의 정방형 평면으로 구성되며 각각 천창이 있는 돔

앙리 라브로스트, 프랑스 국립도서관, 내부와 외관, 파리, 1861

을 갖는다. 이 건물들은 육중한 벽체가 외관을 구성하고 있지만, 모든 구조적 요소들, 즉 기둥과 보, 지붕은 모두 철로 되어 있다. 이들은 벽체와는 별도로 분리되어 하나의 독립된 구조 체계를 형성하게 된다. 이들이 지붕의 모든 하중을 지탱하고 있고, 벽체는 단지 장식적인 기능을 담당하게 된다. 이들에 의해 열람실은 놀랄 만큼 가벼운 배럴 볼트로 만들어졌으며, 철제 지붕구조의 우아함은 그 주위의 조적조 벽들과 대조를 이루고 있다. 이 도서관에서 라브로스트는 철제 구조물들이 여전히 장식적인 면을 보여주지만, 새로운 공간을 연출할 수 있다는 가능성을 나타내었다.

2) 비올레 르 뒤크

비올레 르 뒤크(Viollet-le-Duc, 1814-79)는 중세 건축연구의 대가로서 고딕건축이 지닌 구조적 합리성과 우수성을 추구하였다. 근대건축 초기의 가장 영향력 있는 건축이론가인 비올레 르 뒤크는 구조적인 논리성과 프로그램의 본질에 대한 합리적인 접근방식으로 건축에 접근하는 구조적 합리주의의 전통을 세우게 된다. 그는 건축형태는 건물의 수단과 목적을 분명히 표현해야 하며, 그것은 또한 구조와 프로그램의 논리적이며 합리적 분석과 분류화 작업을 통해서 얻어져야 한다고 생각하였다. 고딕건축을 합리주의 정신의 정수라고 간주한 그는 진실한 건축이란 구조적 기능과 미적 형태가 유기적으로 결합되어서 탄생한다고 보았다. 그는 19세기 건축은 19세기의 재료와 기술로 19세기의 기능을 표현하여 이루어져야 한다고 주장하였다. 뒤크는 고딕양식의 볼트 구조에서 리브가 기둥과 버팀벽에 가해진 힘을 집중시키고 그 사이의 공간을 돌이나 유리와 같은 가벼운 패널로 구성될 수 있게 하는 구조적 순수성을 지니고 있음을 강조하였고, 또한 당시 철과 유리로 이루어진 건축과 고딕건축의 구조적 진실성을 비교하기도 하였다. 비올레 르 뒤크의 구조합리주의 이론은 이후의 근대건축에 큰 영향을 미쳤다.

3) 오거스트 페레

보르고뉴에서 건설도급업자인 아버지 밑에서 태어난 오거스트 페레(Auguste Perret, 1874-1954)는 건축가이자 건설도급업자, 구조기술가, 교사로서 활동하며 근대건축 초기에 커다란 영향을 미쳤다. 페레는 에콜 데 보자르에서 공부하였으며, 1905년 건축사무소를 설립하였다. 페레는 철근콘크리트라는 새로운 재료와 구조를 건축의 영역까지 끌어올려 특성 있는 형태를 개발하였는데, 원하는 어떠한 형태로도 제조할 수 있는 이 새로운 조소적 재료의 가능성을 완전히 개발하지는 못하였다. 페레는 장식을 완전히 포기하지 않고 디자인의 명료성을 손상시키지 않는 범위 내에 종속시켰다.

페레는 건물에서 지지부재와 지지받는 부재 사이의 관계를 명백하게 밝히고 평면이 융통성을 갖도록 취급한 최초의 건축가라 할 수 있는데, 각층의 평면은 각기 독립되며 간막이벽을 철근콘크리트 기둥을 연결시켜서 완전히 자유롭게 설치하도록 하였다. 페레의 제자인 르 코르뷔지에는 지지부재가 공간을 에워싸고 공간을 한정해주는 벽과 분리되어야 한다는 가정에서부터 '자유로운 평면'을 개발하게 되었다. 페레에 의한 파리 근교의 랑시에 있는 「노트르담 교회」(Notre Dame du Raincy, 1922-23)는 지지부재들의 수직적 모습이 고딕 성당을 연상시켜 주는데, 조립식 구성요소들로 이루어진 외벽은 투명한 망으로 내부를 감싸고 있으며, 골조는 노출되어 외관구성의 결정요소로 여겨졌다.

오거스트 페레, 노트르담 교회, 파리 근교, 1922-23

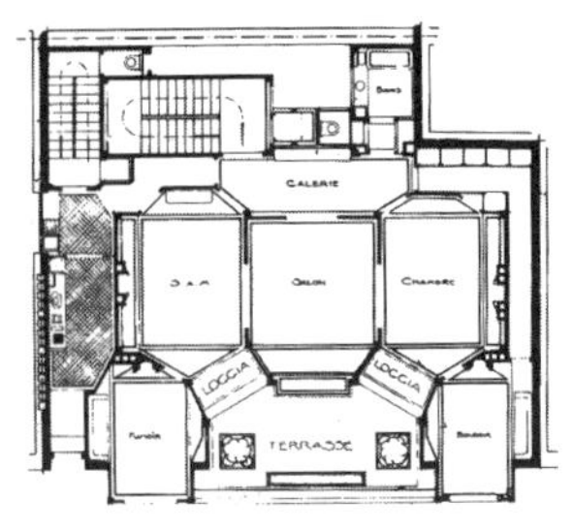

오거스트 페레, 프랭클린 거리 25번지 아파트 평면도, 파리, 1902-05

프랭클린 거리 25번지 아파트 이 「프랭클린 거리 25번지 아파트」(1902-05)는 페레가 순수 미술학교를 떠나 유한 건설업체에 들어간 후 발표한 가장 훌륭한 첫 작품에 해당되는데, 철근콘크리트의 구조체가 외관에 효과적으로 나타나 있다. 8층의 이 아파트 건물은 프랭클린 거리에 있는 다른 2개의 높은 건물 사이에 끼워져 있어서, 벽면을 늘려서 풍부한 빛을 받아들이기 위해 도로면에서 오목하게 들어가게 평면을 U자형으로 하고 발코니는 비스듬하게 배치되었다. 그 결과, 이 아파트는 공간과 전망의 변화를 갖는 비교적 자유스럽고 융동성이 있는 평면이 되었으며, 5개의 방은 모두 풍부한 채광을 받으면서도 이웃 창문으로부터 프라이버시가 확보되었다. 이 건물 외관은 구조기능에 따라 속으로 들어가든지 앞으로 튀어나오게 되어 정면이 운동감을 가지게 되었다. 계단실 뒤쪽의 벽은 유리벽돌로 되어 채광이 되도록 노출되었고, 평지붕은 옥상정원의 초기 형태를 나타낸다. 이 아파트에는 철근콘크리트 골조가 솔직하게 사용되었고 이 골조는 그 건물의 구성요소의 하나로 나타나는데, 장식적 표면과 분리된 벽들은 골조와 삽입물의 아치를 명백히 보여준다. 외벽의 일부분은 꽃장식이 된 도기타일로 치장되었다. 이 아파트에서 구조체계는 처음으로 건축가의 조형의지에 의해 건축적인 방법으로 생명을 부여받았다.

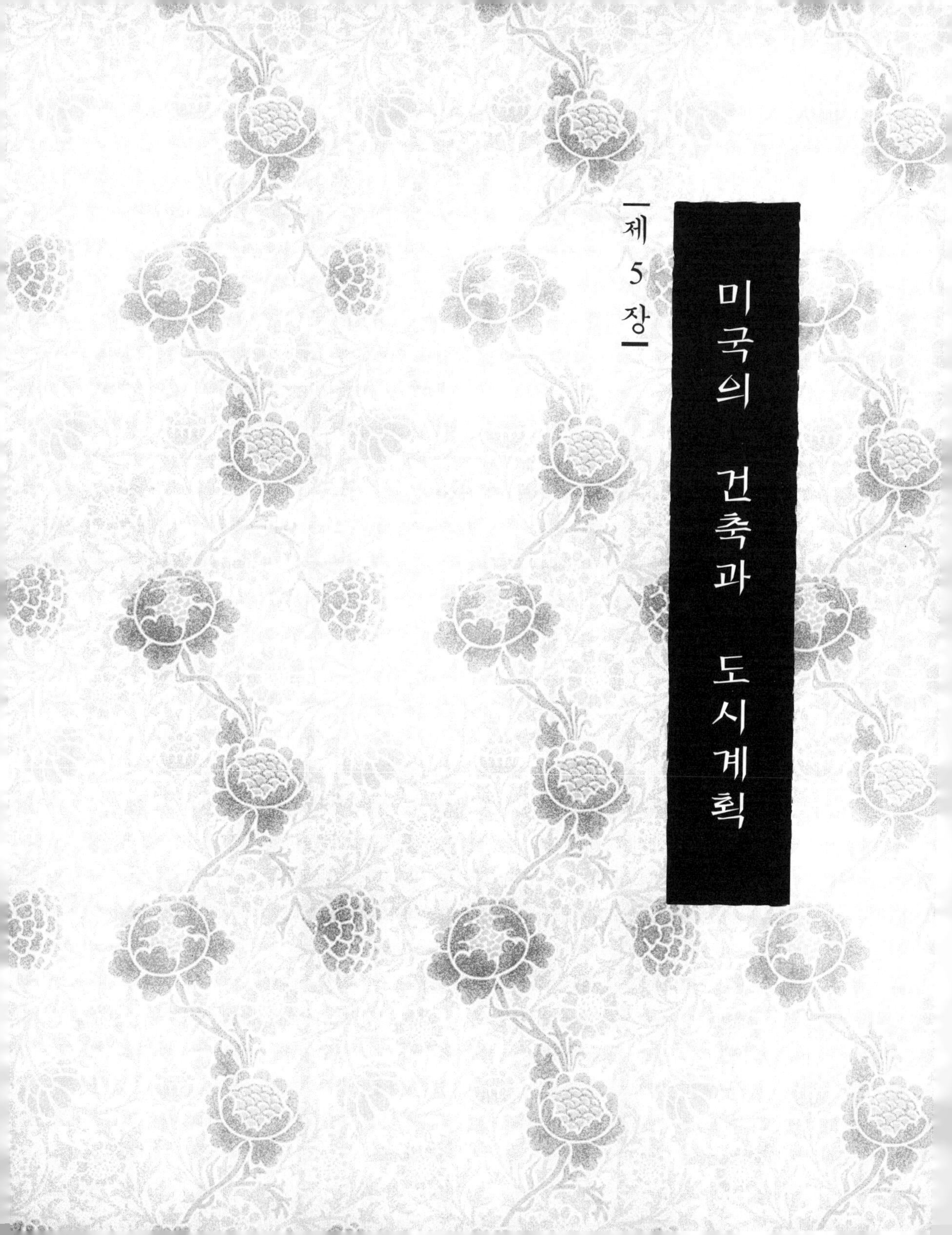

제 5 장

미국의 건축과 도시계획

01 미국의 건축전통

1) 식민건축

미국에는 오랫동안 유럽으로부터 건축이 들어왔다. 17-18세기의 식민지시대에 미국 건축은 같은 시대 이민자들의 모국으로부터 이식되었지만 새로운 환경에 적응하면서 변형되었다. 미국의 독립과 함께 영국 및 프랑스로부터의 영향이 지속되었으며, 19세기 식민지인들은 처음에는 유럽식으로 건물을 지었으나 곧 미국의 여건에 맞는 해결법을 만들었다. 미국의 건축은 양식적 측면으로는 당시 유럽에서 유행하는 고전적인 양식을 도입하였으며, 19세기 전반에는 영국과 프랑스 건축가들이 확립한 수준까지 발달하였다.

미국의 도시는 매우 기하학적으로 규칙적인 패턴으로 계획되었으며, 가로체계는 무차별적이고 중성적이며, 광장이나 주요 건물과 같은 도시의 구별적인 요소가 없었다. 또한 도시는 자연적 경계나 기하학적 선에 의해 한계 지워지고, 모든 방향으로 열려 있으며, 가로는 무한히 뻗어서 저멀리 지평선 너머로 끝없이 이어진다.

2) 미국의 고전주의

토머스 제퍼슨은 건국의 아버지 중 한 사람으로서 제3대 미국대통령(1801-09 재임)이자 미국독립선언서(1776)의 기초자다. 박학다식했던 그는 수준높은 교육을 위해 버지니아 대학교(1819)를 창립하였다.

1733년과 1781년 사이에 펼쳐진 미국의 독립전쟁은 미국의 건축분야에도 큰 영향을 미쳤다. 새로운 정부가 새로운 건물을 요구함에 따라서, 새로운 수도로 정해진 워싱턴 D.C.에 행정부와 입법부, 사법부를 위한 건물들이 고전주의로 지어지게 되었다.

미국의 고전주의는 정치가며 건축가였던 **토머스 제퍼슨**(Thomas Jefferson, 1743–1826)에 의해 이루어지게 된다. 영국의 건축가이며 구조기술자인 벤자민 라트로브(Benjamin Latrobe, 1764–1820)는 신고전주의 건축가인 존 소온의 사상을 미국으로 전파하였다. 라트로브는 제퍼슨 대통령과 접촉함으로써 신그리스 양식을 미국에 소개하였으며, 필라델피아와 워싱턴 D.C.에서 공공건물을 디자인하였다. 제퍼슨의 가장 중요한 작품은 「리치몬드의 주의사당」, 「버지니아 주 의회의사당」, 몬티첼로(Monticello)에 위치한 「제퍼슨 자신의 저택」이다. 고전적인 규범들이 매우 단순하게 적용되었던 이 건축물들은 건축구성이 매우 우아하고 공간이 넓으며 건축적 편리함을 방해하지 않았고 평면의 분배가 명확하였다. 제퍼슨은 도시계획에도 많은 영향을 미쳤는데, 1785년 토지령(Land Ordinance)를 통과시켰고, 워싱턴 D.C.의 바탕을 마련하였으며 의사당을 위한 현상설계를 진행시켰다.

토머스 제퍼슨, 몬티첼로 저택, 1770–84, 1796–1806

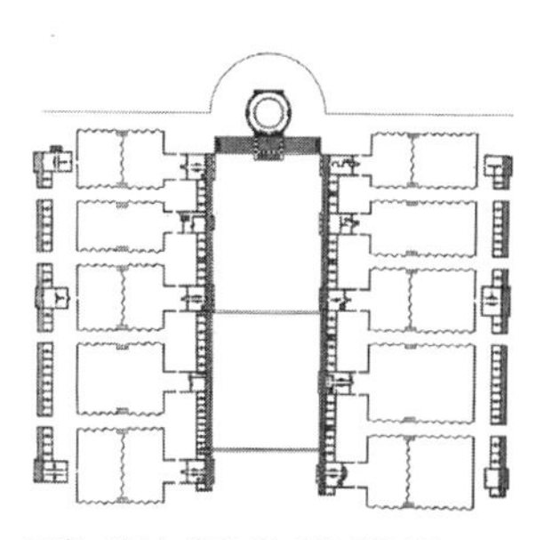
토머스 제퍼슨, 버지니아 대학 배치계획, 1819

1776년 미국의 독립전쟁 후에 건축가들은 국가부흥의 의미를 표현하려고 하였다. 신흥공업지대인 북부와 농경지대인 남부, 미개발지인 서부와 문명화된 동부를 상징적으로 결합하기 위해 포토맥(Potomac) 강 부근을 특별히 선정하여 워싱턴 D.C. 도시를 건립하고 과거 귀족적인 영국과의 연관성을 벗어나 신그리스 양식을 사용하여 건축하였다. 라트로브는 백악관을 그리스의 이오니아 양식으로 건립하고 1815년에는 국회의사당 확장공사에 착수하여 찰스 불핀츠(Charles Bulfinch, 1763–1844)와 협력하여 1829년에 완공시켰다. 토마스 월터스(Thomas Walters)가 설계한 「국회의사당」의 신고전주의 양식의 돔(1855–65)은 주철로 건립되었다.

1876년 **필라델피아 100년제 박람회**에 즈음해서는 미국의 건축이 어느 정도 성숙되고 독자적으로 되면서 과거 식민지시대의 전통을 계승하는 한편 절충주의적 건축 등 새로운 방향을 모색하게 되었다. 20세기

미국의 독립선언(1776년 7월 4일)으로부터 100년째 되는 해를 기념하여 개최된 만국박람회.

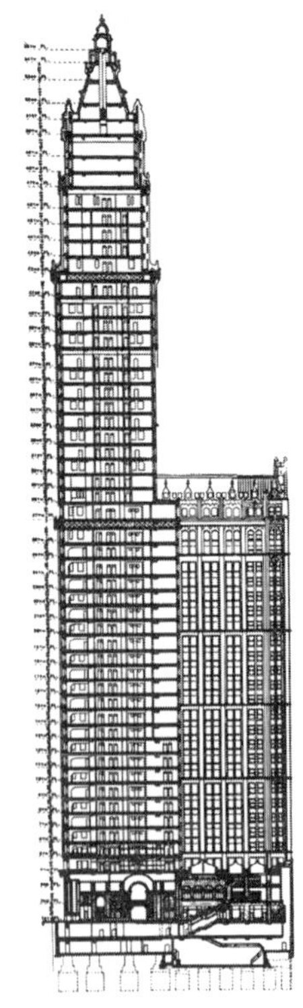
캐스 길버트, 울 워스 빌딩 단면도, 1911-13

에 들어서면 자본주의가 상당한 발전을 보이면서 산업과 상업은 확대되었다. 1893년 개최된 시카고 만국박람회에서는 일반적인 고딕양식에 대한 관심을 반영한 공공건물들이 나타났다. 리드(Reed)와 스템(Stem)은 「그랜드 센트럴 역」(Grand Central, 뉴욕, 1903-13)을 통해서, 또 맥킴과 미드(Mead), 화이트(White)는 「펜실베니아 역」(1906-10)을 통하여 로마제국을 회상하여 영감을 얻으려는 설계수법을 보여주었다. 메이슨 광장에 면한 「메트로 폴리트 타워」(1909)는 거대한 이탈리아 종탑의 양식으로 건축되었다. 강철골조, 엘리베이터, 공기조화는 대부분의 도심부에 보급되었고 마천루는 층고가 점점 높아졌다. 캐스 길버트(Cass Gilbert, 1859-1934)가 설계한 뉴욕 소재의 「울 워스 빌딩」(Wool Worth, 1911-13)은 15세기의 신고딕양식의 석조로 마감한 단순한 구성이지만, 52층 240m에 이르는 기술의 발달을 보여주었다. 이후 헨리 홉슨 리처드슨, 루이스 설리번, 프랭크 로이드 라이트 등 위대한 건축가들이 나타나 미국 건축을 이끌었다.

3) 대도시의 형성과 도시계획

워싱턴 D.C.의 도시계획은 1791년 프랑스 공학자인 피에르 샤를 랑팡(Pierre Charles L'Enfant, 1754-1825)에 의해 바로크적 도시개념이 도입되어 이

1. 피에르 샤를 랑팡, 워싱턴 도시계획, 1791
2. 로버트 밀즈, 워싱턴 기념탑, 1836-84

루어졌다. 랑팡이 설계한 워싱턴 도시계획 방식은 대칭과 위계, 축, 기념성과 같은 유럽의 도시계획을 모방하여서 매우 유럽적이다. 워싱턴 D.C. 도시는 두 개의 기념적인 축이 형성되고, 이 축은 의사당과 백악관으로 도달하게 된다. 로버트 밀즈(Robert Mills, 1781-1855)는 백색 화강암을 사용하여 높이 170m의 「워싱턴 기념탑」(1836-84)을 건설하였다.

한편 독립전쟁과 남북전쟁 사이에 미합중국은 태평양 연안까지 그 영역을 확장시켰고 국력은 더욱 강력해졌다. 이 시기 중서부의 신도시들은 디트로이트와 인디애나폴리스에서 볼 수 있듯이 랑팡의 워싱턴 D.C. 도시계획의 사례를 따라 바로크식의 도시계획 개념과 기하학적인 가로 시스템의 개념이 적절히 타협을 이루며 세워졌다.

뉴욕의 도시계획은 1811년 이루어지는데, 랑팡의 도시계획 대신 가로와 세로가 정연한 격자 체계가 적용되었다. 뉴욕의 도시계획은 직각으로 교차하는 동일한 가로망 - 남북으로 관통하는 12개의 애버뉴(Avenues), 동서로 관통하는 155개의 스트리트(Street) - 으로 구성된다. 뉴욕의 도시계획은 근대도시의 팽창을 조절하려는 최초의 기본계획안이며, 미국식 전통에 기본을 둔 새로운 도시계획 개념을 보여주는데, 제2차 세계대전 이후 전 세계에 걸쳐 시행되는 하나의 중요한 도시계획의 모범이 되었다.

맨해튼은 마천루의 출현으로 새로운 단계로 접어든다. 맨해튼의 마천루는 1900년과 1910년 사이에 단계적으로 발전했는데, 좁은 면적에서 더 많은 이익을 거두려는 자본주의적 이념과 기술의 발전이 합쳐지면서 태어난 결과물이다. 그렇지만 마천루의 등장으로 인하여 만성적인 교통체증과 거주환경의 악화 등과 같은 현대 대도시의 본질적인 문제가 동시에 대두되었다.

02 시카고학파

1) 시카고의 탄생

1804년 미국 육군은 시카고 강이 미시간 호수로 흘러들어가는 지점에 디어본(Dearborn) 요새를 세웠으며, 1830년에는 새로운 정착지가 이 요새를 중심으로 형성되어 시카고 도시로 발전하였다. 산업혁명 이후 경제활동과 공장, 인구 등이 도시에 집중되면서 도시규모가 팽창되었다. 19세기 말 미국 중부 상공업의 중심지였던 시카고는 1871년의 대화재 이후 도시재건 사업으로 도시규모가 급속히 팽창되었으며, 활발한 건설 활동으로 토지부족과 지가상승 현상이 발생하면서 고층건물의 필요성이 대두되었다. 1880년에서 1890년 사이에 시카고의 인구는 두 배로 증가되어 백만을 넘어서며 더욱 더 증대되어 갔고, 상업지구의 지가는 폭등하여 건물은 위로 올릴 수밖에 없게 되었다. 고층의 건물을 위해 처음에는 벽돌구조로 쌓았지만 그 하중에 의한 기초 침하가 심하게 되어 새로운 구조가 요구되었다.

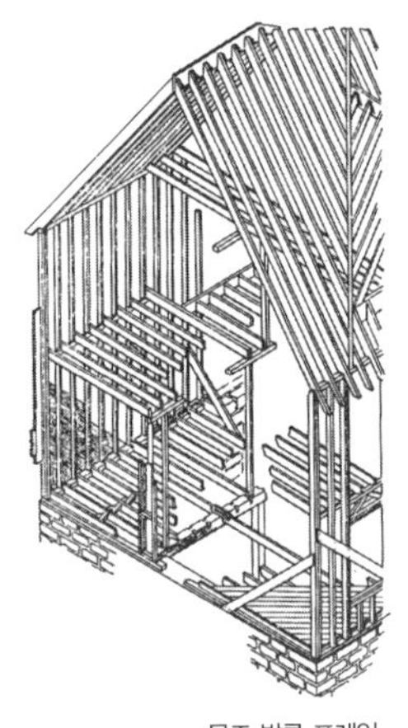

목조 발룬 프레임

처음에 건물들은 주로 목조로 세워져 발룬 프레임(Balloon frame)이라 불리는 기술이 사용되었다. 이것은 구조재를 표준화된 크기의 목재판과 샛기둥을 일정한 거리를 두고 세우면서 건물을 완성시키는 구조시스템이다. 이 구조시스템은 재료가 철로 바뀌어서 고층건물에 적용되기 시작하여 시카고식 구조를 이루는데, 이것이 대량으로 건축에 적용되게 된 계기는 1871년에 일어난 **시카고 대화재**(Great Chicago Fire)였다. 대화재 이후 상업도시의 중요성이 높아지게 되었고, 불타버린 황무지 위에 근대적이며 경제적인 오피스 빌딩들로 이루어진 도시를 재건하기

시카고 대화재는 1871년 10월 10일에 일어난 대화재로서, 300명 이상이 죽고 10만 명 이상이 집을 잃어버렸고 10㎢가 불에 타버린 19세기 미국의 최대 재앙이었다.

위하여 고층건축, 마천루라는 새로운 빌딩양식이 출현하게 되었다. 시카고에서는 1880년과 1900년 사이에 재건축이 이루어졌고, 구도심의 옆에 새로운 업무중심지구가 성장하게 되었다.

2) 시카고학파의 형성

시카고학파는 1875년부터 1900년에 미국 중서부, 특히 시카고 특유의 상업건축 및 건축가들을 일컬어 사용된 명칭이다. 시카고식 구조를 이용하여 건축을 짓는 일련의 건축가들이 대두하였고, 그들은 〈시카고학파〉(Chicago School Architecture)를 형성하게 된다. 건물의 높이와 철골구조, 엘리베이터라는 3가지 요소를 갖춘 건축으로 시카고는 세계에서 손꼽힐만한 고층건축의 개척에 성공하였다. 시카고학파가 대두되면서 중요한 새로운 유형의 건축이 만들어지게 되었으며, 특히 시대적 요구에 따른 은행과 증권거래소, 사무소, 백화점 등이 최대의 수익을 올리기 위해 지가가 비싼 도심에 고층으로 건축되었다. 이러한 고층건축은 철과 유리를 이용하는 건축재료의 변화와 엘리베이터의 발명으로 촉진되었고, 골조를 그대로 노출하는 직접적이고 새로운 건축어휘를 개척하면서 상업적인 고층건축의 상징성을 추구하며 건축미에 대한 관점의 변화를 일으켰다. 높이와 엘리베이터를 갖춘 건물 자체는 1870년대 이미 뉴욕에서 등장하였지만, 시카고학파는 철골구조와 미학적 표현을 선구적으로 첨가하였던 것이다.

종래의 건축방법을 따른 건축가들이 설계한 고층건물은 조적조 구조로서 탑과 비슷한 모습이었으나, 1884년부터 1885년까지 시카고학파 건축가들은 이러한 구조적 문제를 해결하였다. 곧 **시카고의 중심지 루프**(Loop)에 지어진 고층건물들은 새로운 기술적 발전으로 인해 가능

사카고 루프는 시카고의 중심지로서 관공서와 각종 회사들, 유명한 건축물이 밀접한 지역이다. 근대건축의 발상지라고도 불린다.

했던 것이다. 제임스 보가더스(James Bogadus, 1800-74)는 주철구조를 미국에서 최초로 사용, 보급하였다. 주철구조에 비해 구조적 성능이 우수한 철골구조 시스템은 르 바론 제니에 의해 최초로 도입되었는데, 건물 하층부에 과도한 하중이 걸리지 않게 하면서, 건물높이를 올릴 수 있었고 벽체는 커다란 유리들로 대체되었다.

또한 1871년 시카고 대화재는 내화건축의 중요성, 주철재를 노출한 건물이 열에 견디지 못한다는 것을 증명하였으므로, 이후에는 화재에 대비한 방화구조의 개발이 이루어졌다. 이 문제의 결정적인 해결법, 곧 철골을 벽돌이나 돌로 피복하는 방법은 바론 제니가 설계한 「홈 인슈어런스 빌딩」(1883-85)의 건설에서 비로소 시도되었다.

이와 함께 다양한 건축설비들이 등장함으로써 고층건물이 가능하게 되었다. 1857년 오티스(E. G. Otis)가 최초의 승객용 승강기(Elevator)를 발명하였고, 1870년에는 수력식 리프트가, 그리고 1877년에 전기식 리프트가 등장하였고, 여기에 전화와 공기식 우편함이 설치되었다.

이상의 사회적 및 경제적, 기술적 요인을 통해 1875-1910년 시카고에서 마천루(Skyscraper)가 등장하여 많은 건물이 세워졌다. 주로 고층 사무소 건물을 집중적으로 건설하였는데, 선구자인 윌리엄 르 바론 제니를 비롯하여 리처드슨, 다니엘 번햄(Daniel H. Burnham, 1846-1912), 존 루트, 윌리엄 홀라버드(William Holabird, 1854-1923), 마틴 로치(Martin Roche, 1855-1927), 당크마르 아들러, 루이스 설리번 등의 건축가들이 주도적으로 활약하였다.

콜롬비아 만국박람회, 시카고, 1893

표현력이 풍부한 시카고학파의 창조력은 20세기 초까지 계속되다가 쇠퇴하게 된다. 1893년 시카고에서 개최된 콜롬비아 만국박람회는 미국 건축이 전개되어가는 과정에 있어 결정적인 의미를 갖게 된다. 당시 미국의 건축동향은 크게 두 가지, 곧 하나는 시카고학파의 고층건축이고 다른 하나는 뉴욕을 비롯한 동부의 고전적 건축이었다. 두 가지 건축동향, 즉 초기 근대건축과 고전주의 건축, 진보주의와 전통주의, 시카고와 뉴욕의 대결은 이 박람회에서 주도권 쟁탈전이 이루어지게 되었는데, 결과적으로 후자 쪽이 우세해지게 되었다. 콜럼비아 만국박람회 건축은 처음에는 존 루트가 1891년에 설계한 낭만적이고 대부분이 리처드슨 양식을 띤 계획안이었지만, 번햄이 아카데믹한 절충주의로 방향을 전환함으로써 결국 실시된 것은 딱딱한 보자르풍의 건물이 되었는데, '화이트 시티'(The White City)로 불린 시카고 박람회를 계기로 일반에게 유행되기 시작한 아카데믹한 풍조에 밀려 1900년이 지나면서부터 시카고학파는 끝나게 되었다. 미국에서는 **시카고 만국박람회**를 계기로 도시미화운동이 일어나 도시들을 고전주의적인 조화미가 갖추어지도록 개량하려고 하였는데, 수도 워싱턴 D.C.가 대표적인 사례라 할 수 있다.

1893년 시카고 만국박람회(World's Columbian Exposition of 1893)는 콜럼버스의 신대륙 발견 400년을 기념해 신대륙의 산업과 국력을 과시하려 개최한 것으로 뉴욕과 경쟁하여 시카고가 선정되었다. 박람회장 전체의 계획 및 설계는 동부의 조경가이며 뉴욕 센트럴파크의 설계자인 옴스테드(Olmsted)가 맡았다. 이 박람회는 우리나라도 참여하여 세계에 우리를 알린 근세기 최초의 무대가 되었다.

3) 주요 이론 및 영향

근대건축에 있어서 고층건물의 가능성을 예시하였던 시카고학파는 건물에 강철구조를 사용함으로써 구조적 성능을 개선하였고, 구조체의 방화성능을 개선한 방화구조를 사용하였다. 시카고학파의 건축가들은 철골을 구조체에 사용함과 동시에 건물의 외벽에도 사용하였으며, 그로 인한 명확한 표현은 매우 단순하여 종래의 어떤 건축양식과 관계없는 것이었다.

시카고학파는 근대적인 건축형태 언어를 사용하였는데, 전통적인 고전주의와 절충주의 건축을 거부하고, 건축형태에 있어서 수직선과 수평선에 의해 기능적인 구조를 분명하게 표현함으로써 근대건축을 예고하였다. 새로운 건축의 중심지가 된 시카고를 중심으로 활약한 시카고학파의 건축가들을 통해 근대건축은 상징적이고 적합한 형태를 얻어 철구조와 효율적으로 이용이 가능한 공간, 뼈대를 표현하는 외관, 장대한 규모를 갖추게 되었다.

4) 관련 건축가

(1) 윌리엄 르 바론 제니

윌리엄 제니, 제2라이터 빌딩, 시카고, 1890

윌리엄 르 바론 제니(William Le Baron Jenny, 1832~1907)는 시카고학파 건축의 창시자로서, 제임스 보가더스의 주철구조 대신 강철구조를 사용하여 구조적 성능을 개선하고 벽돌이나 돌로 피복하여 방화성능을 확보하였다. 철골구조의 실용화라는 기술개발에 가장 큰 공헌을 한 제니의 건축은 조적구조의 약점인 높이의 제한을 완화시키는 데 도움이 되었다. 제니의 주요 작품으로는 「홈 인슈어런스 빌딩」(Home Insurance

1. 윌리엄 제니, 홈 인슈어런스 빌딩, 시카고, 1885
2. 윌리엄 제니, 제1라이터 빌딩, 시카고, 1879

Building, 1883-85), 「제1라이터 빌딩」(Leiter Building, 1879), 「제2라이터 빌딩」(Leiter Building, 1890) 등이 있다. 10층으로 된 홈 인슈어런스 빌딩은 최초의 철골구조였지만, 제니 본인은 그 사실을 전혀 몰랐으며, 이 빌딩이 헐린 뒤에야 비로소 세상에 알려지게 되었다. 제니의 제2라이터 빌딩은 대담하고도 정연한 8층 빌딩이며, 건물의 선과 규칙적인 창문의 반복이 강렬한 인상을 풍기기 때문에 디테일에는 고전적 요소를 모방한 부분이 있지만 그 인상은 아주 약하게 느껴진다.

(2) 헨리 홉슨 리처드슨

헨리 홉슨 리처드슨(Henry Hobson Richardson, 1838-86)은 에콜 데 보자르에서 공부한 두 번째 미국인 건축가다. 리처드슨은 파리에서 앙리 라브로스트의 사무소에서 근무하고 귀국하여 작품활동을 하였다. 1880년대 그의 작품은 거칠게 다듬어진 줄지어선 무거운 돌, 원형의 아치나 탑 등이 특징적이었으며, 억센 개성적인 형태와 재료의 사용방법으로 로마네스크 건축을 연상시킨다. 보스톤 소재의 「트리니티 교회」(Trinity, 1872-77)는 리처드슨이 로마네스크풍을 해석하여 설계한 건물이다. 리처드슨은 뉴잉글랜드 지방의 시골집을 고쳐 자유롭게 흐르는 비대칭의 평면과 지방산 재료의 색채와 질감이 잘 나타나는, 불균형하게 뻗으며 주위의 환경과 잘 조화되는 주택을 만들어내었다. 리처드슨은 르네상스 이후의 건축가 중에서 천재라고 불리는 최초의 건축가였다 라고도 불린다.

첫번째 건축가는 리처드 헌트(Richard Morris Hunt, 1827-95)다.

이는 이후 프랭크 로이드 라이트에게도 큰 영향을 주었다.

리처드슨은 철도역사나 도서관과 같은, 전에는 구조기사와 기술자에 의해 설계되던 기능적인 건물에 흥미를 가진 최초의 미국인 건축가였고, 일반 공공건물의 설계에 흥미가 많았다. 상업건축에 있어서 리처드슨의 로마네스크풍의 건축은 여러 도시들에, 특히 시카고에 큰

리차드슨, 마샬 필드 도매상점, 시카고, 1885–87

영향을 미쳤다. 리처드슨은 골조를 강철구조로 하고 외관은 석재로 마감하여 중후한 느낌을 주는 건축형태를 창안함으로서 건축형태 어휘의 측면에서 시카고학파 건축가들에게 많은 영향을 주었다. 리처드슨의 대표적 작품으로는 「마샬 필드 도매상점」(Marshall Field Wholesale, 1885–87) 등이 있다. 마샬 필드 도매상점의 단순한 기념비적 표현은 시카고학파의 스타일에 새로운 방향을 제시하였다. 이것은 시카고학파의 발전의 계기라고 할 정도로 기념비적 건물로서, 거친 면 마무리를 한 반원 아치 건물로, 외관상 복고적 색채를 지녔으나 외면에 사용된 재료의 서사시적인 표현은 매우 인상적이다. 그 외의 중요한 작품으로는 가장 크고 인상적인 「알바니 감독교회(Episcopal Cathedral for Albany, 뉴욕, 1882–83)」, 보스턴의 「브래틀스퀘어 교회(Brattle Square Church, 1870–72)」, 「피츠버그의 재판소와 교도소(Allegbeny County Courthouse Jail, 1883–88)」 등이 있다.

(3) 다니엘 번햄

다니엘 번햄(Daniel Hudson Burnham, 1846–1921)은 노출된 강철구조와 넓은 유리창에 의해 외관을 구성함으로써 20세기 마천루의 미학을 예고하였다. 존 루트와 제휴하여 설계한 「릴라이언스 빌딩」(Relience Building, 1890–94)은 고층건물의 강철구조가 외관에 표현된 선구적인 대표적인 작품으로서, 새로운 시대를 여는 도시의 기념비였다. 경쾌한 베이 윈도(bay window)를 가진 아름다운 탑 모양의 고층건축인 이 빌딩은 20세기 중엽의 금속과 유리의 건축양식을 이미 예측하고 있다.

미국 뉴햄프셔 남서부 체셔 군(郡)의 킨 남동쪽 머나드녹 주립공원에 홀로 서 있는 거대한 암석(965m)인 머나드녹 산에서 유래했는데, 주변 지역보다 현저히 높게 격리된 기반암체의 언덕을 뜻한다.

모나드녹 빌딩 번햄과 루트가 지은 마지막 조적식 고층건축인 16층의 「모나드녹 빌딩」(Monadnock, 1889–91)은 우아하게 마무리된 구조벽을 지녔다. 계획 초반에 번햄과 루트는 철골조를 주장하였지만 철골조의 내구성을 의심한 시공주의 희망에 따라 조적조로 변경되었다. **모나드녹 산**의 깍아지른 암벽처럼 보이는 외벽에서 이름이 유래된 모나드녹 빌딩에 있어서 벽돌쌓기의 내력외벽은 저층부에서는 1.8m의 두께이기 때문에 구조적으로는 결코 건실하지 않지만, 창이 적고 무겁게 기울어진 외벽은 매우 강력한 표현으로 보인다. 벽은 장식을 배제하기 때문에 하나의 덩어리로 느껴지고 하층의 곡면, 단순히 표현된 코니스, 베이윈도의 둥글림을 띤 아랫면 등이 더욱 조소적인 효과를 강조하고 있다. 이 빌딩의 단순하고 균형잡힌 입면은 우아한 모양은 덜하지만, 가늘고 경쾌감을 주던 당시 건물과는 대조적이다. 번햄은 일련의 훌륭한 고층건축을 완성했음에도 불구하고, 1893년 시카고 콜롬비아 박람회에서는 고전주의적 조형을 도입하기도 하였다.

다니엘 번햄, 모나드녹 빌딩, 시카고, 1889–91

릴라이언스 빌딩 철골과 유리로 만들어진 「릴라이언스 빌딩」(Relience Building, 1890–94)은 커튼월 빌딩의 원조라 할 수 있는 것으로서, 소위 시카고 구법의 결정으로서 선구자적 위치를 차지한다. 이 빌딩의 건설은 1889–90년의 제1기와 1894–95년의 제2기로 나누어진다. 기본구상 단계는 번햄과 루트가 맡아 지상 4층을 건설했고, 제2기는 루트의 사후 그 후계자인 찰스 아트우드(Charles B. Atwood)와 구조기술자인 E. C. 샹크란드가 14층 높이의 빌딩을 완성시켰다. 이 빌딩은 리벳을 이용한 철골 프레임, 산화부식과 화재로부터 철재를 보호하는 테라코타, 공중 타일의 바닥재, 내풍하중을 배려한 철골 브레이스 등으로 뛰어난 성과를 이루며 경쾌한 표정을 만들어내었다. 입면에 있어서 세련된 베이윈도 주변의 마무리나 고딕장식이 베풀어진 흰색 테라코타는 우아한 아름다움을 느끼게 하는데, 역사주의적 모티프가 철을 보호한다는 기능적인 역할 외에 미적인 장식으로의 역할도 하였다.

다니엘 번햄, 릴라이언스 빌딩, 시카고, 1890–94

(4) 루이스 헨리 설리번

루이스 헨리 설리번(Louis Herry Sulllivan, 1856–1924)은 메사추세츠 공과대학에서 건축을 공부하였으며, 1874년부터 1875년까지 파리로 건너가 에콜 데 보자르에서 공부하였다. 설리번은 보자르의 전통으로부터 장식에 대한 관심을 이어받았으며, 초기 작품에서는 아르누보 건축의 장식적 경향을 보인다. 설리번은 기능적인 구축과 유기적 장식을 조화시켜 독특한 건축형태를 창안하였다. 그는 기능성을 중시하며 장식은 정신적 사치라고까지 말하였지만 그의 작품에는 여전히 아르누보적 장식이 있었다.

설리번의 건축은 초기에는 약간 불안정했지만 리처드슨의 작품에 영향을 받으며 분명한 성격을 갖게 되었다. 1881년 설리번은 아들러와 제휴하였는데, 아들러는 기술과 사업의 문제에 집중하고 자신은 디자인에 관한 책임을 담당하였다. 설리번은 시카고학파 건축의 대표적 건축가이자 프랭크 로이드 라이트의 스승 건축가다. 설리번은 건물의 재료나 구조상의 필요를 건축창조의 출발점으로 삼았으며, 리핀코트지(Lippincott's magazine)에 기재된 글에 〈고층건물의 예술적 취급〉(The tall Building Artistically considered)이라는 제목으로 자신의 예술관을 발표하였다. 이 글에서 설리번은 1896년에 **'형태는 기능을 따른다**(Form follows function). 이것은 법칙이다'라는 기능주의 이론을 잘 표현한 유명한 문구를 만들어내었다. 설리번은 이 금언이 말하듯이 용도와 구조의 솔직한 표현이 아름다운 건물설계에 필수적인 선행조건이라고 생각하였다. 이에 따라 설리번은 건물의 내용을 기능별로 분석한 끝에 기능에 알맞은 외관을 가지도록 하는 동시에, 고층건물이 기본적으로 요구하는 수직선을 강조한 표현을 하였다. 이 유명한 명제는 20세기 건축의

'자연이 창조하는 것은 무엇이든 구조와 외관을 가지고 있다. 외부를 보면 내부를 짐작하게 되는데, 이 외관은 사물과 우리 자신을 구별짓는 기호다'라는 의견을 첨가하였다.

성구로 오랫동안 많은 건축가의 좌우명이 되었다. 설리번은 '장식은 사치하고도 불필요한 것이다. 우리가 형태가 아름답고, 장식없는 벌거숭이 건축을 만드는 데 온 정신을 집중하기 위하여 당분간 몇 년이든지 일체의 장식을 사용하지 않도록 하면 근대건축미 창조에 공헌할 것이다'고 하며 장식의 무의미함을 지적하였다.

설리번과 아들러가 설계한 「오디토리움 빌딩」(Auditorium Building, 1889)은 외관을 지배하는 육중한 둥근 아치의 표현 등 리처드슨이 설계한 마샬 필드 도매상점과 비슷한 점을 보여주며, 4천 석의 극장과 호텔, 사무소 등으로 구성된 복합건물의 선구적인 예로서 시카고학파 건축의 대표작이라 할 수 있다. 오디토리움 내부는 음향효과를 배려한 아치가 화려한 장식으로 많이 이용되고 덕트 방식에 따른 최첨단의 공조 시스템이 도입되었다. 오디토리움 내부, 특히 강당의 프로시니엄은 미국의 건축설계와 장식 중에서도 가장 독창적인 실례의 하나로 여겨지고 있다. 오디토리움 빌딩의 외관에서는 각기 다른 표현을 위하여 수직방향의 단계적 변화가 시도되었으며, 거친면 마무리가 된 석조가 전체를 덮고 있다.

루이스 설리번, 오디토리움 빌딩, 시카고, 1889

이후 10여 년 동안 설리번은 상업건축면에서 뚜렷한 성공을 거두었는데, 커다란 금속골조의 상업건축 설계를 세련되게 하고 건축의 유기론을 전개함으로써 명성을 얻었다. 설리번은 1890년대에 시카고의 마천루에서 외관의 디테일과 건물 구조상의 핵심인 철골골조의 리듬과 조화를 보전하는 데 집중하였다. 즉, 설리번은 마천루 건물에 처음으로 논리와 형태를 확립하는 데 크게 기여했는데, 높은 사무소 건축을 그 전체 덩어리나 세부에 이르기까지 한결같은 단순한 원리적 아이디어로 통일을 가져오게 한 점이다. 프랭크 로이드 라이트는 '설리번이 나타나기 전까지 마천루는 통일이 없었다. 그들은 마치 결혼과자를 쌓

루이스 설리번, 카슨·피리에·스코트 백화점, 시카고, 1899, 1903-04 증축

아올리듯이 그저 층층이 쌓아올린 것뿐이다. 모두 우아함과 성실 대신에 그저 높게만 지으려고 다투었다'고 하였다.

설리번은 세인트루이스의 「웨인라이트 빌딩」(Wainwright Building, 1891), 버팔로의 「개런티 빌딩」(Guaranty Building, 1895)에서는 '저층부-기준층-꼭대기'라는 고층건축의 3단계 구성을 확립하였다. 시카고의 가로 모퉁이에 건립된 「카슨·피리에·스코트 백화점」(Carson, Pirie, Scott., 1899, 1903-04 증축)에서는 철골구조를 보다 명쾌하게 표현하는 방향을 취하였다. 이 건축물에서는 직사각형의 창에서 수평선이 표현되며, 노출된 1층과 2층 부분에는 정교한 주철제 장식이 베풀어졌다. 이 백화점은 1899년 9층 높이로 부분적인 완성을 한 다음, 1903년부터 1904년까지 구석부분과 상부의 3층이 더해졌는데, 층고를 약간 낮게 하여 안정감을 주었다. 이 건물은 벌집과 같은 복잡한 세부와 전함과 같은 강력한 윤곽선을 보여주며 시카고의 20세기적 정신을 표현하는 듯하다.

루이스 설리번, 개런티 빌딩, 버팔로, 1895

개런티 빌딩 「개런티 빌딩」(Guaranty Building, 버팔로, 1895)은 아들러와 함께 설계한 설리번의 최후 작품으로 '프루덴셜 빌딩'이라고도 부르는데, '웨인라이트 빌딩'(1891)을 더욱 발전시켜 보다 근대적인 표현에 가까워졌다. 이 빌딩은 13층 높이의 철골구조로 저층 기단부, 기준 몸체부, 꼭대기와 같은 전통적인 3단계 구성을 취하며 수직성을 강하게 표현한다. 입면에 있어서 기둥을 기어올라가 꼭대기 아치에서 교차하는 식물적이고도 기하학적인 장식은 건물무게를 가볍게 만들어주는 듯하다. 장식은 꼭대기에 이르러 둥근 창을 둘러싸며 전면에 퍼지면서 코니스의 아랫면까지 도달한다. 설리번은 1층 부분의 오더를 덮은 듯이 옆으로 펼쳐진 쇼윈도를 두어 도로와 일체감을 나타내는 동시에 건축 전체를 지면으로부터 띄워 올린 듯한 효과도 만들어내었다.

아르데코 03

아르데코(Art Deco)는 1920년대에서 1930년대에 걸쳐 프랑스를 중심으로 한 유럽과 미국에서 크게 유행한 화려한 장식적인 양식을 지칭하는데, 1925년 파리에서 개최된 〈장식미술과 근대산업만국박람회〉(Exposition Internationale des Arts Decoratifs of Industriels Mordernes)의 명칭에서 유래되었다. 제1차 세계대전 이후 파리는 새로운 시대와 자유를 추구하는 세계 공동의 무대였다. 장식과 응용예술 분야에서 새로운 시대에 따른 제안의 장이 필요하게 됨에 따라서 1925년 '새로운 발상과 순수한 독창성'이란 주제로 파리 장식미술 만국박람회가 개최된 것이었다. 이 박람회의 대부분의 전시관과 전시품들은 박람회가 명명된 아르데코라는 1920년대의 근대적 유행양식으로 디자인되었다.

파리 장식미술 만국박람회에 보알로(L. H. Boileau)가 설계한 「봉마르세관」(Bon Marche)은 언바리드 지하철역 위에 세워지고 역의 4기둥으로 지지된 나무와 철구조 건물로서, 아르데코의 하나의 전형이라고 한다. 파사드의 사과나무를 모방한 스테인드글래스 틀은 은을 도금한 철이며 모서리 부분은 주택의 각 방을 생각하여 구성되었다. 메르니코프가 설계한 「소련전시관」(Soviet Pavilion)은 서구에 최초로 건립된 구성주의 건물로서, 평평한 벽과 방대한 유리면을 이용한 순수한 기하학적인 디자인이었다. 한편 이 박람회에서 르 코르뷔지에는 잡지 **〈에스프리 누보〉**의 개념에 따라 자신의 초기 하얀 큐빅 형태인 「에스프리 누보관」(Pavilion de l'Esprit Nouveau)을 설계하였는데, 가장 단순하고 입체적인 합리주의적 특성을 지닌 건물이었다. 이 「에스프리 누보관」은 모듈기초구성으로 규격화와 공업화가 이루어지기 때문에 폐관 후에는 해

1920년 르 코르뷔지에, 오장팡, 데르메 등이 창간한 잡지

체시켜 교외로 이설할 예정이었으나, 지금은 이탈리아 볼로냐(Bologna)에 재건되어 있다.

프랑스의 아르데코는 화려하고 현란하면서도 솔직한 장식과 피라미드 형태 등이 돋보인다. 아르데코에서는 모티프의 인물과 식물, 동물, 분수의 형태는 양식화하고 속도를 나타내는 유선형, 전파를 나타내는 지그재그 무늬, 태양과 무지개 등의 자연현상까지도 기하학적으로 표현된다.

아르데코는 프랑스를 중심으로 한 유럽의 아르데코와 미국의 절충주의 양식을 통한 신대륙의 아르데코로 나누어 볼 수 있다. 이 아르데코는 1928년 이후 영국과 유럽 전역에서 점차 쇠퇴하고 대신 뒤늦게 프랑스의 영향을 받은 미국에서, 건물이 소비문화의 표시로 간주된 맨해튼에서 고층건물의 화려하고 과격한 특유의 양식으로 변형, 발전되었다. 이로써 고도의 장식적인 파사드를 가진 원근화법적(scenographic)인 건축이 다색장식(poly chromy) 및 일반장식을 통해 미국에 상륙하게 되었다.

미국에서의 아르데코는 미국 역사 가운데 가장 특별한 10년간, 곧 대공황 이전의 10년간으로 기억될 정도다. 1920년대에 뉴욕 맨해튼에는 고전주의라는 규범과 모더니즘이라는 새로운 규범 사이에 아름답고 꽃처럼 솟은 고층건물들이 많이 세워졌는데, 무엇보다도 건축에 있어서 절대적이고 압도적이며 차별화하기 위해 높이의 경쟁이 반복되면서 마천루가 난립하게 된 것이었다. 대불황의 시기에 뉴욕과 시카고에는 마천루와 같은 고층건물들이 계속해서 세워졌다. 윌리엄 반 알렌이 설계한 「크라이슬러 빌딩」(1929), 쉬레와 램, 하몬이 설계한 「엠파이어 스테이트 빌딩」(1930-32), 홀라버드(Holabird)와 루트(Root)가 설계한 「파르모리브 빌딩」(Palmolive), 해리슨과 아브라모비츠(Abramovitz)가 설계한 「록펠러 센터」(Rockeffler center, 1930년 착공), 「RCA 빌딩」, 「타임 라이프 빌딩」(Time Life) 등이 이 시기에 세워졌다. 크라이슬러 빌딩에 사용된 유선형의 금속제 첨탑, 엠파이어 스테이트 빌딩과 록펠러 센터의 현관홀 부분에 햇빛을 수용한 디자인, 「라디오 시티(Radio City) 뮤직홀」에 물결치는 듯한 곡선을 사용한 것은 아르데코적인 모더니즘이라 할 수 있다. 높이를 시각적으로 강조하고 감각적으로 증폭시키기 위해 건물에 섬세한 세트백(set back)을 주고 꼭대기에 예각의 첨탑을 추가했는데, 세트백은 당시의 맨해튼에 시행되었던 사선규제라는 지구조례에 의한 것이었다.

1) 특징

아르데코는 절충주의의 장식적 양식, 3차원 형태를 감싸는 매끄러운 표면의 사용, 이국적인 것에 대한 애정, 반복되는 기하학적 주제, 값비싼 재료의 사용을 그 특성으로 볼 수 있다. 아르데코의 형태구성은 크게 1920년대에는 지그재그형, 1930년대에는 유선형의 두 가지로 분

크라이슬러 빌딩과 엠파이어 스테이트 빌딩, 뉴욕 맨해튼

류할 수 있으며, 아르데코 양식의 건축특성은 장식적이고 색채가 풍부한 것으로, 근대건축에는 장식이 없는데 비해 아르데코 건축은 상당히 복잡하고 상층으로 갈수록 단상으로 세트백되어 있고 움직임이 노골적으로 표현되어 있다. 세트백에 의해 건물에는 정상부에 크라운(왕관)이 출현하였고, 구름 위에 우뚝 솟은 크라운은 도시와 대중에 대한 건물의 얼굴역할을 하였다.

(1) 형태적 특성

아르데코는 전위예술과 전통예술 사이의 관계를 고려하면서 종합적인 형태의 양식화를 추구하였다. 아르데코는 아르누보의 흐르는 곡선을 기하학화 하여 기계적 대량생산 체계에 디자인을 적용하고 신고전주의에 가까운 고전적 양식으로 비대칭보다는 대칭을, 곡선보다는 직선적 형태를 추구하였다. 아르데코는 폭발적인 별모양이나 태양광선 모양, 지그재그 모양, 뾰족탑 등의 기하학적 모티프, 단순화된 꽃이나 잎사귀 모양, 바닷속이나 정글 속의 풍경들, 여성의 누드 형상, 동물군에서 주로 사슴이나 양 등의 자연적인 모티프와 투탕카멘 무덤의 발굴로 일반화된 이집트의 모티프, 로렌스(Lowrence)의 소설 『깃털을 단 뱀』(The Plumed Serpent, 1926)으로 알려진 아즈텍의 기호, 오리엔탈, 아메리칸 인디언풍의 문양이나 장식적인 모티프를 그 주요 모티프로 한다. 이 아르데코는 입체파와 미래주의, 표현주의 등과 같은 여러 운동에 큰 영향을 주었다.

(2) 재료와 색채의 특성

아르데코 건축은 값비싼 목재(흑단, 마호가니), 이국적인 재료(상아, 진주, 옻칠, 래커), 근대적인 재료(유리, 알루미늄, 크롬, 니켈, 철)를 주로 사용하였다.

또한 아르데코 건축은 강하고 단순한 형상을 적절히 표출하기 위해서 밝은 색상과 강렬하고 뚜렷한 색채대비를 구사하고 주요 장면과 뚜렷한 지구라트(Ziggurat)들이나 다른 기하학적 모티프들을 위해 은색을 사용, 오리엔탈리즘이나 야수파의 영향으로 어두운 것 대신 담홍색, 청회색, 노란색, 짙은 군청색 등을 사용하였다.

(3) 실내계획

아르데코의 인테리어는 건물 전체의 이미지를 높이기 위해 외부에서 내부로 진입시 최초로 나타나는 공간인 출입구 홀, 로비에 그 취향을 집중하였고, 어느 로비나 대칭적인 계획 속에 복잡한 장식을 대담하고 드라마틱하게 사용하였다. 마천루의 주역인 엘리베이터의 문에도 장식적인 무늬를 넣어 기다리는 사람의 눈을 즐겁게 해주는데, 장식은 직선적이고 기하학적인 지그재그 무늬, 빛, 전파를 나타내는 태양광선, 유선형 등이다. 인테리어 재료로는 풍부한 재질과 색채를 이용하였는데, 알루미늄과 스테인리스스틸, 강철의 크롬 도금, 황동 등의 금속을 새로운 형식으로 사용하였다.

2) 대표적인 아르데코 형식의 건물

헬싱키 중앙역 에리엘 사리넨(Eliel Saarinnen)이 설계한 「헬싱키 중앙역」(1905-14)은 1904년 설계경쟁에서 당선된 것으로서, 실제건물이 완공되기까지의 1910년에서 1914년 사이에 수차례에 걸쳐 수정되었다. 헬싱키 중앙역은 우아하게 분절된 석조 매스와 기능적 조직화, 재료의 감각적이며 표현적인 사용, 유선형같은 세부장식 등이 돋보인다. 이 건축물은 수평방향으로 펼쳐지는 형태에 대하여 수직적인 탑을 비대칭적으로 배치하였으며, 릴리프나 회화를 설치하지 않고 장식 자체를 건축과 동화시켜 건축의 분절에도 불구하고 구조적으로 흥미로운 부분을 강조하면서 예술과 건축을 통합시키려 하였다. 이러한 건축은 기본적으로 자기 민족의 문화적 전통에 뿌리박은 새로운 자기표현을 찾아 새로운 근대사회에 재생시키려 하는 점에서 내셔널 로맨티시즘이라고도 한다.

크라이슬러 빌딩 윌리엄 알렌(William Van Alen)이 설계한 「크라이슬러 빌딩」(Chrysler Building, 뉴욕, 1930)은 극히 로맨틱하게 묘사된 아르데코를 대표하는 건축이다. 지상 77층, 지하 1층의 이 건물은 높이 319.4m로, 완공 이듬해 '엠파이어 스테이트 빌딩'이 102층 381m로 건설하기 전까지 세계에서 제일 높은 빌딩이었다. 건물 정상에는 왕관모습의 첨탑이 있으며, 스테인리스의 예각삼각형을 한 작은 창들이 중첩되며 뚫려 있다. 이 빌딩이 갖는 예각성은 중층적 반복에 의해 더욱 강조되며 스피드 감각을 주고 있다. 이

1. 윌리엄 알렌, 크라이슬러 빌딩, 뉴욕, 1930
2. 크라이슬러 빌딩 계단
3. 크라이슬러 빌딩, 엘리베이터 문

건물은 자동차회사를 설립한 월터 크라이슬러가 회사를 상징하는 사옥을 스테인리스스틸을 사용하여 만들고자 한 것이었다. 스테인리스스틸로 만들어진 첨탑이 자동차의 라디에이터 그릴처럼 생긴 것 등 이 건물은 자동차를 연상케 하는 다양한 아이콘들이 표층적 방법으로 외벽면에 배열되어 있다. 또한 빌딩 내부에는 날개달린 라디에이터 캡, 바퀴, 자동차 모양 등이 새겨져 있다.

엠파이어 스테이트 빌딩 쉬레브, 램 앤드 하몬(Shreve, Lamb & Harmon)이 설계한 「엠파이어 스테이트 빌딩」(Empire State Building, 뉴욕, 1931) 은 뉴욕 시 맨해튼 섬에 있는, 1931년에 지어진 건물이다. 이 빌딩은 102층에 높이 381m이며 안테나 탑을 포함할 경우 높이가 443.2m다. 2001년 9.11테러로 「세계무역센터」(110층 쌍둥이 건물, 417m, 야마사키 미노루 설계, 1972)가 무너지고 나서는 다시 뉴욕 시에서 가장 높은 건물이 되었다. 이 빌딩은 불과 19개월만에 완성되었으며, 골격은 약 5만톤의 강철로 세워졌고 1천만 개의 벽돌을 이용해 외벽을 만들었다. 이 빌딩을 정점으로 하는 뉴욕의 마천루군은 20세기 전반 뉴욕의 경제와 산업의 기능의 집중을 단적으로 말해 주는 상징이다.

쉬레브·램 앤드 하몬, 엠파이어 스테이트 빌딩, 1931

제 6 장

근대건축운동

01 아르누보 운동

산업혁명 이후 오랫동안 다양한 흐름들이 서로 겹쳐지고 영향을 끼치면서 근대건축이 이루어졌는데, 1890년부터 과거의 전통적인 건축방식으로부터 벗어나려는 여러 가지 새로운 경향들이 대두되었다. 이 가운데 특히 가장 먼저 등장한 경향이 아르누보(Art Nouveau) 운동과 세제션(Seccession) 운동이다.

근대 최초의 국제적 운동인 아르누보는 1890년부터 약 20년간 벨기에와 프랑스를 중심으로 전개되어 제1차 세계대전 무렵까지 유럽과 미국 등지에서 건축과 조각, 회화, 공예, 디자인 등 모든 장르에서 새로운 생명과 풍부한 혁신을 불러일으킨 낭만주의적인 장식미술 운동이다. '아르누보'란 '새로운(nouveau) 예술(art)'을 의미하며 1890년부터 1910년까지의 낭만주의적이며 개성적, 반역사적인 양식을 제창한 장식예술 및 조형예술의 양식을 지칭한다.

이전의 미술공예운동에 있어서는 공예품의 미적 수준을 높이기 위해 고딕을 표준으로 하는 조형활동이 진행되었으나, 아르누보는 과거의 역사적 양식에서 탈피해 진실로 새로운 조형을 창조하고자 한 것이다. 아르누보는 공예와 건축을 중심으로 하여 다양한 분야에서 그 모습을 찾아볼 수 있다.

아르누보 양식의 전반적인 형태는 직선보다는 소용돌이 치고 서로 교차하는 곡선이 주로 사용되었다. 이 운동을 통하여 선과 색채, 면과 형태라는 조형적 요소들에 새로운 장식적 가치가 부가되었으며, 종합적인 디자인의 수단으로서 새로운 의의를 갖게 되었다. 또한 아르누보는 과학과 기술의 진보를 예술세계에 받아들여 조형예술과 응용미술

사이의 구별을 없애려 하기도 하였다. 전체적으로 아르누보는 19세기적인 양식으로부터 벗어나 완전히 새로운 것을 창조하려는 것으로서, 20세기 초반 예술운동의 선두를 차지한다.

1) 발생배경과 전개

아르누보 양식이 발생하게 된 배경으로는 산업혁명, 새로운 재료에 의한 공학기술의 발전, 그리고 새로운 건축과제의 필요성 등을 살펴볼 수 있다. 18세기 후반부터 영국에서 시작된 산업혁명으로 인해 철과 유리의 제조기술이 놀라울 정도로 발전함과 동시에 방적과 섬유공업의 발전으로 막대한 노동력이 필요해짐으로써 도시의 인구집중, 도시화가 발생되게 되었다. 아르누보는 19세기 말 섬세함이나 정교함이 부족해진 당시의 기계문명과 진부해진 경험적 실증주의 문화에 대한 반발로 시작된 〈미술공예운동〉에 기원을 두고 있다. 즉, 이 시기에는 산업혁명으로 인해 양적으로는 커다란 발전을 이룩하였으나, 기계에 의한 대량생산으로 인해 제품의 외관은 예술성이 결여되어 있었고, 세련되지 못한 제품들은 그 질이 떨어져서 중세 이래 수공기술의 전통은 단절된 듯 하였다. 아르누보는 기존의 사고방식이나 표현양식으로서는 급변해 가는 새로운 시대에 적응할 수 없었기 때문에 새로운 가치와 의미를 지닌 형태를, 곧 새로운 미술, 새로운 표현양식을 창조하려 한 것이다.

산업혁명 이후 건축에 있어서 철이 값싸게 다양한 형태로 공급되고 유리기술의 진보로 빛이 충분히 들어올 수 있는 건축물을 만들 수 있게 됨으로써 지금까지 천연재료를 이용한 건축방법과 근본적으로 달라지게 되었다. 이러한 새로운 재료의 발명과 이것을 이용하는 공학기술의 진보는 건축을 지금까지의 좁은 틀에서 벗어나 다양한 건축과

제의 변화를 가져오게 하였다. 과거시대에는 성당이나 궁전이 대규모 건축을 지칭하였지만 산업혁명에 의한 도시화와 인구의 도시집중으로 노동자의 주택, 백화점, 증권거래소, 철도의 발달에 의한 정거장과 각종 공장 등과 같은 다양하고 새로운 건축의 과제가 필요하게 되었다.

1881년 벨기에 브뤼셀에서 전위예술가들이 잡지 「근대예술」(L'Art Moderne)을 발간하였는데, 그들은 예술의 전통주의와 절충주의를 반박하고, 예술에는 일정한 형식이 없다고 주장하며 예술가의 주관과 창작력에 의한 새로운 예술양식의 창조를 주장하였다. 1893년 브뤼셀에서 전위적 그룹 '20인조(Les XX)'가 조직되어 매년 전시회를 개최했으며, 전시회를 통해 영국의 미술공예운동을 유럽 본토에 소개하였다. 이를 계기로 브뤼셀을 중심으로 주관적이고 낭만적인 예술사조가 회화와 공예, 건축분야 등에서 활발히 전개되었는데, 이러한 예술사조를 흔히 아르누보라 통칭한다.

2) 용어와 명칭

아르누보는 새로운 예술이란 뜻으로서 유럽 각국에서 펼쳐졌기 때문에 지역별로 다양한 별칭을 갖는다. 아르누보는 주로 곡선을 사용하여 식물을 모방하였기 때문에 '꽃의 양식'(Stile Floreal – floral style), '물결 양식'(Wellenstil – wave style), '백합 양식(Lilienstil–lily style)', '촌충 양식(Bandwurmstil–tapeworm style)', '국수 양식'(Style Nouille – noodle style) 등으로 불려지고 있다. 아르누보는 영국에서는 '모던 스타일'로 알려지고 벨기에에서는 오르타가 소개한 곡선을 따서 줄회초리 양식 또는 뱀장어 스타일(Paling Stijl–eel style)이라고 했으며, 네덜란드에서는 새로운 예술(Nieuwe Kunst), 독일에서는 뮌헨에서 발행된 잡지 유겐트의 이름에서 비롯된 '유겐트스틸(Jugendstil - Young style)', 프랑스에서는 1899년 파리의 지하철 정거장의 장식이 풍부한 출입구를 설계한 건축가 엑토르 귀마르의 이름을 딴 '귀마르 양식(Style Guimard)', 오스트리아에서는 분리파(Sezessionstil - Secession style), 바르셀로나를 중심으로 한 스페인에서는 '아르테 호벤(Arte Joven - young art)', 모데르니스모 또는 모데르니스타(modernista), 이탈리아에서는 '아르테 누오바(Arte nuova - New art)', **'리버티 양식'**(Stile Liberty - Liberty style)으로 불렸다.

리버티 양식은 런던 최고의 백화점 Liberty & Co의 이름에서 유래됨.

'아르누보'란 이름은 1895년 파리에서 문을 연 사무엘 빙(Samuel Bing)의 〈메종 드 아르누보〉(Maison de l' Art Nouveau)에서 유래되었다. 이곳에서는 여러 디자이너의 작품이 전시되어 판매되었는데, 제품의 스타일이 새로웠지만 전통적인 양식에서 크게 벗어나지는 않았다.

3) 아르누보의 특징

(1) 곡선장식

아르누보 건축에 있어서는 장식이 주된 요소로 등장하였는데, 물처럼 흐르는 듯한 곡선 등 곡선의 장식적 가치를 가장 중요하게 다루었으며, 풍부한 상징성을 지니고 있어 짧고 경쾌한 로코코의 곡선과는 차이가 있다. 아르누보의 곡선은 구불구불하고 물결치는 듯하며 음악적으로 율동하는 듯 흐르고 있으며 또한 타오르는 듯 섬세하며 주의를 환기시키는 힘을 지닌 상징적인 선으로 표현되어 있다. 이러한 곡선장식은 과거의 양식에서부터 가져온 것이 아니라, 자연으로부터 일정한 특정 패턴을 추출하여 기하학적으로 발전시켰다.

아르누보에 있어서는 덩굴풀이나 담쟁이와 같은 식물의 형태, 당초무늬 또는 화염무늬 형태 등 자연형태에서 모티프를 빌려 특이한 장식으로 새로운 표현을 얻고자 했으며, 유기적이고 움직임 있는 모티프를 즐겨 사용하여 좌우대칭이나 직선적 구성을 벗어나고자 하였다. 아르누보 양식은 대칭에 의한 균형보다는 비대칭적 균형을 추구하였는데, 외형적인 불균형은 생명과 운동을 암시하는 격동적인 요소를 불러일으키는 표현수단으로 사용되었다.

(2) 새로운 예술양식의 추구

아르누보는 예술에 있어서 과거의 전통과 역사적 절충주의를 거부하고, 예술가 개인의 주관과 창의력에 의한 자유로운 예술을 추구하였으며, 부드러우면서도 환한 색조를 주로 사용하였다. 또한 아르누보 예술가들은 새로운 재료들을 매우 세련되고 정교한 장식 속에 포함시켰는데, 이것은 미술공예운동에서 주장한 수공예적인 정신이 새로운 기술에 포함되었음을 의미한다. 아르누보는 새로운 건축을 지향하는 여러 가지 경향들을 통일하여 어떤 일관된 양식으로 종합하였다. 아르누보 작품들에는 공예적인 기교가 발휘되었고 다채로운 재료와 이국풍의 장식판, 석재세공, 장식적인 격자 등이 쓰이고, 장식이 풍부하고 화려한 건축양식이 보인다. 또한 비대칭적인 문틀이나 창틀, 활모양이나 아치형의 창 등도 채택되었다.

한편 흐르는 듯한 선과 부드러운 외관을 추구한 아르누보는 근대건축 발생 초기의 새로운 재료인 공업생산의 철과 유리를 건축에 적극 사용함으로써, 건축재료로서 철과 유리의 미학적 가능성을 충분히 예시하였다.

(3) 의의와 영향

아르누보 양식은 과거의 역사적 및 복고주의적 장식에서 벗어나서 상징주의 형태와 장식적 패턴의 미학을 받아들임으로써 예술을 모든 생활에 실용화하려고 시도하였다는 의의를 지닌다. 아르누보는 건축을 과거의 전통양식으로부터 해방시키고 철과 유리 등의 새로운 건축재료를 사용함으로써 20세기 초 근대건축운동의 출발점을 제공하였다. 처음에 단순히 표면적인 장식에서 출발한 아르누보는 나중에 완전한 3차원적인 건축으로 발전하여 표현주의에 직접 영향을 미치게 되었다.

아르누보는 곡선과 곡면의 사용에 의한 유동적인 미를 만들었다는 평가를 받는 반면에, 기능을 등한시한 형식주의적이고 탐미적인 장식만을 추구하는 태도로 전락할 요소가 있다고 비난을 받기도 하였다. 또 아르누보 운동은 근본적으로 장식적인 측면에 치우쳤기 때문에 공간과 구축성에 대한 이해가 부족한 약점이 있는데, 이 과제는 20여 년 후에 근대건축가들이 풀어나가게 된다. 아르누보의 15년간의 전성기는 유럽 전역을 강하게 휩쓸었고 그 영향력은 전 세계에 미치었다. 아르누보는 20세기의 모더니즘 양식의 발생으로 인하여 쇠퇴할 때까지, 신고전주의와 모더니즘을 이어주는 중요한 가교로 여겨진다. 1900년 이후 미술과 디자인에 미친 아르누보의 영향은 1925년경에 등장한 아르데코로 이어졌으며, 또한 20세기 후반 포스트모더니즘의 디자인과 건축에서도 그 모습을 엿볼 수 있다.

4) 주요 건축가

아르누보 양식의 건축에 있어서는 상당히 많은 예술가와 디자이너들이 활동을 했다. 벨기에에서의 아르누보 건축은 매우 유연하고 섬세한 구조 양식으로 프랑스의 저명한 건축가 엑토르 귀마르에게 영향을 주었던 앙리 반 데 벨데와 빅토르 오르타가 선도하였다. 프랑스의 아르누보 건축가로서는 엑토르 귀마르, 조르주 드 푀르(Georges de Feure, 1868-1943), 그리고 유진 가이야르(Eugene Gaillard, 1862-1933)들이 대표적으로서, 이들이 디자인한 가구들은 기본형태는 전통을 따르면서 정형화된 꽃이나 나뭇가지 모티프를 유기적인 선으로 처리하여 새로운 느낌을 더하였다. 프랑스의 아르누보는 귀마르가 확립시켰고 1900년의 만국박람회에서 절정을 이루었다.

스코틀랜드의 건축가이며 디자이너인 찰스 레니 맥킨토시는 오스트리아의 세제션(secession)에 영향을 주었고 기하학적인 선을 전문적으로 사용했다. 스페인에서는 건물들을 공과 같은 뿌리 모양의 곡선적이고 밝은 색조의 유기적 작품으로 변형시켜 아르누보 운동의 가장 독창적인 예술가로 지목되는 건축가 안토니 가우디가 뛰어난 작품활동을 하였다. 독일에서 아르누보는 공장제품의 디자인에 전반적으로 채용되었으며, 아우구스트 엔델(August Endell, 1871-1925)이 대표적 건축가이고, 이탈리아에서는 경쾌한 자유양식(Stile Liberty)으로서 발전되었다. 미국에서는 전통구조를 가진 건물을 식물모양의 아르누보 철세공으로 장식했던 건축가 루이스 헨리 설리번 등이 활약하였다.

(1) 빅토르 오르타

아르누보의 대표적인 건축가 빅토르 오르타(Victor Horta, 1861-1947)는 건축과 인테리어에서 고도로 장식적이고 세련된 아르누보의 형태를 발전시켰다. 유럽에서 처음으로 대담한 주택을 시도한 건축가인 오르타는 전통적인 주택설계를 벗어나, 당시의 사회적 및 문화적인 발전에 힘입어 건축에 새로운 바람을 불어 일으킴으로써 20세기의 건축에 이르는 길을 개척했다고도 할 수 있다. 또한 뛰어난 독창성을 지닌 그는 철과 유리를 사용하여 여러 가지의 섬세한 형태를 지닌 구조체를 실험적으로 사용하였다. 벨기에에서 가장 존경받는 아르누보 양식의 선구적 건축가인 오르타는 이국적 정서를 담고 있는 뒤틀린 철제계단으로 주목받는, 아르누보 최초의 작품인 「타셀 저택」(Tassel, 1893), 그리고 「이노베이션」(L' Innovation), 「솔베이 저택」(1895-1900), 「민중의 집」(1896-99) 등의 설계를 통하여 철과 유리를 독창적이고 근대적으로 사용하며 아르누보 운동을 선도하였다.

타셀 저택 「타셀 저택」(Tassel, 브뤼셀, 1893)은 벨기에의 과학자이자 교수인 에드몽 타셀(Edmond Tassel)의 의뢰로 세워진 저택이다. 오르타는 이 주택에서 설계는 물론, 건축재료와 장식도 당시로서는 혁신적인 방법을 사용했다. 아르누보의 선언이라고도 할 수 있는 이 건축은 형태와 구조 모두 혁명적인 시도가 이루어졌으며 건축사상의 고전적인 기념비의 하나로 알려지고 있다. 이 주택은 초기 아르누보 양식을 나타내었다는 점과, 새로운 형식 및 장식이 완벽하게 통합되었다는 점에서 아르누보의 건축 역사에 중요한 위치를 차지한다.

빅토르 오르타, 타셀 저택의 계단, 브뤼셀, 1893

이 저택의 평면계획을 보면, 당시 벨기에에서 일반적이었던 복도 대신에 8각형의 홀을 두고 거기에 넓은 층계를 설치하여 각 층의 방으로 통하게 하며 전반부와 후반후로 나누는 변화를 보인다. 저택은 크게 세 부분으로 구성되는데, 앞쪽과 뒤쪽 두 공

1

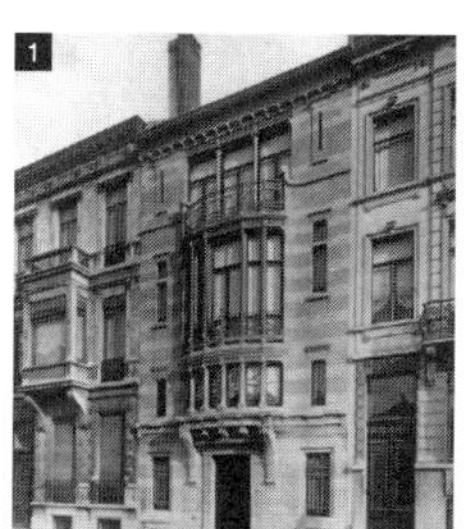

2

1 hall
2 cloakroom
3 study
4 small sitting room
5 living room
6 ante-room
7 bedroom
8 drawing room
9 servants' rooms
10 workroom

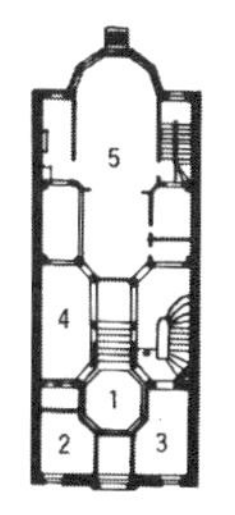

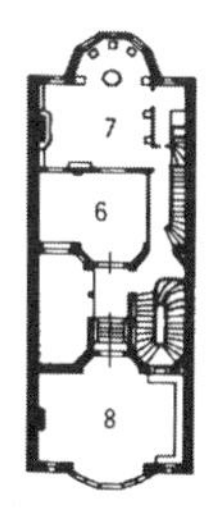

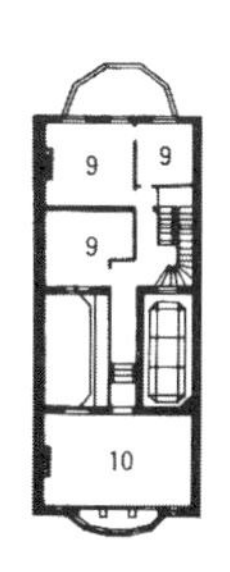

1. 빅토르 오르타, 타셀 저택 외관, 1893
2. 빅토르 오르타, 타셀 저택 평면도, 1893

간을 연결하는 유리로 뒤덮인 철재 구조물로 된 부분은 아르누보적 독창성을 보여주고, 벽돌과 자연석을 사용한 앞뒤의 두 곳은 대체로 전통적인 양식을 따르고 있다. 손님을 맞는 응접실이자 건물 연결부 및 계단, 층계참 역할을 겸하는 8각형의 홀 부분은 유리지붕으로 되어 있어 자연광이 집안으로 들어올 수 있게 했다. 또한 건물설계뿐 아니라 문손잡이와 모자이크 바닥, 철제 계단난간, 스테인드글라스 창문 등 내부 인테리어까지 모두 오르타가 디자인하였다.

이 주택의 외관에서는 일반재료인 사암과 주철난간으로 받쳐져 그 독특한 곡선이 드러났을 뿐이지만, 내부공간에서는 아르누보의 효시로서 그 표현이 잘 드러나 있고, 천장의 개방공간을 축으로 한 공간구성도 주목할 만하다.

타셀 저택은 주택으로서 철을 처음 사용했다는 점에서도 주목된다. 구조재 표현으로 우선 1층의 넓은 선룸에서 철골가구는 그대로 드러내고 있으며, 층계는 우미한 철제기둥에 받쳐져 있다. 이 집에서 가장 이목을 끄는 것은 계단으로서, 자유로운 선을 사용한 장식의 철로 만든 계단기둥은 식물을 모방해 만들어졌고 철제난간은 물결치듯 흐르는 형태로 움직인다. 이 유명한 계단실에 있어서 회초리의 움직임이 그리는 듯한 가느다란 곡선난간과 화려한 꽃무늬 장식이 벽면에 뚜렷이 나타난다.

각종 식물과 꽃에 대한 세밀한 연구를 바탕으로 하여, 이른바 3차원의 형태가 처음으로 시도된 이 건물에 있어서는 또한 자유로운 표피들이 새로운 재료인 얇은 철재와 유리로 구성되어 있다. 그래서 중량감을 거부하고, 표피만으로 자유로운 넓이감을 창조하면서 그곳에서 긴장감을 유발시키고 있는 것이다. 이렇게 해서 이 주택은 물체와 공간을 구분하지 않고, 눈으로 포착될 수 있는 자유로운 표피의 구성이 가능하게 되었다. 오르타의 업적은 채찍

선과 같은 리듬을 가진 전형적인 아르누보 곡선을 처음으로 공간과 구조로 변형시킨 점이라 할 수 있다.

민중의 집 「민중의 집」(Maison du Peuple, 브뤼셀, 1896–99)은 벨기에 노동당의 본부로서, 그 관리 아래의 노동조합사무소와 상가 등이 들어선 복합 건물이다. 최상층에 있는 골조를 노출시킨 철골조의 강당이 특징적이며, 아르누보의 공공공간으로 비올레 르 뒤크의 영향이 보인다. 이 메종 드 푸플의 곡면 유리벽과 철재의 정면은 당시 가장 대담한 업적 가운데 하나였다.

빅토르 오르타, 민중의 집, 브뤼셀, 1896–99

오르타 저택 「오르타 저택」(Horta House, 1898)은 오르타가 생전에 작업실 겸 주택으로 썼던 공간으로서, 아르누보의 거장답게 자신의 저택도 혁신적인 아르누보 양식으로 장식하여 '오르타 양식의 결정판'으로 꼽힌다. 오르타 저택의 파사드는 직선의 석재구조 위에 곡선적인 철의 장식이 실려 있으며, 전체적으로는 극히 간소한 인상을 준다. 내부의 중심을 이루는 계단실은 각 층에 따라 그 표정이 바뀌고 다시 위로 갈수록 폭이 좁아짐으로써 일종의 역동성을 느끼게 해준다. 특히 유리천장으로부터 쏟아지는 부

빅토르 오르타, 오르타 저택의 외관과 계단, 브뤼셀, 1898

드러운 빛에 감싸인 최상층에서는 효과적으로 사용된 거울로 인하여 아르누보 특유의 아름다운 공간이 확산된다. 오르타는 이 주택에서 아르누보의 조형언어를 사용했을 뿐만 아니라, 기능적으로도 독립공간을 계단중심과 결부하여 유기적인 공간의 연속성을 얻었다. 세련된 인테리어도 아르누보 양식으로서 특히 눈길을 끌며, 가구며 식기, 미술품 등 모두 오르타가 직접 선택한 것이다. 현재는 「오르타 박물관」으로 활용되고 있으며 그의 생애와 작품에 대한 자료들이 전시되어 있다.

빅토르 오르타, 솔베이 저택, 브뤼셀, 1895–1900

솔베이 저택 「솔베이 저택」(Solvay Hotel, 브뤼셀, 1895–1900)은 벨기에의 화학자이자 산업가인 에르네스트 솔베이(Ernest Solvay)의 아들 아르망 솔베이(Armand Solvay)의 의뢰로 건설된 것이다. 솔베이 저택은 아르누보의 정수라고 할 수 있는 것으로서, 바로크식과 고전주의, 이성과 감성, 석공의 기술과 기계공업, 색채와 형태가 공존하고 있으며 미학이 기술을 지배하고 있다고 할 수 있는 걸작이다. 이 저택은 대리석과 줄무늬 마노, 청동 등 값비싼 재료를 활용하여 지은 화려한 저택으로서, 오르타가 가구와 카펫, 실내마감까지 모두 디자인하였다. 천장이 들어간 개방공간을 축으로 한 평면구성은 타셀 저택이나 오르타 저택과 같은 설계방식을 따르고 있다.

(2) 오토 와그너

오토 와그너(Otto Koloman Wagner, 1841–1918)는 19세기 말 오스트리아를 대표할 만한 뛰어난 건축가였고, 세제션 운동에도 지대한 영향을 미쳤다. 와그너는 1890년대에 아르누보 운동에 참여하여 19세기에 유행하던 건축에 있어서의 역사주의적 경향을 부정하고, 새로운 형식은 모두 새 시대의 요구에 부응하여야 한다며 실용적인 양식을 제창하였다. 빈의 칼스프라츠(Karlsplatz)에 세워진 「빈 철도역사」(1897), 「빈 우체국」(1904-06), 그리고 「헤이그 평화궁」의 설계 등이 대표작이다.

(3) 엑토르 귀마르

엑토르 귀마르, 카스텔 베랑제의 정문, 파리, 1894-98

건축가이자 디자이너인 엑토르 귀마르(Hector Guimard, 1867-1942)는 파리 장식미술학교 및 에콜 데 보자르에서 공부하고, 1880년 후반부터 설계를 시작하였으며, 1894년에서 1898년까지 파리 장식미술학교의 교수를 지냈다. 프랑스 아르누보 건축의 대표적 건축가인 귀마르는 프랑스 건축이론가인 비올레 르 뒤크의 구조합리주의 이론과 빅토르 오르타의 곡선적 장식에 영향을 받았다. 귀마르는 자신을 '예술건축가'라 불렀으며, 아르누보의 회화와 조각, 그래픽 디자인에서 볼 수 있는 자연주의적 원리를 기초로 한 작품을 만들어내었다. 귀마르는 1894-98년 파리 **라퐁텐 거리**(Rue la Fontaine)의 아파트 건축인 「카스텔 베랑제」(Castel Beranger)에서 정문의 철제창살 제작에 오르타의 형식을 수용했다. 파리에 나타난 최초의 아르누보 건축인 카스텔 베랑제는 도시의 메시지가 고려되고 있는 듯하며, 역동적인 곡선과 움직임 속에서 자연을 본 딴 유기적인 양식이 드러나 있다.

프랑스 파리 16구에 자리한 아름다운 거리로서, 19세기말부터 20세기 초반에 지어진 곡선미가 뛰어난 아르누보 양식의 건축물들이 거리를 가득 매우고 있다. 아르누보 거리라는 별명을 갖는다.

귀마르는 1899년에서 1900년 사이에 건축된 파리의 「지하철 역사」(Paris Metro)를 디자인하면서 명성을 얻게 된다. 파리 지하철 역사는 철과 유리를 사용한 유기적 곡선의 형태와 풍부한 공간감으로 아르누보 건축을 대표하는 작품이다. 유기적이고 자유로운 형태, 유리붙임 지붕면으로 만들어지는 이 지하철 역사는 교환이 가능한 프리패브 주철과 유리와 같은 부품을 이용하였는데, 그 부품들을 조합함에 따라 출입구를 둘러싸거나 지붕면을 붙이는 등 여러 가지 변화를 주었다. 지하철 입구의 디자인은 여러 방법을 이용했는데, 어떤 곳에는 울타리

엑토르 귀마르, 파리 지하철 역사, 1899-1900

엑토르 귀마르, 파리 지하철 역사, 1899-1900

형식 또는 반울타리 형식으로, 다른 곳은 지붕을 개방한 오픈 형식으로 하였다. 그는 역사적인 양식을 거부하고 자연으로부터의 조형을 통하여 새로운 표현을 얻고자 했다. 특히 아르누보의 전형적인 조형적 모티프인 덩굴이나 담쟁이 등 식물의 형태를 유동적인 선과 이미지와 유기적이고 탐미적인 장식으로 표현하였다. 자연의 유기적 형태를 연상케 하는 이 지하철 역사는 주철로 만든 환상적이고 장식적인 구성으로 인해 파리의 아르누보가 '메트로 양식' 혹은 '귀마르 양식'이라고 불릴 만큼 많은 주목을 받았다. 귀마르의 작품으로는 이 외에도 「앙베르드 로망 음악당」(1901) 등 당시로서는 철과 유리라는 새로운 재료를 교묘하게 맞추어 식물적인 곡선 장식의 극치를 보인 작품들이 있다.

'귀마르 씨가 고안해낸 지하철 역 입구의 작은 건물은 전부 강철과 자기와 유리로 되어 있다. 매우 간단하고 우아해 가볍기가 마치 버섯과도 같다'(「르 피가로」 지, 1900. 2. 1.)

(4) 안토니 가우디

안토니 가우디(Antoni Gaudi, 1852-1926)는 스페인의 건축가로서 바르셀로나 지방을 중심으로 아르누보 건축을 독자적으로 전개하였다. 가우디는 스페인 북동부 카탈로니아에서 출생하여 바르셀로나의 건축학교를 졸업하였다. 가우디는 주물 제조업자의 후손으로서, 그는 '내가 공간을 느끼고 보는 재능을 갖게 된 것은 아버지와 조부와 증조부가 모두 주물제조업자였기 때문이다. 몇 대를 거쳐 내려오면서 건축가인 내가 만들어진 것이다'고 하였다. 주물 제조업자는 표면으로 부피를 만들어내는 장인이듯이, 가우디는 무언가를 만들어내기 전에 이미 공간을 볼 수 있는 재능을 물려받았던 것이다. 가우디는 물려받은 장식적인 금속공예 수법을 사용하여 초기에 「카사 비센스」(Casa Vicens, 바르셀로나, 1878–80), 「카프리코」(Capricho, 카밀라스, 1883–85) 등 중산계층의 저택을 설계하였다.

가우디는 1878년 대학교 졸업 후부터 독자적으로 일을 시작하여, 바르셀로나를 중심으로 독창적인 건축을 많이 남겼다. 가우디의 건축은 모든 면에서 곡선이 지배적이며, 벽과 천장이 굴곡을 이루고 섬세한 장식과 색채가 넘쳐 야릇한 분위기를 풍기고 있다. 가우디는 거대한 콘크리트를 갑각류와 같이 유리의 세공과 자기피막, 금속덩어리로 된 독창적이고 과감한 산호빛 장식을 사용하여 건물의 기본형태로 삼았다.

대학교 졸업 때, 학장이 "우리가 지금 건축사 칭호를 천재에게 주는 것인지, 아니면 미친 놈에게 주는 것인지 모르겠다." 라는 유명한 말을 남겼다고 한다. 그만큼 가우디는 독창적이고 특이한 성격을 지녔던 것이다.

가우디는 기존의 양식건축을 극복하고 새로운 시대에 적합하면서도 자국의 전통이나 풍토에 따른 건축을 만들고자 하였다. 양식건축을 극복하기 위해 가우디는 과거 양식을 소화하는 동시에 건축을 장식화하며 자연화, 기하학화함으로써 역사상 유일하고 독창적인 조형세계를 구축하였다. 즉, 가우디는 귀중한 경험인 과거의 유산으로부터 많은 것을 배우며 그곳에서 찾아낸 법칙과 수법, 건축언어를 자신의 건축에 적용하고 실천하였던 것이다. 또한 가우디는 건축에 있어 구조와 재료의 순수함을 주장한 프랑스의 건축이론가 비올레 르 뒤크의 구조합리주의 이론에 영향을 받아서 중세 고딕건축의 구조에 관심을 두고 역동적이며 가톨릭적인 고딕양식을 자신의 주된 표현양식으로 사용하였다.

한편 피렌체의 메디치 대공이 수많은 예술가들을 후원함으로써 르

네상스가 꽃을 피울 수 있었던 것처럼, 가우디에게는 구엘(Güell)이라는 이상적인 실업가 후원자가 있어서 뛰어난 걸작들을 남길 수 있었다. 구엘은 직물업계의 거장으로서, 자신의 재산을 가우디가 천재성을 발휘하는 데 투자함으로써, 가우디의 재능이 충분히 발휘된 탁월한 작품인 별장과 궁전, 공원에 그의 이름이 붙을 수 있었다. 가우디는 구엘을 위해 「구엘관」(Palacio Güell, 1885-89), 「산타 코로마 예배당」(Santa Coloma, 1898), 「구엘 공원」(Parque Güell, 1900-14) 등을 완성시켰다.

또한 가우디는 대자연이 만들어내는 독특한 조형을 건축에 도입하고자 했는데, 건축을 자연화하는 시도로서 구엘 공원, 「카사 밀라」(9106-10), 「카사 바틀로」(1904-06) 등이 등장하였다. 이를 위해 가우디는 과거의 건축으로부터 발전시킨 벽돌파쇄 타일을 피복에 사용하며, 포물선 모양의 아치와 경사기둥을 기초로 한 구조방식을 채택하였다. 가우디의 건축에서 모든 면은 유선형이었으며, 벽과 천장은 굴곡을 이루고 섬세한 장식과 엄숙한 색채를 적용하여 종교적인 분위기와 고전적인 이미지가 만들어졌다. 그의 작품들은 형태적 대담함과 놀라운 감각적 효과, 물성에 대한 즉각적인 포착 등으로 특징지워진다. 그의 작품은 대부분 신화적인 이미지와 자유스러운 역동감을 느끼게 해주며, 마치 꼴라주와 같은 인상을 준다. 가우디는 굴뚝을 버섯처럼 만들었으며, 박공의 빗물받이는 종류석처럼, 지붕선의 흐름은 굳어버린 물결처럼, 기둥의 외피는 거친 돌조각을 사용하여 조개껍데기처럼 보이도록 설계하였다.

가우디는 아르누보 건축가들 가운데 독특한 위치를 갖는데, 그는 단순한 곡선장식에 의한 2차원적인 아르누보 건축을 초월하여 파동의 곡선과 곡면에 의해 역동적인 형태와 공간을 창조함으로써 3차원적인 아르누보 건축을 독창적으로 전개하였다고 할 수 있다. 가우디는 쌍곡

포물선면, 쌍곡선면, 나선면 등의 기하학 형태를 자연조형으로 바꾸어 건축에 도입하기도 하였다. 그의 디자인은 항상 친숙한 생물의 모양이나 뼈, 근육, 날개, 꽃잎, 동굴이나 별, 구름 등과 밀접한 관계를 갖는다. 가우디는 그의 생애가 끝날 무렵에 '직선은 인간의 것이며 곡선은 신의 것이다'라고 주장하였다. 그의 작품들은 살아있는 유기체로서 건축에 사용된 모든 재료들이 하나의 생명력으로 재탄생하는 것 같은데, 마치 가우디가 조물주로서 작업하였던 것 같다고 할 정도다.

가우디 건축의 출발점이 카탈로니아의 전통이었듯이, 가우디의 대표작들은 바르셀로나에 많이 있다. 1900년과 1910년 사이에 지어진 그의 구엘 공원, 카사 밀라와 같은 작품들은 아르누보의 특징을 공유하면서도 매우 독창적인 분위기를 만들어내고 있다. 이들 작품들은 물결치는 파사드, 해초를 연상시키는 발코니 철책, 화려한 모자이크 마감, 비늘같은 지붕 등에서 조소적이고 환상적인 분위기를 연출한다. 가우디의 작품들에는 미로와 같은 구불구불한 공간의 이미지가 전체의 건축디자인에 적용되어, 계획에서부터 구조의 형태 및 세부에 이르기까지 디자인을 지배하고 있다. 또한 가우디는 건축색감을 중요시했는데, "건축은 색깔을 거부해서는 안 되며, 오히려 형태와 부피를 살아있는 것으로 만들기 위해 색깔을 사용해야 한다. 색깔은 형태를 보안해주는 동시에 가장 분명하게 생명을 표현하는 것이다."고 하였다. 1926년 6월 7일 가우디는 전차에 치어 사망했는데, 로마 교황청의 특별한 배려로 성자들만 묻힐 수 있다는 「사그라다 파밀리아」 교회의 지하에 묻혔다.

카사 바틀로 카사 바틀로(Casa Batllo, 1905-07)는 6층 아파트 주택의 개조로서, 자유롭게 움직이며 유기적인 모습의 파사드가 특이하다. 이 주택은 안으로 기울어진 뼈처럼 보이는 기둥 때문에 '뼈의 집'으로 불렸으며, 벽은 물결치듯 움직이며 파동을 이루고, 굽어 치는 흐름을 가로막는 평평한 표면 또는 직각은 전혀 보이지 않는다. 건물정면의 저층부분은 집 안에서 벽을 밀어 무너뜨린 것 같은 것을 콘크리트 끈으로 묶어놓은 듯하고, 건물 최상부에는 스페인 타일에 의한 모자가 씌어져 있는 듯하다. 이 건축에 있어서 자연에서 가져온 유기적인 형태는 단순한 건물에 붙은 장식이 아니라 골격의 형태를 이룬 기둥이나 똑바로 선 일면의 해수처럼 많은 색채의 모자이크로 덮여진 파상 파사드와 같이 구조적 요소를 구성하고 있다.

카사 밀라 「카사 밀라」(Casa Mila, 1905-10)는 라파드렐라(채석장)라고 불리는 매우 독창적인 작품이다. 카사 밀라는 1859년의 바르셀로나 도시계획에 따른 확장지구의 주요 도로 구석지에 세워졌다. 10분의 1 모형을 직접 모델로 했다는 이 저택은 물결치는 파사드, 해초를 연상시키는 발코니의 철책, 모자이크 마무리, 비늘 모양의 지붕, 치켜올려진 조각적인 돌기물 등 전체적으로 조소적

안토니 가우디, 카사 바틀로, 바르셀로나, 1905-07

이면서 환상적인 인상을 준다.

자유로운 평면에 의한 2개의 중정을 둘러싸고 있는 7층의 이 저택은 가우디가 이룬 최대의 그리고 최후의 의뢰받은 주택건축이다. 카사 밀라는 무정형의 외관이 내부평면으로부터 반영되며 아주 다양한 방의 형식과 크기를 갖추고 있다. 외관이 파동치는 곡면벽으로 구성된 공동주택인 카사 밀라의 비규칙적인 벽들은 풍화된 바다의 절벽을 닮았으며, 그 철제 발코니는 해초 무더기처럼 뒤엉킨 선으로 구성되어 있다. 조형적으로는 유기적인 형태를 갖는 커다란 돌조각이라고도 할 수 있다. 전체 건물의 모습은 진흙으로 빚어놓은 거인처럼 유연하며, 망치로 울퉁불퉁하게 만들어진 듯이 보인다.

이 건물을 보면, 정면을 연속하여 굽이치는 수평선을 분할하고 독특한 잔물결의 효과를 만들어냈다. 입면에서 보면, 벽이 가늘게 부풀어 올라 인간의 눈썹이나 입술을 연상시킬 만큼 파도쳐 옆으로 뻗고 눈이나 입의 표정을 갖는 창문이 그 밑으로부터 엿보고 있는 듯하다. 이 건물은 외부의 입면과 파티오를 둘러싼 열주로 전체 무게를 지탱하는 구조법을 채택하였다. 이 주택은 원형과 타원형의 두 개의 중정을 갖는 평면이며, 내부공간은 수많은 예각과 둔각, 파상형 벽으로 둘러싸여 주목할 만하다. 지붕은 환상적인 형태를 하고 있는데, 훨씬 뒤에 르 코르뷔지에는

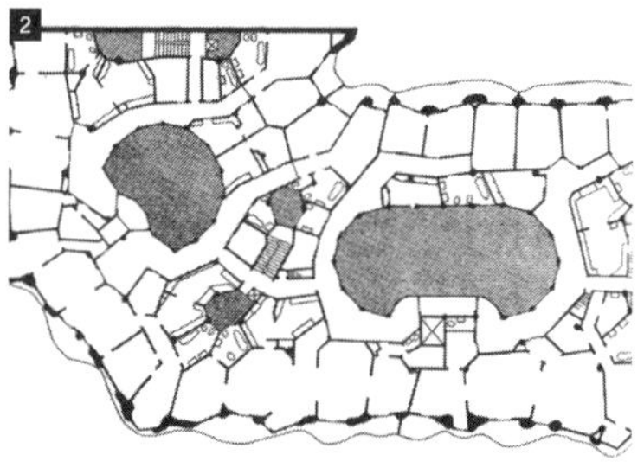

1. 안토니 가우디, 카사 밀라 외관, 바르셀로나, 1905–10
2. 안토니 가우디, 카사 밀라 평면도, 바르셀로나, 1905–10

이를 '제2의 지면'이라 부르며 격찬하였다. 또한 이 주택은 환상적인 외관 외에 합리적인 면도 갖추었는데, 중정을 둘러싸는 기둥과 보의 구조, 엘리베이터, 바르셀로나에서 최초의 개인도로로 유도되는 지하주차장 설치 등이 그것이다.

사그라다 파밀리아 교회 바르셀로나에서 가장 잘 알려진 가우디의 작품은 「사그라다 파밀리아」(Church of La Sagrada Familia, 성 가족 교회, 1884-건축 중) 교회다. 이 성스런 가족 교회는 성 요셉 신앙 보급을 노력하는 바르셀로나의 서점주이며 발행자인 호세 마리아 보카벨라가 발의해 시작되었다. 가우디는 5신랑, 3수랑의 십자평면을 하는 바실리카식 교회를 구상했는데, 중앙 신랑부와 후진을 포함하여 전체 길이는 95m, 중앙 신랑부는 폭 15m, 측랑부는 7.5m, 성당의 전체 폭은 45m, 수랑의 폭은 30m다. 교회 외관은 교차부 위에 4개의 금속기둥에 따라 지지된 예수 그리스도를 상징하는 높이 170m 돔을 중심으로 4복음서가에 받들어진 130m 높이의 4개의 돔이 둘러싸며 그 배후에 중앙 돔을 껴안듯이 높이 140m의 성모 마리아를 받드는 돔을 세우도록 계획되었다.

가우디는 이 교회를 신에게 바치는 기념물로 생각하였으며, 그

안토니 가우디, 사그라다 파밀리아 교회 전경과 탄생의 파사드, 바르셀로나, 1844-건축 중

의 건축이념에 따라서 구조와 조형, 교회 전례기능과 건축도상학 등을 고차원적으로 종합하여 실현하려고 하였다. 가우디는 건축이 유기적인 형태들의 이미지를 지니며 나무처럼 자연적으로 자라야 한다고 믿었다. 이 교회는 그가 설계한 구멍이 뚫린 개미탑을 닮은 커다란 초현실적 첨탑들이 도시 위로 떠오르면서 뛰어난 독창성을 보여주고 있다.

가우디는 "신앙이 없는 사람은 정신적으로 쇠약한 인간이며, 손상된 인간이다."라고도 했다. 그는 자신의 재능을 신을 위해 사용한다는 소명의식을 갖고 있었다. 건축가로서의 명성과 열정, 그리고 종교적인 신성들이 결합하여 '사그라다 파밀리아'를 탄생시킨 것이다.

동쪽에는 수랑을 끼고 그리스도의 탄생도가 붙은 생명의 파사드로 불리는 '탄생의 파사드', 서쪽에는 그리스도 수난을 표현하는 죽음의 파사드라는 '수난의 파사드', 남쪽에는 신랑을 끼고 '영광의 파사드'가 배치되었다. 각 파사드는 사도들이 받들고 있는 4개의 포물선 모양의 종루들이 세워져 있고, 신망애(信望愛)의 3개의 문이 설치되어 있으며 각 주제에 맞도록 여러 가지 구상에 따라 특이하게 구성되었다.

동쪽 트랜셉트의 탄생의 파사드는 4개의 4각형 기초를 갖는 탑 사이에 있는, 3개의 개구부로서 구성된다. 4개의 탑은 높이가 351피트로서, 첨탑은 가늘고 꾸불꾸불한 원형을 이루고 그 위에 환상적 모양의 십자 모자이크로 장식되었다. 생동하는 듯 하는 동물이나 식물 모양의 복잡한 장식은 대부분 가우디가 직접 디자인한 것이며, 박공에는 그리스도의 어린 시대를 묘사하는 부조들이 새겨져 있다. 생물을 묘사한 조각들은 전체에 걸쳐 연속된 곡면과 연결되어 외피가 되고, 완전히 구조체를 둘러싼 하나의 독립된 형태를 이루고 있다. 유기적이고 환상적, 표현주의적인 사그라다 파밀리아는 가우디의 사망 후 일시 중단되었다가 가우디의 설계도면대로 지금까지도 미완성 상태로 건설되고 있는 그의 걸작이라고 할 수 있다.

콜로니얼 구엘 교회　「콜로니얼 구엘 교회」(Colonia Güell Church,

1898-1914)는 가우디가 도시계획가로서 재능을 발휘한 노동자 집단거류 단지 계획의 마지막 단계로서, 소나무 숲 속의 경사면에 반쯤 묻힌 듯이 세워졌다. 구엘 교회는 가우디의 기술적인 위대한 업적과 구조적 견고함이 천재적 독창력에 의해 전통적인 교회건축에 연결되었다. 가우디는 이 교회건축을 위해 경사기둥, 다각형 아치, 쿠폴라 구조형식을 창안하였는데, 천장으로부터 달아내린 모형을 10년에 걸쳐 실험한 결과 고딕건축을 능가하는 합리성뿐만 아니라 독창적이고 참신한 형태와 공간을 창출할 수 있었다고 한다. 이 교회에서는 현무암과 벽돌, 타일, 다색의 유리창 등 다양한 재료의 질감이 환상적인 분위기를 만들어내었다. 지하교회는 신비로운 장소이며 의자도 그 건물과 같을 정도로 기이함이 넘쳐난다. 현관은 지붕과 벽의 고립 부분의 하중을 지탱하는 연결된 기둥으로 구성되어 있는데, 가우디는 현관 포치의 쌍곡 포물선에 따른 볼트를 2개의 기준선이 성부와 성자를, 모선이 성령을, 곧 삼위일체를 상징하는 것으로 생각하고 빛과 그림자, 형태로 종교적 상징성을 만들어내었다.

콜로니얼 구엘 공원 바르셀로나 북서부에 위치하는 「콜로니얼 구엘 공원」(Colonia Güell Park, 1900-14)은 가우디의 가장 중요한 도

안토니 가우디, 콜로니얼 구엘 교회, 바르셀로나, 1898-1914

시계획 사업으로서, 본래 일종의 전원도시 계획이었지만 1914년 미완성인체 공사가 종료되었다. 구엘 공원은 중앙의 출입문 양쪽에 문지기 막사와 관리실인 작은 건물이 있고 이를 지나서 대계단을 오르면 도리아식 공간에 이른다. 그 위에 주위를 비스듬히 벤치가 감싸는 '그리스 극장' 광장이 열주로 지지되어 있다. 또한 중앙통로와 차도가 등고선에 따라 배치되고 꺾인 경사로가 양쪽을 연결한다. 가우디는 이 공원에서 파쇄 타일들로 모자이크 처리하고, 기반조성으로 굴삭된 석재를 사용하여 대지와 일체화를 꾀하며, 지형을 고려하여 육교형태를 만들어내고, 프리캐스트 공법으로 연주홀이나 벤치 등을 만드는 등 독창적인 조형을 구사하였다.

부자들의 전원주택으로 설계된 구엘 공원은 구조적 조형을 잘 보여주는데, 건물의 구조적인 리브에 맞서는 외벽면 도리를 사용하여 설계했으며, 이들 외벽면 도리에 따라 만들어진 다각형은 건물에 전도된 형태의 기둥을 갖게 되었다. 따라서 볼트 모양의 구조이지만 하중은 적당하게 경사진 기둥에 의해서 지지되기 때문에 버트레스는 필요없게 되었다. 구엘 공원에서 가우디는 옹벽과 교량을 지지하기 위해 가공하지 않은 돌로 경사진 기둥을 사용하였으며, 가느다란 기둥둘레에 커다란 돌을 쌓아올렸다. 가우디는 점토와 유리 모자이크의 풍부한 사용을 통해 추상적인

안토니 가우디, 콜로니얼 구엘 공원, 바르셀로나, 1900–14

구성을 표현하며, 쟁반이나 도자기의 인형, 병 등의 파편을 써서 꼴라주를 만드는 것처럼 환상적인 세계를 창조하였다. 구엘 공원에서는 색감을 통해서도 자연미와 조형미의 절묘한 조화를 이루었다. 소나무와 떡갈나무, 종려나무, 백리향 등의 나무와 재스민, 등나무 같은 덩굴식물, 건축자재로 사용된 타라고나 지방의 마른 돌멩이들이 서로 조화를 이루며 각각의 고유한 색과 불규칙한 배열이 자연과 어울려 있다.

(5) 요셉 호프만

요셉 호프만(Josef Hoffmann, 1870–1956)은 1870년 모라비아의 브르트니체(Brtnice)에서 태어나 1956년 빈에서 세상을 떠난 오스트리아의 건축가 겸 디자이너이며, 빈 세제션(분리파)의 창시자로 잘 알려져 있다. 호프만은 1887년 브르노(Brno)의 공예학교를 졸업하였으며, 빈의 미술아카데미에서 칼 프라이헤르 폰 하제나우우너와 오토 와그너 등으로부터 건축을 배웠다.

호프만은 건축에서 불필요한 것들을 모두 제거함으로써 반시대적인 양식을 발전시킨 건축가다. 1897년 요셉 호프만은 요셉 마리아 올브리히, 구스타프 클림트(Gustav Climt) 등과 함께 빈 분리파를 결성하였으며, 빈공방을 설립하여 많은 활약을 하였다. 호프만의 최초의 작품은 유럽에서 좋은 평판을 받아서, 스토크렛 가문의 대저택 설계 등의

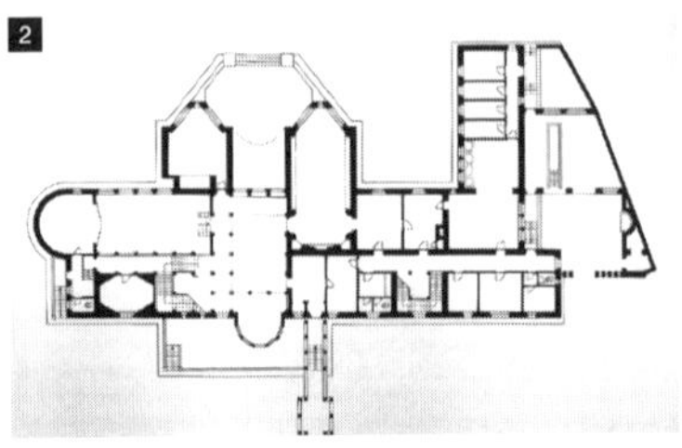

1. 요셉 호프만, 스토크렛 저택 외관, 브뤼셀, 1911
2. 요셉 호프만, 스토크렛 저택 평면도, 1911

의뢰를 받게 되었다.

은행가이자 예술품 수집가인 아돌프 스토크렛(Adolphe Stoclet, 1871-1949)의 의뢰로 세워진 「스토크렛 저택」(Stoclet Palace, 브뤼셀, 1911)은 근대건축의 기능주의적 발전을 시사한 건축물이며, 20세기에 지어진 개인 건축물 중에서 가장 품위 있고 호화로운 작품으로도 여겨진다. 이 저택의 간결한 기하학적 구조는 아르데코 양식과 근대건축운동이 다가올 것을 예시하면서 아르누보 양식에 새로운 전기를 마련했다. 이 저택은 수평선과 딱딱한 외부의 기하학에도 불구하고 브론즈와 모자이크, 대리석 등의 재료를 사용하여 풍부한 인상을 준다. 건물이 지닌 엄격한 직사각형의 성격은 주 출입구 옆에 있는 굽어 있는 창문의 반원형 돌출부, 외관의 얕은 후퇴부에 의해서 완화되고 있다. 입방체 블록으로 길게 뻗은 건물은 많은 공간으로 나눠져 있고, 흰 대리석 타일로 외장 마감한 건물은 품격 높은 인상을 주며 내부는 외부보다 더 화려하다. 건축 내부의 가구와 식기, 공예품 등은 대부분 1903년 호프만 등이 오스트리아 빈에 설립한 공예공방인 빈 공방(Wiener Werkstette)에서 제작했으며, 벽화는 유명 화가인 구스타프 클림트가 담당하였다.

(6) 찰스 레니 맥킨토시

찰스 맥킨토시(Charles Rennis Mackintosh, 1868-1928)는 밝은 색채를 사용하여 단정하며 세련된 양식을 확립하였던 영국(스코틀랜드)의 건축가며 미술가다. 맥킨토시는 글래스고 미술학교를 졸업하고, 1890년에 장학금을 받고 프랑스 및 이탈리아를 여행하며 디자인 감각을 습득하였다. 1900년 맥킨토시는 같은 글래스고 미술학교의 학생이었던 마가렛 맥도날드(Margaret Macdonald)와 결혼하고, 그 여동생 프란시스(Frances Mac-donald)도 전년에 건축가 맥네어(Herbert McNair)와 결혼하였다. 이 4인의 공동작업은 건축디자인에 식물을 모티프로 한 곡선양식을 개척하였는데, 본국인 영국보다도 유럽 각국에서 환영을 받았으며 국제적으로 명성이 널리 퍼져 글래스고파 혹은 4인조(The Four)라 불렸다.

맥킨토시는 세련된 양식을 확립하여 영국의 아르누보 일인자로 주목받았지만 다른 아르누보 예술가들과 색다른 맥킨토시의 건축을 형성하였다. 역사적 양식의 부흥운동에 맞서서 기능성과 합리성을 추구한 단순하며 직선적인 맥킨토시의 건축은 유럽 대륙의 곡선양식과 차이점을 보인데서 20세기 근대건축운동의 선구자로 평가되고 있다. 맥킨토시가 태어난 글래스고는 당시 대영제국의 제2도시였고 기술혁신의 요람지로 번영과 팽창의 일로를 걷는 근대도시였다. 독특하고 창조적인 작품활동을 한 그는 이 도시에서 시대와 세기의 변화를 맞이한 근대건축의 선구자였다.

합리주의 건축가 맥킨토시는 1897년 「글래스고 미술학교」(Glasgow School of Art)의 증축 경기설계에 입상하여 1898년부터 1909년 사이에 건립하였는데, 이 건축물은 당시 영국의 근대건축운동과 유럽 대륙의 건축운동에 깊은 감명을 주었다. 이 건물은 아르누보적인 그래픽 화가이며 디자이너로서 맥킨토시의 초기 작품에 사용한 경쾌한 장식적 요소가 주류를 이루는 반면 또한 매우 근본적인 것을 표현하였다. 이 학교는 부지가 길게 뻗어 있는 급경사였기 때문에 3개의 도로쪽 면들을 완전히 다르게 설계하게 되었다. 글래스고 미술학교는 E형 평면의 긴 변에 해당하는 북쪽 가로에 정면 입구를 사이로 큰 개구부의 스튜디오가 배치되고, 서쪽으로 뻗은 팔부분에 최초의 계획에서 약 10년이 지나 제2도서관(1906-09)이 설계되어 공사가 마무리되었다.

찰스 맥킨토시, 글래스고 미술학교 외관, 1898-1909

이 건물은 석재와 목재, 금속, 유리와 같은 전통적 재료와 새로운 재료들이 엄격하게 조합되었고 외부 표면처리는 단순하게 구성되었다.

육중한 벽돌건물의 중앙부분은 스코틀랜드 성곽건축의 전례를 따랐으며, 건물 정문은 갈색 화강암을, 후문은 모르타르를 칠한 벽돌을 사용하였다. 이 미술학교의 정면은 발코니가 달린 입구와 짧은 탑을 제외하면 매우 단순하며, 창은 대담하고 균일하게 되어 엄숙할 정도인데, 1층 사무소의 창과 2층의 높은 아뜨리에의 창에는 곡선이 전혀 사용되지 않았다. 평면계획도 매우 근대적이며 선구적인데, 현관 맞은편 계단은 큰방 중앙에 있어 종래의 계단실의 개념을 벗어나 있다. '맥킨토시 실'이라는 명칭이 붙여진 상담실은 4개의 높은 창문에서 빛이 들어오며, 교장실은 스코틀랜드의 상징인 직사각형 사다리 디딤판 모양의 창문이 달린 하얀 방이다. 맥킨토시는 이 건물에서 20세기 합리적 건축의 본질이 되는 공간과 빛을 복합적이고 유동적으로 처리하였다. 제2기에 완성된 도서관은 75피트에 이르기까지 창문이 이어지는 입면의 참신함을 보이며 물매가 급한 언덕부지에 극적인 효과를 만들어내었다.

「힐 하우스」(Hill House, 1902-03)는 맥킨토시가 글래스고 북쪽 교외 헬렌스버그(Helensburg)에 새롭게 개발된 고급주택지에 출판업자 월터 블래키를 위해 건립한 아르누보풍의 전원주택이다. 힐 하우스에 있어서는 원추형의 모서리탑, 가파르고 거대한 2중 물매의 지붕, 육중한 굴뚝 등 외관은 아직 스코틀랜드의 전통적 양식과 비슷하였지만, 내부의 배열은 매우 대담한 공간의 파악을 나타내고 있다. 이 주택의 넓은 방은 광선과 색채, 투명하게 세공된 간막이, 새장 모양의 램프, 가벼운

찰스 맥킨토시, 힐 하우스, 1902-03

찰스 맥킨토시, 글래스고 미술학교 정면 및 평면도, 1898-1909

1 entrance
2 office
3 shop
4 changing rooms
5 professors' rooms
6 lesson hall
7 drawing hall
8 library

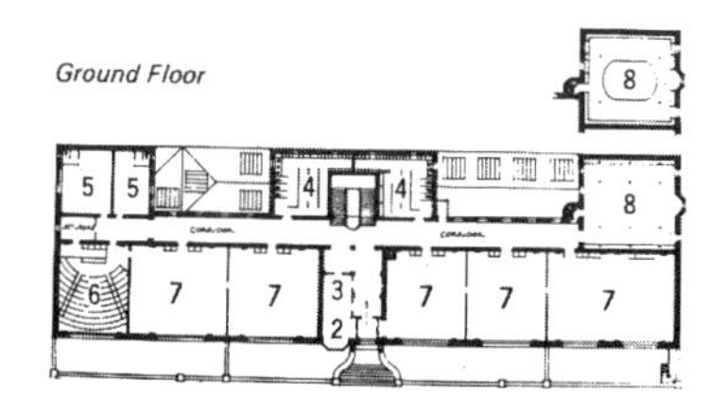

가구, 유동적인 공간구성을 보인다. 이 주택에서는 붙박이 가구에서부터 조도, 조명류, 그리고 그의 아내가 완성한 자수류에 이르기까지 철저한 토탈 디자인이 이루어졌다.

이처럼 맥킨토시는 건축 외에 실내장식과 가구, 조명, 직물에 이르는 건축의 모든 부분을 직접 설계하였다. 건축이나 인테리어 한 분야에서만이 아니라 공간을 이루는 모든 내용을 직접 계획, 설계하였다. 직선적이고 경직되며 추상적인 기하학적 형태를 사용하는 경향의 아르누보 건축가인 맥킨토시의 작품으로는 그 외에 킬마콤 소재의 「윈디 힐 주택」(Windy Hill, Kilmalcolm, 1899-1901), 「미스 크랜스톤(Miss Cranston)을 위한 찻집」(1897-1910), 1902년 토리노 박람회의 「스코틀랜드 전시관」 등의 작품이 있다.

(7) 앙리 반 데 벨데

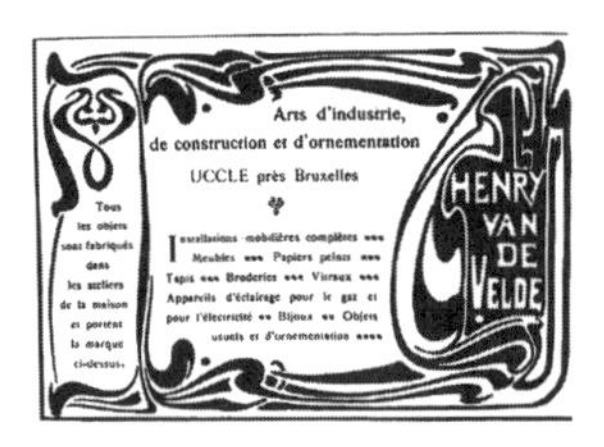

벤 데 벨데, 아틀리에 광고, 1898

앙리 반 데 벨데(Henry van de Velde, 1863-1957)는 벨기에 안트베르펜에서 태어나 안트베르펜과 파리에서 미술공부를 하였으나, 1892년 미술을 접고 미술공예운동으로 실내디자이너의 길을 택하였고 1894년경부터는 주택설계를 시작하였으며, 1895년에는 파리에 사무엘 빙의 갤러리 「아르누보 화랑」(Maison de l'Art Nouveau, 파리, 1896)의 인테리어를 담당하였다. 벨기에의 아르누보 디자이너와 건축가들 가운데 가장 다재다능하고 국제적으로 인정받은 벨데는 벨기에에서 시작된 아르누보 건축을 유럽 각국에 전파하였으며 독일에서 많은 업적을 남겼다.

벨데는 건축과 인테리어가 완벽하게 설계된 환경을 창조해내려고 하였는데, 1896년에 아내와 딸을 위해 브뤼셀 근처 유켈(Ukkel)에 지은 「블루멘베르프 자택」(Bloemenwerf House)에서 처음 시도되었다. 이 주택은 창호와 가구, 카펫, 커튼에서부터 식기류에 이르기까지 모든 것이 목적에 잘 맞는 종합디자인으로 완성되었다.

반 데 벨데는 1896년부터 1897년까지 파리와 드레스덴에서 개최된 만국박람회 내부를, 1901년부터 1914년까지는 독일 하겐(Hagen) 소재의 「폴크방 미술관」(Folkwang Museum, 1900-02)의 실내장식을 디자인했다. 벨데의 능력을 인정하여서 진보적인 군주 작센-바이마르-아이제나흐(Sachsen-Weimar-Eisenach) 대공 빌헬름 에른스트(Wilhelm Ernst, 1876-1923)는 대공국에서의 디자인의 수준을 높이는 임무를 그에게 맡겼다. 벨데는 그곳에 작업실을 열고 라이프치히 무역박람회 출품작을 성공시켰고 1907년 **바이마르 공예학교**(Weimar School of Arts and Crafts)를 설립했다.

반 데 벨데, 폴크방 미술관 내부, 1901-14

바이마르 공예학교: 이곳은 월터 그로피우스(Walter Gropius, 1883-1969)에게 인계되었고, 그로피우스는 기존의 바이마르 아카데미(Weimar Academy of Fine Arts)를 통합하여 1919년에 바우하우스(Bauhaus)로 개조했다.

아르누보 건축을 유럽 각국에 전파했던 벨데는 1907년 독일공작연맹(Deutscher Werkbund)에 창립회원으로 참여하였다. 그는 기계화와 공업화는 인정하되 규격화와 표준화를 거부하고 예술가 개인의 창조적 권리와 자유로운 예술을 주장하였다. 그는 제품의 규격화를 추진하는 헤르만 무테시우스에 반발하여 작가의 예술성과 개성을 주장하였다. 그는 '합리적이고 논리적인 구조에 의하여 창조되는 완전히 유효한 물건만이 아름다움의 첫째 조건을 만족시키는 것이며 또 아름다움의 정수다'라고 하였다. 벨데는 벨기에와 독일에 많은 건물을 설계했을 뿐만 아니라 건축과 미학에 관한 강연과 저술도 했다. 벨데는 제1차 세계대전으로 인해 공예학교의 후계자를 월터 그로피우스에게 맡기고 독일을 떠났다.

주요 작품으로는 브뤼셀 근교 「유켈 소재 자택」(1896), 하겐의 「폴크방 미술관」, 아르누보라는 명칭이 유래가 된 「아르누보 화랑」, 「바이마르미술학교 교사」(1906), 「독일공작연맹 전시회 극장」(Theatre at the Werkbund Exhibition, 쾰른, 1914) 등이 있다. 「호헨호프 저택」(Hohenhof, 1907-08)은 폴크방 미술관의 후원자인 칼 에른스트 오스트

반 데 벨데, 호헨호프 저택, 1907-08

하우스(Karl Ernst Osthaus)를 위한 주택으로서, 전통에 속하지만 계단벽면의 불안정하고 불규칙한 패널과 난간 받침대의 격자무늬 장식에서 그의 초기작품의 특징인 선적 형태를 보여준다. 바이마르 공예학교 교사는 힘찬 기둥 사이에 채광을 위하여 큰 유리창이 위치하고, 유럽 전통인 만사드 지붕을 변형시켜 충분한 빛을 받도록 하였으며 기능적 요구를 잘 표현하였다. 독일공작연맹 전시회 극장은 필요한 각 부분의 매스가 알맞게 조합되었고 장식은 억제되어 면과 선으로만 구성된 일체감과 통일성을 잘 나타내었다.

02 빈 세제션 운동

1) 형성과 전개과정

Secession은 '분리하다'라는 뜻의 라틴어 동사 'secedo'를 어원으로 한다.

빈 세제션 건축(Wien Secession Architecture)은 19세기 말 프랑스 인상파의 영향을 받아 주로 독일과 오스트리아를 중심으로 일어난 반아카데미즘 미술운동으로서 〈분리파〉라고 불리운다. 19세기 말 오스트리아의 건축적 상황을 살펴보면, 과거양식을 모방하는 역사주의 양식의 건축-신고딕양식, 신바로크양식, 신고전주의 등-이 성행하였다. 이러한 상황에서 1897년 요셉 호프만, 요셉 마리아 올브리히, 구스타프 클림트 등이 빈에서 분리파를 결성하였으며 이들 중 다수는 요셉 호프만이 설립한 빈 공방을 중심으로 활동하였다. 1899년에는 오토 와그너가 참여하여 빈 분리파의 이론적 토대를 제공하였다.

2) 주요 이론 및 영향

(1) 과거양식의 거부

빈 분리파는 당시 유행하던 역사주의 양식으로부터 벗어나며, 산업혁명 이후 당시의 전환기적 시대상황에 적합한 새로운 양식의 건축을 추구하였다. '분리하다'라는 뜻의 라틴어 동사 'secedo'를 어원으로 하는 세제션은 아카데믹한 예술, 과거의 모든 예술로부터 분리할 것을 목표로 한다는 의미에서 붙여진 것으로서, 과거의 전통과 역사에서 분리되어 자유로운 표현을 목표로 하였다. 그들은 미술과 삶의 상호 교류를 추구하고 고루한 사상을 답습하지 않는 작품을 제작하고자 하였다. 이 건축운동은 과거양식을 모방하는 역사주의 양식의 건축을 거부하고 새로운 근대건축을 위해 역사주의 건축으로부터의 분리와 해방을 목표로 하였다.

(2) 새로운 양식의 추구

빈 세제션은 근대의 새로운 시대정신을 표현할 수 있는 새로운 재료와 기술에 의한 새로운 양식의 건축, 그리고 이를 이용한 실용적이며 기능적, 합리적인 건축을 추구하였다. 따라서 이들은 전환기적인 상황에서 과거양식으로부터 벗어나 새로운 시대에 적합한 새로운 양식의 건축을 지향할 것을 주장하였다. 회화와 건축, 공예의 각 분야에 걸쳐 새로운 시대를 개척하며 개성적 창조의 자유를 주장한 오스트리아의 아르누보 신예술운동인 분리파의 대표적 건축가들로서는 합리적 건축 및 합목적적 건축을 주장한 오토 와그너, 요셉 마리아 올브리히와 요셉 호프만 등이 있다. 대표적인 건축가 오토 와그너는 보수적이며 폐쇄적인 과학적 미술에서 벗어나서 개성적인 창조를 주장했다.

3) 건축가 및 건축실례

(1) 오토 와그너

오토 와그너(Otto Koloman Wagner, 1841-1918)는 오스트리아의 근대건축 및 도시계획의 선구자로 빈 분리파운동의 이론적 배경을 제공했다. 와그너는 빈에서 최초로 아르누보 양식의 건물을 짓고 올브리히, 호프만 등의 건축가들을 배출함으로써 빈 세제션 운동의 전개를 주도했다. 19세기 말부터 20세기 초기에 걸쳐 세계 디자인의 발원지가 된 빈은 와그너로 인하여 만들어졌다고도 할 정도다.

오토 와그너는 빈의 교외인 펜징(Penzing)에서 태어났으며, 1857년에 빈의 공과대학에 입학해 수학했다. 와그너가 빈 공과대학에 입학한 1857년도는 오스트리아 황제가 성벽철거를 명령하여 빈에서 건축의 붐이 일기 시작했으며 1861년 환상도로 링스트라세(Ringstrasse) 건설공사가 시작되었다. 와그너는 다시 1860년에 당시 문화의 중심지인 베를린으로 가서 왕립건축학교에서 공부하였다. 1894년 오토 와그너는 자신의 모교인 빈 아카데미(Akademie)에 교수로 부임하면서 교육자로서 많은 영향을 끼쳤다. 오토 와그너는 대학교수로 부임한 지 얼마가 지나지 않아 『근대건축』(Moderne Architektur, 1896)을 출판하며, '예술의 유일한 지배자는 필요다'라고 주장하였다.

와그너는 대학교수로 재임하며 제자와 조수들을 만나 동지로서의 관계를 맺게 되고 소위 '비엔나 학파'를 형성하게 된다. 이들은 구스타프 클림트, 요셉 올브리히(Josef Maria Olbrich, 1867-1908), 요셉 호프만, 아돌프 뵘(Adolf Böhm) 등으로서, 기존의 관념적 전통에 반항하고 저항하여 새로움에 도전하는 분리파운동, 즉 세제션(Secession) 운동을 일으키게 된다.

와그너는 일련의 「빈 시영철도시설」과 도나우 강 운하를 위한 「카이저바이드 수문감시소」 등과 같은 기술적 건조물들도 디자인하였는데, 예술가와 건축기술자의 이중적 입장을 가진 새로운 건축가상의 대두를 이야기해준다. 와그너는 빈의 40km 시영철도의 두 개 노선 36개소의 역사와 플랫폼, 계단, 교량을 기술자와 공동으로 설계하였다. 철도시설 가운데 특히 쉔브룬(Schönbrun) 궁 앞 「호프파빌리온」(Hofpavillion)과 「칼스플라츠(Karlsplatz, 1888–89) 역사」는 가장 유명한 작품으로서, 전자는 황제를 위하여 특별히 설계된 것이며, 후자는 돔 형태를 취하고 있는데, 폐허로 남아있던 것을 1977년에 보수하여 현재는 박물관과 카페로 사용하고 있다. 와그너는 「칼스플라츠 역」, 「마졸리카 하우스」, 「빈 우체국 저축은행」, 「슈타인호프 교회」와 같은 걸작들을 남겼다. 비엔젤레(Wienzeile) 거리에 세워진 아파트인 「마졸리카 하우스」(Majolikahaus, 1899)는 전형적인 아르누보 양식으로 건물 외벽

오토 와그너, 칼스플라츠 역, 빈, 1888–89

1. 오토 와그너, 마졸리카 하우스, 빈, 1899
2. 오토 와그너, 마졸리카 하우스 평면도, 빈, 1899

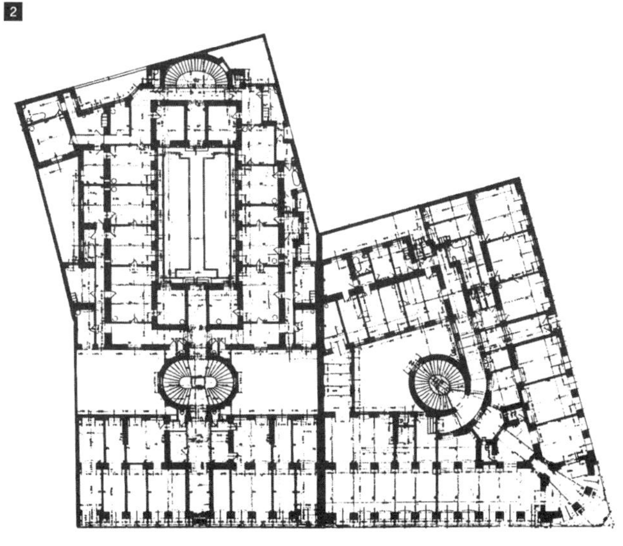

에 아름다운 꽃무늬로 장식되어 있다. 이 건물의 정면에서는 꽃의 모티프를 전개하여 하나의 줄기로부터 뻗어나간 넝쿨이 건물 전체를 덮고 무수한 꽃을 피우고 있어, '식물이 성장하는 생명감'에 본질이 있다는 아르누보의 정신을 잘 나타내고 있다.

와그너의 건축이론은 건축의 합목적성과 공학적이고 경제적인 합리성을 중요시한 것으로, 합리주의 이론에 대한 기본을 표현한 점에서 중요한 의미를 지닌다. 와그너는 근대생활의 요구에 적절한 형태의 합리적, 합목적적 건축이론을 주장하였으며, 건축계획에 대한 인식을 새롭게 하고 사회의 발전과 기술의 진보로 기인되는 시대의 요구에 순응하려고 하였다. 와그너는 『근대건축』에서 '유일한 예술창조의 시발점은 근대생활이다. 모든 근대적 형태는 현 시점의 새로운 요구와 조화되지 않으면 안 된다. 실용적인 것 이외에 아름다운 것은 없다'고 하였고, 또한 '예술은 단지 필요에 의해서만 지배된다'고 하여 소위 '필요양식'이라는 용어까지 생기게 되었다. 와그너는 『근대건축』을 통해 근대건축의 설계방침을 다음과 같이 정의하였다:

① 목적을 정밀하게 파악하고, 완전하게 충족시킬 것
② 적당한 시공 재료를 선택할 것
③ 간편하고, 경제적인 구조일 것
④ 건축 형태가 자연스럽게 형성될 것

오토 와그너, 빈 우체국 저축은행, 1904-06

빈 우체국 저축은행 「빈 우체국 저축은행」(Post Office Saving Bank, 빈, 1904-06)은 현상설계에 의하여 당선된 것으로 오토 와그너의 대표작 중의 하나로 기록될 만큼 근대적이고 참신한 것이었다. 저축은행은 1904년부터 1906년과 1910년부터 1912년 사이에 2기로 나누어 건축되었다. 우체국 저축은행은 20세기 초반 가장 진보적인 건물로서, 역사주의 사상을 배제하고 강철구조와 금속판,

유리천정과 같은 구성요소들이 장식과 가식이 없이 단순하게 처리된 작품이다. 출납 홀의 인테리어는 기하학적인 단위의 반복과 무장식에 가까운 순수성으로 두드러진다. 이 우체국 저축은행은 외벽 마무리재의 못머리 부분을 드러내어 강조하며 전체적으로 무거운 덩어리라는 느낌을 약하게 하는 효과가 뚜렷하다.

또한 주공간인 출납 홀은 건물 본체가 둘러싸인 중정부분에 이중의 유리지붕을 씌우고 바닥까지도 유리 블럭으로 깔며 반투명의 피막으로 싸인 공간으로 내부화하였기 때문에 명암의 대비가 거의 없고 명료한 그림자가 생기지 않는 균질하고 추상적인 내부공간이 되었다. 이 건축은 중앙 홀의 주위에 알맞게 발전한 계획으로 인한 경제성, 기념성에 대한 감각, 융통성이 있는 공간의 취급, 완전히 없애버린 장식, 강철과 유리의 완전한 종합 등으로 획기적인 작품으로 여겨졌다. 이 우체국 저축은행은 과거양식을 탈피하며 단순하고 명쾌한 기하학적 형태를 구성한 것이 특징으로, 후에 독일공작연맹을 거쳐 바우하우스에 영향을 주었다.

슈타인호프의 레오폴드 교회 슈타인호프의 「레오폴드 교회」(Church of St. Leopold, 1905-07)는 와그너가 전체 배치계획을 한 슈타인호프 정신병원에 부속된 시설이며, 「성 레오폴드 교회」(St. Leopold)라고도 불려진다. 정신병자 요양소 내의 제일 높은 언덕 위에 지어진 레오폴드 교회는 지난 세기의 전통적 양식을 되찾은 듯 보이며, 이 시대의 절충적인 건축 중에서 가장 매혹적인 건물 중의

오토 와그너, 슈타인호프의 레오폴드 교회 외관과 내부, 1905–07

하나다. 이 교회도 빈 우체국 저축은행과 마찬가지로 대리석판을 금속제 볼트로 고정함으로써 석조 구조체에서 나타나는 중후함이 해소되었다. 석판 고정용 볼트와 대부분의 금속부분들이 구리 또는 구리를 도금한 것이어서 교회 외관은 청록색을 띠며 인상적이다. 외부에서 돔은 매우 높아 위엄이 있지만 내부공간에서는 천장이 매우 낮게 되어 있다.

(2) 요셉 호프만

요셉 호프만(Joshep Hoffman, 1870–1956)은 올브리히의 동료로서, 모리스와 맥킨토시, 그리고 오토 와그너의 합리주의 건축이론에 영향을 받았으며, 1914년과 1932년의 독일공작연맹 전시회에 참여하였다. 건축가 및 공예가로서 호프만은 1899년 29살의 나이로 빈 조형예술학교의 교수로 임명되어 건축과 금속, 에나멜 등을 가르쳤다. 호프만은 건축기법과 수공예기술을 결합시키려고 1903년에 빈 공방(Wiener Werkstratte)을 설립하였으며 고급 가정용품을 디자인하고 제작, 판매하였다.

호프만의 주요 작품으로는 「푸커스도르프 요양원」(Pukersdorf, 오스트리아 빈 근교, 1903–04), 「스토크렛 저택」(Stoclet, 브뤼셀, 1905–11) 등이 있다. 푸커스도르프 요양원은 장식이 없는 벽과 편평한 지붕, 규칙적이고 직사각형의 창을 사용하여 시대를 앞서 간 작품이다. 스토크렛 저택은 빈 소재의 벨기에인 실업가인 아돌프 스토크렛을 위하여 세운 저택으로서, 충만한 공간과 빛, 그리고 우미하고 풍부하게 설계된 거대하고 쾌적한 중산층의 조적조 구조다. 이 저택은 벽면에 얇은 대리석판이 붙여지고 탑 꼭대기에서 흘러 떨어지는 듯한 금박 브론즈 몰딩 띠가 건물의 윤곽을 만들면서 파사드의 평면성이 강조된다. 스토크렛 저택은 호화로운 생활과 심미적인 즐거움을 위해 세워진 것으로서, 호프만 자신이 직접 디자인한 가구와 구스타프 클림트의 벽화가 놓여진 내부는 연마 대리석과 나무를 소재로 하여 화려하고 중후하면서도, 추상적 형태에 따른 직선 구성의 공간을 이루었다.

(3) 아돌프 루스

아돌프 루스(Adolf Loos, 1870-1933)은 1870년 브루노에서 태어났다. 브루노는 지금은 체코의 영토지만, 당시에는 오스트리아-헝가리 제국의 영토였다. 아돌프 루스는 천재적인 건축가며 실내장식가, 가구 디자이너로서, 드레스덴과 미국에서 공부하며 견문을 넓혔다. 루스는 1893년 시카고 만국박람회를 관람하며 시카고학파 건축가들의 작품을 보고 새로운 과학과 산업, 근대화를 인식하고, 1896년에 오스트리아로 귀국하며 가장 진보적인 건축가인 오토 와그너의 영향을 받았다. 당시에 빈은 이미 세제션의 기운이 돌면서 새로운 세기를 향하여 웅비하며, 새로운 건축 열기가 막 뜨겁게 올라오고 있었다.

루스는 수공예 정신을 부정하고 근대건축의 기계적이며 합리적인 면을 찬양하였다. 루스는 '가장 아름다운 것은 기능적인 것이다. 무슨 물건이든지 원래의 목적에 부합하는 것만이 아름다운 것이며, 목적성을 넘은 과도한 장식은 수준이 낮은 것이다'라고 말하였다. 루스는 평론 『장식과 죄악』(Ornament and Crime, 1908)을 발표하여, '건축에서 장식은 죄악'이라고 규정하며 무장식의 단순하고 효율적이며 실용적인 건축을 주장하였다:

> 우리는 장식을 극복한 것이다. … 장식이 없다는 것은 정신적인 강함의 증표다. …

루스는 '대중의 수준이 얕으면 얕을수록 장식을 요구하는 마음은 더욱 심하다. 장식에 의존하여 미를 창조하려는 노력 대신에 형태 의미를 발견하려는 것은 인간의 본성이 목적하는 바다. 예술작품의 미는 그것이 어느 정도의 효용을 획득하였느냐 또는 각 부분의 조화가 어떻게 알맞게 이루어졌느냐 하는 점에 있다'고 하며 장식의 무의미와 효용만이 유일한 미의 근원이라고 하였다. 또한 그는 "일반적으로 장식이 없는 상태가 실현된다면 인간은 8시간은 커녕, 4시간만 일해도 좋을 것이다. 오늘날 노동의 절반이 장식에 할애되고 있기 때문이다. 장식은 노동력의 낭비이며, 일찍이 늘 그래왔듯이 건강을 낭비하는 것이기도 하다."라고 말했다. 이러한 루스의 건축이념은 20세기의 기능주의, 합리주의 위주의 국제양식 건축 형성에 큰 영향을 미쳤다.

루스의 최초 작품은 1899년에 만들어진 「카페 무제움」으로서, 장식이 철저히 배제되었다. 그 때부터 건축가로서의 루스의 이름이 알려지기 시작하여 점점 건축의 의뢰를 받는다. 그의 주요한 건물들은 빈의 가장 번화한 쇼핑 스트리트인 케른트너 스트라세에서 시작하여 그라벤, 이어지는 콜마르크트 스트라세에 걸친 디귿(ㄷ)자 거리에 모두 위치해 있다.

루스의 대표적인 작품으로는 불필요한 장식이 없이 필수적 요소로만 구성된 단순한 형태의 합리주의적 작품인 「스타이너 주택」(Steiner House, 빈, 1910), 「루스 하우스」(Loos House, 빈, 1910), 「뮬러 주택」(Muller House, 프라하, 1930) 등이 있다. 스타이너 주택은 과거의 양식적인 요소를 모두 배제한 최초의 건물로서, 장식을 벗어난 평활한 벽면과 떨어질 듯한 창이 국제양식으로 연결되는 인상을 준다. 스타이너 주택은 아마 철근콘크리트로 설계된 최초의 개인주택일 것이다.

1. 아돌프 루스, 스타이너 주택 정원쪽 입면, 빈, 1910
2. 아돌프 루스, 스타이너 주택 가로쪽 정면 빈, 1910

루스 하우스 「루스 하우스」(Loos House, 빈, 1910)는 빈에서도 특히 중요한 역사적 건조물들이 배치된 '미카엘 광장'에 면해 있는 부지에 세워진 복합건축으로서, 1-2층은 점포이고 3-6층은 주거다. 이 건물은 라멘 구조이기 때문에 스팬이 충분히 커서 주거에 있어서는 각 실들의 간막이가 비교적 자유롭게 이동될 수 있다. '골트만과 잘라츠'라고 하는 당시 최고의 고급 양복점이었던 점포 부분에서는 매장과 대합실, 가봉실과 같은 공간들이 용도에 맞게 높이나 넓이, 마무리가 되어서 전체적으로는 균질하게 구분되어 합리적 성격을 보여준다.

완공 당시 정식 이름은 미카엘 플라츠의 하우스였다.

아돌프 루스, 루스 하우스, 빈, 1910

이 건물 외부는 무척 독특한데, 1-2층의 양복점이 있는 부분은 밖에서 보면 어두운 색의 대리석으로 되어 장식 띠를 두르고 있으며 그 이상의 3층부터는 하얀 벽이다. 고급 손님을 위한 상점으로서 입구가 곡면의 쇼윈도 유리로 장식하고 대칭되는 2개의 입구는 장식도 없이 소박하였다. 상점 내부는 4개의 기둥에 의해 9개의 분할된 판매대가 나누어져 있었다. 주판매장에서 2층 계단 중간에 메자닌(Mezzanine)을 만들어 입구 바로 위는 고객 접견실로 사용하였다. 루스 하우스는 헤렌(Herren) 가와 미카엘 광장 사이에 면해 있지만 전면은 예각을 피해 4개의 기둥을 세웠다.

루스 하우스는 상층부에 장식 없이 구멍이 뚫린 듯한 창이 주변의 분위기를 깨뜨린다고 당시에는 많은 비난을 받기도 하였다. 언론들은 창틀 위에 가리개나 장식이 없는 건물의 창을 가리켜서 '눈썹이 없는 건물'이라고 혹평하였으며, 정면의 네모반듯한 흰 벽에 격자무늬의 네모 창문 20개만 있는 파사드를 '맨홀 뚜껑'이라고 불렀다. 당시 오스트리아 황제 프란츠 1세의 궁전이 이 미카엘 광장의 루스 하우스 대각선에 위치하고 있었는데, 이 건물을 보지 않기 위하여 미카엘 광장의 출입구를 봉쇄하고 그 반대편으로 출입하였고 이 건물이 보이는 창도 두꺼운 커튼으로 막아 보지 않으려고 했을 정도로 루스 하우스는 빈에서 가장 혐오스러운 대상이었다.

(4) 요셉 마리아 올브리히

요셉 올브리히, 빈 분리파 전시관, 빈, 1897-98

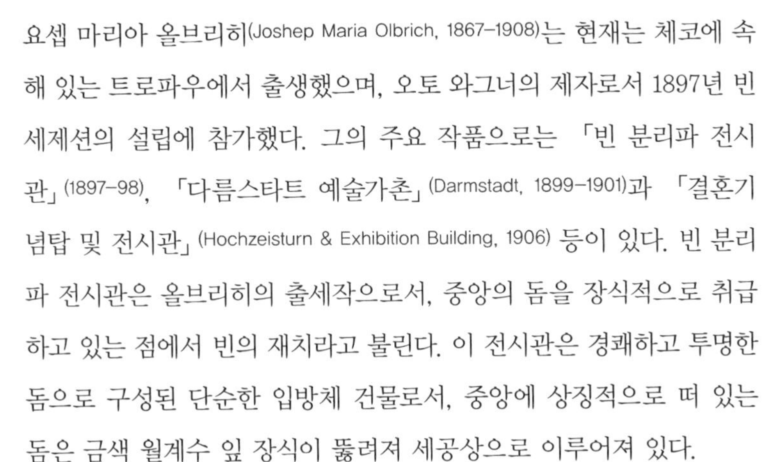

요셉 마리아 올브리히(Joshep Maria Olbrich, 1867-1908)는 현재는 체코에 속해 있는 트로파우에서 출생했으며, 오토 와그너의 제자로서 1897년 빈 세제션의 설립에 참가했다. 그의 주요 작품으로는 「빈 분리파 전시관」(1897-98), 「다름스타트 예술가촌」(Darmstadt, 1899-1901)과 「결혼기념탑 및 전시관」(Hochzeisturn & Exhibition Building, 1906) 등이 있다. 빈 분리파 전시관은 올브리히의 출세작으로서, 중앙의 돔을 장식적으로 취급하고 있는 점에서 빈의 재치라고 불린다. 이 전시관은 경쾌하고 투명한 돔으로 구성된 단순한 입방체 건물로서, 중앙에 상징적으로 떠 있는 돔은 금색 월계수 잎 장식이 뚫려져 세공상으로 이루어져 있다.

올브리히는 분리파 전시관을 계기로 하여 에른스트 루드비히(Grand Duke Ernst Ludwig) 대공으로부터 프랑크푸르트 근교의 다름스타트에 예술가 마을을 건설하도록 의뢰받고 1899년부터 1901년까지 설계하였다. 그는 자신의 건물에 근대건축에서 볼 수 있는 평활한 표면성과 간결한

1. 요셉 올브리히, 결혼기념탑 및 전시관 전경, 다름스타트, 1906
2. 요셉 올브리히, 결혼기념탑 및 전시관 입면도, 다름스타트, 1906

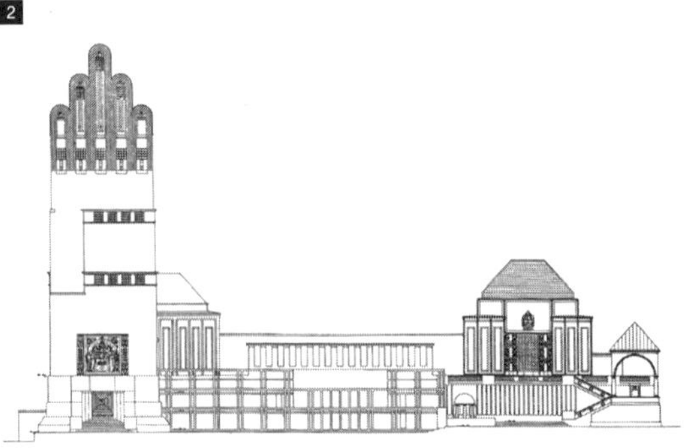

형태를 부여하였다. 이 예술가 마을의 설계에 당시 사실상 무명이던 피터 베렌스가 참가하여 「설계자 자택」(1901)을 계획하였다.

올브리히는 1906년 마틸덴호흐 언덕 꼭대기에 다름스타트 대공(大公 – Grand Duke)을 위해 그의 결혼을 기념하는 '결혼기념탑'(Hochzeitsturm – Wedding Memorial)을 지었다. 세련되고 부드러운 선으로 구성된 고층탑인 이 건물은 1908년의 전시회에 전시장으로 쓰였는데, 평론가들은 이 건물을 독일 표현주의가 시작된 대표작품이라고 부른다. 높이 48m의 탑 꼭대기 부분의 다섯 개 아치는 대공이 탑의 모양을 설명하면서 결혼서약의 표시로 치켜든 손가락을 나타낸 것이라고 한다. 올브리히는 탑 만으로 끝내지 않고 아래로 길고 납작한 전시관을 만들었다. 루드비히 대공의 결혼(1905년 2월 5일)을 축복하는 결혼기념탑과 그 밑에 세운 전시관은 중세적인 인상을 주는데, 붉은 벽돌과 광택 있는 동판의 지붕을 하며 작은 창이 붙은 2개의 가느다란 수평띠가 건물의 구성을 돌고 있다. 측면에는 청색과 금색 모자이크의 해시계가 배치되어 있으며, 꼭대기에는 5개의 오르간 파이프 모양을 하고 있다.

구조적 합리주의 03

구조적 합리주의는 중세의 역사적 건물들, 특히 12세기에서 13세기에 걸쳐 세워진 프랑스의 모든 성당들이 구조의 절대적인 합리성과 경제성을 갖추고 있으며 그로 인해 그 성당들의 아름다움이 생겨났다고 주장하는 이론이었다. 이것은 '고딕 합리주의(Gothic Rationalism)'로서, 대표적 건축가인 비올레 르 뒤크(Viollet-le-Duc)는 고딕성당의 볼트에 있어

리브(rib)들의 패턴이 상호연관된 주요 부재들과 부차적인 부재들로 이루어진 하나의 위계 속으로 점차 정교하게 형성되었다고 보았다. 비올레 르 뒤크는 고딕건축의 기둥과 구조에 대한 근본적인 이해를 통해 근대적 건물, 즉 새로운 건축양식의 창조에 있어 적용할 수 있었던 교훈을 얻고자 하였다.

모든 건축형태는 재료와 구조의 논리적 사용에 의해 결정된다는 구조합리주의를 대표하는 건축가로서는 베를라헤를 들 수 있다. 베를라헤(Hendrik Berlage, 1856–1934)는 세기 전환기의 네덜란드의 뛰어난 건축가로서, 재료들의 기본특성을 살리고 장식이 없는 설계로 네덜란드의 근대건축에 큰 영향을 미쳤다. 베를라헤는 고트프리드 젬퍼(Gottfried Semper) 및 비올레 르 뒤크와 같은 19세기 합리주의적 이론가들의 전통 속에서 건축교육을 받았다. 그는 취리히에서 건축을 공부하고 유럽을 두루 여행한 뒤 1889년 암스테르담에 건축설계 사무소를 열었다. 베를라헤는 1900년대 초부터 네덜란드 여러 도시에 주거지역을 설계했으며, 가구와 벽지를 도안하면서 수공예에 관심을 가졌다. 1911년에 미국을 방문하여 미국식 건축법을 연구해 나중에 작품에 이용했으며 미국의 건축가 루이스 설리번과 프랭크 로이드 라이트의 건축개념을 받아들여 유럽에 소개했다.

베를라헤는 당시의 젊은 세대에게 미술과 건축, 수공예 분야에서 지도적인 인물이었고, 많은 강연이나 논문으로 큰 영향을 주었다. 1900년 전후의 혁명적 건축가의 한 사람인 베를라헤는 19세기의 절충주의에 반발하여 건축문제를 정직하게 자각하고 재료와 구조에 대해서 기술인적인 어프로치를 지향하였다. 베를라헤는 건축재료란 중세에서 실천되었던 바와 같이 있는 그대로 피복하지 않고 그 성질에 따라 사용하여야 한다고 믿고 있었다.

베를라헤는 1895년과 1896년 사이에 발표한 논문에서 '건축을 설계할 때 양식을 고려하여서는 안된다. 중세기에 비등할 만한 참된 위대한 건축은 효용만을 위한 순수한 예술로서의 건축이다'라고 하며, 나아가서 '참된 효용 건축'이 20세기 건축이 될 것이라고 하였다. 또한 '우리 건축가는 진리에로 되돌아가야 한다. 즉 건축의 본질을 파악하여야 한다. 여러 가지 요소들을 하나의 공간을 형성하기 위하여 종합하는 과정이 건축예술이다'고 하였다. 당시에는 철근콘크리트가 아직 건축수단으로서 알려져 있지 않았기 때문에 베를라헤는 벽돌을 사용했으나, 후년의 작품에서는 논리적이며 정직한 콘크리트의 사용을 시도하고 있다. 그는 미학적으로 적절하고 도덕적으로 단호한 창조적인 태도로서 20세기 전환점에서 **즉물주의**(Sachlichkeit)의 개념에 찬성하였다.

즉물주의는 합리적이고 즉물성을 띤 객관적 관점에서 건물을 구성하는 기본태도로서, 완전하고 순수한 효용을 추구하는 태도다.

베를라헤는 암스테르담의 담락 대로에 최대 걸작인 「암스테르담 증권거래소」(Stock Exchange, 1903)를 설계하였다. 이 증권거래소의 내부는 유리지붕을 가진 세 개의 주요 거래 홀과 그 양 옆에 늘어선 회랑들 사이로 늘어선 작은 방으로 구성된다. 유리지붕을 떠받치는 철재 트러스는 지붕의 하중을 벽체에 전달하며, 구조재들이 역동적인 조화를 획득하게 된다. 이 건물에서 내부의 아케이드를 지지하는 기둥, 버팀기둥의 쐐기돌, 벽의 벽돌면, 난간의 난간면 등 모두 동일한 평면상에 있으며, 내부벽은 재료 사용법의 탁월한 솜씨 때문에 생기가 넘쳐난다. 그리고 그는 이 건물에서 벽체의 표면을 평탄하게 유지하려는 신중한 노력을 기울였다.

이 건물은 원래 1897년의 경기설계의 입상작이지만, 뒤에 디테일이 많이 변경되어 1898년 최종설계 계획이 결정되었다. 당선안은 네덜란드의 르네상스적인 구조였으나 변경안에서는 다소 로마네스크적 양식의 형태를 사용하였다. 이 기념할 만한 작업에서 베를라헤는 벽돌 외

베를라헤, 암스테르담 증권거래소, 1903

에도 엷은 색의 석재를 사용하여 특색을 살렸다. 베를라헤는 벽돌건축의 의미와 매력을 그 시대의 사람들에게 다시 제시하기도 하였으며, 로마네스크의 묵직한 중량감에도 매력을 느껴 반원형의 아치나 중단없이 이어진 거대한 벽면을 사용하였다. 베를라헤는 계단의 화강석 디딤판의 거친면을 그대로 남겨두었고, 위원회 천정의 벽돌 아치는 노출된 대로 두었으며, 철골뼈대는 페인트로 강조하여 플라스터를 바르지 아니한 벽돌벽의 흰 조인트의 아름다움과 대조를 나타내는 등, 건축에서의 성실과 순수함을 만들어내려고 노력하였다. 이 증권거래소는 네덜란드의 건축가와 예술가 모두에게 강한 영향을 주었기 때문에, 이들은 '암스테르담파'라 불리게 되었다. 그들은 선명하면서도 벽돌조의 매력이 넘치는 공상적인 기법으로 뛰어난 건물을 만들었는데, 공간구성의 측면에서나 건물의 주의 깊은 세부 마무리 등의 측면에서도 매우 귀중한 것을 남겼다.

구조재료로서의 철근콘크리트의 도입은 1890년대에 프랑스에서 시작되었는데, 오거스트 페레(Auguste Perret)에 의한 「프랭클린가의 아파트」(1902-03)에서 이 재료가 대규모로 사용되었다. 이 아파트는 목조나 철골조의 건물을 연상시키는 등 구조적으로 선진적인 건물은 아니었으나, 노출된 골조의 사용이나 개방된 공간을 조성해주는 처마, 작은 옥상정원을 채택한 점 등은 시대를 앞서는 예언적인 건축이었다.

오거스트 페레, 프랭클린가의 아파트, 파리, 1902-03

독일 최초의 유리와 철골건물인 「AEG 터빈공장」은 피터 베렌스의 대표작이다. 이것은 19세기 건축이 20세기로 넘어가는 과정을 잘 보여주는 것으로서, 폭 25.3m와 길이 123m로 구성된 거대한 공간을 철골 트러스트로 만들어서 내부에 기둥 없는 공간을 실현시켰다.

미래파 건축 04

미래파는 1909년 마리네티의 〈미래파 선언〉(Manifeste du Futurism)으로부터 시작된 전위운동(avant-garde)이라 할 수 있다. 그들은 극단적 개인주의의 역동적 규범을 지향했으며 당시 지배적이었던 아카데미즘을 배격하였다. 미래파의 건축적 특징은 전통양식과 미학, 비례 등의 이질적인 것을 거부하며 경쾌한 것, 실재적인 것, 순간적인 것, 신속한 것에 대한 감성을 지지하였고, 나아가 장식의 폐기를 통하여 과학적이며 기술적 경험에 의한 해결을 주장하였다.

1) 미래파의 창립

미래파는 20세기 초 이탈리아를 중심으로 일어난 예술운동이다. 역동성과 혁명성을 강조한 이 운동의 가장 중요하고 뚜렷한 결과는 시각예술 분야에서 이루어졌다. 시인이자 편집가인 **필립포 토마스 마리네티**(F. T. Marinetti, 1876–1944)는 1909년 '예술의 수도' 프랑스 파리에서 발간되는 일간신문인 〈피가로〉(Le Figaro, 2월 20일자)에 '미래파'라는 선언문을 발표하였다. 당시 이탈리아는 폭발적인 산업화 과정이 시작되었으나, 고전주의나 아르누보 양식이 지배적이었다. 새로운 미래도시의 비전을 제시하려는 미래파는 사회구조가 변화되며 경제구조의 공업화가 귀족 및 지식계층의 사회적 기반을 변화시킴에 따라, 기술로써 모든 사회구조를 파괴하려는 급진적 경향이 등장하는 이러한 상황에서 등장하게 되었다. 산업혁명 이후 형성된 기계문화를 적극적으로 찬미하고 과거 및 전통과의 단절을 주장하는 이 운동에는 건축가 산텔리아(A. Sant'Elia)

마리네티는 이탈리아의 시인으로서, 미래파의 창시자다. 그는 제1차 세계대전 중 발칸 반도와 리비아에 종군기자로 복무하였고, 후에 파시스트를 지지하며 많은 저서를 남겼다.

마리네티, 자유로운 언어의 첫 기록, 1914

와 키아토네(M. Chiattone), 화가이자 조각가인 보치오니(U. Boccioni), 시인 마리네티 등이 협력하였다.

미래파는 항공기와 전기동력, 자동차 등의 심미적 가능성을 이용하여 새로운 예술의 비전을 주장하였으며 새로운 공업시대의 새로운 재료가 예술가의 전통적인 재료를 대체시킬 것이라고 주장하였다. 특히 마리네티는 '발전소의 소란스러운 아름다움과 경쟁할 만한 것은 아무것도 없다'고 주장하였고, 보치오니는 '유리와 금속 등 비전통적인 재료를 새로운 조각적인 미학에 통합시키도록 하자'고 제안하였다. 이렇게 하여 미래파는 세기 말의 퇴폐적이고 상징적인 부르주아적 예술에 대한 반작용으로 형성되어 반자연적이며 순수한 조형을 지향한 운동 중 하나로서 시작되었다.

'미래파'라는 용어는 마리네티가 만든 조어로서, 미래나 예술에 있어서 새로운 사상에 역점을 두고 있음을 단적으로 보여주고 있는 용어다. 미래파는 미래를 향한 전진, 기계문명의 진보를 예찬하고 있으며 따라서 속도의 미, 기계의 미, 소음과 동력, 모험 등의 역동성을 찬미하였다.

2) 미래파의 전개

미래파 선언 이후 건축은 무시되었는데, 1914년 안토니오 산텔리아와 마리오 키아토네 두 건축가는 밀라노에서 일련의 설계와 계획안에 따라 「치타 누오바」(Citta Nuova), 곧 혁명적인 미래도시의 스케치를 발표하였다. 이 건축전람회의 카탈로그 속에서 산텔리아는 아카데믹한 절충주의에 빠져 생기를 잃은 이탈리아의 건축을 쇄신하는 사업이 역사적으로나 인간적으로 필요하다고 역설하였다. 또한 과학과 기술의 비상하고 결정적인 발전에 비추어서, 환경을 인간에 조화시킬 필요가 있다고 제안하였다. 마리네티는 산텔리아의 사고에서 미래파적 요소를 발견하고 미래파 운동계획 속에 포함하기로 하여, 1914년 7월에 『미래파운동선언』을 출판하였다. 그 선언은 '모든 것은 개혁되어야 한다. 건축은 전통의 속박을 깨뜨려야 한다. 다시 무로부터 새로 출발하지 않으면 안 된다'라고 주장하였는데, '명랑하고 실제적이며 순간적이고 또한 스피드감이 있는 것'을 보다 좋아하는 것이 **운동조형론**에 관한 보치오니의 미술론과도 통하였다.

운동조형론(Plastic Dynamism): 미래파에서는 비행기, 고속열차와 같은 근대문명의 새로운 기계가 갖는 특성의 하나인 '운동'을 포착하여 찬미하였다. 보치오니에게는 〈…의 다이너미즘〉이라는 제목의 그림이 많으며, 스피드를 화면에 표현하려고 고심하였다.

이 선언은 미래파 건축이 지향한 중요한 목표였으며 이탈리아가 유럽의 근대적 건축발전의 주류에 합류하는 데 도움이 되었다. 하지만 선언은 말뿐이었고, 중요한 미래파의 작품이 실제로 건축되지는 못하였고, 활발한 논의와 훌륭한 계획안들만이 있을 뿐이다.

1914년에는 미래파 건축 전시회를 개최하고 〈미래파 건축 선언문〉을 발표하였지만, 역사적으로 미래파는 크게 두 국면으로 구분할 수 있다. 첫번째 국면은 1909년 창립선언에서부터 1916년 보치오니가 죽음으로서 실제적으로 해체될 때까지다. 두 번째 국면은 제1차 세계대전 이후 무솔리니의 통치하에서 마리네티가 재생을 시도한 단계다. 예술사에서 중요한 의미를 지니는 첫번째 단계에서 예술가들은 자신들이 선언문에서 제시한 원리의 형식을 정당화하는 형태언어를 탐구하려고 노력하였다. 1914년경에 미래파 예술가들은 일관성 있는 그룹을 더 이상 형성하지 못하였다. 특히 1916년 보치오니가 승마사고로 죽고, 산텔리아가 같은 해 제1차 세계대전에서 전사한 이후 미래파 건축은 사실상 중단되었다.

미래파의 건축은 1928년 다시 회생되었는데, 화가 겸 언론가인 필리아(Fillia)는 미래파의 건축의도를 가장 명쾌하고 자신 있게 지지하면서,

제1회 건축전람회는 또한 유일한 것이 되고 말았다.

무솔리니 총통의 지지 아래 **제1회 미래파 건축전람회**를 개최하였다. 이 전람회에는 건축과 실내장식, 무대장치, 전시건축, 포스터나 일상품 등을 담당한 많은 예술가들이 참여하였는데, 전시된 도면의 대부분은 계획안이었다. 필리아는 미래파의 건축이 파시스트의 건축으로서 발전하리라고 믿으며 많은 잡지를 창간하고 논설이나 책을 발행하였다. 미래파는 1932년 로마에서 개최된 〈파시스트 혁명 전람회〉에서 최고조에 도달하였다. 이 전시회는 대부분의 미래파의 주역 건축가나 화가, 디자이너들이 참가하였다. 미래파의 필요조건인 운동조형론, 동시성, 속도는 전람회 무대장치의 기술에 적용되었다.

3) 미래파의 특징과 영향

(1) 과거와의 단절과 기계미학의 추구

미래파는 과거의 규범과 전통을 모두 거부하는 전위적 예술운동으로서, 세기 말의 퇴폐적이고 상징적인 부르주아적 예술에 대한 반작용으로 형성되었으므로, 과거와의 단절을 촉구하고 고전을 무시하고 전통을 부정하여 과거의 모든 규범을 거부하고 있다. 또한 역사와 전통을 거부하고 새로운 시대적 상징인 기계를 예술에 적극적으로 도입하자고 주장하였다.

한편 미래파는 새로운 재료를 사용한 건축을 옹호하고 기계 및 공업기술을 예술의 수단으로서 적극적으로 이용하였다. 미래파는 '새로운 건축은 철근콘크리트와 철과 유리로 건축하지 않으면 안 된다'는 슬로건을 내세웠다. 산텔리아는 일련의 계획안 스케치에서 강철이나 콘크리트와 같은 산업재료를 사용하였다. 미래파는 기계문화를 미학적 수단으로 이용하는 기계미학 위주의 건축을 추구하였으므로, 전통적인 미의 개념을 거부하고 사선이나 타원형 등을 이용하여 운동감과 속도감을 표현하고자 했다. 미래파는 기계세계에서 그 영감을 발견한 건축을 옹호하고 있으며 선입관을 받아들이지 않은 건축을 옹호하였다.

(2) 다이내믹한 형태와 장식의 배제

미래파는 모든 세대마다 자신의 도시를 건설해야만 하는 가볍고 역동적인 건축을 옹호함에 따라서 경량성과 유용성, 단명, 속도 등을 선호한다. 산텔리아의 「신도시」는 역과 발전소, 고층주택과 같은 새로운 도시의 성질을 주제로 정함과 동시에 그 밑에 층을 이룬 자동차도로와 선로, 건물로부터 독립된 엘리베이터와 같은 '교통'을 끼워놓음으로써 역동성을 건축화하려 하였다. 미래파는 '명랑하고 실제적이며 순간적이고 또한 스피드감이 있는 것'을 더 좋아하는 속도감을 강조하였다. 그들은 건축 또는 도시의 주요 구성요소에 역과 발전소, 자동차도로, 엘리베이터와 같은 당시의 첨단 과학기술이 낳은 역동적인 속도를 도입하여 하나의 기계도시라고도 부르는 이미지를 구체적으로 나타내려고 하였다.

미래파는 장식을 포기한 건축을 옹호하고 있다. 산텔리아가 1913년에 스케치한 등대와 전기발전소 등의 계획안에서는 1930년대의 건축을 예견하는 듯이 장식이 배제되고 기하학적으로 순수한 수법의 디자인을 보여주고 있다. 이러한 것은 그가 작성한 '메시지' 중에서 명확하게 나타나고 있다:

> 건축에 중첩되거나 부가된 것으로서 장식은 불합리한 것이며, 진실로 근대적인 건축의 장식적 가치는 천연 그대로 노출되고 눈에 띄는 색으로 된 재료의 사용과 배치에서만 유도될 수 있다.

(3) 영향

미래파의 영향은 이탈리아를 벗어나 국외에서도 지속적으로 중요하게 나타나 러시아의 구성주의의 출발점으로 작용하였다. 1950년대에 기술적인 이상향을 추구하는 소위 하이테크 건축가에게도 큰 영향을 주었다. 미래파의 건축이념은 1960년대 이후 아키그램(Archigram), 풀러(B. Fuller), 오늘날의 노먼 포스터(Norman Foster), 리처드 로저스(Richard Rogers) 등을 비롯한 공업기술주의 건축가들에게도 큰 영향을 미쳤다.

4) 관련 건축가

(1) 안토니오 산텔리아

산텔리아(Antonio Sant'Elia, 1888–1916)는 북미에서 전개되던 공업도시의 기술적 발전 및 확장과 같은 것에 매혹되어, 새로운 도시 그리고 미래의 도시가 이탈리아에서도 성취될 수 있는 것으로 생각하였다. 산텔리아는 미래파의 대표적 건축가로서 미래파의 건축이념을 많은 스케치와 도면을 통해 발표하였다. 1914년에는 미래파 건축전시회를 개최하고 미래파 건축선언문을 발표하였다. 이 전시회의 카탈로그에서 산텔리아는 '모든 면에서 개혁되어야 하는' 젊은 세대에 맞는 새로운 건축을 만들어내어야 하며, 그러기 위해서는 과거를 파괴할 필요가 크다고 주장하였다. 즉, 과거의 파괴만이 전통과 인습에 사로잡힌 인간의 도시를 개방하고 정당한 모습을 부여할 수 있다고 주장한 것이다. 그는 '건축이라는 것은 … 무미건조한 실용성과 유용성과의 결합이 아니라, 언제나 한 개의 예술, 즉 종합과 표현이다'라고 하였다. 산텔리아는 제1차 세계대전에 참가하여 1916년 전사하였기 때문에 기계화와 공업화된 문명에서 도출된 대도시 건축이라는 자신의 건축적 꿈을 이루지 못하였다.

그의 주요 작품으로는 마천루와 고층아파트, 지하철, 고가도로 등으로 구성된 거대도시 계획안으로서 미래의 거대 도시를 예시한 작품인 「**치타 누오바**」(Citta Nuova, 1914), 「지하철 역사 및 고층아파트 계획안」(1914) 등이 있다. 치타 누오바는 다이너미즘 자체를 건축화하여 표현한 최초의 작품으로, 1914년 밀라노에서 열린 신경향 그룹전에 출전되었다. 산텔리아는 몇 단의 레벨로 구분된 고속 교통수단, 지하철, 에스컬레이터, 엘리베이터, 자동차, 이착륙하는 항공기 등 대상물 자체의 움직임에 주목하였다. 「신도시계획안」에는 근대도시의 교통이 갖는 에너지에서 느껴지는 환희에 따른 동적인 건축과 도시계획적 개념이 있다.

치타 누오바는 '새로운 도시'라는 의미.

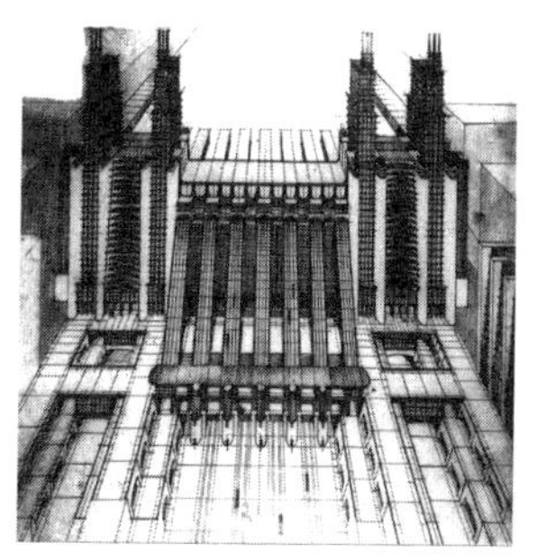

산텔리아, 치타 누오바, 1914

산텔리아, 지하철 역사 및 고층아파트 계획안, 1914

(2) 마리오 키아토네

키아토네(Mario Chiattone, 1891-1957)는 산텔리아와 함께 1914년 미래파 건축전시회에 참여한 건축가로서, 「근대도시 구조물 계획안」(1914) 등의 작품이 있다.

독일공작연맹 05

1) 형성배경 및 전개과정

독일공작연맹(Deutscher WerkBund: DWB, German Work Union)은 1907년 10월 독일 공업제품의 질적 향상을 목적으로 뮌헨에서 창설되었다. 영국 근무 당시 미술공예운동의 영향을 받고 독일로 귀국한 무테시우스가 주도하였고, 피터 베렌스와 앙리 반 데 벨데, 데오도르 피셔, 요셉 호프만, 요셉 올브리히 등의 건축가들이 창립회원으로 참여하였다. 영국 미술공예운동은 19세기 중엽 윌리엄 모리스와 그 동료들에 의해 중세시대의 수공예 수준을 다시 기술분야에 부활시키려는 것으로서, 장인은 자기의 일에 긍지와 환희를 발견해야 한다는 도덕적 요구와 관련되고, 기계와 그것으로 만든 조잡한 공업미술 제품에 대한 반항으로 전개된 것이었다.

헤르만 무테시우스는 1896년부터 1903년까지 런던의 독일대사관에서 근무하면서, 영국의 건축과 공업미술에 대해 충분히 연구하고 영국 주택건축과 응용미술에 대한 열렬한 애착을 갖고 귀국하여, 이것을 주제로 몇 권의 책을 출판하였다. 프러시아 무역청 공업미술 부문의 주임이었던 무테시우스는 독일 공업미술의 참담한 상태, 역사적 양식의 반복을 탄식하면서 공업미술을 향상시키며 새로운 생명력을 불러일으키는 방안으로 1907년 독일공작연맹을 결성하였다. 뛰어난 디자인과 직인의 기능은 공업생산품의 경제성을 높일 것이라고 주장하였다.

독일에서는 미술학교와 미술공예 학교를 개혁하며, 예술과 공예와 공업의 통일을 실현시키기 위하여 작업장 교육을 구체화하려고 했다. 그것은 기계화 시대에 있어서 교육기관과 산업을 결합시켜 나가려는 계획이기도 했다. 이와 같은 상황에서 독일공작연맹이 1907년 10월 뮌헨에서 결성되고 **작흐리히카이트**(Sachlichkeit), 즉 즉물적인 조형운동이 추진되었다. 즉물성과 합리성을 바탕으로 한 디자인의 질적 향상이 국가적 이익을 가져온다고 여겨 건축가와 디자이너, 기술자, 경영자들을 통합한 〈독일공작연맹〉이 실현된 것이다. 이 운동의 기본이념은 적극적으로 기계를 도입하여, 예술(예술가), 공업(제조업자), 수공예(크래프트맨)

작흐리히카이트, 즉 즉물주의는 합리적이고 즉물성을 띤 객관적 관점에서 건물을 구성하는 기본 태도다.

의 협력에 의해 독일 공업제품의 '양질화', '규격화'를 모색하여 제품의 품질을 향상시키는 것을 목표로 하였다.

이 운동은 우수하고 내구력 있는 제품, 흠 없고 참된 재료를 사용한 제품, 즉물적이고 고상한 유기체로서의 생산품을 만들어내고자 하였다. 즉, 독일공작연맹은 미술이나 공예나 산업 등의 각종 영역에서 최고의 지혜를 모아서 실제 생활에서 사용하는 독일제품의 품질을 고급화시키는 것을 주요 목표로 내세운 것이다. **비스마르크**(Otto Eduard Leopold von Bismarck, 1815-98)에 의한 독일 통일과 목적은 강력한 경제국가의 건설, 즉 산업화를 통한 통일 독일의 번영이었으며, 이것은 또한 공작연맹의 핵심이기도 하였다. 이들의 궁극적인 목적은 '독일의 역사와 국가정신을 담고 있는 스타일'을 창조하는 것이었다.

비스마르크는 독일의 정치가로서, 1862년 프러시아 수상이 되어 독일의 통일을 지도하였고, 1871년 독일 국가의 초대 수상이 되어 독일의 자본주의 발전을 이끌었다.

1907년 뮌헨에서 독일의 진보적인 예술가들과 생산업자들로 구성된 이 독일공작연맹은 1914년까지 눈부신 성공을 거두며, 독일의 문화와 산업을 주도해 나갔다. 1914년 이후에는 각종 공작연맹 전람회를 개최하였다. 지도자인 건축가 헤르만 무테시우스와 앙리 반 데 벨데는 19세기 영국의 미술공예운동을 일으켜 산업공예를 디자이너와 공예가들의 공동사업으로 되살려야 한다고 주장한 윌리엄 모리스의 영향을 받으며 그의 이념을 기계생산품까지 확대시켰고, 또 장식성을 배제한 기능 위주의 이론을 주장하였다.

공작연맹은 창설된 후 곧이어 두 분파로 나뉘어졌는데, 무테시우스 일파는 기계를 수용하여 좋은 질의 제품을 대규모로 생산하는 귀중한 수단으로서의 기계를 환영하며, 기계 대량생산과 공업화 그리고 디자인의 표준화 및 규격화의 효용성을 주장하였다. 반면 반 데 벨데 일파는 예술가의 개인성에 가치를 두어, 규격화와 규범의 용인은 예술가 개개인의 창조적 작업과 양립할 수 없으며 예술가는 항상 규칙이나 기준에 복종할 수 없다고 주장하였다. 결국 공작연맹은 1914년 쾰른에서 열린 연례회의에서 무테시우스의 입장을 채택하였고, 이후 근대건축의 진행은 무테시우스의 주장과 같은 방향으로 이루어진다.

공작연맹의 영향력은 1914년 쾰른에서 열린 〈산업미술 및 건축전람회〉를 계기로 더욱 커졌는데, 이 전람회는 20세기 가장 중요한 사건이라고 일컬을 사람이 있을 정도다. 이 전람회에서는 새로운 것, 실험적인 것 등이 선전적이며 개인주의적, 계몽적인 것 등 여러 건축이 세워지며, 공작연맹의 사고방식을 보급시키게 되었다. 이 전람회에 전시된 건물 중에는 근대건축의 본보기가 되는 반 데 벨데에 의한 풍부하게 흐르는 선으로 된 새로운 개념의 「모델 극장」(Model Theatre), 월터 그로피우스와 아돌프 마이어 협동설계의 「모델 공장」(Model Factory)과 그 「관리사무소」 등이 있다. 브루노 타우트가 제출한 작품은 독일 「유리전시관」(Glass Industries Pavilion)으로서, 12각형의 평면에 벽과 모임지붕을 유리로 한 것이었다. 이 건물들은 새로운 건축재료인 유리와 건축과제인 공장과 결부되어 새로운 미학을 만들어내었으며, 기능과 형태의 표현 사이에 밀접한 관계를 보여주었다. 또한 강철과 콘크리트, 유리를 사용한 근대건축 초기의 중요한 몇 가지 실례도 있었다.

독일공작연맹전은 제1차 세계대전의 발발로 도중에 폐막되고 연맹도 해산상태가 되었으나, 전쟁이 끝난 뒤 새로운 공화국 체제와 국제평화의 풍조를 배경으로 다시 활동하게 된다. 1927년 공동주택 전람회가 슈투트가르트 교외의 바이젠호프 언덕에서 개최되었는데, 당시 부회장이었던 미스(Mies)의 주관 아래 외국의 유명 건축가들을 초청하여 건설하였다. 르 코르뷔지에, 월터 그로피우스, 피터 베렌스, 루드비히 힐베르자이머, 오우드, 한스 샤로운, 한스 펠찌히, 브르노 타우트 등 당시 유럽 각국의 선구적 건축가 16명이 참가하여, 철근콘크리트 구조와 철골구조 등 신재료와 신공법에 의한 일반대중을 위한 공동주택을 각각 건설하였다. 미스 자신도 이 계획을 위해 한 동의 공동주택을 설계하였다.

건축가들에게 부여된 조건은 지붕을 납작하게 한다는 것뿐이며 그 이외의 설계는 완전히 자유로웠다. 이 주택전람회는 두 번에 걸친 세계대전 사이에 있었던 주택건축에 있어 가장 중요한 사업이었다. 각 건축가들은 공업화를 전제로 하여 규격화와 표준화에 의한 공장생산과 현장조립 방식을 도입하였으며, 각 건물들은 장식이 없는 평탄한 벽면으로 구성된 기하학적 형태를 보여주었다. 이 전시회를 계기로 하여 국제양식 건축의 개념이 실질적으로 가시화하게 되었다. 이러한 공작연맹의 공동주택 전람회는 1928년 브레슬라우(Breslau), 1932년 빈(Vienna)에서도 개최되었다. 독일공작연맹은 건축과 공업미술을 위한 1930년 파리 박람회에도 참가하여 건축의 규격화와 대량생산 부분에 굉장한 성공을 거두었다.

2) 주요 이론 및 영향

(1) 공업화와 표준화의 수용

독일공작연맹은 산업혁명 이후 기계문명의 과도기에 기계화와 공업화라는 시대적 현상을 인식하고 기계의 적절한 사용과 그 가치를 인식하였다. 나아가 기계의 적절한 이용은 제품의 품질을 향상시킬 수 있으므로 이용되어야만 한다고 주장하였다. 무테시우스 일파는 좋은 질의 제품을 대규모로 생산하는 귀중한 수단으로서의 기계를 지지하며, 기계에 의한 대량생산과 공업화 그리고 디자인의 표준화와 규격화의 효용성을 적극 옹호하였다.

독일공작연맹은 기계를 이용한 규격화와 표준화를 디자인에 도입하는 것, 그리고 이를 통한 대량생산에 의한 제품의 질적 향상과 경제성을 추구하였다. 최초로 기계를 인정하여 미술과 공업, 수공예와 상업을 잘 결합하여 규격화된 합리적인 양식을 추구한 독일공작연맹은 디자인 역사에 있어서 여러 가지 공헌을 하였다.

(2) 공헌과 영향

독일공작연맹은 디자인에 관련된 많은 성과의 흐름을 하나로 통합하고, 20세기적 시점에서 근대적인 흐름을 이끌어내는 합류점이 되어 디자인 동향에 새로운 전기를 마련하였다. 또한 20세기 초 독일의 산업과 경제성장에 결정적인 역할을 하였으며, 선진 강대국으로 발전시킨 사회운동이자 문화운동이며 나아가 산업화운동이었다고 할 수 있다.

독일공작연맹은 기능적이고 구조적이며, 기하학적인 디자인을 성취함으로써 미술과 산업을 밀접하게 결합하는 독일 디자인을 형성하였다. 또한 공작연맹은 바우하우스에 영향을 주어 학교교육에 있어서 예술과 공예와 공업의 통일을 실현하고자 하였다. 바우하우스는 독일 공작연맹의 이념을 계승하여 예술창작과 공학적 기술의 통합을 추구한 독일의 조형학교다.

독일공작연맹은 유럽 여러 나라에서 동일한 개념의 단체가 설립되거나 개편되는 데 영향을 주었으며, 산업과 예술이 새로운 차원에서 대중의 생활에 공헌하는 근대적 형태의 디자인을 이루도록 하였다. 독일공작연맹의 취지와 사상은 DWB(독일공작연맹) 연감의 발행, 전람회 등으로 일반에게 알려졌으며, 유럽 각지에 많은 영향을 주어서 1910년 이후에는 오스트리아의 오스트리아 공작연맹(1920), 스위스의 스위스 공작연맹(1913) 등 비슷한 조직이 생겼다. 1915년 스웨덴 공예가조합이 이

취지에 따라 조직을 변경했으며, 독일공예가연맹을 본떠서 영국 디자인산업협회(DIA, 1915)도 창설되었다. 독일공작연맹은 1933년 나치에 의하여 해체되었다가 1946년에 재건되었으며 본부는 뒤셀도르프에 있다. 연맹은 1960년대 이후에는 사회적인 주제에 깊이 관련되며 환경문제에도 관심을 나타내고 있다.

3) 관련 건축가

(1) 피터 베렌스

피터 베렌스(Peter Behrens, 1868-1940)는 독일 함부르크에서 태어났으며, 함부르크에서 미술학교를 다닌 뒤 독일의 미술과 공예의 부흥기였던 1897년에 뮌헨으로 가서 활동하였다. 베렌스는 화가이자 판화가로 출발하여 나중에 건축과 산업디자인을 다루었다. 베렌스는 공업화와 기계화라는 시대적 요구를 건축에 수용하여 건축의 형태로 발전시킨 20세기 최초의 근대건축가이며, 독일공작연맹의 대표적 건축가로서 독일공작연맹의 이념을 실제작품을 통해 구체화시켰다.

초기에는 유겐트스틸의 영향 아래 작업하였으며, 1900년에 다름스타트 예술가 마을에 초빙되어 설계를 시작하고 최초의 작품으로 「베렌스 자택」(1901)을 세운다. 베렌스는 1903년부터 1907년까지 뒤셀도르프 미술공예학교장으로 근무하였고, 그 후 수학적인 엄격성과 타협을 불허하는 고전양식, 기하학적인 정형적 디자인, 기능주의의 양식을 갖는 강력하고 육중한 작품을 디자인하였다. 베렌스는 1907년경 그가 전문으로 하는 건축에 부수되는 2차적 디자인을 종합하여 하나의 전문적 분야, 곧 오늘날 공업디자인을 만들었다.

베렌스는 1907년 이후 제너럴 전기회사(A.E.G.; Allgemeine Elektrizitata

제너럴 전기회사의 대표이사 에밀 라테나우는 모든 AEG 제품에 관여할 미술고문으로 베렌스를 임명하였는데, 라테나우는 공업에서도 미술가의 세련된 솜씨가 필요하다고 깨달은 선견지명이 있는 경영자였다.

Gesellschaft)의 **전속 디자이너**로서 공예와 산업미술, 건축 등의 분야에서 활발하게 활동하며 많은 영향을 주었다. 베렌스가 설계한 「AEG 터빈 공장」은 19세기 건축양식으로부터 20세기 근대건축으로 전환하는 과정에서 매개를 이룬 대표작이다. 그는 전기레인지와 방열기, 조명기구 등 전기제품뿐만 아니라 회사의 포장지 카탈로그와 팸플릿, 포스트레터링, 전시실, 점포로부터 공장, 작업장에 이르기까지 많은 것에서 기능성과 장식성을 겸비한 작품을 만들었다. A.E.G. 회사는 한 사람의 뛰어난 건축가를 고용함으로써, 기능적으로 우수할 뿐만 아니라 조화롭고 친절하게 디자인되어 진정으로 독창적이며 편리한 제품을 일상생활에 제공할 수 있게 되었다.

베렌스는 당시 미개척 분야인 공장건축에 손을 대기 시작하기도 하였다. 산업혁명 이후 교량과 시장, 정거장, 공장 같은 새로운 과제들이 대두되어 크고 밝은 공간을 요구하였지만, 종래의 재료와 구조법으로는 해결하지 못하였고, 오히려 건축가가 아닌 기술자들이 이러한 새로운 과제들을 해결하려고 했다. 건축가들은 잔존하는 봉건귀족에 봉사하여 교회당이나 저택을 건설하고 있을 뿐이었다. 이러한 때에 베렌스는 처음으로 공장건축을 건축적인 문제로 취급하여 공장을 의식적으로 품위 있는 노동의 장소로 창조하고자 하였다.

그는 그 시대의 어느 건축가보다도 한걸음 앞서 근대 산업사회에서의 광범위한 디자이너로서 건축가의 이상을 실현시키기 시작했다고 할 수 있다. 근대건축의 거장인 월터 그로피우스, 미스 반 데어 로에, 르코르뷔지에 등은 각각 새 시대를 예감하며 젊은 건축가의 학습장처럼 되었던 베렌스의 사무소에서 근무하였다. 이들은 당시 베렌스로부터 예술창조의 수단으로서 공업기술의 수용에 관한 사상을 배움으로써 근대건축의 뛰어난 작품들을 남기게 되었다.

A.E.G 터빈 공장 베렌스가 1907년 종합전기회사 A.E.G의 디자이너 겸 건축고문으로 지명되어 설계한 베를린 모아비트 소재 「터빈 공장」(1909)은 베렌스의 산업양식을 가장 두드러지게 확립한 건축물이다. 이 터빈 공장은 엄격하고 강력한 디자인, 근대적 디자인 요소의 사용과 신고전적인 분위기 연출로 구성된 산업용 건물이었다. 이때까지 건설된 공장 가운데 가장 아름다운 건물인 이 터빈 공장은 철골이 명료하게 노출되고 측면은 벽으로 막는 대신에 교묘하게 구획한 큰 유리면을 쓰고 거대한 건물의 중량과 강도를 강조하기 위해 모서리에 돌이 사용되었다. 이 공장은 철과 콘크리트와 유리를 사용하고 장식성을 배제한 대표적인 디자인으로서, 외벽에 철골구조를 노출시키고 유리 커튼월을 근대건축 최초로 사용함으로써 공업기술을 건축에 수용하는 방법을 선구적으로 예시하였다.

근대건축의 한 시기를 기념하는 기념비적인 이 터빈 공장 건물은 내부가 철골 트러스의 3개 핀 아치로 이루어진 기둥이 없는 공간이며, 폭 25.6m, 안길이 123m(나중에 207m로 연장), 파사드 높이 25m다. 그리스 신전 건축에서부터 그 형태 모티프를 선택한 이 터빈 공장은 측면에 원주가 아닌 철골기둥이 세워지고 그 위에 엔테블레처가 놓여졌다. 파사드는 다각형을 잘라낸 우아한 부채꼴의 박공과 모서리 부분의 중후한 벽면으로 이루어진다. 이 공장의 바닥은 방음을 위하여 나무 블럭으로 되어 있고 작업의 흐름과 물건운반 등의 요소를 전제로 하여 전체가 구성되어 있다. 베렌스의 디자인 특징은 이처럼 장식을 전혀 하지 않고 기능에 필요한 부품만으로 만들어진 점이다.

이 터빈 공장은 명료한 철골의 노출, 큰 유리면으로 구획된 측면, 중량과 강도를 강조하기 위한 모서리 돌 사용 등과 같이 기하학적 구성에 이르는 건축 디자인이 돋보인다. 유리를 끼운 금

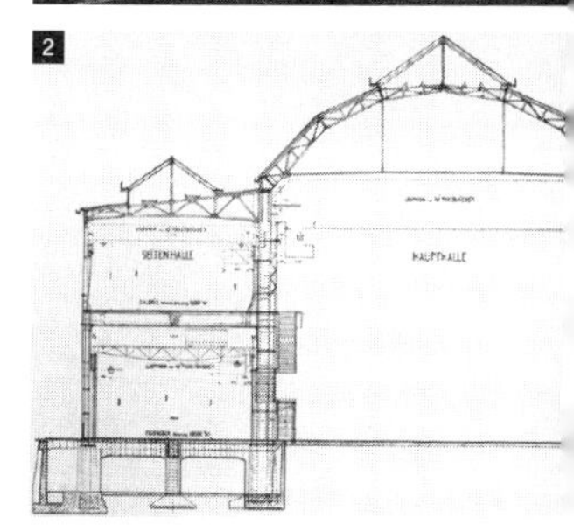

1. 피터 베렌스, A.E.G. 터빈 공장 외관, 베를린, 1909
2. 피터 베렌스, A.E.G. 터빈 공장 단면도, 베를린, 1909

속테를 대담하게 노출시킨 것은 나중에 미스 반 데어 로에가 후년에 발전시킨 노출된 금속골조에 의한 건축을 암시하고 있다. 기능주의의 시작으로 간주되는 이 공장건축은 둔중한 기둥, 내부로 향해 경사진 측면의 창으로 된 거대한 코니스, 중후한 지붕 등은 구조상 필요해서가 아니라 표현주의적 흐름이 나타난 것이라 할 수 있다.

피터 베렌스 자택 화가로서 응용미술을 거쳐 건축을 시작한 베렌스는 우선 자신의 집을 지어 건축가로 인정을 받게 되었다. 베렌스는 자신의 주택(다름스타트, 1901)에서 당시의 장식적인 주택들과 흥미로운 대조를 이루고 내부는 활기에 찬 유겐트스틸의 영향을 보여주었는데, 외관은 비교적 전통적인 모습을 취하고 있다. 즉, 이 주택은 고딕 아치 등의 전통적인 형태를 유겐트스틸의 감각으로 재구성하고 건축 및 인테리어 디자인에 새로운 양식을 시도한 작품이다.

(2) 앙리 반 데 벨데

앙리 반 데 벨데(Henry van de Velde, 1863–1957)는 아르누보 운동 출신의 건축가로서 독일공작연맹에 창립회원으로서 참여하였다. 벨기에 출신의 화가며 건축가, 디자이너, 저술가, 이론가인 벨데는 윌리암 모리스

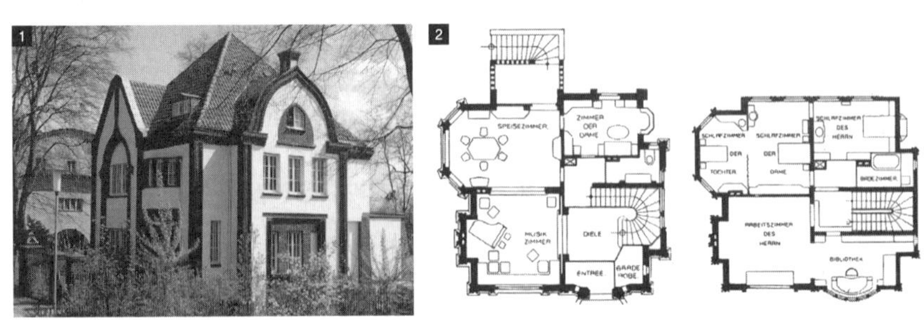

1. 베렌스, 다름스타트 자택 외관, 1901
2. 베렌스, 다름스타트 자택 평면도, 1901

의 사상에 심취하였고 베렌스에 영향을 주었다. 벨데는 1906년 작센 바이마르 대공의 후원으로 바이마르 공예학교를 개설했는데, 학생의 창의력을 존중하고 자연에서 솟아오르는 감정의 발전을 기초로 하는 새로운 교육방법을 형성하여 후에 바우하우스 설립의 시초가 되었다.

벨데는 이론과 실제의 두 측면에서 기능주의의 미학과 순수한 형태를 주창하였다. 벨데는 규격화를 추구한 베렌스와는 달리 기계화와 공업화는 인정하되 예술가 개인의 표명과 개성의 표현에 의한 자유로운 예술을 주장하였다. 그는 근대 디자인은 생산의 방법과 재료에 충실해야 한다고도 생각하였다. 벨데는 화가와 일러스트레이션에 집중한 뒤 건축에 몰두하여서, 하겐의 「폴크방 미술관」(Folkwang, 1900-02), 「바이마르 미술학교」(1906), 「독일공작연맹전 모델 극장」(쾰른, 1914), 「블루멘베르프 자택」(1927) 등을 남겼다. 벨데는 웨스트 팔리아의 하겐에 예술학자이며 미술품 수집가인 칼 오스트하우스의 사설박물관인 폴크방 미술관을 세웠는데, 여기에서 그는 가늘고 긴 요정의 조상을 놓음으로써 매우 훌륭한 새로운 공간을 만들어내었다. 철근콘크리트조로서 외관 전체를 부드러운 곡선이 흐르는 독일공작연맹전 모델 극장의 내부는 새로운 극장건축을 위한 여러 가지 아이디어가 기능적으로 통합되었다. 이 모델 극장은 간결한 걸작이며, 후진과도 같은 옆으로 뻗어나온 무대를 갖지 않는다.

블루멘베르프 자택 벨데 자신의 저택인 이 블루멘베르프 자택의 의미는 '꽃의 작업장'이다. 블루멘베르프(Bloemenwerf, 브리셀 근교의 유켈, 1927) 주택은 벨데의 디자인 이론을 입증하는 모델로서 유기적 통일체로 완성되었는데, 창호와 가구, 카펫, 커튼에서부터 유리그릇과 식기류에 이르기까지 모든 것을 전통적인 형태의 모방에서 탈피하여 기능적이며 종합적으로 디자인되었다.

(3) 무테시우스

무테시우스(Hermann Muthesius, 1861–1927)는 에르푸르트(Erfurt) 부근 그로스 노이하우젠(Gross Neuhausen)에서 출생하였으며, 베를린 공과대학을 졸업하고, 1896년부터 1903년까지 런던의 독일대사관 직원으로 근무하였다. 무테시우스는 영국에서 미술공예운동의 전개과정을 직접 경험하며 건축과 공예를 연구한 후 독일로 귀국하여 1907년 공작연맹의 창립을 주도하였다. 무테시우스는 건축과 예술 사이에 발견할 수 있는 합리성과 비교적 간단한 관계를 찾아서 즉물주의운동을 전개하였다. 즉물주의(작흐리히카이트)는 합리적이고 객관적인 관점에서 건축을 구성하는 태도로서 완전하고 순수한 효용을 추구하는 태도다. 그는 기계생산에 의한 건축생산품만이 경제제일주의의 시대적 요구에 충족될 수 있는 것으로 여기며, 이것을 '기계양식'이라고도 하였다.

무테시우스는 영국의 미술공예운동이 공업기술을 거부하였기 때문에 실패하였다고 믿고 공업기술의 적극적 이용을 주장하였다. 무테시우스는 1911년의 공작연맹회의에서 기계화와 공업화에 의한 규격화와 표준화를 디자인에 도입할 것을 주장하였고, 이는 이후 독일공작연맹의 기본이념이 되었다. 저서로는 영국에 체류하는 동안 영국 주택을 조사, 연구한 『영국의 주택』(Das English Haus, 1904) 등이 있다.

(4) 월터 그로피우스

근대건축의 선구자인 월터 그로피우스(Walter Gropius, 1883–1969)는 유명한 바우하우스의 창시자이며, 건축학 교수이자 수많은 작품을 발표한 건축가이기도 하다. 그는 평생을 국제양식 건축을 육성하는 데 노력하면서 건축가이자 교육자, 비평가로 활동하였다. 1911년에 설계한

「파구스 구두공장」은 과거로부터 내려온 벽에 대한 고정관념을 깨고 빗물과 추위, 그리고 소음을 배제하기 위해 가구의 직립기둥 사이에 설치된 스크린으로 벽을 대신하였다. 독일공작연맹 전시회의 「모델 공장」은 전면벽과 계단실에 유리 커튼월을 전면적으로 사용한 건물이다. 이 모델 공장은 직무상의 기능에 따라서 사무동과 기계홀, 가스 엔진관 등 독자적인 형태의 세 부분으로 나누어졌는데, 번쩍번쩍 빛나는 사무동은 양쪽 박공의 부드럽게 부푼 유리붙임 계단실이 독특하다. 이 모델 공장은 기능상의 구역분할을 건물로써 의식적으로 시도한 최초의 건물로서, 효과적인 생산과 구획에 대한 하나의 모델이 되었다.

월터 그로피우스, 독일공작연맹 모델 공장 정면, 쾰른, 1914

월터 그로피우스, 독일공작연맹 모델 공장 배면, 쾰른, 1914

그로피우스의 파구스 구두공장 「파구스 구두공장」(Fagus-Werke, 알펠드 안 데르 라이네, Alfeld-an-der-Leine, 1911)은 월터 그로피우스와 아돌프 마이어가 공동으로 설립한 사무소에서 최초로 설계한 작품으로서, 베렌스가 설계한 A.E.G. 터빈 공장을 참조하였다. 20세기 건축의 중요한 건물 중 하나인 이 건축에 대해 그로피우스는 '미술적이며 실제적인 디자인'이라고 하였다. 이 건축은 입체적인 볼륨으로 계획되어, 벽은 하나의 판으로서 내외부 공간 사이의 얇은 커튼월로 고안되었으며, 벽과 기둥은 외벽면 뒤로 후퇴하여 외관의 커튼과 같은 효과를 실현하였다. 바닥 슬래브가

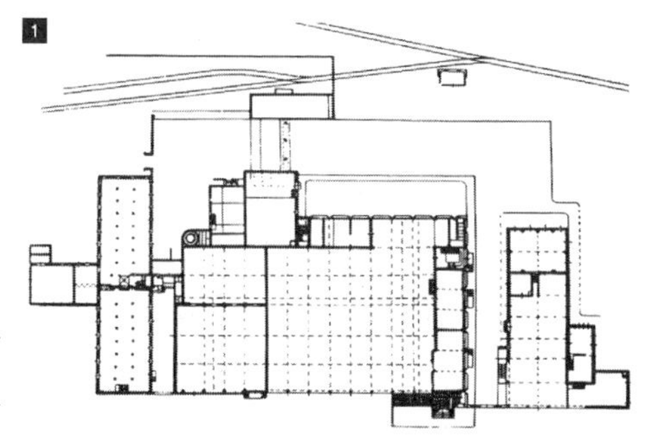

1. 알페드 안 데르 라이네, 파구스 구두공장 평면도, 1911
2. 알페드 안 데르 라이네, 파구스 구두공장 외관, 1911

있는 곳의 유리는 검게 색칠하여 유리 커튼월에 영향을 주었다. 사무실 부분은 조적조로 지어지는데, 정면에는 기둥을 갖고 있고 후면은 내력벽으로 되어 있으며 바닥에는 철골보가 사용되었다. 이 공장건물은 기능주의 건축의 최초 사례라 할 수 있으며, 형태의 새로운 개념을 부여하였는데, 모퉁이 부분에 기둥이 없는 것은 구조적 문제가 아니라, 건물을 비물질적으로 처리하기 위한 수단이다.

(5) 브루노 타우트

브루노 타우트, 유리 전시관, 쾰른, 1914

브루노 타우트(Bruno Julius Florian Taut, 1880–1938)는 독일 쾨니스버그(Königsberg)에서 출생하였으며, 바이마르 시대에 활동한 건축가며 도시계획가, 저술가였다. 타우트는 나중에 독일 표현주의 건축운동을 주도한 독일 건축가인데, 독일공작연맹 전시회의 「유리 전시관」(Glass Pavilion, 쾰른, 1914)은 유리를 주재료로 구축된 건물로서 표현주의 건축의 선구적인 작품이다. 표현주의의 크리스탈과 같은 이미지가 최초로 건축화된 유리 전시관은 벽면이 유리 블럭으로 되었으며, 계단실의 챌면과 디딤면도 유리이고, 철골골조에 유리를 붙인 쿠폴라 안쪽은 색 프리즘 유리로 덮여 있다. 이 유리 전시관은 유리의 사용을 촉진시킴으로써 독일 유리공업에 이바지하였고, 유리와 콘크리트, 물, 색채, 소리에 의한 새로운 환경을 만들어내었다. 원통형 계단실을 유리 블록으로 감싼 신선한 감각의 공간 디자인이나 프리즘 유리를 통한 무지개빛과 색채의 디자인은 미래 건축공간을 실험적으로 보여주었다.

(6) 바이젠호프 주택단지

독일의 중부 지방도시 슈투트가르트 근교에 위치한 바이젠호프 언덕에는 독일공작연맹이 주최하여 새로운 건축운동의 일환으로 세워진 실험주택 단지, **바이젠호프 지드룽**(Weissenhof Siedlung, 1927)이 있다. 이 제2회 독일공작연맹 전람회는 그때까지의 근대건축운동의 성과를 마무리한 역사적인 전람회로서, 근대건축의 실질적 선언으로 평가되기도 한다. 즉, 바이젠호프 전시회는, 제1차 세계대전 직후에 생겨난 다양한 건축학적 조류가 이제는 하나의 운동으로 통합되어 합리주의적인 국제주의 양식으로 탄생했음을 보여준 것이었다. 이 전람회를 준비한 미스는 '우리는 여기서 집을 설계한 것이 아니다. 새로운 시대에 새로운 삶을 설계하였다'라고 말하였다. 당시 독일은 제1차 세계대전의 패전국으로 고통받던 상황이지만 건축가와 예술가, 실업가들의 노력에 의해 바이젠호프 주거단지계획은 성공할 수 있었다. 그 후 유럽의 여러 나라들은 이 바이젠호프의 성공에 자극을 받아서 이와 비슷한 계획을 여러 곳에서 추진했다.

지드룽은 독일어로서, 원래 소규모의 취락 또는 이민촌, 정주지란 의미로 사용되었지만, 특히 1920년대에서 30년대에 걸쳐 독일에 출현한 계획적인 주거지를 가리킨다. 근대의 교외 주택단지란 의미로 사용되게 되었는데, 산업혁명 이후 슬럼화된 노동자 주택을 해결하여 경제적, 위생적인 주택을 제공하기 위해 대주택단지가 시도된 것이다.

이 주거단지는 단층주택과 24세대가 입주하는 집합주택으로 구성되어 모두 33개의 거주단위로 이루어졌다. 전체 단지계획은 미스 반데어 로에가 중심이 되어 르 코르뷔지에와 피터 베렌스와 월터 그로

독일공작연맹, 바이젠호프 집합주택 단지 전경, 1927

1. Mies van der Rohe.
2. J. J. P. Oud.
3. V. Oud.
4. 5. A. Schneck.
6. 7. Le Corbusier.
8. 9. Walter Gropius.
10. L. Hilbersheimer.
11. B. Taut.
12. H. Poelzig.
13. 14. R. Döcker.
15. 16. M. Taut.
17. A. Rading.
18. J. Frank.
19. M. Stam.
20. P. Behrens.
21. H. Scharoun.

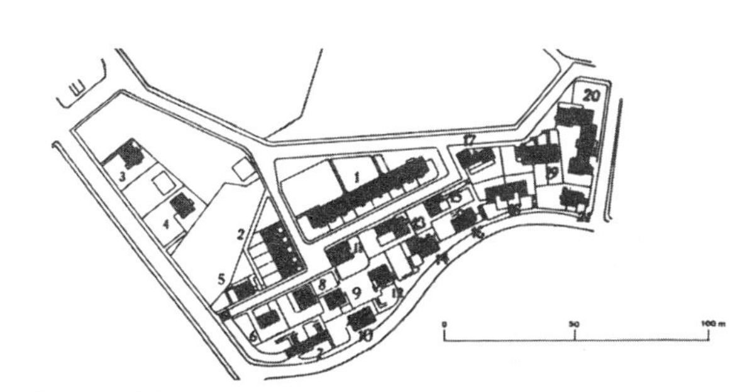
독일공작연맹, 바이젠호프 집합주택 단지 배치도, 1927

독일공작연맹, 바이젠호프 지드룽 전경, 1927

피우스를 포함하여 건축가 17명으로 이루어졌다. 이 주택들은 규격화가 어느 정도 고려된 것, 대규모의 경제성을 감안한 것, 철골조와 철근콘크리트조 등 다양한 모습을 보여주었으며, 장식이 없는 하얀 벽면, 물매없는 지붕, 직육면체의 볼륨과 같은 새로운 시대의 다양한 건축형태를 선보였다.

그로피우스가 설계한 두 개의 주택은 약 1미터 사방의 그리드 철골구조로서, 엷은 석면 시멘트판이 외벽표면과 콜크 슬래브 위에 사용되었으며, 안쪽에도 이와 비슷한 표면 마감제가 사용되었다. 프리패브 공법의 실험주택이라는 이 방법은 대량생산뿐만이 아니라 건식구조에도 응용할 수 있는 것이었다. 주거단지 중심의 가장 높은 위치에 자리잡고 있는 미스 반 데어 로에가 설계한 아파트는 규격화된 벽과 창을 갖고 경량철골로 조립되었으며 각 주호의 평면이 변형 가능한 3층 아파트를 설계하고 연속된 창을 이용한 직선적인 디자인을 나타내었다.

한스 펠찌히가 설계한 주택은 건물의 골조에 엷은 널판을 붙였으며, J. J. P. 아우드는 2층 건물의 테라스 하우스형의 연속주택을 출품하였다. 르 코르뷔지에의 주택은 철근콘크리트조로서, 그 주요구조는 일정한 간격으로 배치된 철근콘크리트 또는 강철제의 각주와 원주로 되었으며, 근대건축 5원칙에 따라 필로티와 옥상정원, 연속창을 가졌으며, 주택의 디자인 및 부엌의 기능성을 최대한 고려하려고 하였다. 한스 샤론의 주택은 대부분의 다른 건물들이 단순한 상자모양인데 반하여 유일하게 모서리가 둥글게 처리되어서 딱딱한 분위기를 부드럽게 만들어주었다.

(7) 바르셀로나 박람회의 독일전시관

이 전시관은 독일 정부가 1929년에 스페인 바르셀로나에서 열린 국제박람회를 위해 미스 반 데어 로에에게 주문한 것이다. 이 바르셀로나 국제박람회에서 독일의 과학기술과 문화는 하나로 통합되었으며, 「독일전시관」(Barcelona Pavilion, '바르셀로나 전시관'이라고도 함)은 독일 제품의 품질과 사상 및 문화의 건축학적 최고의 표현이라고 할 수 있을 정도다. 독일전시관에는 가로 53.6m, 세로 17m의 바닥 위에 강철기둥을 세워, 일부는 얇은 지붕을 덮고 일부는 지붕 없이 노출시킨 연속적인 공간을 이루는 전시관 자체만이 전시되었다. 파격적인 미래건축으로 화제를 모은 독일전시관에서 미스 반 데어 로에는 당시 신소재인 콘크리트의 내성을 이용하여, 지붕을 올리고 가느다란 철골기둥으로 지붕의 무게를 지탱하게 한 후 건물 내부는 제대로 된 벽 하나 없을 정도로 개방해 버렸다. 또 지붕무게를 감당하지 않아도 되는 외벽은 유리창으로 처리해 투명성을 확보하고, 실내공간의 시야를 막힘없이 외부로 연결시켜 밝고 깨끗하고 균일한 공간이라는 모더니즘 건축의 목표 중 하나를 실현시켰다.

미스 반 데어 로에, 독일전시관, 바르셀로나, 1929

06 이탈리아 합리주의

1) 배경 및 성격

1815년 빈 회의의 결과로 5개 지역으로 나누어진 이탈리아는 사르디니아 왕국의 엠마누엘 2세(Emmanuele Ⅱ)가 재상 카부르(Cavour)를 기용함으로써 무력으로 통일된다.

무솔리니: 이탈리아의 파시스트당 당수이며 총리(1922–43 재임)로서, A. 히틀러와 함께 파시즘적 독재자의 대표적 정치가다.

이탈리아는 1870년 반도 전체가 단일국가로 통일되면서 산업혁명이 이루어지기 시작한다. 이탈리아 사회는 국가통일과 산업혁명이라는 사회구조의 전환으로 인해 상당한 갈등과 혼란을 겪게 되었고, 이러한 상황은 제1차 세계대전 때까지 계속되게 된다. 1922년 정권을 장악한 **베니토 무솔리니**(Benito Amilcare Andrea Mussolini, 1883–1945)는 국수주의 이념을 채택하였는데, 국수주의(Fascism)는 규범과 도덕에 있어서 국가의 사회적 안전과 국가적 규율을 이룩하기 위해 중앙집권적으로 조직되어야 한다는 것이다. 무솔리니는 개인적으로 신고전주의적이고 기념비적인 양식을 선호하였으므로, 전 로마에 걸쳐 의식용 대로를 만들고 국수주의 청년의 건강과 합목적성을 찬양하기 위해 운동경기장를 건설하여 전통주의적 건축가들의 호응을 받게 되었다.

이탈리아는 1920, 30년대에 정치적 및 문화적 의미를 포함한 건축 논쟁이 치열하게 전개되며 특이한 근대건축운동이 펼쳐졌다. 1920년대 이탈리아는 제1차 세계대전 후 '신민족주의(Risorjimento)', '미래파(Futurism)', 고전을 주장하는 회화에서의 **노베첸토**(Novecento) 그룹 등의 영향을 받아 매우 복잡하고 혼란스러운 상태였다. 1920년대의 이탈리아 건축은 미래파로부터는 근대성을, 노베첸토로부터는 전통을 받아들이며 이들 사이에서 다양한 형식의 건축이 추구되었다.

노베첸토란 20세기란 뜻으로서, 화가 부키(A. Bucci), 퓨니(A. Funi), 마루직(P. Marussig) 등에 의해 1922년 밀라노에서 결성되었으며, 과거 대(大)이탈리아의 재현예술로 복귀할 것을 주창한 운동이다. 이 민족주의적 운동은 파시즘에 참여하는 결과를 낳았다.

주세페 테라니, 아달베르토 리베라 등을 중심으로 7인의 젊은 건축가들은 1926년 **그룹 7**(Gruppo 7)을 결성하였는데, 이들은 '합리주의' 건축을 자처하면서 미래파의 주장과는 달리 전통을 수용하는 입장에서 새로운 건축, 즉 논리와 합리성 간에 밀접한 연관관계를 갖는 근대건축을 추구하였다. 그룹 7은 밀라노 공대 출신의 젊은 건축가 7명의 그룹으로서, '이전의 아방가르드(미래파)는 잘못된 시작이었다. … 우리는 전통을 파괴하길 원치 않는다. … 새로운 건축, 참된 건축은 논리 및 합리적 정신과 밀접히 연결됨으로써만 이루어질 수 있다. 그 기본원리는 엄격한 구성주의라야만 한다. 그 목적으로 하는 바는 그 자체는 미가 아닌 단순한 건축을 말로는 정의할 수 없는 순수한 리듬의 추상적 완성에 의하여 고귀하게 만드는 것-그것이다'라는 선언을 하였다. 이 그룹은 단체로서의 생명은 짧았지만 근대건축의 언어를 도입하는 데에는 큰 역할을 하였다.

그룹 7은 밀라노 공대 출신의 젊은 건축가 7명의 그룹으로서, 주세페 테라니, 아달베르트 리베라, 피기니(L. Figini), 폴리니(G. Pollini), 린게리(P. Lingeri), 알비니(F. Albini), 폰티(G. Ponti) 등이다. 1928년 MAR로 개명되고 2년 후 MIAR로 발전되어 갔다.

이탈리아 합리주의의 첫 건축작품은 트루코(Giaccomo Matte Trucco)의 「피아트 공장」(Fiat Factory, 1926-28)이라고 볼 수 있는데, 스피드와 근대생활에 대한 미래파의 이론인 다이나미즘의 사고방식에 입각한 작품이다. 제1회 합리주의 건축전시회가 1928년 3월과 4월에 걸쳐서 로마에서 개최되어, 전통과 민족주의와 파시즘의 요소로 꾸며진 신건축을 주장하였으며, MAR(Movimento Architecttura Razionale, 합리주의운동)이 결성되었다. 이탈리아 합리주의는 밀라노와 로마를 중심으로 전개되었으며, 로마에서는 '이탈리아 합리주의 건축운동'(Movimento Italiano per l'Architectura Razionale: 약칭 MIAR, 1930년 결성)이 전람회를 열며 운동의 전국적 확대와 선동적인 건축작품의 실현에 노력하였고, 1931년 제2회 합리주의 건축전시회를 개최하였다. 1930년대 중반 이후 이탈리아 파시즘은 기념비성이 강한 신고전주의를 지지하게 되었고, 이탈리아 합리주의는 1920년대와 같은 적극적인 후원을 받지 못하며 쇠약하게 되었다. 이탈리아 합리주의 건축은 그동안 주목을 받지 못하였지만, 1970

년대를 시작으로 1980년대에 들어 관심을 끌며 연구가 다시 이루어졌다. 전통의 존중과 형태에 대한 집착, 기하학적 완벽성 등을 추구한 이탈리아 합리주의는 1960년대의 신합리주의(Neo-Rationalism), 뉴욕 5(New York Five)의 건축에 영향을 미치게 되었다.

2) 건축가 및 작품

주세페 테라니(Giuseppe Terragni, 1904-43)는 밀라노 근교 메다(Meda)에서 출생하고 밀라노 공과대학에서 건축을 공부하였으며, 1927-39년 그의 동생인 아틸리오 테라니와 함께 사무소를 운영하였다. 이탈리아 합리주의 건축가들 중 가장 영향력이 있는 훌륭한 작품을 많이 남긴 테라니는 많은 역경과 불운 가운데에서도 이 시대가 남긴 가장 우수한 건물 중의 몇 개를 설계하였고 신고전주의나 절충주의가 대부분이었던 이탈리아 건축을 근대 유럽건축에 합류시키는 데 성공하였다. 테라니의 모든 작품은 1926년 밀라노 대학을 졸업한 뒤 1939년 전쟁에 소집될 때까지 13년간 이루어졌다. 그는 '노베첸토 이탈리아노' 그룹에 충실하였으며, 합리주의를 기반으로 근대건축의 조형적 가치와 양에 대한 감각을 추구하였다.

테라니의 작품으로는 몬자(Monza) 비엔날레에 출품되었던 「튜브 주조공장」(Tube Foundry, 1927)과 「가스 공장 계획안(Gas Works, 1927), 근대어휘로 실현된 이탈리아 합리주의 첫 작품인 「노보코문」(Novocomun, 1927-29), 그리고 기하학적 형태와 내용의 합리성을 훌륭히 결합한 「파시스트들의 주택」 등이 있다. 노보코문이라 불리는 5층의 플랫식 아파트는 노베첸토의 디자인으로 된 전형적인 것으로서, 매우 매끄럽고 완전한 사각형의 볼륨이 반원형의 판유리로 된 부분들이 첨가되어 있는 모서리 부분과 결합되어 있고 상당한 논쟁을 불러일으켰다.

주세페 파가노(Giuseppe Pagano, 1896-1945)는 토리노와 밀라노에서 활동하였던 1930년대 이탈리아 근대건축의 주된 건축가로서, 「Institute of Physics」(1932-35), 「Exibition of Rural Architecture」(1936), 「Universita Commerciale Bocconi」(1938-41)를 설계하였다. 에도아르토 페르시코(Edoardo Persico, 1900-36)는 밀라노에서 주로 활동하였으며 선과 면, 공간의 추상적 조작이 뛰어난데, 「금메달의 전당」(The Hall of Gold Medals, 1934), 「Honor Court」(1935-36)의 작품이 있다.

아달베르토 리베라(Adalberto Libera, 1903-63)는 로마 대학교를 마친 후 1927년 그룹 7에 합류하고 1928년 첫번째 '합리적 건축전시회'를 주관하는 등 이탈리아 합리주의에 적극적으로 참여하였다. 리베라의 대표적 작품으로는 「SCAC Pavilion」(1928), 「Extensiors Building」(1929), 「파시스트 혁명 전시관」(Mostra dela Rivoluzione Fascista, 1932) 등이 있다. 루이지 피지니와 지노 폴리니(Luigi Figini & Gino Pollini)는 「예술가 주거스튜디오」(House Studio for Artist, 1933), 「리토리오 궁전 계획안」(Project for the Palazzo Littorio, 1934), 「피지니 주택」(Figini's House, 1934-35) 등을 남겼다.

주세페 테라니, 파시스트들의 주택 외관, 코모, 1932-36

파시스트들의 주택 테라니가 설계한 이탈리아 합리주의 건축의 규범이 되는 이 「파시스트들의 주택」(Casa del Fascio, 코모, 1932-36)은 기능주의의 입장에서 보려는 노베첸토 이탈리아노의 가장 순수하고 흥미있는 걸작이라 할 수 있다. 이 주택은 유리천장으로 덮인 실내정원을 중심으로 한 고전적인 궁전유형을 약간 수정한 건물이다. 조화로운 비례로 형성되어 있으며 흰색 대리석이 덮여 있는 이 주택은 장식이 전혀 없는 단순한 입방체의 건물로서, 밀집된 공간(solid)과 빈 공간(void)이 부여하는 빛과 그림자와의 강렬

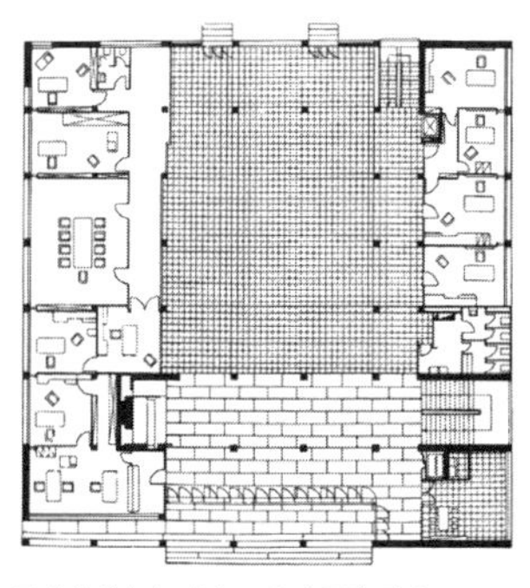
주세페 테라니, 파시스트들의 주택 평면도, 코모, 1932-36

한 대비에 의해 극적으로 강조되며 표현되어 있다. 한 변이 33.2m 인 정사각형 평면과 그 절반인 16.6m 높이로 되는 단순한 형태의 이 건축은 서로 다른 비대칭적 네 입면의 구성방법이 규칙적인 구조의 틀에 따르면서도 깊이감과 내부의 볼륨을 느끼게 한다. 이 건물은 맞은편에 있는 「코모 대성당」의 축선에 대응하게 배치되었고, 1층과 2층의 입구홀과 옥상정원에 의한 강한 축성을 갖도록 하였다.

07 입체파와 제1차 세계대전

1) 입체파

입체파(Cubism)는 1911년경에 대두되어 제1차 세계대전 직후부터 건축과 조형예술 활동에 많은 영향을 미쳤다. 입체파는 1907년부터 1914년까지 파리에서 파블로 피카소와 조르주 브라크(Georges Braque, 1882–1963)에 의해 생겨났다. 입체파 예술은 자연의 모방이라는 종래의 이론과 전통적 기법을 거부하며, 대상을 철저히 분해하여 여러 측면을 동시에 묘사함으로써 사실성에 대한 새로운 시각을 제시했다. 입체파라는 용어는 화가인 앙리 마티스와 비평가인 루이 보셀(Louis Vauxcelles)이 1908년 브라크가 프랑스의 남쪽 지중해 연안 지방 레스타크(L'Estaque)에서 사생을 하면서 그린 〈레스타크의 집〉(House at L'Estaque)을 보고 '입방체로 이루어진 그림'(full of little cubes), 입체적 희한함(bizarreries cubique)이라고 조롱한 데서 유래한다. 후에 브라크의 표현 양식을 본 딴 그림들 및 화가들의 경향을 큐비즘이라 부르게 되었다.

브라크는 풍경화를 그리면서 대상을 입체적 공간으로 나누어 여러 가지 원색을 칠하여 자연을 재구성하였고, 나아가 점차 눈에 두드러진 입체적인 형태, 원통형, 입방형, 원추형 등을 종래의 선이나 면을 대신하여 사용하였다. 브라크의 작품에 나타난 집의 양감, 나무의 원통형태, 황갈색과 초록색의 색채는 폴 세잔의 풍경화를 연상시킨다. 1907년 파블로 피카소(Pablo Ruiz Picasso, 1881–1973)가 그린 〈**아비뇽의 처녀들**〉은 새로운 표현양식의 전조가 되는데, 이 그림에서는 따뜻한 적갈색 계통은 튀어나와 보이고, 차가운 파란색 계통은 들어가 보이도록 사용되어 색채를 통해 원근감이 표현되었다.

〈아비뇽의 처녀들〉은 피카소가 1907년 그린 입체파의 선구적 그림으로서, 캔버스에 그린 유화(243.9×233.7㎝)이며 입체적인 관점에서 사물을 표현하여 새로운 회화의 가능성을 연 계기가 되었다.

입체파는 형태를 표현하는 데 있어서 대상의 주위를 돌아볼 뿐만 아니라 그 내부에 들어가며 3차원을 넘어서 시간적인 요소를 더함으로써, 대상을 분석하고 중첩시켜서 내부구성을 파악하려 하였으며 더 나아가서는 심적인 반응에만 대응하게 하였다. 입체파들은 대상의 표면적인 외관과 배후에 있는 기하학적 형태 및 구조를 표출하는 데 관심을 가졌으며 눈에 보이는 모든 형태에서 건축적인 아름다움을 돋보이게 하였다.

입체파는 주로 회화와 관련된 표현양식이지만, 20세기 조각과 건축에도 깊은 영향을 미쳤다. 입체파는 여러 조형예술 분야에 새로운 힘과 방향을 제시하고 많은 영향을 주었는데, 프랑스에 있어서 매우 엄격한 입체파의 규범을 추구한 오장팡과 르 코르뷔지에에 의한 순수주의(Purism, 1917), '백색의 지면 위에 백색의 장방형'이란 작품 속에 내재된 절대적 요소를 표명한 모스크바의 말레비치 등에 의한 절대주의 선언(Suprerndtist Manifest, 1915), 순수한 직선과 추상개념을 작품으로 표현한 네덜란드의 몬드리안 및 반 도스부르그 등의 신조형주의(New–Plasticism, 1917) 또는 데 스테일파, 1919년 그로피우스에 의한 바우하우스 운동 등이 그것이다. 순수주의와 데 스테일, 신조형주의, 바우하우스 등은 합리주의적 조형예술운동으로서 크게 발전되었으며, 1920년 이후 신건축사상과 그 원리가 구체적으로 실현을 보게 된 초기 근대건축의 기초를 확립하는 데 큰 역할을 하였다.

1920년대에 들어서부터 새롭게 시간의 문제가 건축에 포함되었는데, 조각이나 건축을 불문하고 3차원적인 형태는 그 주위를 돌아보아야만, 곧 시간의 통로를 더듬어 봄으로써 그 전모를 이해할 수 있다는 것이다. 입체파와 시간개념의 도입은 새로운 건축을 촉진시켰는데, 커다란 하나의 덩어리였던 건물은 분해되어 제각기 크기가 다른 부분들로 이루어지게 되었다. 평면계획은 좌우비대칭으로 되고, 각 동들은 엇갈려지고 필로티 건물을 2층 이상에서 연결하는 브리지 등에 의하여 새로운 전망이 가능해졌다. 「데사우의 바우하우스」(1925)나 르 코르뷔지에의 「국제연맹계획안」(1927) 등 1920년대의 우수한 작품들은 건물의 각종의 교차점, 변화가 많은 외관, 여러 가지 치수의 변화, 높은 곳에서 낮은 곳으로, 또 가로에서 세로로의 변화 등이 주의 깊게 고려되었고, 시점을 변경함으로써 비로소 충분히 감상할 수 있었다. 그로피우스도 바우하우스의 계획과 관련하여 '건물의 각 부분의 형상과 기능을 확실히 파악하기 위해서는 그 건물의 주위를 걸어보는 것이 첩경이다'라고 하였다.

2) 제1차 세계대전 직후의 시대

20세기 초 유럽의 자본주의사회 발전과정에 있어서 영국권과 독일권이 대립하여 경쟁을 계속하던 가운데 시작된 제1차 세계대전의 결과 유럽은 심각한 경제적 궁핍과 정신적 혼란에 빠지게 되었다. 1천만 명에 이르는 전사자를 낸 이 참혹한 제1차 세계대전은 세계를 무대로 식민지를 넓혀가던 제국주의 열강들이 늙고 허약해진 과거 대제국의 영토에 진출하기 위해 제국주의자들과 충돌된 것이었다.

제1차 세계대전으로 인하여 수세기 동안 세상을 지배해 오던 유럽 중심주의와 제국중심적 사고방식이 종말을 고하게 되었다. 전쟁 중 유럽 국가들은 식민지 쟁탈과 제국주의 시대에 쌓았던 많은 것을 잃었고 재정적으로 파산하였으며, 마침내 신흥 강대국인 미국에 의존하는 처지로 전락하였다. 전통적인 제국주의 국가와 식민지 국가에 대한 고정관념이 깨지기 시작하면서 국제사회에는 공산주의와 민족주의, 사회주의와 같은 새로운 이데올로기가 범람하게 되었으며, 구지배계급의 몰락과 노동 대중세력에 의한 사회주의적 사상 및 그 정책이 진전되었다.

제1차 세계대전 직후 근대사회의 초기적 상황이 나타나게 되었는데, 대전이 끝난 뒤 전후 처리를 위해 파리 평화회의(1919. 1)가 열려 미국 윌슨 대통령에 의해 14개 조 평화원칙이 채택되고 민족자결주의가 주도되며 패전국들이 갖고 있던 여러 식민지들이 독립하게 되었다. 국제적 협력으로 세계의 평화와 경제를 재건하기 위하여 노력하려는 국제주의가 대두되며, 인류의 공동체 의식이 확산되어 집단 안전보장을 위한 최초의 국제기구인 국제연맹(1920)이 설립되고, 세계 각국에서는 민주주의가 확산되었다. 패전국 독일에서도 선진적인 바이마르 헌법이 제정되고 남녀평등과 보통선거가 일반화되었으며, 각 신생 독립국들도 대체로 민주주의를 채택하게 되었다. 기업의 합동과 독점으로 자본주의 산업의 새로운 발전과정에서 생기게 된 사회체제상의 변화가 있었고, 기술 및 공업의 대규모적이고 급속한 진보가 이루어졌으며, 또한 대전 이후 새로운 기술과 무기의 등장으로 군사혁신이 일어나게 되었다.

전기동력의 발전과 보급은 산업 입지조건을 변하게 하며 도시 중심지에 밀집된 고층건물이 들어선 상업 중심지가 형성되기 시작하였다. 대중을 위한 주택문제, 후생시설 개량의 문제 등에 주목하며 능률적인 도시를 위한 지역계획과 교통망 재구성의 도시계획 문제가 중요하게 대두되었다. 또한 새로운 기술에 대한 공학적인 발전으로 강접구조가 주로 취급되며 건축시공의 기계화와 건축 부품재료의 공업생산화가 중요시되었다. 제1차 세계대전은 1920년대 인간의 생활양식의 대변혁을 가능케 하였는데, 기술과 의학을 포함한 과학의 영향은 인간생활의 구조를 변화케 한 것이다.

또한 농공분야의 발전과 산업화의 새로운 단계에 따른 인간의 이성주의적 합리화에 기여하여, 출산율 감소와 물질주의에 따른 새로운 개인적 생활방식의 다양화, 예술창조에 있어서 형식파괴 등을 야기시켰다. 그리고 조명과 음향, 공기조화 등의 기술과 이론이 발전되며 건축창작의 기초를 형성하게 되었다. 이 시대의 건축가들은 개개의 건물을 합리적으로 해결할 뿐만 아니라 새로운 도시와 생활환경 전체의 모든 장치들을 사회 및 경제적인 입장에서 과학적으로 계획하는 것이 중심과제라고 생각하였다. 제1차 세계대전 이후 사회와 인간의 생활양식의 변화로 인하여 데 스테일과 구성주의, 표현주의 등 새로운 건축조형운동이 전개되며 새로운 도시계획이 추구되었고 바우하우스가 성립되어 국제양식 건축이 형성되어 갔다.

데 스테일 건축 08

데 스테일(De Stijl)은 1917년에서 1931년까지 지속된 미술경향으로서 회화와 건축, 실내장식, 디자인, 가구 등에 영향을 미친 총체적 예술운동이었다. 20세기 초에 일어난 많은 근대운동들 중 특히 데 스테일 운동은 예술사에 있어서 유례 없이 화가와 건축가들이 동일한 이념과 미학을 가지고 활동하며 여러 예술영역의 이념을 건축에 통합하려고 하였다.

1) 시대배경과 전개

제1차 세계대전 직후 예술운동은 19세기 말과 20세기 초의 빅토리안 스타일에 대한 반대와 미술공예운동이나 아르누보의 모순에 대한 비판이 일어나며 데 스테일과 입체주의, 구성주의로 표출되었다. 데 스테일은 제1차 세계대전의 혼란과 무질서 속에서 탄생되었다. 고전건축의 폐쇄적이고 육중한 형상을 새롭게 바꾸기 위한 노력으로 건축분야에서는 데 스테일과 바우하우스 등의 건축사조가 형성되게 되었다.

신조형주의의 뜻을 담고 있는 **데 스테일**의 이름은 1917년 네덜란드에서 출판된 잡지 〈데 스테일〉(De Stijl, 1917-32)의 이름을 따른 것으로, 제1차 세계대전 직후 예술의 지적인 근대운동의 하나였다. 신플라톤주의 철학에 영향을 받은 화가 피에트 몬드리안(Piet Mondrian)과 화가 겸 디자이너이자 이론가였던 테오 반 도스부르그(Theo van Doesburg), 그리고 디자이너 게리트 리트벨트(Geriit Rietveld), 그리고 여러 미술가와 건축가, 작가들이 1917년 네덜란드의 리덴(Lieden) 시에서 모여 '예술을 근본적으

데 스테일은 '양식'이란 뜻으로 선과 색에 관한 관계로서의 스타일을 의미한다. 데 스테일이란 이름은 고트프리트 젬퍼의 『공업적, 구축적 예술의 양식 혹은 실용의 미학에서의 양식론』(Der Stil in den technischen und tektonischen künsten oder praktische Ästhetik, 1861-63)에서 유래된 것으로 추측된다.

로 새롭게 바꾸는 것'을 목표로 데 스테일이라는 그룹을 만들었다.

이들은 화가 몬드리안의 신조형주의(Neo-Plasticism) 이론을 조형적 및 미학적 기본원리로 하여 회화와 조각, 건축 등 조형예술 전반에 걸쳐 전개하였다. 직선과 직선적인 형태, 의도적으로 제한된 배색과 연속적이고 중첩된 평면을 특징으로 하는 신조형주의는 초기 데 스테일 운동에 중요한 영향을 미쳤다. 이 데 스테일 운동은 1921년 이후 발상지인 네덜란드를 벗어나 해외에 전파됨으로써 유럽 예술계에 큰 영향을 미치게 되었다. 데 스테일은 입체파의 영향을 받고 독일의 바우하우스, 러시아 구성주의 등과 상호교류하며 20세기 초 기하학적 추상예술의 성립에 결정적인 역할을 하였고, 근대건축의 합리주의 건축에 커다란 영향을 주었다. 그러나 데 스테일 그룹은 1931년 주도자인 반 도스부르그의 사망으로 그 영향력을 상실하고 해체되었다.

2) 이념과 철학

데 스테일의 건축적 개념은 회화에서 비롯되었다고 할 수 있는데, 회화를 구성하는 요소는 공간과 평면이고, 건축은 회화의 공간을 삼차원적으로 더욱 확장시킨 것이었다. 건축에서 형태를 구성하는 이차원적 요소는 평면과 직접적인 연관을 지니고 있다. 즉, 점, 선, 면 등은 평면상에 위치해서 하나의 형태를 구성하는 데 반하여, 삼차원적 요소는 내부공간이나 볼륨 등과 같이 길이와 폭에 깊이가 추가된 입체적인 의미의 요소라고 할 수 있다.

데 스테일 운동은 몬드리안과 반 도스부르그라는 두 사람에 의해 주도되었고, 조형예술에 '구성(construction)'이라는 개념을 도입하여 근대미술과 건축에 새로운 지평을 열었다고 평가받고 있다. 그들은 근대문명이 형성한 공간과 형태를 해석하고 재조직하여 질서를 부여하고, 그래서 새로운 현실이 매우 자연스러운 것으로 인식되도록 하고자 하였다. 데 스테일이 추구한 새로운 디자인은 전통적 영향을 배제하고 단정함과 정확함을 나타내려 하였다. 보편적이고 단순한 기하학적 형태의 완벽함을 반영하는 최고의 디자인 제품을 만들기 위한 첫번째 단계는 몬드리안과 반 도스부르그의 회화에서 이루어졌던 **신조형주의**(Neo-Plasticism)를 추구하는 것이었다.

신조형주의는 입체파에 근거한 신조형주의 양식. 네덜란드어로는 Nieuwe Beelding이다.

데 스테일의 가장 뛰어난 화가인 몬드리안은 명쾌하고 체계적인 미술 양식을 추구했다. 그 과정에서 그는 모든 구상적인 요소들을 제거하고 직선과 평면, 직사각형, 무채색(검정·회색·흰색)과 3원색(빨강·노랑·파랑)의 결합 등 기본요소로 제한하여 그림을 그렸다. 신조형주의는 수평선과 수직선, 흰색과 검은색, 회색류의 무채색, 노랑과 빨강, 파랑의 3원색 회화로 상징된다. 그리고 이 보편성을 찾기 위해 눈에 보이는 다양한 형태들을 가장 기본적인 요소로 환원시켰는데, 이 경우 구체적인 형태들은 가장 기본적인 선과 평면, 공간, 색과 이들의 관계로 구성된다. 다양한 선들은 수직과 수평의 기본적인 선으로 환원되고, 다양한 자연색들은 빨강, 파랑, 노랑이라는 조형적 선들로 환원된다. 이렇게 기본적인 요소들로 환원된 형태들은 예술가의 의지에 따라 새롭게 구성되며, 재구성된 세계는 원래의 그것과는 완전히 새로운 조형세계가 된다. 따라서 데 스테일 운동은 요소주의(Elementalism) 혹은 신조형주의라고 불리기도 한다.

데 스테일은 이들 회화에서 나타나는 순수한 평면의 추상형태를 3차원적인 공간구조로 변환시켰다. 데 스테일에서는 공간을 항상 정육면체를 기준으로 삼아 서로 직각으로 면 분할하는 것이 무한하게 확장 가능한 하나의 원리로 생각하였다. 이러한 공간구조는 데 스테일의 사각형, 삼원색(빨강, 파랑, 노랑), 그리고 비대칭이라는 3가지 원칙이 되었다. 다만 삼원색을 사용할 때 반드시 필요한 경우에만 대조를 위해서 흰색과 검정색, 회색을 같이 사용하였다. 색채는 장식의 한 요소로서가 아니라 공간을 한정하는 데 도움이 되는 요소로 여겨졌다.

한편, 데 스테일 건축에서 시간개념은 반 도스부르그에 의해 도입되었는데, 시간개념이 도입된 데 스테일 건축의 대표적 작품은 게리트 리트벨트의 「쉬뢰더 주택」을 들 수 있다. 건축에서 시간의 흐름은 건물 내부를 이리저리 움직이고 일련의 연속적인 시점에서 그것을 바라보는 것으로, 이로써 통합된 실체를 공간에 부여하면서 제4의 차원을 창조하는 것이다.

3) 디자인 특성

(1) 엄격한 기하학적 건축구성

데 스테일은 몬드리안의 신조형주의 이론으로부터 유래된 기하학적인 질서를 조형적 및 미학적 기본으로 삼으며, 수직과 수평의 직선에 의한 기하학적 질서를 건축구성의 최우선적 기본원리로 하였다. 따라서 데 스테일 건축은 수직과 수평의 직선에 의한 기하학적 형태와 유클리드적 공간을 형성하게 되었다. 데 스테일의 많은 작품들에서 수평선과 수직선은 서로 엇갈리는 층이나 평면에 위치하였고, 각각의 요소들은 독립적으로 존재하고 다른 요소들에 의해 방해받지 않도록 되었다. 데 스테일은 새로운 디자인을 이루게 되었고 그것은 과거와 양식을 연상시키지 않고 모든 전통적 영향을 배제시킨 디자인으로서 날카로운 수평선과 단정함, 정확함 등이 두드러졌다. 데 스테일의 건물은 대지로부터 자유로워지고, 새로운 구조와 평면을 갖게 되었으며 지붕은 테라스가 되었다.

이러한 데 스테일의 평평한 평면, 직사각형과 정사각형의 사용, 비대칭의 사용 등은 이후 근대건축공간 디자인에 막대한 영향을 미치게 되었다. 데 스테일의 건축공간을 대표하는 작품으로는 1924년 위트레흐트에서 쉬뢰더(Schröder) 부인의 의뢰로 리트벨트가 완성한 「쉬뢰더 하우스」를 들 수 있다.

(2) 4차원적 공간개념

데 스테일 건축은 종래의 폐쇄적이고 육중한 매스를 바닥과 벽, 천장 등의 평면적 요소들로 분해하고, 그 평면적 요소들이 공간 속에서 수직과 수평의 기하학적 질서에 따라서 배치되어 개방적인 볼륨(Volume)을 구성하게 된다. 데 스테일 건축은 개방적인 경쾌한 볼륨에 의해 4차원적인 공간과 기하학적 형태를 구성한다. 데 스테일의 건축가들은 전체의 형태를 간단한 형태의 볼륨으로 해체한 후 이를 재결합하는 방법을 사용하여 한 작품의 외관이 하나의 관점에 한정되어서는 안 된다는 생각을 지니고 있었다.

이는 큐비즘의 영향을 받은 것으로서, 피카소와 브라크 이들 두 화가는 르네상스 이래 100년간 지속된 원근법을 파괴하고 공간을 새로운 방식으로 재인식하였다. 큐비즘은 고정되고 통일적이며 위계적인 종래의 관점을 다각적인 시점들로 변화시킴으로써 마치 여러 가지 각도로 포착된 것들이 한번에 제시되는 듯이 보이는 매우 복합적이며 혼합된 이미지를 창출해 냈다.

회화가 삼차원적 요소를 이차원적으로 재구성하는 것과는 달리 건축에 있어서는 삼차원적 요소의 사차원적 변형으로 볼륨을 해체하고 이를 재결합하는 방법을 사용하였는데, 건축의 형태를 구성하는 삼차원적인 요소를 사차원적으로 변형시키기 위해서는 먼저 투시화법적인 체적을 제거해야 되었다.

4) 관련 예술가

데 스테일 운동은 회화와 가구 디자인 등의 장식미술, 인쇄술, 건축 등에 영향을 미쳤지만, 이 그룹이 추구한 양식과 그것이 목표로 한 여러 미술양식의 긴밀한 공동작업이 실현된 것은 주로 건축에서였다. 후크 반 홀란드(Hoek van Holland)에 있는 「근로자 주택단지」(1924-27)는 오우드가 설계한 것으로, 몬드리안의 그림에서 볼 수 있는 것과 똑같은 명쾌함과 엄격함 및 질서정연함을 보여주고 있다. 데 스테일과 관계가 있는 또다른 건축가인 게리트 리트벨트도 그의 작품에서 이 양식 원리를 적용했는데, 예를 들어 위트레흐트에 있는 '쉬뢰더 하우스'(Schröeder House, 1924)는 사각형과 평면, 선의 조화와 원색의 사용 그리고 건물 정면의 간결함과 내부설계에서 몬드리안의 그림과 유사한 점을 보여준다.

몬드리안, Villa Allegonda를 위한 스테인드글라스 구성 V, 1918

(1) 피에트 몬드리안

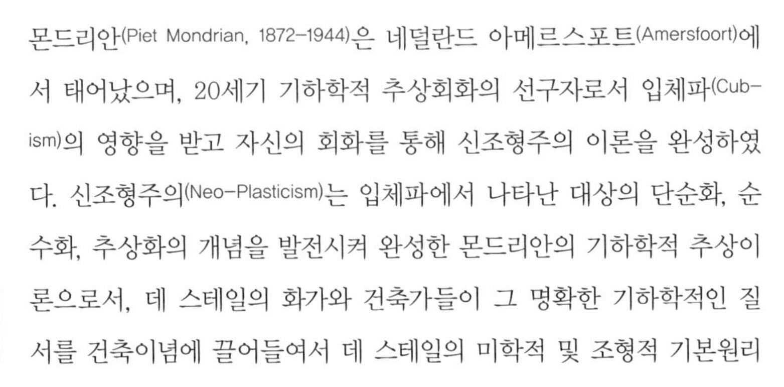

몬드리안(Piet Mondrian, 1872-1944)은 네덜란드 아메르스포트(Amersfoort)에서 태어났으며, 20세기 기하학적 추상회화의 선구자로서 입체파(Cubism)의 영향을 받고 자신의 회화를 통해 신조형주의 이론을 완성하였다. 신조형주의(Neo-Plasticism)는 입체파에서 나타난 대상의 단순화, 순수화, 추상화의 개념을 발전시켜 완성한 몬드리안의 기하학적 추상이론으로서, 데 스테일의 화가와 건축가들이 그 명확한 기하학적인 질서를 건축이념에 끌어들여서 데 스테일의 미학적 및 조형적 기본원리

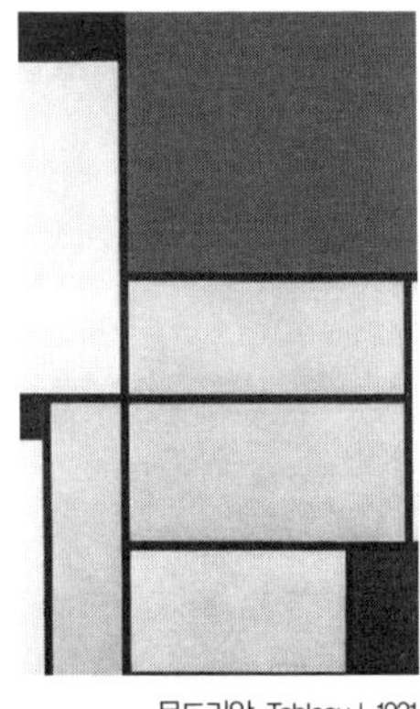

몬드리안, Tableau I, 1921

로 삼았다.

신조형주의자들은 우주를 수직선과 수평선에 의한 직각의 수학적 체계로 분석하고 적색과 청색, 황색을 우주의 세 가지 기본색이라고 주장한 네덜란드 철학자며 수학자인 **쉔메커**(M. H. Schöenmaekers, 1875-1944)의 신플라톤주의 철학의 영향을 받았다. **테이트 갤러리**의 신조형주의에 대한 기사에 따르면, 몬드리안 자신이 그의 소고인 「회화에서의 신조형주의」에서 순수한 추상성과 보편성을 제안했다고 한다. 그는 "... 이러한 새로운 조형적 발상은 외형의 특성, 다시 말하자면 자연적인 형태와 색상을 무시할 것이다. 반면에 형태와 색상의 추상화, 즉 곧은 선과 명료하게 정의된 원색을 통해 고유한 표현을 찾아야만 한다." 라고 했다. 신조형주의자들은 수직과 수평의 기하학적 구성에 의한 비대칭적 균형과 조화를 추구하고 조형수단을 적색과 청색, 황색의 삼원색, 흑색과 백색, 회색의 무채색 등 6가지 기본색으로 한정하였다.

쉔메커는 데 스테일 운동의 조형적 및 철학적 원리를 형성한 수학자며, 신지학자로서, 신플라톤주의 철학에서 온 이상적인 기하학적 형태에 대한 개념을 제시했다.

테이트 갤러리는 런던의 웨스트민스터에 있는 영국 최고의 미술관 중 하나로서, 1897년 개관되었으며, 17세기부터 현대에 이르기까지의 영국 회화작품을 전문적으로 다루는 국립미술관이다.

(2) 테오 반 도스부르그

테오 반 도스부르그(Theo van Doesburg, 1883-1931)는 네덜란드 위트레흐트 출신의 건축가며 화가, 디자이너로서, 데 스테일 운동의 선구자이자 지도자였다. 도스부르그는 1917년 '미술의 급진적 개혁'을 목적으로 설립한 운동, 곧 데 스테일에 가담하여 공보관계일을 맡았으며 사상의 체계를 정립하는 데도 노력하였다. 도스부르그는 잡지 〈데 스테일〉의 편집장으로 활동하며 화가인 몬드리안과 함께 데 스테일을 주도하였는데, 초기에는 화가로 활동하다 후에는 주로 건축가로서 활동하였다. 도스부르그는 1921년 이후 네덜란드를 벗어나 독일과 프랑스 등에서 활동하며 데 스테일의 이념을 해외에 전파하였다. 1921년 독일 바이마르의 바우하우스를 방문하여 데 스테일의 이념을 전파함으

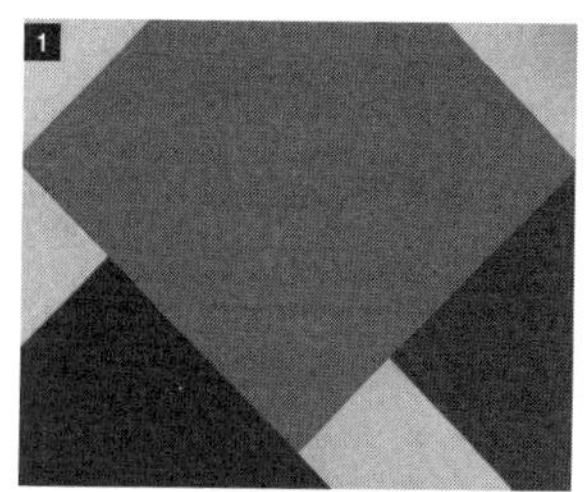

1. 도스부르그, Counter-Composition V, 1924
2. 도스부르그, Maison Particulière의 엑소노메트릭, 1923
3. 도스부르그, Rosenberg 주택 모형, 1923

로써 바우하우스에 큰 영향을 미쳤으며, 또한 러시아 구성주의의 엘리시츠키와의 교류를 통해 상호 영향을 끼쳤다. 도스부르그는 1923년 프랑스 파리에서 데 스테일 건축가 반 에스테렌(C. van Eestern)과 공동으로 L'Effort Moderne 전시회를 개최하여 데 스테일 건축작품을 소개하였다.

도스부르그는 데 스테일의 건축이념을 구체적으로 요약한 논문 〈조형적 건축의 16가지 관점〉을 1924년 발표하였으며, 1926년에는 〈요소주의〉(Elementarism) 이론을 발표하며 몬드리안의 신조형주의 이론의 지나치게 엄격한 수직, 수평에 싫증을 느끼고 대각선의 도입을 주장하였다. 도스부르그의 주요 작품으로는 반 에스테렌과 공동으로 데 스테일의 건축이념을 처음으로 구체적으로 표현한 「Moderne 전시회의 두 가지 주택계획안」(1923), 「카페 오베테」(Cafe Aubette, 스트라스버그, 1926-28), 「뫼돈의 주택 겸 작업실」(Meudon, 1929-30) 등이 있다. 스트라스버그의 사교장인 카페 오베테가 1926년부터 7년 동안 개축될 때, 도스부르그는 한스 아르프(Hans Arp)와 협동하여 보다 대규모로 공간과 색에 대한 그의 원리를 적용시켰다. 뫼돈의 주택 겸 작업실은 파리로 이주하여 자신을 위해 세운 사업장인데, 얼마 후 데 스테일 운동의 중심이 되었다. 1931년 도스부르그의 서거는 데 스테일 그룹의 종말을 의미하였다.

(3) 게리트 리트벨트

리트벨트(Gerrit Rietveld, 1888-1964)는 네덜란드 위트레흐트에서 출생했으며 가구 제작업자로 활동하다 나중에 건축가로 활동하였는데, 몬드리안이 회화에서 확립한 2차원적인 신조형주의 이론을 건축과 가구를 통해 3차원적으로 표현함으로써 데 스테일 건축에 결정적 영향을 끼친 건축가다. 리트벨트의 작업의 주요한 특색 중 하나는 3차원적인 공간을 파악함으로써, 그의 청색과 적색, 황색의 3원색의 사용은 데 스테일에 대한 변함없는 애착을 보여주며, 백색과 회색, 흑색의 억제된 색채의 사용과 함께 입체파적인 형태를 유지하고 있다. 리트벨트의 대표적인 작품으로는 2차원적인 신조형주의 이론을 3차원적으로 완벽하게 표현한 최초의 작품인 「적청의자」(Red-Blue Chair, 1918), 「쉬뢰더 주택」, 베르헤이크의 「데 폴루그 섬유공장」(De Ploeg, 1956) 등이 있다. 적청의자는 기계로 제재된 2매의 판자와 봉재로 분할하고 조립함으로서 극히 조형적이고 아름답게 만들어졌다.

리트벨트, 적청의자, 1917

쉬뢰더 하우스 「쉬뢰더 하우스」(Schröder house, 위트레흐트, 1924)는 데 스테일의 건축이념인 수직과 수평에 의한 기하학적 구성과 4차원적인 공간구성을 구체적으로 실현한 데 스테일을 대표하는 작품으로서, 1924년 위트레흐트에서 쉬뢰더 부인의 의뢰로 리트벨트가 완성하였다. 쉬뢰더 부인은 남편과 사별한 후, 이전의 보수적 생활을 청산하고 아이들과 새로운 생활공간을 구상하고자

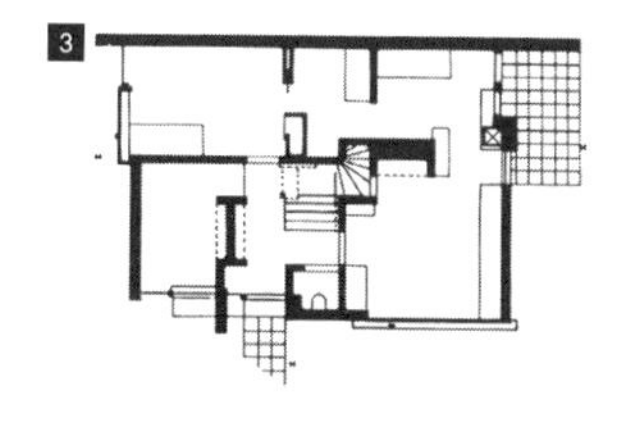

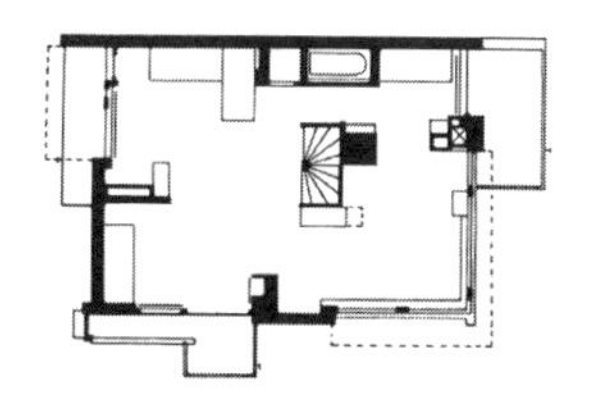

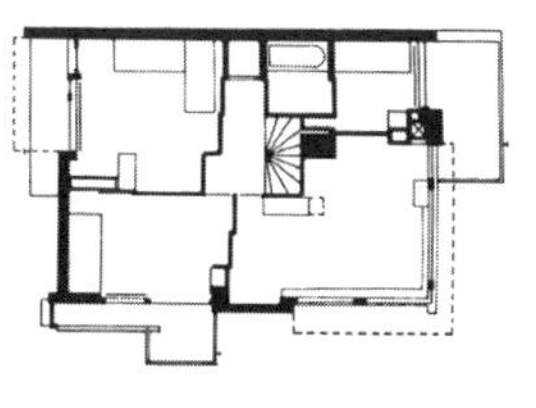

1. 게리트 리트벨트, 쉬뢰더 주택 남동쪽, 위트레흐트, 1924
2. 게리트 리트벨트, 쉬뢰더 주택의 거실과 식당, 위트레흐트, 1924
3. 게리트 리트벨트, 쉬뢰더 주택 평면도, 위트레흐트, 1924

이 주택을 의뢰하였다. 이 주택은 원래 철근콘크리트조로 계획했으나 경제성 문제로 벽돌조로 구축되었다. 이 건물의 세 입면에 보이는 회색류 무채색의 평활한 벽면에는 마치 몬드리안의 추상 그림이 3차원으로 투영된 것 같이 노랑과 빨강, 파랑의 3원색이 나타난다. 이 주택을 구성하고 있는 벽과 바닥, 분할 칸막이벽, 창 등은 신조형주의적 색채를 띤 투명하거나 불투명한 단순한 평면으로 다루어졌으며, 모든 평면은 직각으로 교차되고 중복되며 서로 관통하거나 발코니와 캐노피에 의해 외부로 확장되는 내부 공간으로 이루어져 있다.

이 주택은 또한 데 스테일의 시간개념이 도입되어 있다. 쉬뢰더 주택은 중심의 계단에서부터 방사형으로 팽창되는 외부지향적인 공간전개와 가변 간막이 등을 통한 단위공간의 유동성과 개방성으로 인하여 관찰자의 신체적 및 시각적 이동과 확장이 극대화된다. 이 주택은 시점을 한곳에 고정시킴으로써가 아니라 전체를 둘러보면서 그 내적 구성에 자신을 투입시켜야만 온전히 이해될 수 있다. 이 다면적인(multi-faced) 구성은 대상에 일정한 거리를 두고 파악하는 것이 아니라, 대상 속에 들어가고 또 여러 위치에서 인지될 수 있는 새로운 공간-시간 지각의 방식인 것이다.

이 주택에서 1층은 전통적인 배치가 이루어졌고, 2층은 개방적인 공간으로 만들어졌다. 침실은 크게 구분되지 않는데, 가변 간막이 벽을 따라 4가지 구획으로 나누어질 수 있다. 간막이 벽이 문선반의 옆에 들어가면 2층 전체는 세 방향에 발코니가 설치되는 개방공간이 된다. 즉, 쉬뢰더 주택은 2층의 L자형 방들과 그 밖의 방들이 가변문의 설치로 인해 평소에는 각 방들이 분리되었다가 필요에 따라서 한 개로 통합되는 개방성과 폐쇄성을 지녔으며, 이런 원리를 욕실과 침실에도 적용시켜 2층 전체가 한 개의 공간으로 확장되는 공간의 연속성을 창출해 내고 있다. 1층 부엌과 2층의 거실은 작은 리프트로 연결되고 1층 계단 옆의 미닫이는 겹쳐져 균형을 유지하므로 마치 자동문과 같이 가벼운 개폐가 가능하다. 간막이 벽은 흰색과 검은색으로 칠해져 내부와 외부에 통일된 공간 이미지를 주고, 외벽은 회색류로 처리되었다. 외벽에서는 단순한 개구부를 가진 평면 벽이 아니라 3차원적인 직교되는 면들이 파사드를 구성한다.

(4) 오우드

네덜란드 건축가며 도시계획가, 디자이너인 오우드(Jacobus Johannes Pieter Oud, 1890-1963)는 푸머랜드(Purmerend)에서 태어났으며, 젊은 건축가로서 베를라헤의 영향을 받으며 테오도르 피셔 아래에서 공부하였고, 데 스테일 운동으로부터 명성을 얻게 되었다. 오우드는 도스부르그를 만나 1917년 데 스테일의 창립회원으로 참가하여 적극 활동하였으나 데 스테일의 지나친 이론적 측면에 회의를 느끼고 1921년 탈퇴하였다. 이후 오우드는 실제작품을 통해 지나치게 이론적인 데 스테일의 건축이념을 실제적 측면과 결합시킴으로써 20세기 초 합리주의, 기능주의 건축에 영향을 주었다.

오우드의 주요 작품으로는 「푸머랜드 공장계획안」(Purmerend, 1919), 외관에 추상회화적 요소를 수용한 「카페 드 유니」(Cafe de Unie, 로테르담, 1925, 1940년 파괴됨), 독일공작연맹 전시회의 「공동주택」(슈투트가르트, 1927), 호크 소재 「노동자의 주택」(Hoek, 1924-27) 등이 있다. 카페 드 유니는 단순한 기하학적 형태, 노랑과 빨강, 파랑의 3원색 사용과 같은 데 스테일의 전형적인 조형언어를 사용한 대표작이면서, 단순히 기능적인 파사드와 함께 문자가 중심이 되는 시각적 표현도 돋보인다.

오우드, 독일공작연맹 전시회의 공동주택, 슈투트가르트, 1927

09 구성주의 건축

1) 형성과 전개과정

구성주의(Constructivism)는 제1차 세계대전을 전후하여, 곧 1910년에서 1930년 사이에 입체파 및 미래파의 영향으로 러시아에서 건축과 조각, 회화, 공예의 여러 분야에 걸쳐 일어난 전위적인 추상미술운동이다. 구성주의자들은 자연을 모방하거나 재현하는 전통적인 미술개념을 전면 부정하고 근대의 기술적 원리에 따라 실제 작품을 생산하는 것을 목표로 삼았다. 따라서 이들에게는 일반생산과 예술창작이 구별되지 않았으며, 구성주의자들의 궁극적인 목표는 조형을 통한 사회주의 문화를 건설하는 것이었다. 그래서 구성주의자들은 러시아 혁명을 열렬히 지지하였는데, 그것은 그들이 미술상의 혁명(추상주의)과 정치적 혁명(사회주의)을 동일시하였기 때문이었다.

구성주의는 큐비즘과 미래주의의 영향을 받아 처음 생겨났으나 보통 블라디미르 타틀린의 추상기하학적 구성인 「페인팅 릴리프스」(painting reliefs)가 발표된 1913년을 그 시작으로 본다. 화가 말레비치는 1915년 입체파의 개념을 발전시킨 **절대주의**(Suprematism) 이론을 발표함으로써 러시아 구성주의 운동의 출발점을 제공하는 역할을 하였다. 1917년에는 타틀린과 로드첸코를 중심으로 하여 생산주의자(Productivist) 그룹이 조직되어서, 실용적이며 효율적·기능적 기술과 대량생산을 예술에 도입할 것을 주장하였다. 또한 1917년 가보 형제와 페브스너를 중심으로 구성주의자(Constructivist) 그룹이 조직되어, 철과 유리 등의 신재료를 이용하여 공간 속에서 구성함으로써 공간의 3차원성을 표현

절대주의: 최초의 순수한 기하추상회화운동으로서, 말레비치가 시도한 최초의 절대주의 작품은 흰 바탕 위에 연필로 검정색 4각형을 그린 그림이다.

하고자 하였다.

1920년 브후테마스(Vkhutemas, 고등예술기술공방, 1920-27)와 인후크(Inhuk, 예술문화원, 1920-24)가 모스크바에 각각 설립되었는데, 이 두 예술 교육 기관은 이후 러시아 구성주의의 전개과정에서 이론과 작품의 실험의 장으로서 큰 역할을 하였다. 1920년대 후반 이후에는 건축가 단체인 ASNOVA(Association of New Architects, 신건축가협회)와 OSA(근대건축가동맹)이 러시아 구성주의 건축을 주도하였다. 한편 러시아 구성주의 이념은 1922년 베를린 전시회와 1925년 파리 장식미술 만국박람회의 참여와 엘 리시츠키의 해외활동에 의해 유럽의 다른 국가들에 소개되었다. 하지만 구성주의는 1930년대 중반 이후 현실과 동떨어진 급진적 사상으로 인해 그 영향력을 상실하게 되었다.

구성주의는 실용성을 중요시하여 건물의 공간구성에서 기능을 최우선으로 고려하는 기능적 구성, 철과 유리 등의 재료에 공업기술과 기계미를 적극 수용하는 기술 지상주의, 공간의 기능으로부터 유도된 단순한 기하학적 형태와 사선과 나선이 도입되는 역동성의 추구를 주요 이론으로 하였다. 이 구성주의운동은 1920년대 서유럽에 퍼졌고 건축과 조각, 회화뿐만 아니라 무대예술, 상업디자인 등에도 큰 영향을 주었으며, 바우하우스 운동을 통하여 세계 각국에 전해졌다. 이러한 러시아 구성주의는 오늘날 해체주의를 통해서 다시 관심의 대상이 되고 있으며, 현학적 취향의 대중화와 함께 모더니즘 자체에 대해 재인식하도록 하고 있다.

2) 주요 이론 및 영향

(1) 기하학적 구성

나움 가보는 본명이 Naum Neemia Pevsner인데, 형 앙투안 페브스너와 자신을 구별하기 위해 이름을 가보로 바꾼 선구적인 예술가, 조각가다.

조각가 **나움 가보**(Naum Gabo, 1890-1977)와 앙투안 페브스너(Antoine Pevsner, 1886-1962)는 모스크바에서 타틀린 등과 합류하여 1920년에 공동으로 저서 『사실주의 선언』(Realist Manifesto)을 출판하면서 이 운동의 대변자가 되었다. 구성주의라는 용어는 바로 이 선언에서 비롯되었는데, 그 강령 중 하나가 '예술은 구성되는 것'이었다. 구성주의는 그 이름이 나타내듯이, 외계의 대상에 대한 재현을 거부하고, 순수한 모습으로 환원된 조형요소를 조합하여 작품을 구성하려고 했으므로, 본질적인 조형요소를 중요시하고 쓸데없는 장식을 부정하는 방향으로 나아가게 되었다.

폴 세잔은 후기인상파 중 가장 뛰어난 프랑스 화가로서, 20세기의 많은 미술가들과 미술운동들, 특히 입체파의 발전에 큰 영향을 미쳤으며, 현대회화의 아버지라고 불린다.

구성주의는 입체파와 밀접한 관련을 갖는데, '모든 형태는 구, 원추, 원통으로 형성된다'는 입체파 **폴 세잔**(Paul Cézanne, 1839-1906)의 말에 따라, 모든 자연의 형상이 환원될 수 있는 기하학적인 형상을 추구하고 대상을 단순한 관계로 표시하는 것으로 생각하였다. 기하학적 형태는 일부 구성주의자들에게 있어서는 기본적인 구성형태였다.

나움 가보는 1932년 '추상-창작' 가운데에서 '구성주의자는 회화도 하지 않고 조각도 하지 않고 다만 공간에 구조체를 조성할 뿐이다'라고 하였다. 구성주의자들은 공간의 기능으로부터 유도된 효율적이고 단순한 기하학적 형태의 개방된 볼륨들로 건물을 구성하며, 볼륨들을 지면으로부터 들어올려 구조체에 의해 지지하며 공간의 반중력성을 강조하였다. 말레비치는 '슈프레마티스트 건축구성'에 있어 장방형이 갖는 상호작용, 공간적 관계 등을 연구하고 추상적 구성을 창조하였다.

또한 구성주의자들은 색채를 함축적으로 사용하였는데, 말레비치는 독립된 단위로서의 색채와 색채 그 자체의 요구에 따라 이루어진 면을 강조하였고, 리시츠키는 색채에 의한 기하학적 질서, 즉 기하학적 요소의 합리적 배열이 만드는 평면기하와 순수한 스펙트럼의 색만을 주장하였다.

구성주의 건축은 대칭적 구조가 주는 균형과 안정된 특징을 지양하고 비균형에 기인하는 율동감을 추구하며 공간개념을 확장시킨다. 이는 타틀린의 「제3 인터내셔널 기념탑」 및 말레비치의 절대주의 회화와 로드첸코의 구성주의 회화에도 잘 표현되어 있다. 구성주의는 건축적 효과를 조성하기 위해 구조적 요소를 강조하려 했는데, 예를 들어 건물의 매스를 지지하는 부재가 강조되고 그 때문에 1층 전부 또는 일부를 개방하는 방법이 사용되었다. 건물의 구조부재, 특히 커다란 기둥이나 보를 강조하는 것은 근대적 건물의 현저한 특징이며, 구조를 강조함으로써 건물에 장식효과를 가져다 준다. 한편 구성주의 작가들은 기하학적 작품 속에 사진기법을 도입하여 새로운 시각언어로 표현을 하는 포토 몽타주 기법을 사용하기도 하였는데, 사회가 대량으로 전달하길 요구하자 그들의 포스터에 이러한 기법을 드라마틱하게 표현한 것이다.

(2) 기능적 구성

구성주의는 본질적인 조형요소를 중요시하고 의미없는 장식을 부정하는 방향으로 나아가게 됨에 따라서, 건축에 있어서는 기능주의로, 조각과 회화에 있어서는 기하학적 추상주의로 이어졌는데, 특히 건축과 조각에 있어서는 금속과 유리, 그 밖의 근대공업이 낳은 새로운 소재를 구사하여 공간을 참신하게 표현하였다. 구성주의 건축에 있어서는 금속이나 유리, 그 밖의 근대공업적 신재료를 과감히 받아들여 자유롭게 쓰지만, 자기표출로서의 예술이기보다, 공간구성 또는 환경형성을 지향했으므로, 기능성이 중시되고, 기계주의적이면서 역학적인 표현이 강조되었다.

구성주의자들은 건물의 공간구성에 있어서 기능을 최우선적으로 고려했으며, 형태는 단지 건축창작 과정에서 적용된 요소들의 결과로 고려되었다. 건축에 있어 구성주의는 기능주의라 불리는 보다 폭넓은 운동의 일부이며, 구성적인 표현을 특히 강조한 것이라 생각할 수 있다. 구성주의에 있어서는 구조가 모든 면에서 최대한으로 강조되고, 그 강조 속에 건축의 전통적인 부속물들을 모두 버려 가장 효율적인 구조에서 이루어진 매스와 공간으로 만들어지는 형태에서 아름다움을 추구하였다. 구성주의자들은 건축의 목적을 효율적으로 수행할 수 있도록 근대의 새로운 재료를 사용하며 과거의 구조보다 훨씬 능률적이며 효능적인 근대적 구법을 사용하였다.

(3) 기술지상주의

제1차 세계대전에서 소련군은 빈약한 장비로 참패하면서 기술의 필요성을 절감하였고, 기술은 새로운 질서를 건설하며 미래를 지키는 수호신으로 간주되었다. 구성주의자들은 근대생활에서 기계의 중요성을 인식하며, 기계는 정확하게 그 목적을 위해 디자인되고 있기 때문에 건축의 표본이 되어야 한다고 하였다. 구성주의 건축가들에 의한 건축은 기술이 갖는 신비스러운 힘으로 가득 찼다. 구조체는 노출되어 리시츠키는 「하늘을 찌르는 마천루」를 계획했고, 레오니도프는 모스크바의 「레닌도서관 계획」(1927)에서 4,000명을 수용하는 공회당을 강철로프에 매달린 유리구형 속에 배치하였다. 기계적, 기술적인 건축이기 때문에 가장 아름답다는 구성주의자들의 생각은 그 밖에 사무실이나 공장 등 도면의 아름다움과 정확성을 보면 잘 파악할 수 있다.

구성주의는 사회주의적 사상의 영향으로 실용적이며 효율적, 기능적 기술과 대량생산을 예술에 도입할 것을 주장하였다. 구성주의자들은 공업기술을 새롭고 기능적인 형태를 산출하는 수단으로 이용하며, 새로운 형태를 창조하는 것은 기술공학자들이라 생각하여 기술로의 지향을 강조하였다. 그들은 기계미의 적극적인 수용을 통하여 새로운 사회에 대응하는 새로운 건축형태 미학을 확립하고자 노력했으며, 철과 유리 등의 공업재료와 구조체를 외관에 노출시킴으로써 기술적 이미지를 강조하였다.

구성주의자들은 건축이라는 것이 기술과 이념이 통일되는 것으로서, 기술적 기능주의(techinical-functionalism)와 이념적 형태주의(ideological-formalism)가 합치되는 통합된 건축이라는 기본개념을 지녔다. 그러나 구성주의의 극단적 기능주의는 건축이 예술이기를 거부하고 건물을 기계처럼 생각하는 극단성 때문에 배격되었으며, 또한 극단적 형식주의는 건축을 추상적 형태로 생각함으로써 생활과 유리된 미의 영원한 법칙을 찾으려 했기 때문에 역시 배격되었다.

(4) 역동성

구성주의자들은 예술가는 근대산업의 재료와 기계를 사용하는 기술자이어야 한다고 주장하고, 기계적 또는 기하학적인 형태를 중시하여 역학적인 미를 창조하고자 하였다. 즉, 공간 속에서 기능에 따라 상호관입되는 비대칭의 형태와 사선과 나선의 도입에 의해 역동성을 표현하였다. 역동성을 잘 나타낸 작품으로는 타틀린에 의한 나선형의 제3 인터내셔널 기념탑이 있는데, 나선형 구조에 대해서 타틀린은 ‘르네상스에서는 각 부분의 평형을 나타내는 가장 우수한 표현으로서 삼각형이 이용되었지만, 우리의 시대정신은 나선형에 따라 체현된다'고 하였다. 그들은 기계와 기술, 기능주의 그리고 플라스틱이나 철, 유리와 같은 근대 공업재료를 찬양했기 때문에 '예술가 기사(artist-engineers)'라고도 불렸다.

(5) 사회참여

건축이란 것이 그 사회를 충실하게 반영하는 예술분야인만큼, 특히 구성주의 운동은 조형활동에 의한 사회건설의 참여를 주장하며 정치와도 적극적인 결합을 시도하였다. 그들은 모든 예술이 붕괴된 구질서와 다르고 새로운 사회체제를 반영할 수 있는 예술이어야 한다고 주장하였다. 구성주의는 새로운 사회건설을 위한 새로운 생활방식의 창조라는 이념 아래 전통적인 건축어휘를 부정하였으며, 대중들의 삶에 시급한 주거와 도시문제, 노동자들의 휴식과 교양, 그리고 사회주의에 필수적인 사회당의 건물 등을 건축의 주된 대상으로 간주하였다.

소비에트는 구성주의자들의 미학적 급진주의에 반대하여 이 그룹을 해산시켰다. 타틀린과 로드첸코는 소련에 남았으나, 가보와 페브스너는 독일로 건너갔고 그뒤 다시 파리로 옮겨가 그들의 구성주의 이론은 추상창작 그룹에 영향을 미치게 되었다. 1930년대 말 가보는 구성주의를 영국에 퍼뜨렸으며 1940년대에는 미국에까지 전파했다.

3) 구성주의 건축가

(1) 카시미르 말레비치

슈프레마티스트(Suprematist)는 초월주의, 초절주의라고도 하는데, 말레비치가 이름붙인 기하학 추상형식이다.

화가요 조각가며 **슈프레마티즘** 운동의 창설자인 카시미르 말레비치

(Kasimir Malevich, 1878–1935)는 키예프 근처에서 태어나 키예프 미술학교와 모스크바 미술 아카데미에서 교육을 받았다. 말레비치는 1915년 시인 마야콥스키의 협력으로 〈절대주의 선언〉을 발표하여 20세기 초의 다양한 러시아 구성주의 운동의 출발점을 제시한 건축가다. 말레비치는 입체파의 개념을 발전시켜 단순한 기하학적 형태에 의한 순수조형을 시도하였고, 순수 기하학적 입체에 의한 비대칭과 역동성을 표현하였다. 말레비치의 주요 작품으로는 상호관입되는 단순한 형태의 볼륨들로 구성된 비대칭의 기하학적 입방체인 「절대주의 건축(Suprematist Architecton, 1924–26) 계획안」 등이 있다.

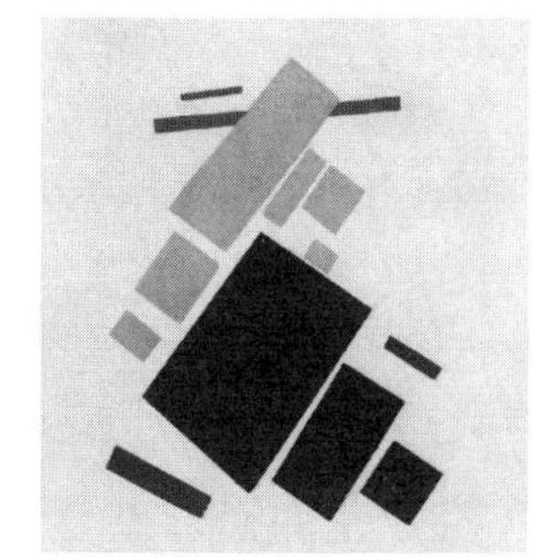
말레비치, 나는 비행기(Aeroplane Flyin), 1915

(2) 브라드미르 타틀린

화가며 조각가, 건축가인 브라드미르 타틀린(Vladmir Tatlin, 1885–1953)은 모스크바 태생이며 구성주의의 창시자로 간주된다. 타틀린은 생산주의의 대표적 예술가로서 미래파의 영향을 받고 공학적인 구조의 예술적, 미학적 가능성을 제시하였다. 그는 입체파 회화의 2차원적, 평면적 한계를 인식하고 유리와 철 등의 다양한 공업적 재료의 병치와 구성에 의해 3차원적 공간을 표현하였다. 근대 공학기술의 승리를 찬미한 높이 300m의 철골구조체로서 3차원적인 모형인 「제3 인터내셔널 기념탑」 등의 대표적 건축이 있다.

제3 인터내셔널 기념탑 1919년에 타틀린이 설계한 제3 「인터내셔널 기념탑」은 1920년 12월에 제8차 소비에트 의회의 전람회에서 높이 약 670㎝의 모형으로 전시되었는데, 1920년대의 아방가르드의 기념비적 작품이다. 이 기념탑은 근대 공학기술의 승리를 찬미한 300m 높이의 철골구조체로서, 나선형 '구성'의 전형이 되었다. 당시의 인민 교육성 시각예술부로부터 의뢰를 받은 타틀린은

타틀린, 제3 인터내셔널 기념탑 모형, 1919

이 기념탑을 통해 건축과 조각, 회화의 여러 법칙을 유기적으로 꾀하고 순수한 창조적 형태와 실용적인 형태를 통합하여 기념비적 건설의 새로운 유형을 수립하고자 하였다.

독특하게 고안된 이 작품은 나선형의 약간 기울어진 철제골조 위에 각각 다른 속도로 회전하는 유리기둥과 유리원추, 유리 입방체로 이루어져 있다. 가장 아랫 부분에서부터 정육면체, 피라미드, 원기둥의 형태로 쌓아 올려지는데, 정육면체 부분에서는 입법목적의 용도에 따라 국제대회나 회합의 여러 회의가 개최될 수 있다. 중간의 피라미드는 집행부로서 집행위원회, 서기국이 배치되고, 정상부의 원기둥은 정보 통신국이며 신문사와 각 정보부가 해당된다. 이 기념탑의 수많은 유리로 겉면이 둘러싸인 부분들은 회합을 위한 장소를 제공함으로써, 각각 일 년에 한 번, 한 달에 한 번 그리고 하루에 한 번 씩 완전한 변화를 보이면서 회전하도록 구상되었다. 나선형으로 디자인된 이 기념탑은 뼈대를 이루는 철골이 완전히 드러나 있어 조각이라고도 할 수 있으며 건축이라고도 할 수 있다. 이 작품의 상징적인 나선형태에 나타나는 물질과 소재를 지향하는 것 또는 일종의 기계적인 이미지는 구성주의를 잘 나타낸다.

(3) 베스닌 형제

베스닌 형제는 러시아의 건축가며 도시계획가들인데, 레오니드 베스닌(Leonid Aleksandrovich Vesnin, 1880–1933), 빅토르 베스닌(Viktor Aleksandrovich Vesnin, 1882–1950), 알렉산더 베스닌(Alexander Aleksandrovich Vesnin, 1883–1959)이 그들로서 각각 또는 협력하여 활동하였으며 막내인 알렉산더 베스닌이 좀더 활동적이고 많은 역할을 하였다. 베스닌 형제는 1925년 긴스부르그(M. Ginsburg)와 함께 OSA(근대건축가동맹)의 설립을 주도하였으며, 건축의 기술적 및 기능적 측면과 사회적 역할을 강조하였다. 주요 작품으로는 「프라우다 신문사 사옥 계획안」(Prauda, 1923), 러시아 아방가르드의 출발점이 되었던 기념비적인 작품인 「모스크바 노동궁 계획안」(1923) 등이 있다. 프라우다 신문사 사옥 계획안은 근대적인 정보통신 중심지를 의도하여 회전 광고판과 탐색등, 외관에 나타난 유리상자의 엘리베이터와 같은 기계적 이미지가 추상예술을 연상시킨다. 노동궁 계획안은 기하학적 형태의 연결, 무선탑, 긴장된 철선 등 모든 디자인 언어가 등장하며 기계의 역학과 건축구조의 관계를 강조하였다.

베스닌 형제, 프라우다 신문사 사옥 계획안, 1923

(4) 엘 리시츠키

스몰렌스크 태생의 화가요 건축가이자, 조각가인 엘 리시츠키(El Lissitzky, 1890-1941)는 독일 다룸스타트에서 공학수업을 하였다. 리시츠키는 구성주의의 공동 창시자로서, 활발한 해외활동을 통해 러시아 구성주의 이념을 유럽에 전파하는 역할을 하였으며, 데 스테일과 바우하우스, 러시아 구성주의 사이의 상호교류를 주도함으로써 상호영향을 유발하였다. 리시츠키는 2차원적인 회화에서 기하학적 형태를 이용하여 공간의 3차원성을 표현하려 시도하였다.

리시츠키의 주요 작품으로는 다양한 기하학적 형태에 의해 공간을 투상적으로 표현한 건축적 구성의 회화작품으로서 회화와 건축의 중간적 매개체 역할을 한 **「프로운」**(Proun), 표현이 매우 풍부하고 경사진 강철구조의 「레닌을 위한 연단」(1920), **「구름 위의 지주 계획안」**(Cloud Props, 1924) 등이 있다. 레닌을 위한 연단은 4각 기단으로부터 경사진 격자상의 보가 뻗고 그 상부에 기본형태로 4각 연설대가 설치되는데, 순수추상이 가지는 슈프레마티즘적인 형태와 기술적인 구조물을 교묘하게 조합한 사례다. 구름 위의 지주 계획안은 마르트 스탐

프로운은 '새로운 것을 긍정하기 위한 계획'이란 뜻이며, 리시츠키 자신은 이를 회화에서 건축으로 변화하는 상태(the station where one changes from painting to architecture)라고 정의하였다.

Cloud Props(Wolkenbügel)는 문자대로 번역하면 '구름의 기둥'이 된다.

(Mart Stam, 1899-1966)과의 공동작품으로서, 모스코바 도시계획과 관련되어 환상도로와 방사 노선의 교차점을 둘러싸고 많은 고층건축이 우뚝 서는데, 그 도시 가로에 벌려 세운 거대한 지주(10×16×50m)에 의해 지지되는 캔틸레버 구조의 사무소 건물 계획안으로서 수평적 마천루(skysreaper)라 할 수 있다.

(5) 기타 건축가

멜리니코프, 루사코프 노동자 클럽, 모스코바, 1927-29

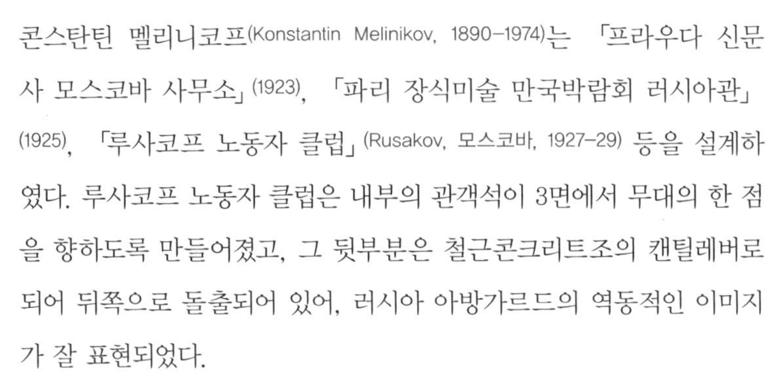

콘스탄틴 멜리니코프(Konstantin Melinikov, 1890-1974)는 「프라우다 신문사 모스코바 사무소」(1923), 「파리 장식미술 만국박람회 러시아관」(1925), 「루사코프 노동자 클럽」(Rusakov, 모스코바, 1927-29) 등을 설계하였다. 루사코프 노동자 클럽은 내부의 관객석이 3면에서 무대의 한 점을 향하도록 만들어졌고, 그 뒷부분은 철근콘크리트조의 캔틸레버로 되어 뒤쪽으로 돌출되어 있어, 러시아 아방가르드의 역동적인 이미지가 잘 표현되었다.

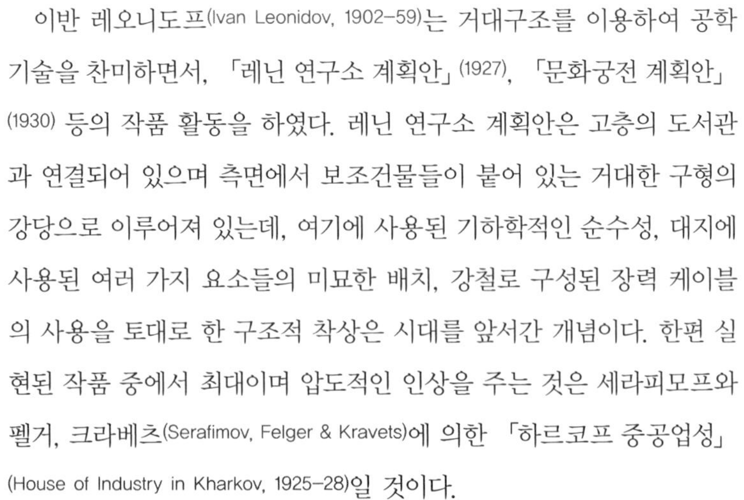

이반 레오니도프(Ivan Leonidov, 1902-59)는 거대구조를 이용하여 공학기술을 찬미하면서, 「레닌 연구소 계획안」(1927), 「문화궁전 계획안」(1930) 등의 작품 활동을 하였다. 레닌 연구소 계획안은 고층의 도서관과 연결되어 있으며 측면에서 보조건물들이 붙어 있는 거대한 구형의 강당으로 이루어져 있는데, 여기에 사용된 기하학적인 순수성, 대지에 사용된 여러 가지 요소들의 미묘한 배치, 강철로 구성된 장력 케이블의 사용을 토대로 한 구조적 착상은 시대를 앞서간 개념이다. 한편 실현된 작품 중에서 최대이며 압도적인 인상을 주는 것은 세라피모프와 펠거, 크라베츠(Serafimov, Felger & Kravets)에 의한 「하르코프 중공업성」(House of Industry in Kharkov, 1925-28)일 것이다.

구성주의자의 건축적 작업 가운데에서는 실제로 세워지지 못한 훌륭한 계획안들이 많이 있다. 베스닌 형제에 의한 「프라우다 신문사 사옥 계획안」(1923), 엘 리시츠키와 스탐이 고안한 「마천루」(Cloud Props, 1924), 마르셀 브로이어의 「하르코프시 극장계획」(1930) 등이 그것이며, 1933년 레닌그라드에서 출판된 야곱 체르니코프(Jacobe Tchernykhov)의 『건축적 환상』(Architectural Fantasies, 1933)이라는 책 속에도 많은 공업건축적 환상이 나타난다. 건축적 환상의 내용은 공장건축만이 아니고, 구체적 평면은 하나도 없이 스케치와 드로잉이 상상력에 따라 전개되었으며, 건물의 개념에서 벗어난 것도 많이 있다. 이 가운데 No.28과 74 계획안 등은 건물이 도처에서 거대한 캔틸레버 위에 올려졌으며 구성을 위한 구성임을 암시하고 있다.

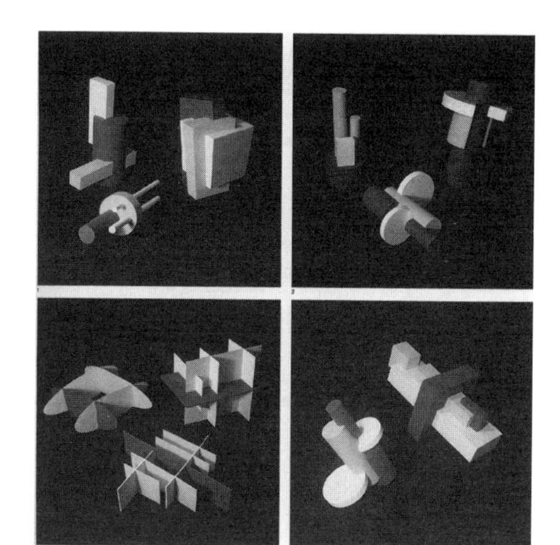
체르니코프에 의한 'types of constructive joint' 도면에서 만든 전시모형

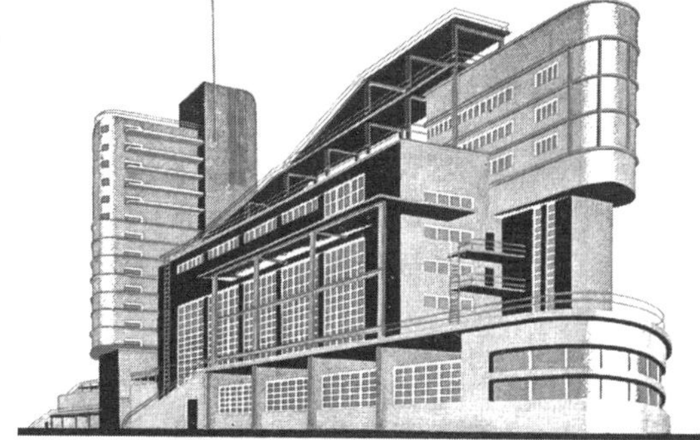
체르니코프, 「Architectural Fantasies」(1933)dml #28, #33

10 표현주의 건축

1) 형성과 전개과정

표현주의(Expressionism)는 회화와 문학, 연극, 음악, 조형미술, 건축 등 모든 예술분야에 걸쳐 20세기 초 독일어권에서 일어난 예술운동이다. 표현주의는 독일이 제1차 세계대전(1914–18) 종전 후 허무주의에 빠져 있을 때 대안으로 탄생한, 즉 패전 후 정치적 및 사회적, 문화적 혼란기를 배경으로 진보적인 예술가들에 의해 주도된 예술운동이다. 표현주의자들은 패전의 절망감과 허무감 속에서 예술을 통해 환상적이고 이상향적인 세계의 건설을 시도하며 현실에 대한 자기도피적인 수단으로서 개인주의적인 표현을 추구하였다. 또한 표현주의자들은 기존의 질서와 규범에 대한 반발로 예술가 개인의 자유로운 주관과 감정을 예술을 통해 외부로 표출하고자 노력하였다.

그들은 주관적이며 비정형적인 형태와 공간, 재료의 가소성을 이용한 조각적인 조형을 추구하였다. 작가 개인의 내부생명, 즉 자아 또는 혼의 주관적 표현을 추구하는 감정표출의 예술인 표현주의는 우선 회화에서 시작되어 건축 등 다른 조형예술을 거쳐 문학과 연극, 영화, 음악에까지 미쳤다. 독일 표현주의는 1885년부터 1900년 사이에 매우 개성적인 회화양식을 발전시킨 빈센트 반 고흐, 에드바르드 뭉크, J. 앙소르의 작품에서 비롯된다. 이들은 선과 색채 자체의 표현성을 살려 느낌이나 극적인 주제들을 표현하거나 두려움이나 공포, 기괴함의 감정들, 또는 단순히 강렬한 인상의 자연을 표현하고자 했다.

표현주의라는 말은 프랑스 후기 인상파(Impressionism)에 대치되는 개념으로 독일에서는 1911년 베를린의 세제션 출품작품에 대하여 W. 보링거가 처음 사용하였다. 제1차 세계대전 종전 후 독일 베를린을 중심으로 진보적인 예술가들에 의해 표현주의적 성향의 각종 예술단체가 출현하여 표현주의 예술운동을 주도하였다. 그러한 각종 단체들은 11월 그룹, 예술노동평의회, 유리의 사슬, 고리 등이다. 11월 그룹(Die Novembergruppe, 1918-33)은 건축가 미스 반 데어 로에, 월터 그로피우스, 에릭 멘델존, 브루노 타우트 등과 화가 칸딘스키, 클레 등이 참여하여 결성하였다.

한편 예술노동평의회(Der Arbeitstrat fur Kunst, 1912-21)는 브루노 타우트를 초대 의장으로 하여 건축을 중심으로 회화와 조각이 통합된 종합예술을 통해 이상향의 건설을 주장하였다. 유리의 사슬(Die Glaserne Kette, 1919-20)은 브루노 타우트, 그로피우스, 한스 샤론 등이 참여하여 유토피아적인 내용의 서신을 회원들 사이에 교류하며 상상적이고 이상향적인 건축에 대해 의견을 교환했던 서신교환 단체다. 고리(Der Ring, 1925-33)는 1921년 해체된 예술노동평의회의 회원들이 모체가 되어 1925년 결성된 단체로서, 브루노 타우트, 월터 그로피우스, 한스 샤론, 미스 반 데어 로에, 에릭 멘델존, 한스 펠찌히 등의 건축가들이 회원으로 참여하였다.

독일에 있어서 1914년 이전까지 전위예술은 **유겐트스틸**의 건축가들의 활동이라고 할 수 있지만, 그 10년 동안의 역사는 표현주의와 겹쳐진다. 당시는 여전히 절충주의적인 **빌헬름 양식**이 있고, 알프레드 메셀의 「빌헬름 백화점」(1869), 피터 베렌스의 베를린 「A.E.G. 터빈 공장」(1909-10)', 테오도르 피셔의 울름 「가리슨 병영 부속 교회당」(1911), 월터 그로피우스와 아돌프 마이어의 「파구스 구두공장」(1911), 파울 보나츠의 「슈투트가르트 중앙역」(1913-17)과 같은 낭만적 국가주의 작

유겐트스틸 운동의 특색은 반고전주의와 반국가주의적인 점이다.

빌헬름 양식의 표현이란 당시 독일의 국수주의를 밀고 나갔고 얼마 후에는 제1차 세계대전까지 일으키게 한 독일 황제의 행동을 가리켜 명명한 것으로 여겨진다.

품으로부터 표현주의는 시작되었다. 유겐트스틸에서 표현주의로 이어지는 역할은 앙리 반 데 벨데, 요셉 마리아 올브리히, 베렌스가 맡았다. 헤르만 무테시우스나 프리츠 슈마허(Fritz Schumacher)와 함께 독일공작연맹을 설립하는 한편, 반 데 벨데는 1906년에 바이마르 공예학교를 세웠는데, 이는 1919년 바우하우스의 전신이 되었다.

독일 표현주의는 초기에 베렌스의 「가스 제조공장」이나 타우트의 「유리 파빌리온」에서 시작하여 1910년대에 펠찌히의 「베를린 대극장」(1919)이 지어졌고, 1920년대에 전성기를 이루며 대부분의 걸작이 탄생하였다. 한편 바이마르 공화국이 안정을 찾게 되자, 이상을 이야기하던 건축가들도 지드룽과 같은 공공건축에 참여하게 된다. 즉, 타우트의 「브리츠 지드룽」(1925–31), 「지멘스슈타트 지드룽」(1930) 등이 연달아 건설되었던 것이다. 하지만 표현주의는 1920년대 후반에 서서히 약해지고 1933년 나치가 정권을 장악함과 동시에 바우하우스나 독일공작연맹과 함께 파국을 맞게 되었다.

2) 주요 이론 및 영향

표현주의는 객관적인 사실보다는 사물이나 사건에 의해 야기되는 주관적인 감정과 반응을 표현하는 예술사조다. 표현주의자들은 제1차 세계대전 패전 후의 불안한 생활상과 학대받은 인간성, 절망감과 허무감 속에서 건축을 통해 환상적이고 이상향적인 세계의 건설을 시도하며, 현실에 대한 자기도피적인 수단으로서 주관적인 개인주의적인 표현을 추구하였다. 따라서 표현주의는 예술가 개인의 주관적이며 감성적, 내부적 감정을 건축에 표현하며, 규격화와 표준화를 거부하고 개인적이고 주관적이며 독창적인 표현을 중시하였다. 표현주의 건축은 건축을 중심으로 여러 예술의 종합화를 지향하여 근대예술 전반에 보이는 개별 순수화에 저항하였고 대전 이후 혼란과 불황 속에서 대부분 실현되지 않는 계획안에 머물렀기 때문에 유토피아적 지향이 강하였다.

한편 표현주의 건축은 합리주의나 기능주의 건축과는 다르게 정적이며 기하학적이고 유클리드적인 형태와 공간을 거부하였다. 표현주의자들은 재료의 가소성을 이용한 조각적인 조형을 추구하였으며, 예각이나 사선, 곡선, 곡면 등을 건축에 이용하여 역동적인 형태와 공간을 창조하고자 하였다. 표현주의 건축은 조형상의 역동적인 형태로 뚜렷하게 표현되지만 부분과 전체가 분리되기 어렵게 통합되어 있으며, 수직과 수평의 리듬이 공간에 표정을 주고 있다.

3) 표현주의 건축가

표현주의 건축 가운데 제1차 세계대전 이전의 작품은 그다지 많지 않은데, 막스 베르그(Max Berg, 1890–1947)에 의한 「세기의 홀」(1913), 한스 펠찌히(Hans Poelzig, 1869–1936) 설계의 「포젠의 급수탑」(Posen, 1911), 「루반의 화학공장」(Chemical Factory, 1911–12) 등이 알려져 있다. 베르그가 브레슬라우에 건립한 세기의 홀, 곧 백년제기념홀(Jahrhunderhalle)은 당시로서는 과감하게 지어진 보강 콘크리트 구조로서, 노출된 리브가 사용된 직경 213피트의 거대한 돔 내부의 경이적인 3차원적 처리가 강렬한 감동을 느끼게 해준다.

한스 펠찌히, 루반의 화학공장, 1911–12

한스 펠찌히가 설계한 포젠의 급수탑은 상부에 급수탑을 설치하고 하부는 매장과 전시장, 레스토랑으로 되었으며, 철골골조를 감싸기 위해 벽돌이 사용되었다. 이 급수탑은 정밀한 공학기술적인 형태를 배경으로 강력한 기념비적인 성격을 나타낸다. 장식적인 조적구조의 이 건

막스 베르그, 세기의 홀, 1913

물은 정성들여 균형있게 된 창이 주목되기도 하는데, 이 대담한 양감의 취급은 당시 독일에서 가장 의의있는 건축 중 하나로 손꼽히게 되었다. 펠찌히가 설계한 루반의 화학공장은 벽돌조의 좌우 비대칭의 매스로 구성되었으며 그 유기적인 결합이 디자인의 특수한 개성을 강조한 것으로 보인다. 이러한 공업관계의 건축은 기존의 형식이 없었기 때문에 새로운 시도가 이루어졌다.

제1차 세계대전을 거쳐 1918년 바이마르 공화국이 태어나자, '예술노동평의회'와 '11월 그룹'이 만들어지고 표현주의 건축가들이 활약하기 시작하였다. 제1차 세계대전 이후의 독일문화는 점차 정치적 성격을 갖게 되었는데, 표현주의는 사회주의 혁명의 항의를 표시하는 수단으로 이용되었다. '11월 그룹'은 건축에 특별한 중요성을 부여하고, 건축을 사회적 수준을 향상시키기 위한 직접적인 수단으로 여겼다. 이 그룹은 제1차 세계대전 말기에 독일에서 결성된 혁명단체로서 독일 공산당의 전신인 스파르타쿠스단 반란 때의 강력한 진압으로 해산되었다. 바이마르 공화국의 진보주의자들 사이에 일어난 환멸감으로 인해 신즉물주의가 출현하게 되었는데, 이것이 표현주의자들의 활동의 초점이 되었다. 표현주의 건축가들은 유토피아적, 보수지역적, 유기주의적, 합리주의적 건축가 등으로 분류될 수 있다.

(1) 유토피아적 건축가

유토피아적 건축가들은 부르노 타우트 중심의 이상사회를 추구한 건축가들이다. 타우트(Bruno Taut, 1880-1938)는 쾨니히스베르그에 있는 공업학교에서 수학하고, 1914년부터 1931년까지 그의 동생인 막스 타우트와 베를린에서 함께 활동하였으며, 1930년부터 1932년까지 베를린 소재의 기술 전문학교 건축과 교수를 역임하였다. 타우트는 각종 표현주의 예술단체에 참여하며 표현주의 건축운동을 주도하였고, 유리를 이용한 상징적이며 환상적인 건축을 통해 이상향을 추구하였다. 타우트는 1913년 라이프찌히 건축박람회에서 「강철의 모뉴먼트」(Monument to steel)를 건립하고, 1914년의 쾰른 박람회에서는 「유리 전시관」을 설계하였다. 타우트는 1919년 무명 건축가전에 참가한 건축가를 중심으로 '유리의 열쇠' 그룹을 만들어 환상적 스케치를 많이 남겼다.

브루노 타우트, 알프스 건축, 1919

타우트는 가장 환상적인 전망을 제시하였는데, 1918년 말 이전에도 일련의 계획들을 만들고 『알프스 건축』(Alpine Architektur, 1919)을 출판하기도 했다. 알프스 건축의 스케치는 알프스의 산들을 깎기도 하고 파내기도 한 꿈과 같은 환상적 계획들로 가득 차 있다. 표현주의의 가벼운 모티프인 크리스털 이미지, 산악, 우주 등이 신비주의적인 환상세계를 표현하고 있다. 거기서 타우트는 거대한 산의 전경을 변형시키려고, 기존 산봉우리에 갈라진 틈을 내고 거기에 거대한 색 유리의 창들을 심었으며, 또 햇빛을 반사할 수 있도록 보석과 유리로 얼음을 장식하며, 수정같이 떠다니는 요소들로 호수 위를 꾸몄다. 타우트에게 이러한 유리 산은 세계와 인간의 변모된 모습을 은유하는 것이었다.

타우트는 '공예와 조각, 회화의 한계는 사라질 것이며, 하나, 즉 건축이 될 것이다'라고 하면서, 총체적이고 집합적인 예술작품의 관념을 전개시켜 '민중을 위한 예술'을 만들어야 하며 건축은 그것을 설계하고 축조하는 인물들 사이의 지역사회 감정을 창조할 수 있다고 하였다. 그는 **크로포트킨**(Peter Kropotkin, 1842-1921)이나 E. 하워드의 사상을 배경으로 하여 「도시의 모자」(1919), 「알프스 건축」(1919), 「도시의 해체」(1920)와 같은 유토피아 건축을 계속해서 발표했다.

크로포트킨은 러시아의 지리학자이며 혁명가, 무정부주의 운동가로서, 과학적 기반 위에 무정부적 공산주의 이론을 정립하였다.

또한 건축시인이자 유리 환상주의자인 P. 세르바르트(Paul Scheerbart, 1863-1915)는 유리를 열렬하게 옹호하고 유리건축에 대한 확고한 생각을

한스 펠찌히, 베를린 대극장, 1919

추구하였으며, 브루노 타우트 등 젊은 독일건축가들에게 강한 영향을 주었다. 세르바르트가 저술한 『유리 건축』(Glassarchitektur, 1914)은 표현주의 건축가들에게 성서와 같을 정도로 여겨졌으며, 쾰른 독일공작연맹 전시회에 출품한 타우트의 「유리 파빌리온」(1914)으로 결실을 보게 되었다. 특히 이 유리 파빌리온의 원통형 계단실을 유리 블록으로 감싼 새로운 감각의 공간 디자인이나 프리즘 유리를 통한 무지개 빛과 색채 디자인은 새로운 재료, 유리가 가져올 가능성, 미래 건축공간의 매력을 나타내었다.

(2) 보수지역적 건축가

보수지역적인 표현주의 건축가들 가운데 한스 펠찌히(Hans Poelzig, 1869-1936)는 건축가와 교육자(샤를로텐부르그 공과대학 교수)로서 독일 국내에 큰 영향을 주었다. 펠찌히는 제1차 세계대전 이전부터 개인적 상상력에 의한 자유로운 형태와 공간을 창조함으로써 표현주의 건축의 선구자적 역할을 하였다.

제1차 세계대전 후의 디자인은 환상적인 상상력을 보여주는데, 펠찌히에 의한 「베를린 대극장의 재건」(1919)과 「잘츠부르크 축제극장」(1920-21), 「드레스덴의 축제극장」 등의 설계는 고전적인 구성법칙을 무너뜨리며 구성체 자체의 구성요소들도 분해되어 가는 과정을 보여주었다. 낡은 슈만 서커스장을 개조한 「**라인하르트** 베를린 대극장」은 환상적인 상상력을 보여주는 표현주의의 대표작이다. 즉, 내부공간에 종유석 형태의 장식을 이용하여 신비로운 동굴 같은 인상을 주도록 환상적인 효과를 연출한 펠찌히의 「베를린 대극장」(Grosses Schauspiehaus, 1919)은 새로운 사회와, 그 사회의 정신과 음성의 가장 당당한 표현으로서 대중극장이 시도된 것으로서 적극적인 표현성을 지향한 3차

맥스 라인하르트(Max Reinhardt, 1873-1943)는 오스트리아의 유명한 연출가다. 펠찌히는 그를 위해 5천 명을 수용하는 극장으로 서커스 건물을 대개축하였다.

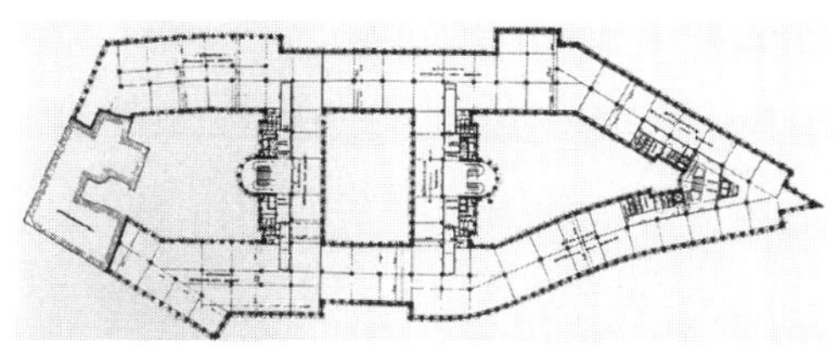
프리츠 헤거, 칠레 하우스 평면도, 함부르크, 1924

프리츠 헤거, 칠레 하우스 측면, 함부르크, 1924

원적 동굴과 같은 모습이다. 이 대극장 외부에 있는 좁은 아케이드는 고대 로마극장으로부터 착상한 듯하다.

또한 지방도시 함부르크에서 프리츠 헤거(Fritz Hoger, 1877–1947)는 대표적인 독일 표현주의 작품의 하나인 「칠레 하우스」(Chilehaus, 1924)를 설계하였다. 칠레 하우스는 함부르크 상사회사 건물로서, 당시 하늘을 찌르는 듯한 파사드로 건축계에서 커다란 호응을 일으키고 베를린 건축가들에게 큰 영향을 주었다. 엘베 강에 면한 부지는 오솔길을 따라 이분되었는데, 헤거는 여기에서 다리를 설치하는 것과 함께 일체화를 제안함으로써 길이 450m의 역동적인 파사드를 만들었으며, 최상층에는 계단상 테라스를 두어 보다 효과적으로 보이게 하였다. 더욱이 동쪽 파사드는 처음에 정면 길이가 11m에 불과하였는데도 매우 높이 솟은 듯한 조형감을 보여주었다. 이 건축물은 또한 중심광장을 가진 근대적인 오피스 빌딩의 효시이기도 하다.

루돌프 스타이너(Rudolf Steiner, 1861–1925)는 스위스 도르나하(Dornach)에 「제2 괴테아눔」(The Second Goetheanum, 1924–28)을 남겼는데, 노출 철근 콘크리트의 가소성에 의한 조각적 형태의 건축이다. 이 건축은 아직까지 현존하는데, 1922년 불타버린 「제1 괴테아눔」(1913)의 모형을 기초로 재건된 것이다. 제1 괴테아눔은 물질세계와 정신세계를 나타내는 크고 작은 2개의 목조 돔으로 이루어지고, 신비적 의미를 갖는 열주와 도상이 배치되었으며, 이 축제극장 주위에는 주택이나 생활공동체

루돌프 스타이너는 정신적인 것을 자각하기 위해 인간의 의식을 훈련하는 '정신과학학교'라는 괴테아눔을 세웠다.

신지학은 스타이너가 제창한 프로테스탄트의 신비주의다. 신지학(theosophy)은 신비주의에 관심을 기울이는 종교철학이다. 고도의 정신적 인식능력을 지닌 사람만이 알 수 있는 정신세계를 순수한 사유로 이해할 수 있다는 신지학의 창설자 루돌프 스타이너는 건축가는 아니었지만, '건축이란 물질계에서의 특성에 따라 사람들을 감싸는 정신의 본질이다'라고 정의하였다.

를 위한 시설들이 배치되었다. 스타이너 사후에 준공된 제2 괴테아눔 내부는 신비한 모양의 스테인드글라스에 의해 강당과 도서실, 극장 등의 기능적 공간들로 구분되었다. 이 건축물은 그 회화적 처리로 보아서 표현주의에 연관되지만, 이것은 **신지학**(神智學)의 법칙에 따라 설계된 만큼 또 다른 성격을 내포하고 있다. 제2 괴테아눔은 기능상의 필요나 구조적 효력을 초월하여 개인적 스타일을 표현하였으며, 여러 장의 조립 단면도를 사용하여 건축되었다.

(3) 유기주의적 건축가

휴고 헤링, 가르카우 농장 , 1923

단독으로 유기주의적인 건축을 지향한 건축가들을 살펴보면, 휴고 헤링(Hugo Haring)은 「가르카우 농장」(Garkau Complex, 1923)을 설계하여 '기관역활의 건축'을 제안하였고, 또한 인간과 건축의 관계를 연속적인 공생 관계로 파악했던 헤르만 핀스테를린(Hermann Finsterlin, 1887-1973)은 환상적인 생물 스케치를 많이 남겼다. 헤링은 표현주의의 심미감에 집착했으며, 반계몽적 문화로서의 독일 고딕도 인정하였으므로, 기하학적 법칙을 피하고 유기적 형을 취하게 되었다. 가르카우 농장은 건축형태와 기능을 생명체의 유기적 기관으로 포착하였으며 곡선을 다양하게 이용한 형태가 주로 평면에 나타나고 있다. 옷토 바르트닝(Otto Bartning, 1883-1959)은 「별의 교회당」(1922)을 설계했으며, 그에게 건축이란 성장과 활동이고 자연의 힘 그 자체였다.

청기사파(Der Blaue Reiter)는 뮌헨에서 1911년 12월에 결성된 미술가 집단으로 추상미술의 발전에 크게 기여했으며, 제1차 세계대전이 일어나면서 해체되었다.

에릭 멘델존(Eric Mendelsohn, 1887-1953)은 **청기사운동**에 영향을 받았으며, 곡선과 곡면을 강조하여 철과 콘크리트 구조의 탄성적 성질을 표현하는 조각적 형태의 건축을 추구하였다. 멘델존은 제1차 세계대전에 근무한 후 베를린에서 건축 스케치전을 개최하여 커다란 주목을 받았다. 이들 스케치는 여러 가지 건물의 디자인으로서 공장과 곡물창고,

천문대, 종교건축 등이 포함되었는데, 철근과 콘크리트는 풍부한 표정으로 사용되고 건물의 목적은 그 형태가 상징하는 것에 따라 암시되었다. 멘델존은 강철이나 콘크리트를 독창성과 상상력을 갖고 받아들임으로써 건축물에 유기적인 통일성을 부여하였다. 멘델존은 콘크리트를 외벽면에 일체감을 만들어 건축과 순수예술의 조화를 가능하게 하는 진실로 예술적인 소재로 여겼다.

건축적 조각을 표현한 에릭 멘델존이 설계한 포츠담의 「아인슈타인 탑」(Einstein Tower, 1920-24)은 곡선과 곡면에 의한 조각적 형태의 철근콘크리트 건물로서 표현주의의 대표적 작품이다. 작지만 강력한 느낌의 이 탑은 아인슈타인 이론의 위대함을 상징하는 기능적인 건물이다. 콘크리트의 조소적인 성질을 충분히 살린 이 탑은 부서지는 파도처럼 끊임없이 연속하여 유기적이며 역동적인 외관을 만들고 있다. 멘델존은 진흙으로 빚어 올리듯 모를 내지 않고 매끄럽게 모서리를 둥글게 하였다. 독창적인 이 건축은 대지에 뿌리 깊게 박히며 역동감이 넘치는 듯한데, 대지와 행성의 이미지가 실제 과학자의 요구와 일치하는 것 같지만, 평면은 대칭적으로 고전적인 안정감을 느끼게 한다. 이 탑에는

1. 에릭 멘델존, 아인슈타인 탑 외관, 포츠담, 1920-24
2. 에릭 멘델존, 아인슈타인 탑 평면도, 1920-24

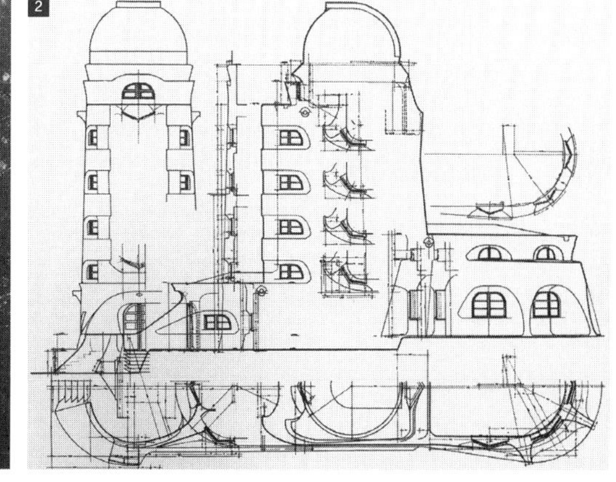

에릭 멘델존, 쇼캔 백화점, 슈투트가르트, 1927

에릭 멘델존, 쇼캔 백화점 스케치, 슈투트가르트, 1927

광선의 간섭측정에 의하여 아인슈타인의 특수상대성이론(1911), 일반상대성이론(1915)을 검증하기 위한 장치가 설치되어 있다. 정상부에 있는 돔에는 광선을 도입하기 위한 집광측정기가 있지만 망원경은 없다.

이후 아인슈타인 탑의 유기적인 콘크리트를 이용한 조소적 디자인에 어려움을 느낀 멘델존의 작품경향은 수평선을 강조하는 외관과 반원탑의 모티프 디자인으로 바뀌었으며, 「쇼캔 백화점」(Schocken, 1927, 슈투트가르트/1928, 켐니츠), 「유니페르슴 영화관」(Universum Cinema, 베를린, 1926-29) 등의 많은 작품을 남겼다. 유니페르슴 영화관은 멘델존이 조소적인 디자인을 탈피하여 수평선을 강조하는 작풍으로 바뀐 시기의 대표작이며, 배후의 집합주택과 오피스, 점포까지 포함한 하나의 가구로서 계획되었다. 나치의 발흥과 더불어 격렬해진 민족적 박해 때문에, 유태인인 멘델존은 1933년 고국을 떠나 영국으로 갔고 1941년 미국으로 건너가 작품활동을 하였다.

(4) 합리주의적 건축가의 표현주의적 활동

한편 합리주의적 건축가이면서도 당시 일시적으로 표현주의적 작품활동을 한 건축가들도 있다. 미스 반 데어 로에는 초기에 유리 커튼월을 이용한 표현주의적 형태의 고층건물을 디자인하여, 베를린 「프리드리히가 고층사무소 계획안」(1919), 「유리 마천루 계획안」(1920-21) 등 시정에 가득 찬 유리로 된 계획안을 남겼다. 월터 그로피우스는 바우하우스 재직 초기에 표현주의의 영향을 받고 표현주의 건축에 관심을 두어서 「전쟁기념관」(바이마르, 1922) 등의 작품을 디자인하였다.

새로운 도시계획 11

1) 전원도시계획 운동

산업혁명 이후 19세기 시장경제의 산업사회에 발생된 여러 가지 문제들, 곧 빈곤과 질병, 비위생, 주택부족과 슬럼화와 같은 문제를 해결하기 위해 새로운 도시계획들이 나타났다. 토지를 공유하며 도시와 농촌을 결합하는 전원도시를 처음으로 제시한 인물이 에베네저 하워드(Sir Ebenezer Howard, 1850-1928)로서, 그는 런던 재판소의 서기관이었는데, 전원도시운동을 통하여 자신의 사상을 실현시키고자 하였다. 하워드는 1872년부터 1877년까지 미국 방문시 W. 휘트만과 R. W. 에머슨을 만나 번잡하고 불결한 산업도시보다 나은 생활환경 창조에 대한 자극을 받았다. 하워드는 미국 협동조합운동에 대한 **벨라미**(E. Bellamy, 1850-1898)의 유토피아적인 책 『과거로의 회상』(Looking Backward, 1888)을 읽고 그 원리를 작은 도시에 응용하고자 **『내일: 사회 개혁으로서의 평화적 행로』**(1898)라는 책을 출판하며 전원도시운동을 전개하였다.

벨라미는 미국 소설가이며 사회주의자로서, 유토피아적 소설인 『과거로의 회상』이 유명하다.

1902년도에 개정된 책은 『내일의 전원도시』로 제목이 바뀌었다.

하워드는 도심부에 부족한 공간, 빛, 공기를 모든 거주자에게 제공할 수 있도록 낮은 인구밀도로 '전원도시'의 개념을 제시하였다. 이것은 19세기 초에 제창된 R. 오웬과 C. 프리에 등의 유토피아안을 발전시키며 녹지 속의 독립주택과 가정생활의 프라이버시를 강조한 19세기 후반 빅토리아 시대의 이상에 근거를 둔 것이었다. 거대도시 또는 과대도시를 해결하기 위해 하워드는 도시생활의 장점인 사회생활과 공공서비스의 제공 그리고 전원생활

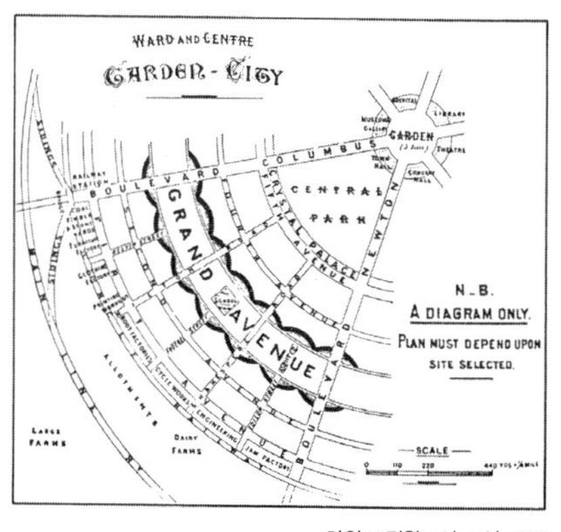

하워드 전원도시 도식, 1988

의 장점인 조용함, 녹지와 건강한 생활 등이 결합되는 자기 충족적인 전원도시를 기대하였다.

하워드에 의한 전원도시의 이론적 도식에 따르면, 중앙에는 시청과 극장, 도서관, 박물관 등 도시의 공공건물을 포함한 'Crystal Palace'에 의해서 에워싸여 있는 공원이 있고, 그 다음에는 주거지역과 학교가 있으며 맨 가장자리 고리에는 공장과 농지, 철도역, 주요 도로와의 연결부 등이 포함되어 있다. 하워드는 3,200명을 수용하고 자급자족의 전원도시로서 시골풍의 근린주거들이 58,000명 이상을 수용하는 커다란 도시와 연결되는 이상적인 비전을 제시하였다.

하워드는 도시의 투기를 막기 위해 토지공유 개념을 도입하고 건물 사이에 충분한 오픈 스페이스를 확보하며 도시 주위에 개발제한지역(green belt)을 두어 무제한 성장을 막고 보행으로 도달되는 거리에 녹지대를 두는 전원도시 계획안을 제안하였다. 하워드가 제안한 전원도시는 도시개발회사에 의해서 경영되며 회사가 토지를 소유하지만 건물과 서비스의 경제활동은 소유하지 않는다. 시민은 도시규칙에 따르며 최선의 방법으로 생활과 업무활동을 하며 통제된 사회의 혜택을 받게 되어 있다. 도시의 공업과 농업의 조화를 위해 주택과 공업용도를 위한 토지가 전체 도시면적의 1/6이고 나머지는 농업용지다.

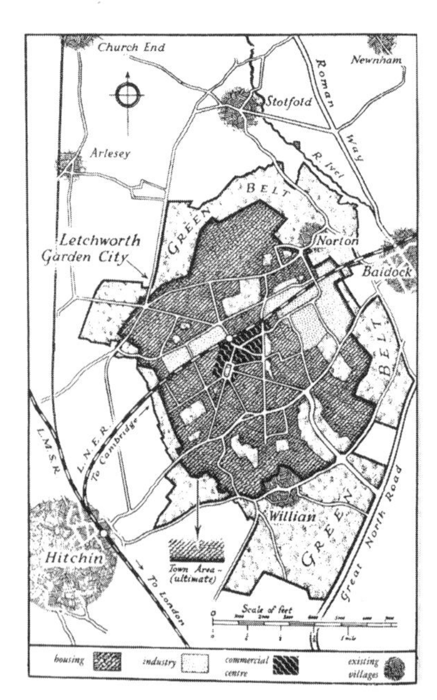

하워드, 레치워스의 전원도시, 1902

하워드는 많은 편집물을 통해 자신의 생각을 홍보하며 자신의 계획안의 실현을 위해 후원회를 조직하여 1899년 전원도시협회(The Garden City Association)를 발족시켰다. 1902년 하워드는 런던에서 80km 떨어진 레치워스(Letchworth)에 최초의 전원도시를 건설하였지만 성공하지 못하였다. 1919년 두 번째로 웰윈(Welwyn) 전원도시를 건설하여 비교적 성공적 성과를 이루며 전원도시가 생존할 수 있는 것으로 발전되어 전 세계에 큰 영향을 미치게 되었다. 레치워스는 첫번째 전원도시(The first Garden City), 웰윈은 첫번째 위성도시(the First Satellite Town)라고도 불린다. 하워드의 전원도시 사상은 이후 근린주구 개념의 형성, 미국의 그린벨트 타운의 건설 등에 영향을 미쳤고, 영국의 신도시계획 등 각국의 도시정책에 실제적인 대안을 제시하였다. 미국의 도시문명 비평가 루이스 멈포드는 '20세기 초에 우리 앞에 나타난 두 가지 위대한 발명은 인간에게 날개를 달아 준 비행기와 보다 나은 인간의 주거장소를 약속한 전원도시였다'고 말하였다.

2) 선형도시계획론

스페인의 도시계획가인 아르투로 소리아 이 마타(Arturo Soria y Mata, 1844-1920)는 수학교수이며 후에 기술을 배워 여러 가지 계획과 발명을 하여 공업을 진흥시킨 기술자이기도 하였다. 그는 기존의 거점도시들을 연결하여 전체도시를 선형으로 구성할 것을 주장하여 종전의 정제된 기하학적 패턴에 의해 주도되던 이상도시의 구상에서 벗어났다. 그는 운송과 공공시설의 연계를 처음으로 고려한 도시구성을 제안하여 길게 이어지는 도로 중간 중간에 도시들이 존재함으로써 도시생활과 전원생활이 동시에 구현된다고 주장하였다.

하나의 핵을 중심으로 집중적으로 발전된 전통적 도시의 과밀성을 해결하기 위해서 소리아는 『선형도시론』(La Ciudad Lineal, 1882)을 발표하였는데, 도시의 폭을 500m로 한정되게 구획하고 그 중앙에 1개 또는 그 이상의 철도를 부설하여 이를 축으로 무한히 연장할 수 있는 선형도시(Linear City)를 제안하였다. 이 거대한 선형구조 내에는 물건의 수송을 위한 시스템, 수도와 전기 등의 도시 하부구조, 저수지와 정원 그리고 소방과 위생, 병원 등 다양한 서비스를 공급하는 건물 등이 간헐적으로 배치되었다. 중앙도로 폭은 40m의 3차선으로 만들고 도시의 중앙축에는 전기철도가 부설되며 이와 교차되는 폭 20m의 도로는 220m 간격으로 계획하였다. 건폐율은 50%이며, 최소 대지면적은 400m로서 그중 80m가 건축면적이고 나머지는 정원이다. 소리아는 '모든 가족들은 자기 집을 가지며 모든 뜰에는 채소밭을 만든다'라고 하였다. 소리아는 마드리드 주변에 있는 푸엔카렐(Fuencarrel) 마을에서 포쥬엘로 드 알라르송(Pozuelo de Alarcon) 마을을 연결하는 580km의 선상도시 계획을 실행할 기회를 얻었지만 당시 토지이용 규제나 재정조건 등으로 계획처럼 정연한 모습으로 유지될 수 없었다. 소리아는 물건의 수송 및 공공시설의 설치 등에 기초를 두고 계획의 방법을 전개하며 새로운 교통수단과 신도시의 필요한 관계를 최초로 착안하였다. 도시형태란 수송의 필요성에서 파생된다고 그가 주장한 선형도시론이 실제로 적용된 예는 마드리드 한 곳뿐이다.

소리아의 아이디어는 1930년대에 소련과 르 코르뷔지에의 도시계획에서 발전되었으며, 사회주의 도시이론을 현실화시킨 니콜라이 밀류틴(Nikolai Miliutin)에 의해 수정된 선형도시계획이 여러 도시에 채택되기도 하였다. 밀류틴은 도시성장에 대한 계획, 특히 선형도시의 계획을 토대로 도시의 팽창개념과 구역(zonning)개념을 단순하고 효과적으로 결합시켰다. 그는 폭이 수백 미터이지만 길이가 무한히 긴, 띠 모양의 6가지 평행구역, 즉 철도구역, 공장작업장과 상점, 연구기술기관 등의 업무구역, 주요 고속도로를 따라 펼쳐지는 녹지구역, 자치건물과 지방관청, 병원, 보육원, 유아원을 포함하는 주거구역, 공원이나 스포츠시설, 오락과 수송을 위한 호수와 강이 펼쳐져 있는 위락구역, 그리고 정원과 농지, 목장농가 등이 있는 농업구역을 제안하였고, 이 선형이론을 마그니토고르스크(Magnitogorsk), 스탈린그라드(Stalingrad)와 여러 신개발지에서 전개하였다.

한편 르 코르뷔지에가 이끄는 그룹 ASCORAL(Organized the Assembly of Constructors for an Architectural Renovation)은 1945년 선형산업도시의 건설 시 기존 도시와 연결하는 철도와 수로, 고속도로 등의 간선도로를 중요하게 여기고 이 교통노선을 따라 녹음 속에 산업기능을 배치함으로써 주거와 산업을 도로와 녹지대에 의해 분리하는 이론을 제시하였다. 또한 독일 태생 미국의 건축가이자 도시계획가인 시카고 일리노이 공과대학 교수 루드비히 힐버자이머(Ludwig Hilberseimer, 1885-1967)는 그의 저서 『신도시』(New Town, 1964)에서 선형도시를 제안하였다. 힐버자이머는 처음에 하나의 도시 위에 또 하나의 도시가 올려진 2개의 도시로서, 사무실과 작업장 위에 노동자들의 주택을 지은 형식의 도시를 계획하였지만, 나중에 주거와 산업단위가 수평으로 관련된 선형적 도시를 개발하였다. 그가 제안한 선형도시는 도시 전체를 숲속에 입지시키고 주요 간선도로의 한쪽은 공업지역, 반대쪽에는 상업과 공공건물을 그린벨트 내에 배치하며 그 안쪽에 학교와 운동장, 커뮤니티시설이 있는 주거지를 공원이나 녹지로 분리시킨다는 계획안이다.

3) 산업도시계획

리용(Lyon)에서 태어난 토니 가르니에(Tony Garnier, 1869-1948)는 리용의 국립순수미술학교(the Ecole Nationale des Beaux-Arts)와 파리의 에콜 데 보자르에서 공부하였다. 가르니에는 하워드의 전원도시 원칙을 수용하면서도 나름대로 변형하여 산업도시로서의 이상적 도시를 제안하였다.

35,000명을 수용하는 이 도시는 주거지역과 공장지역이 엄격히 구분되고, 주거지역은 격자형 가로패턴을 적용하였다.

가르니에는 1901년 프랑스 아카데미 학생으로서 철근콘크리트와 철 및 유리로 건축된 산업도시계획안을 로마건축대상(the Prix de Rome)의 현상작품으로 제출하였다. 로마대상을 수상한 후 그 부상으로 1899년부터 1904년까지 로마에서 머물며 공부를 하였다. 가르니에는 다가올 새로운 세기에는 산업도시가 도시의 새로운 전형이 될 것이라고 믿었으며, 당시 가장 완벽한 도시이론을 제안하였다. 1904년 발표된 가르니에의 산업도시계획안은 복잡하고 실제로 건설 가능한 건축적 세부디자인으로 특정부지인 리용 근교에 계획되었다. 이 산업도시계획안은 중간 정도의 도시규모(인구 35,000명)이고 거주구역과 도심지역, 산업지역, 철도역과 필요한 모든 공공건물이 포함되었다. 계획안에서 산업지역은 두 강의 합류점에 배치되며 건물들은 평지와 구릉지에 걸쳐서 세워지고 도시 구성요소들은 증축 가능성을 고려하여 충분한 공간적인 여유를 갖게 하였다.

가르니에의 제안에는 태양과 공기, 녹지의 중요성, 충분히 넓은 건물, 교통로와 분리된 보행도로, 전원도시 등 근대운동 초기의 개념들

가르니에, 산업도시 주거지구 계획안, 1904

이 포함되어 있다. 가르니에는 거주와 작업, 오락, 교통 등 다양한 기능들을 명확히 구분하고, 도심을 통과하는 교통망과 지선의 차이를 분명하게 하며 자동차와 보행자의 동선을 구분하였다. 가르니에는 건물들이 철근콘크리트로 지어져야 한다고 생각하며 그 가능성과 이점을 살린 형태언어를 발전시켜 나갔는데, 길고 가느다란 창문, 유리벽, 필로티, 돌출된 닫집 캐노피, 개방된 평면들, 옥상 테라스 등을 사용하여 기차역과 학교, 단독주택과 주거단지 등을 계획하였다. 그는 아돌프 루스(Adolf Loos, 1870-1933)의 한정된 건축언어를 사용하여 단순한 입방체 주택, 긴 경간의 산업용 건물, 웅장한 탑과 교량계획에서 주로 철근콘크리트를 사용하여 다양성을 묘사하였다.

1904년에 공개된 산업도시계획안은 1917년에 『산업도시』라는 책으로 출판되었고, 가르니에의 개념과 계획은 근대건축운동에 커다란 영향을 미쳤다. 가르니에의 계획원리는 근대건축국제회의에 의해 이론적으로 재정리되었고, 아테네 헌장과 일치되었다. 가르니에는 자신의 아이디어를 구체화시킬 기회를 얻게 되었는데, 정치적 및 문화적 신념에 공감을 가졌던 리용 시장인 E. 헤리오의 후원을 받아서 1904년부터 1914년까지 「반점의 도살장」 등 일련의 모범적 공공건물과 주거단지를 그의 마스터플랜에 의해 리용 시에 건설하였다.

한편 산텔리아(Antonio Sant'Elia)는 새로운 도시를 구상한 것으로 철과 콘크리트로 이루어진 거대한 「마천루 도시」(1914)를 제안하였다. 산텔리아의 드로잉은 대부분 구현되지 않았고, 도면으로만 남아 있지만, 마천루 내부에 여러 가지 레벨의 도로와 계단이 각 부분을 연결하여 주고 있다.

재료와 구조를 중시하는 합리주의를 주장한 20세기 초의 혁신적 건축가 중 한 사람인 네덜란드의 베를라헤(Hendrick Berlage, 1856-1934)는 가로공간에서 통일적인 도시경관을 창출하는 가구단위의 연속적 배치를 미학적 요소로 생각하였다. 그는 연속적인 반복성과 표준화가 도시의 질서를 회복시킬 수 있다고 여겼고, '주택의 규칙적 분위기를 연출함으로써 주동의 파사드는 집합주택의 공간요소가 된다'며 도시의 정연한 시각상의 질서를 유도하였다. 베를라헤는 남부 암스테르담의 확장계획에서 자신의 최초 도시계획안을 시행하였는데, 1902년 착수하여 여러 차례 수정이 되어 1917년 최종설계가 이루어졌다. 베를라헤의 계획은 대칭적인 도로 시스템과 일관성 있는 건물면적을 갖는 블록을 사용하여 아카데믹한 전통을 보여준다. 베를라헤는 지역설계에서 유기적인 도로망을 가진 건물밀도 높은 부분과 불규칙한 곡선도로를 가진 건물밀도 낮은 부분을 혼합시켰고, 복잡한 것과 대칭적 모티프가 혼성된 균일한 도로를 갖춘 지구를 계획하여 단순한 4각형 블록으로 나누는 것을 피하였다. 건물 블록의 기본단위는 길이 100-200m, 폭 450m이고 4층 건물로서 중정이 있었으며 도로는 충분히 넓게 하였다. 이 계획은 제1차 세계대전 이후 실시되었는데, 최종 설계의 큰 변경없이 훌륭하게 진행되어 쾌적한 문화환경을 갖는 지구를 형성하게 되었다.

베를라헤, 남부 암스테르담의 확장 계획, 1917

제 7 장

근대건축의 형성

01 바우하우스

1) 바우하우스의 성립과 전개

독일의 유명한 디자인 학교였던 바이마르 국립 바우하우스(Staatliches Bauhaus in Weimar)는 월터 그로피우스가 1919년 독일 바이마르 시에서 기존의 수공예학교와 예술학교를 통합하여 설립한 디자인과 건축, 공예기술을 연수하기 위한 응용미술 교육기관이다. 바이마르에서는 사회민주주의 정부가 수립되고 월터 그로피우스(Walter Gropius, 1883–1969)는 독일공작연맹의 즉물적 조형이론을 이어받아 건축가로서 인정받게 된다. 제1차 세계대전 발발 후 1915년 국가주의가 대두되면서 국외로 출국한 반 데 벨데는 그로피우스를 바이마르 공예학교의 교장으로 추천하였으나 전쟁으로 성사되지 못하였다. 1918년 이후 독일 곳곳에서 교육적인 변화가 일기 시작하면서, 정부의 후원과 함께 반 데 벨데가 맡고 있던 「바이마르 미술공예학교」(Weimar School of Arts and Crafts)와 기존의 「바이마르 미술아카데미」(Weimar Academy of Fine Arts)가 통합되어 1919년 종합조형학교, 즉 「국립 바이마르 바우하우스」가 창립되었다.

본래 중세 교회건축의 건설을 맡았던 현장막사인 바우휘테(Bauhütte) 또는 조직명에서 유래하였다고 한다.

바우하우스란 '건축을 위한 집', '건축가들의 집'이란 뜻으로 '집을 짓는다'는 뜻의 하우스바우(Hausbau)의 변형으로 만들어졌다. 바우하우스는 근대 디자인에 있어 가장 영향력을 미쳤던 교육기관으로서 새로운 예술형식과 교육방법을 만들어내는 실험장이었다. 바우하우스의 교육이념은 근대건축의 국제 건축양식, 합리주의, 기능주의 건축에 커다란 영향을 주었다.

바우하우스는 개교 초기에는 당시 활발했던 독일 표현주의의 영향으로 교과과정이 요하네스 이텐에 의해 주도되며 표현주의적이며 주관주의적 경향을 지녔으나 점차 합리적인 교육이념을 확립했다. 1921년 이후 데 스테일의 반 도스부르그와 러시아 구성주의의 엘 리시츠키의 영향으로 초기의 표현주의적 경향을 벗어나 합리주의적 교육이념을 확립하였다. 1925년에는 데사우로 학교를 이전하고 교과과정을 약간 수정, 보완하였으며, 도시계획가인 힐베르자이머(L. Hilberseimer)를 초빙하여 건축학부를 개설하였다. 1928년에는 다시 베를린으로 이전하였고, 1930년에는 미스 반 데어 로에가 3대 교장에 취임하였으나 1933년 독일 나치 정권이 바우하우스를 폐교하였다.

이상과 같이 바우하우스는 시대적 특성에 따라 일반적으로 다음과 같이 4시기로 구분할 수 있다.

제1기 국립 바이마르 바우하우스 시대(Weimar Bauhaus, 1919–24): 수공예가를 양성하려고 했던 공예학교의 성격이 강했다.

제2기 시립 데사우 바우하우스 시대(Dessau Bauhaus, 1925–27): 공업과 관련되는 모든 제품의 디자인을 해결할 수 있는 능력을 가진 산업 디자이너를 양성하려는 디자인 대학의 성격이 강했다.

제3기 마이어 시대(Hanes Meyer, 1928–29): 학교의 성격이 좌경화되어 바우하우스의 수명이 단축되었으며, 사회주의 노동대학 같다고 비판을 받아 결국에는 시당국으로부터 퇴교명령을 받았다.

제4기 미스 반 데어 로에 시대(Mies Van der Rohe, 1930–33): 시립 바우하우스로서 공과대학의 성격이었다.

2) 바우하우스의 목표와 의미

바우하우스의 건립은 근대건축사에서 가장 특기할만한 사건으로서, 바우하우스는 아방가르드들이 해방시켜 놓은 새로운 힘을 건축 속에 포함시키려고 하였다. 아방가르드들은 기술문명이 가지는 새로운 가능성을 명확하게 바라보았지만 구체적인 형태로 세계의 모습을 바꾸지는 못했다. 바우하우스의 역사적인 역할은 바로 모든 아방가르드의 문화를 흡수하여 이것을 실제적인 것으로 전환시키는 것이었다.

미술학교와 공예학교를 병합하여 새로운 학교 바우하우스를 세운 것은 깊은 의의를 갖는데, 왜냐하면 이것은 오랫동안 분리되었던 예술(Art)과 기술(Craft)의 통일이기 때문이다. 즉, 중세시대의 통합된 회화와 조각, 건축 등 3가지 조형예술이 세분화되는 경향을 우려하면서 다시 건축 아래 모든 조형예술의 재통일을 구상하였던 것이다. 그로피우스는 기계를 창조력 있는 디자이너에게 있어 보조적인 일을 하는 도구로 여겼으며, 도구나 기계가 최고의 효과를 낼 수 있도록 익숙해지려면 우선 재료의 성질이나 그 가능성을 잘 아는 것이 필요하다고 생각하였다. 그로피우스는 예술가나 건축가는 동시에 기술인이 되어야 하고, 여러 가지 재료의 본질을 알기 위해서는 실제적 경험을 가지며 디자인 이론을 학습해야 한다고 주장하였다.

그로피우스는 예술가며 기술인이기도 해야 하는 건축가는 건물 전체의 관련 속에서 자기 작업의 목적을 충분히 인식한 다음에 작업을 시작해야 한다고 믿었다. 그래서 그는 건축의 설계, 가구나 자기의 제작, 그 외의 각종 건축예술 분야에서의 팀워크를 중요시하였다. 건축에는 팀워크라는 상호 협동관계가 있으며, 팀의 멤버는 자기의 역할에 정통해야 할 뿐만 아니라 건물 전체와 또는 공업생산품 전체와 자기 일의 관계를 제대로 파악했을 때 최상의 결과를 얻을 수 있다고 생각하였다.

바우하우스의 교육은 세 가지 목표를 설정하였는데, 하나는 건축의 지지 아래 모든 예술을 통합하는 것이고, 두 번째는 예술과 수공예 그리고 산업을 통합하는 것이며, 마지막은 건축과 예술을 대중화시키는 것이다. 처음 학교가 개교했을 때, 바우하우스는 당시 독일의 급진적인 예술운동과 영국의 미술공예운동에 커다란 영향을 받았다. 1918년 그로피우스가 전쟁터로부터 베를린으로 돌아 올 당시, 독일 사회는 전쟁에서 패배한 후 혁명으로의 폭발 직전 상황까지 이르렀으며, 사회주의 혁명에 성공한 러시아에 영향을 받아 급진적인 그룹들이 생겨났다. 급진적 그룹들은 민중이 일치되어야만 하고 예술은 더 이상 소수의 전유물이어서는 안 되며, 민중들의 삶과 행복을 위한 것이어야 하고, 또한 예술가들은 위대한 건축의 날개 아래에 통합되어야 한다고 하였다.

그러나 바우하우스는 개교한 후 시간이 흐르면서, 초기의 유토피아적이고 급진적인 이념은 약해지고 수공예를 중시하는 교육목표도 한계에 부딪치게 된다. 그때부터 바우하우스는 예술을 기존의 생산체계에 적용하면서, 매우 불충분한 공업생산품의 품질을 높이는 데 주력하게 되는데, 이런 경향은 1925년 학교를 바이마르에서 데사우로 이전하면서 더욱 심화되었다. 당시 독일에서 가장 공업적인 도시였던 데사우는 그런 경향을 더욱 촉진시켰다. 이때부터 건축은 아방가르드적인 예술이 아니라 생산과정의 일부로서, 생산현장에 삽입된 활동의 하나로 간주되어 버렸다.

바우하우스는 디자인의 단순화, 기능주의적 사고, 재료의 사용, 구조적 기술 등을 기반으로 함으로써 건축의 근대화운동에 큰 영향을 미쳤다. 디자인에서 공간은 추상적 성격을 지니고, 장식은 거의 없으며, 오로지 재료와 색상의 결합으로 인한 시각적 효과만이 있었다. 그 목표는 예술과 기술공학을 결합하여 기계화된 근대세계에 적합한 미학을 만들어내는 것이었다. 소박하고 장식 없는 금속관의 가구, 검은색과 흰색, 중성색과 원색만을 사용하는 기능주의적인 인테리어의 기원은 바우하우스에 있다고 할 수 있다.

3) 바우하우스의 교육과정

바우하우스의 선언서 〈마니페스토〉의 목판화 표지

바우하우스의 첫 선언서는 라이오넬 파이닝거 작품인 목판화로 장식되었는데, 이 목판화는 고딕 성당의 이상상과, 바우하우스의 이념과 중세의 건축을 이룩한 장인기질과의 관련성을 표현한 것이다.

제1차 세계대전이 끝난 직후, 그로피우스는 그란드 듀칼 색슨 예술아카데미와 그란드 듀칼 색슨 공예학교를 합병하여 1919년 국립 바우하우스를 창설하였다. 1919년 첫 선언서인 〈**마니페스토**〉(Manifesto)가 발표되었고, 최초의 교수진으로 이텐(Johannes Itten)이 6개월간의 예비과정을 맡게 되었다. 그로피우스는 이텐의 교육방법에 찬동하여 예비과정을 지도하고자 초대하였다. 이텐은 교육방법의 하나로, 물질을 지적으로 표현하는 것이 그 구조를 정확하게 이해하는 방법이라는 주장 아래, 물질로서 재료의 성질을 묘사하거나 실험해서 연구하게 하였다. 한 가지 건축재료를 연구함으로써 그 재료에 대한 감각을 모든 방면에서 발전시키는 동시에 다른 재료와의 관련을 추구하고 대비, 대조시킴으로써 더욱 그 재료의 성질을 잘 알게 된다는 것이다.

바이마르 시대의 바우하우스에는 그 외에도 미국인 화가이며 인쇄예술가인 파이닝거(Lyonel Feininger), 독일의 조각가며 도예가인 게르하르트 마르크스(Gerhard Marcks) 등이 1919년에, 화가며 저술가인 게오르그 무헤(Georg Muche), 화가며 인쇄예술가, 저술가인 오스카르 슐레머(Oskar Schlemmer) 등이 1920년에, 1922년에는 화가며 인쇄예술가인 왓실리 칸딘스키(Wassily Kandisky), 1923년에는 화가며 무대미술가, 사진가, 인쇄예술가인 라츨로 모홀리나기(Laszlo Moholy-Nagy), 폴 클레(Paul Klee) 등이 차례로 합류하였다.

바우하우스에서의 교육은 재료나 기술의 연수코스와 형식 및 디자인의 이론적 연구코스의 두 과정으로 나뉘어졌다. 바우하우스의 교육과정은 3단계로 나뉜다. 1단계로 도제과정, 2단계로 직인과정, 3단계로 준마이스터 과정으로 나뉜다. 1단계 도제과정은 예비 교육과정(6개월 과정)으로 공방에서의 재료연구와 결부된 기본 교육형태를 배워 창조력을 키우며 재료의 특성을 이해하고 창작의 기본원리를 깨닫는 것이다. 예비과정에서 학생들은 돌과 나무, 금속, 유리 등 여러 가지의 재료에 관해 배우는 동시에 형태의 이론에 대한 기초교육을 받는다. 여러 재료들을 배우고 실험하는 것은 학생들이 사용하는 재료들 가운데 그들이 갖는 창조력이 가장 잘 발휘되는 재료를 발견하려는 목적이었다. 또한 학생들은 도구 사용방법과 그 도구들과 똑같은 기능을 수행할 수 있는 기계의 사용법을 배운다.

간단한 실습을 통하여 재료와 형태, 색채의 사용방법을 교육하는 이 예비 교육과정은 형태의 마스터들(Masters of Form)이 가르쳤는데, 이 형태의 마스터들로 교수진에 임용되었던 대부분의 작가들은 매우 독창적이면서도 분석능력이 탁월한 모더니즘의 거장들이었다. 형태와 디자인을 배우는 과정에서는 자연의 형태에 대한 연구와 표현을 배우고, 기하학과 건축구조의 원리를 배우며 이어서 매스와 색채, 디자인에 대한 이론을 연구한다.

2단계 직인과정은 공방교육으로서 정규 도제계약을 맺은 후 실습공방에서 공작교육과 형태교육을 보충(3년 과정)하는 것으로 가구와 인쇄, 광고, 도자기, 직물, 스테인드글라스, 벽화, 조각 등을 다루었다. 형태교육(Formlehre)은 형태와 색채에 의한 형태언어를 교육하는 것이고, 공작교육(Werklehre)은 공장생산에 필요한 전체의 종합적인 제작과정을 교육하는 것이다. 3단계 준마이스터 과정은 무기한의 최종과정으로서, 외부로부터 의뢰된 작업을 통해 실제작업을 이해하는 과정이다.

바우하우스의 교육 프로그램은 객관적이었으며, 도제제도에 근본을 둔 공예가나 예술가를 훈련시키는 것이었다. 그로피우스는 실제교육을 형태와 색채 및 재료와 연결시키려고 하였으므로, 바우하우스는 실제 사용되는 제품을 제작하기 위한 디자인을 만들어내는 실험실이라고도 할 수 있다. 동시에 바우하우스는 대량생산을 위한 유형들을 개선하기 위한 연구실이기도 했으므로, 기계가 채택되고 그 특성에 적합한 디자인이 만들어졌다.

그로피우스의 교육이념은 이론과 실제교육의 두 방향, 두 명의 마스터 아래서 동시에 교육을 받으며, 실무현장과 계속 접촉하고, 창의적인 마스터들이 존재하였던 점에서도 잘 알 수 있다. 이런 교육방식은 건축적 사고에 근본적인 변화를 가져왔으며, 형태는 더 이상 그 자체의 문제가 아니라 생산활동의 통합된 부분이 되었다. 예술작품의 목표는 형태를 창조하는 것이 아니라, 일상적인 삶의 과정을 이런 형태들로 변형하는 것으로서, 그것은 모든 생산활동과 인간의 환경과 연관됨을 전제로 한다.

1923년 추우링겐(Thuringian) 입법의회의 요청으로, 바우하우스는 공개전람회를 개최하고 4년 동안의 업적을 보고하였다. 이 전람회의 주제는 〈예술과 기술-새로운 통일-〉이었으며, 여러 가지 재료를 사용한 디자인과 공작실에서 제작된 각종 제품, 이론적 연구결과 보고로부터, 바우하우스의 공작실에서 설계·시공된 「**암 호른**」(am Horn)이라 이름 붙여진 독립주택도 전시하였다. 1924년부터 독일 경제가 발전하면서 바우하우스는 산업계로부터 용역을 받기 시작하였고 그 명성이 독

Haus am Horn: 1923년 7-9월 개최된 바이마르 바우하우스 전람회를 위해 바우하우스의 화가며 교사인 게오르그 무헤(Georg Muche)가 그로피우스 및 마이어의 도움을 얻어 설계하였다.

일 밖으로 퍼져나갔지만, 한편으로는 좌파와 우파로부터 동시에 공격을 받았다. 바이마르 바우하우스는 작품들이 받아들여질 수 없는 공산주의적 색채를 띠고 있었기 때문에 보수적인 시 당국에 의해 비평을 받고 폐교를 하게 되었다. 우파들은 역사적인 유사를 고려하지 않아서 취향의 바탕이 흔들린다고 비난하였고, 좌파는 너무 고급한 절충주의와 타협이라고 몰아세웠다. 이런 논쟁들이 정치적인 논의를 불러일으킴에 따라 바이마르 정부는 더 이상 중립적 입장을 내세우지 못하게 되었고, 1925년 바우하우스는 이곳을 떠나 공업도시인 데사우(Dessau)로 옮겨지게 된다. 이때 새로운 교사를 짓게 되는데, 학교로서는 최초로 대규모 실제 프로젝트를 수행하게 된다. 여기에는 학교교사뿐만 아니라 교수들의 숙소동도 함께 건설되었으며, 이들의 설계는 그로피우스가 담당하였다.

4) 데사우 바우하우스

1925년 가을에 착공되어 1926년 12월에 완성된 데사우 바우하우스 건물에는 데 스테일의 수법과 구성주의적 경향이 담겨 있다. 그로피우스는 당시 가장 첨단의 예술경향들을 자신의 조형언어로 걸러서 사용하였으므로 이 건물은 미적으로 대단히 인상적이며 이 시대의 기념비적 건축이라고 할 수 있다. 이 건물은 강의동과 작업동, 학생기숙사의 3

1. 그로피우스, 데사우 바우하우스 남동쪽, 1925–26
2. 그로피우스, 데사우 바우하우스, 1925–26, 우측: 연구실, 좌: 공업전문대학

개의 주요 동으로 구성된 복합빌딩으로서, 디자인학부동, 공작동이 있고, 여기에 브리지를 통해 행정실로 연결된다. 그리고 공공생활에 대한 저층의 건물이 있고, 학생들을 위한 기숙사동이 덧붙여졌다.

디자인학부동과 공작동은 도로 위에 걸린 육교모양의 복도로 연결되었고, 이 복도에 관리사무실과 클럽사무실, 그로피우스 교수의 개인적인 아틀리에가 있다. 6층의 학생기숙사에는 28개의 아틀리에를 위한 방이 있고, 기숙사 일부는 철근콘크리트 구조다. 공작동에는 철골콘크리트의 바닥 슬래브와 버섯모양의 기둥을 사용하고 1층에서 3층으로 걸친 파사드에는 연속된 커다란 유리의 스크린이 끼어 있고 기둥은 유리스크린을 절단하지 않도록 충분히 후퇴되어 있다. 이 건물은 공업건축에서 유리스크린이 야심적으로 사용된 최초의 건물이라 할 수 있으며, 이를 계기로 유럽과 미국에 이와 비슷한 구조의 건물이 널리 구축되게 되었다.

데사우 바우하우스 건물의 벽체들은 고립되면서도 일정한 관계를

1. 그로피우스, 데사우 바우하우스 작업동, 1925-26
2. 그로피우스, 데사우 바이마르 시대의 바우하우스 교장실

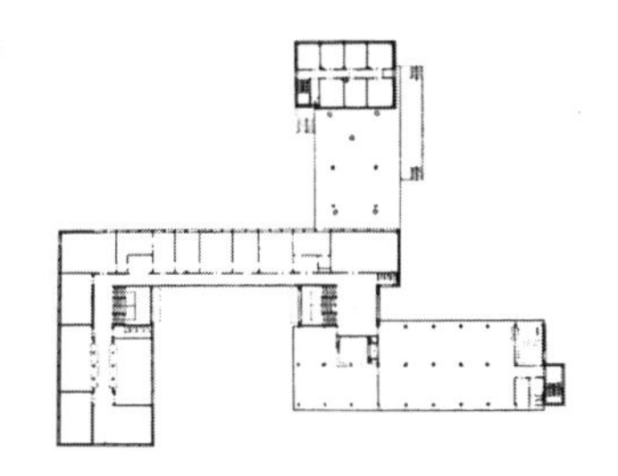

그로피우스, 데사우 바우하우스 평면도, 1925–26

유지하며 병치되어 있어서 새로운 조형을 보여주고 있다. 각각의 기하학적 요소들은 다른 요소들과 정확한 관계를 가지며, 그들은 전체로 구성될 때까지 불완전해 보이고 긴장감을 가지고 있다. 그로피우스는 근본적으로 두 가지 재료에만 의지하여 설계하였는데, 금속재로 된 틀 속에 유리를 넣어서 공간을 표현하였고, 벽체는 흰색의 플래스터를 사용하였다. 데사우 바우하우스 교사는 유리 커튼월, 무장식의 평탄한 벽면, 개방적 볼륨에 의한 형태구성, 비대칭적 평면구성 등의 건축수법을 이용한 점 등에서 국제양식의 건축수법을 선구적으로 예시한 작품이라고 할 수 있다.

데사우로 이전한 이후에는 기존의 교수 이외에도 이전에 바우하우스의 학생이었던 사람들, 곧 요셉 알베르스(Josef Albers), 허버트 바이어(Herbert Bayer), 마르셀 브로이어, 힌네르크 쉐퍼르(Hinnerk Scheper), 요스트 슈미트(Joost Schmidt) 등 5명의 졸업생이 교수로 가담하였다. 데사우 바우하우스에서도 기본적인 교육원칙은 확인되었는데, 그 원칙들은 디자인과 기술의 훈련, 여러 가지의 창작활동, 특히 건축을 실천하기 위한 공작기술의 훈련이나 실험적인 실기, 건축과 실내장식의 실험적 제작, 공업생산을 위한 시험작품이나 원형의 제작, 그리고 이들 시험작을 공업계에 판매하는 것 등이었다.

데사우 바우하우스에서 모홀리 나기와 한스 알버스는 재료 자체의 성질을 체험하고 그에 알맞은 여러 가지 기본형태를 추구하는 것을, 칸딘스키는 재료와 물체의 효용성이나 의의를 새로운 형태와 색채, 공간의 순수한 구성 속에 표현하는 것을, 폴 클레는 모든 물건의 형태를 습관적으로 파악하지 않고 그 내부의 본질을 이해하며 체험을 통해 표현하는 것을 가르쳤다. 이들이 추구한 것은 실용기능과 합리적 공업생산 과정의 연구를 결부시켜 건축과 가구, 조명기구, 직물, 금속세공품 등에서 조형적인 아름다움과 기능성, 공업생산적인 규격화를 통일한 참신한 제품을 창안하고자 하는 것이었다.

그로피우스는 공직의 의무에 얽매이지 않고 자유롭게 창작활동에 몰두하기 위하여 1928년 바우하우스의 교장 자리를 **하네스 마이어**(Hanes Meyer, 1889–1954)에게 넘기고 학교를 떠났다. 그의 뒤를 이은 하네스 마이너는 너무 급진적인 성향을 띠어서 도시의 책임자와 의견충돌을 일으켜 1930년 6월 사직하였고, 그로피우스의 추천으로 미스 반 데어 로에가 계승하게 된다. 데사우의 바우하우스는 1932년 10월 나치가 작센와할트 정부를 인수한 뒤, 다시 베를린으로 옮기게 되었고 1933년 4월 나치 당원에 의해 폐쇄되었다.

마이어는 '건축은 한 사람의 예술가의 개인적, 감정적인 활동이 아니다. 건축한다는 것은 하나의 집합활동이다'라고 하였다.

미스는 하네스 마이어의 뒤를 이어 바우하우스의 교장이 되었다. 그는 프랭크 로이드 라이트, 월터 그로피우스, 르 코르뷔지에와 함께 근대거장으로 불리는 독일의 대표적인 건축가였다. 미스는 절대적인 질적 기준과 엄격한 윤리적 작업에 온 힘을 기울였다. 그러나 그는 1937년까지 독일에서 활동하다가 나치의 박해를 피해 미국 시카고로 이주하게 되고, 거기서 독일에서의 아방가르드적인 활동과 미국의 자본주의를 결합하여 새로운 건축을 꽃피우게 된다.

5) 바우하우스의 영향

그로피우스는 중세의 통합된 회화와 조각, 건축 등 3가지 조형예술이 세분화될 경향을 우려하면서 다시 건축 아래 모든 조형예술의 재통일을 구상하였다. 그로피우스는 바우하우스 선언문에서 건축을 중재자로 삼아 예술과 수공예, 예술과 산업, 예술과 일상생활의 통합을 표현하였다. 그로피우스는 바우하우스 선언문에서 '… 이제 공예가와 미술가 사이에 가로놓인 높다란 장벽을 만드는 계급차별을 없애고 새로운 공예가 집단을 만들자! 우리 다 함께 건축과 조각과 회화를 하나의 통일 속에 포용하고 … 새로운 미래의 건축을 희구하고 상상하며 창조하자. … 바우하우스는 완벽한 건축물이 모든 시각예술의 궁극적 목표다'라고 선언하였다. 그는 교사와 학생이 함께 하는 공동사회적 책임을 지향하였고, 1923년 이후 기계의 사용으로 예술과 공업기술의 통합을 목표로 합리주의적인 근대디자인을 시도하였다.

바우하우스는 독일의 나치 정권에 의해 폐교될 때까지 예술과 공업의 통합, 표준화, 공업화를 통한 공장생산과 대량생산 방식의 예술로의 도입, 건축을 중심으로 한 모든 예술의 통합, 이론교육과 실기교육의 병행 등을 교육목표로 운영하는 등 근대건축에 중요한 역할을 하였다. 폐교 이후 바우하우스의 교수진은 세계 각국에서 활동하며 바우하우스의 교육이념을 세계 각국에 널리 전파함으로써 근대건축의 국제양식 건축과 합리주의, 기능주의 건축에 지대한 영향을 미치게 되었다.

바우하우스는 폐쇄되었지만 그 교육의 방침 및 방법은 사라지지 않고 전 세계에 널리 영향력을 미쳤다. 오히려 이 학교의 영향은 학교가 없어진 뒤부터 더욱 강력해졌다고 할 수 있다. 유럽이나 미국의 미술관계 학교의 대부분이 바우하우스의 교육방법을 채택하였고, 바우하우스의 교수와 학생들 대부분이 유럽이나 미국 각지의 미술학교 또는 교육기관에서 활동하였다. 예를 들면, 모홀리 나기는 시카고의 뉴바우하우스(현재의 시카고 디자인연구소) 소장이 되어 바우하우스의 방식을 채택하고 있다. 바우하우스 방식은 하버드 대학교의 건축학부, 뉴욕의 공업디자인연구소, 남캘리포니아 디자인학교에도 전파되었다.

02 국제주의 양식 건축

1) 근대건축의 국제화와 그 배경

모더니즘은 20세기에 들어서면서 커다란 문화적 변혁이 있었다. 모더니즘은 제1차 세계대전 직후 전쟁 이전 바우하우스가 추구한 기능주의적이고 기계미학적인 디자인을 몇몇의 개척자적인 디자이너들이 표현 수단으로 삼아 발전시킴으로써 〈국제주의 양식〉(International style)이 형성되었다.

국제주의 양식은 1925년경부터 1950년대까지를 지배하던 건축계의 움직임으로, 제2차 세계대전 시기에 선진국 전체에 전파되었으며 볼륨의 강조와, 규칙성, 장식의 배제를 주된 특성으로 한다. 모더니즘의 가장 중요한 교리 중의 하나는 건물의 장식을 제거하는 것이다. 과거의 건축은 파사드에 형식의 풍요로움을 과시했고 고도의 장식이나 거친 장식성, 위엄성 같은 내용을 전부 담았다. 하지만 대량생산을 위해 합리화와 표준화라는 개념을 받아들이고 새로운 기계미학에 자극을 받은 모더니즘은 실내에서 필요 없는 장식을 제거하였다. 근대적 사고와 새로운 재료 및 건축기술은 더 가볍고 더 넓고 더 기능적인 환경을 만들 수 있게 하였다.

(1) 사회적 배경

근대건축이 국제적인 성격을 띠게 된 배경으로는, 먼저 20세기에 기업의 합동이나 독점에 근거한 자본주의 산업이 새로운 모습으로 발전함에 따라 기술과 공업이 대규모로 급속히 발전해진 것을 들 수 있다.

또한 교통과 통신 등 인류의 교류수단이 두드러지게 발달함으로써 인류와 지역 등 상호교류의 시간과 거리가 단축되며, 각 민족과 국가, 지역 상호간의 활발한 문화적 교류가 가능케 되었다. 이러한 활발한 교류로 인해 국가와 민족 고유의 문화가 붕괴되고 전체 인류에 공통적인 세계문화가 형성하게 되었다.

제1차 세계대전 이후 국제적 제휴로 인류의 평화와 번영을 이룩하고 경제적으로 재건의 길을 찾기 위한 국제연맹의 설립과 함께 인류공존 사상과 공동체의식이 형성되고 국제주의가 대두되었다. 한편 산업혁명 이후 기계화와 공업화를 적극적으로 생활양식 전반에 수용하는 기능주의적이며 합리주의적 생활관이 형성되었고, 생활과 산업 전반에 걸쳐서 규격화와 표준화에 의한 기능성과 효율성, 단순성을 중시하는 의식이 형성되었다. 한편 세계대전 이후에는 구지배계급의 몰락과 근로대중 세력의 대두에 따른 사회주의적인 정신과 정책이 추진되기도 하였다.

(2) 건축적 배경

19세기 말 이후 건축가들은 사회의 변화에 관계 없이 계속 반복되던 여러 양식을 절충한 건물들, 건물기능과는 거의 또는 아무런 상관이 없는 여러 시대의 다른 건축양식을 혼합한 건물들을 싫어하게 되었다. 그리고 급속히 산업화한 사회에는 새로운 생활에 따른 사무실 건물과 여러 상업용 건물, 공공건물이 많이 필요하게 되었으며, 철과 강철, 철근콘크리트, 유리를 주로 사용하는 새로운 건축기술과 공법이 개발되었다. 이러한 새로운 시대의 사회적 및 심미적, 산업적인 변화현상으로 인하여 합리적이고 경제적이며 실용적인 건물들이 창조되게 되었다.

이 건물들은 당시의 새로운 재료와 공법, 기술을 사용하였으며 사회의 미적 취향에 맞으면서도 새로운 건축에 대한 사회의 요구를 만족시키는 형태를 띠었다. 이제 건물들은 철과 유리, 콘크리트 등 기계적이고 인공적 재료를 공통적으로 사용하며, 건축부재를 규격화하고 표준화하여 공통적인 공법에 의해 건설하였다. 이처럼 여러 지역에서 공통적인 재료와 공법에 의해 건축함으로써 결과적으로 건축양식도 서로 비슷하게 되었다.

근대건축의 세계화, 국제화에 있어서 기술은 매우 중요한 요소였다. 근대에 있어서는 대량 생산된 값싼 철과 강철을 쉽게 구할 수 있게 되었고 1890년대 이래 이러한 재료가 주요 건축자재로서 효과적이라는 사실이 밝혀지면서 벽돌과 돌을 쓰는 오랜 석조건축 전통에서 벗어나게 되었다. 근대화에 따른 철근콘크리트, 철골, 유리와 같은 새로운 재료와 구법이 보급되면서, 바닥과 같은 부차적인 지지요소에는 철강재로 보강된 콘크리트를 쓰고 건물 외부를 유리로 마감하는 새로운 방법을 통해 근대건물에 필요한 기술이 완성되었으며 건축가들은 이러한 기술을 건축에 점점 도입하게 되었다.

이러한 시대적 및 건축적 변화는 다음과 같이 정리할 수 있다. 제1차 세계대전을 거치면서 거대하며 조직화된 근대공업에서 비롯된 공업적이며 기술적, 합리적 정신이 건축에 새로운 흐름을 주게 되었다. 철골이나 철근콘크리트 구조기술은 전쟁을 통해 사회 전반에 보급되었다. 라멘이나 아치 구조, 프리캐스트 부재 등 여러 가지 구조와 재료 등이 풍부하게 공급되어 사용될 수 있었으며, 이론적 분석도 더욱 발달되었다. 한편 이 시대에는 건축물 개개의 합리적 해결뿐만 아니라, 새로운 주거단지나 도시, 생활 전체의 이상적 모습을 사회경제적 입장에서 계획하는 것이 중요하게 간주되었다. 또 이 시기의 건축가들은 과거의 양식들에서 벗어나, 단순한 매스와 평면, 이에 교차된 투명한 면의 구성 등 대전 이전과 전혀 다른 새로운 형태의식을 갖고 합리적이고 기능적인 건축을 추구하였다. 세계대전 이후 각국의 건축가들은 국제적인 상호 협조와 협력의 정신에 입각하는 공통적이며 국제적인 연대의식과 국제적 성격을 갖게 되었다. 이렇게 20세기 초 근대건축운동을 통하여 국제적 공통성을 지닌 국제주의 양식 건축이 발생하여 기능적이며 순수하고 추상적 형태와 공간이 전개되었다. 국제주의 양식은 근대건물의 형식과 외관이 재료 및 건축기술의 잠재적 가능성에서부터 형성되고 표현되어야 한다는 주장 아래 생겨났다.

2) 기원 및 전개과정

1925년 월터 그로피우스는 바우하우스 총서 제1권으로서 『국제건축』(Internationale Architektur)을 발간하면서 재료와 구조, 기술, 기능의 조건이 공통적인 근대사회의 건축은 필연적으로 국제적인 공통성을 지닌 양식이 될 것이라고 주장하였다.

1927년에는 독일공작연맹 공동주택 전시회가 슈투트가르트에서 개최되었는데, 르 코르뷔지에와 월터 그로피우스, 미스 반 데어 로에, 힐베르자이머, 오우드 등을 비롯한 당시 유럽 각국의 선구적 근대건축가 16명이 참가하였다. 이 건축가들은 공업화를 전제로 하여 규격화와 표준화에 의한 공장생산과 현장 조립방식을 도입하였으며, 이 전시회를 계기로 하여 국제주의 양식 건축이 실질적으로 가시화되게 되었다.

뉴욕 현대미술관(MoMA)에서는 『근대건축: 국제전시회』(Modern Architecture: International Exhibition)가 1932년 개최되었는데, 이는 건축양식에 관한 최초의 전시회로서 히치콕(Henry Russell Hitchcock)과 필립 존슨(Philip Johnson)의 주관 아래 열렸다. 그리고 히치콕과 존슨은 공동으로 『국

제주의 양식: 1922년 이후의 건축』(International Style : Architecture Since 1922) 이라는 책을 발간했다. 히치콕과 존슨은 이 전시회와 책을 통해 당시의 국제적인 공통양식을 정의하며, 볼륨으로서의 건축, 장식의 배제, 규칙성을 국제양식 건축의 특성이라고 하였다. 이들은 이 책에서 국제양식과 과거양식을 구별하는 몇몇 특성을 규정하였으며, 공간을 둘러싸는 외피, 매스보다는 볼륨, 디자인의 질서에 있어서 대칭성보다는 규칙성, 독단적인 표면적 장식을 배제하는 데 관심을 가졌다. 이들은 전시회와 책을 통해 근대건축의 국제화를 가속시켰으며, 기능주의 건축에 큰 영향을 끼쳤다.

국제양식 건축의 형성과 전개에는 또한 1928년 조직된 근대건축국제회의의 영향이 컸는데, 이는 르 코르뷔지에와 월터 그로피우스 등이 주도한 세계 각국의 근대건축가들의 공동체 조직으로서, 1956년 제10차 회의까지 지속되며 활발한 교류를 통해 국제양식 건축을 세계 각국에 전파하였다.

3) 국제주의 양식 건축의 특징

20세기 중엽 이후 주류를 이루었던 국제주의 양식 건축은 일반적으로 합리성과 기능주의, 직선으로 이루어진 간결한 기하학적 형태, 대규모의 백색 무질감 표면, 입면에 유리 사용, 철골이나 철근콘크리트의 일반적 사용 등으로 특징지워진다. 국제주의 양식 건축은 기계와 공업을 건축에 수용하고 규격화와 표준화, 대량생산을 적극적으로 이용하였고, 기능성과 효율성, 경제성, 실용성 위주의 건축을 추구하는 기능적이며 합리적인 건축으로서 불필요한 장식을 배제하였다. 국제주의 양식 시대를 대표하는 합리주의는 곧 기능주의로서, 기능적인 것이 아름답다는 것이다. 이는 효율이 좋은 기능은 자동적으로 아름다운 형태를 탄생시킨다는 것으로서, 브루노 타우트도 1929년에 '쓸모 있다는 것은 곧 아름다움이다'라고 말하였다. 근대건축의 주문과도 같은 표어로서 '형태는 기능을 따른다'는 말은 형태는 기능을 잘 반영하여야 한다는 기능주의를 잘 나타낸다.

국제주의 양식은 규격화된 철근콘크리트와 유리를 주재료로 사용했으며, 개방된 실내공간은 장식이 배제되었고 규칙성과 비대칭, 빛에 의한 입체감 등이 특징이 되었다. 국제주의 양식 대부분의 건축물들은 흰색으로 마감되어 자연환경에 대한 강한 대비현상을 보여주었으며 추상적 미학을 표현하였다. 대부분 입체파와 신조형주의 회화가 지닌 미학의 영향을 받은 기능주의 건축가들은 건축역사를 배제하고 장식을 거부하며, 철과 유리와 콘크리트를 사용한 건축의 기능과 기계미, 순수한 기하학적 형태를 강조했다. 과거의 양식적 건축과 가장 대비되는 점으로 원과 삼각형, 사각형 등의 순수 기하학적인 형태의 윤곽을 지니는 완벽한 추상형태를 추구하였고 육중한 솔리드(solid)보다도 중량이 없고 하중을 지지하지 않는 표피로서의 외관으로 처리하였다. 국제양식 건축은 순수한 기하학적 형태의 개방적인 볼륨이 외관을 지배하고, 각 볼륨의 면은 무장식의 평탄한 면으로 구성되었다.

한편 국제주의 양식 건축은 과거 석조의 육중하고 폐쇄적인 매스(mass) 위주의 건축을 벗어나서, 새로운 재료와 구법의 유리와 커튼월, 칸막이벽 등 경량벽체에 의해 개방적인 볼륨(volume)과 공간을 형성하게 되었다. 과거 건축의 장식들로 뒤덮였던 표면은 날렵하고 말쑥한 느낌을 주는 평탄한 표면으로 바뀌었고, 자유로운 평면에 따른 탁 트인 내부공간과 캔틸레버 구조법으로 보기에 경쾌한 느낌을 준다. 재료는 주로 유리와 강철이며, 철근콘크리트로 이것들을 결합시켰다. 국제주의 양식 건축은 근대사회의 합리성과 형태의 추상성과 순수함을 지니며 기능과 구조의 공통된 기반을 형성하며, 그 위에 강력한 국제적인 연대감정을 갖는 세계성과 국제성을 포함시키려는 노력 가운데 이루어졌다.

4) 국제주의 양식의 건축가들

20세기에 이르러 새로운 재료와 공법인 유리, 철골조와 철근콘크리트조의 보급 및 발전과 건축공학 기술의 진보를 배경으로 세계 각국에 있어서 건축재료와 시공법의 규격에 대한 국제화, 학문지식의 공통화와 인류공동체 의식이 진전되면서 건축도 국제화되었다. 국제주의 양식은 1920년대의 재능이 뛰어난 독창적인 건축가들의 작품에서 비롯되었다. 이들은 건축분야에서 계속해서 매우 큰 영향을 미쳤는데, 이 중요한 인물들은 독일과 미국에서 활동한 월터 그로피우스와 루드비히 미스 반 데어 로에, 네덜란드의 J. J. P. 오우드, 프랑스의 르 코르뷔지에, 그리고 미국의 프랭크 로이드 라이트, 리처드 노이트라와 필립 존슨 등이다.

그로피우스와 미스는 강철 보 사이에 유리 커튼월을 세운 간결한 구조물로 유명하다. 그로피우스의 주요 작품들로는 「파구스 공장」(1911), 「바우하우스 교사」(1925-26), 「하버드 대학교 대학원 센터」(1949-50) 등을 꼽을 수 있다. 국제주의 양식을 전파하는 데 크게 기여한 미스 반 데어 로에와 그의 미국 제자들의 작품으로는 「레이크 쇼어 드라이브 아파트」(Lake Shore Drive Apartments, 1949-51), 「시그램 빌딩」(Seagram Building, 필립 존슨과 합작, 1958) 같은 유리와 강철 재료를 사용한 마천루가 가장 유명하다. 오우드는 「키프후크 집합주택」(1925)에서 보이듯이 한층 세련되고 흐르는 듯한 기하학적 모양을 부여했다.

스위스 태생의 르 코르뷔지에(Le Corbusier)는 단순한 입체파의 스타일을 즐겨 사용한 프랑스의 선구자적 모더니스트였다. 라이트가 건축과 환경이 하나라는 유기주의적 이론을 주장한 반면, 르 코르뷔지에는 '주택은 삶을 위한 기계'라는 신념을 가지고 있었다. 기하학적인 단순성과 추상미를 표현한 르 코르뷔지에의 디자인은 인체비례를 기초로 그가 제안한 '모듈러'라는 비례이론에 기초한 것이었다. 르 코르뷔지에도 철근콘크리트를 자유롭게 다루는 것에 흥미를 가졌지만 자신의 작품에서 인간적 스케일을 유지하기 위한 모듈(Modular) 개념을 도입했다. 그는 '근대건축의 5가지 원칙'을 주창하였는데 그 중 중요한 것은 건물의 매끄러운 표면과 연속적인 창, 그리고 자유로운 평면이었다. 가장 유명한 그의 작품은 「사보아 저택」(Savoye House, 1929-30)으로서 국제주의 양식의 대표작이 되었다.

국제주의 양식은 1930년대와 1940년대에 본거지인 유럽에서부터 북아메리카와 남아메리카, 스칸디나비아, 영국, 일본 등으로 퍼져나갔다. 제2차 세계대전 후 1940년대 후반에 국제양식은 전 세계로 확산되어 브라질에서는 O. 니마이어의 「브라질 교육보건성청사」(1939) 같은 건물이 세워졌다. 제2차 세계대전 이후의 초고층빌딩이나 집합주택에도 이 국제양식을 사용한 것이 많은데, 미스 반 데어 로에의 시그램 빌딩, 르 코르뷔제의 「유니테 다비타시옹」(1952) 등이 그 대표적인 예라고 할 수 있다.

1930년대 후반 그로피우스, 미스 반 데어 로에, 모홀로 나기 등이 미국에서 작업과 강의를 시작하면서 미국은 모더니즘의 요람이 되었다. 깨끗하고 능률적이며 기하학적인 특징들은 1950년대와 1960년대 미국 마천루 건축어휘의 기본이 되었다. 1950년대에 들어서면서 에어

컨디셔닝의 보급, 저가의 가구생산, 플라스틱의 발전, 인공섬유의 발견과 같은 산업기술의 진보와 더불어 대규모의 마천루가 세워지게 되었는데, 이 마천루들은 재료와 구조의 정직성을 표현함으로써 모더니즘과 국제주의 양식의 표현양식을 고수하였다. 국제주의 양식은 당시 미국인들의 단결된 힘과 진보를 상징하던 마천루 건축에 있어서 간결하면서도 값싸 보이는 표면처리에 대한 미적인 합리성을 제공하였다고 할 수 있다.

5) 국제주의 양식 건축의 한계

국제주의 양식 건축은 합리적이며 기능적인 건축으로 전 세계에 전파되었으나 1960년대 이래 많은 건축가들이 국제주의 양식이 안고 있던 문제점과 한계에 의문을 갖기 시작했다. 이 양식을 표현했던 강철과 유리로 된 상자들과 같은 딱딱하고 발가벗은 특성은 무미건조하고 틀에 박힌 듯이 보였다. 그 결과 근대건축에 대한 반작용이 일어났고 혁신적인 설계와 장식의 가능성을 다시 추구하게 되었다. 세계 각국의 건축가들은 지역과 전통에 따라 더욱 자유롭게 상상력을 발휘하여 건물을 짓기 시작했고, 근대건축재료와 장식요소를 사용하여 지역과 전통, 인간감성에 호소하는 듯한 전혀 새로운 효과들을 다양하게 만들어냈다. 이러한 움직임들은 1970년대 말과 1980년대 초에 두각을 나타내면서 포스트모더니즘(post-modernism)이라 불리며 새로운 흐름을 이루었다.

근대건축국제회의 03

1) 설립과 영향

근대건축국제회의(Congrès International d'Architecture Moderne; CIAM)는 유럽 각지의 신진 건축가들이 1928년 발족한 회의로, 근대건축 및 도시계획의 이념을 제시하고 그것을 실현하는 것을 목적으로 하였는데, 1956년 제10차 회의를 끝으로 해체되었다. 근대건축국제회의는 S. 기디온, 르 코르뷔지에 등을 중심으로 1928년 스위스의 라사라 제1차 회의에서 결성되어 아카데미즘에서 건축을 해방시키고 건축과 도시계획에서 시대가 요구하는 새로운 미학과 환경을 창조하기 위한 근대건축운동을 전개했다.

International Congress of Modern Architecture

1920년대는 근대주의 건축의 요람기였는데, 1927년 국제연맹회관 설계경기에서 르 코르뷔지에와 피엘 잔누레의 계획안이 높은 평가를 받았음에도 실시설계에는 관여할 수 없었다. 이에 따라 인습에 얽매인 사고가 건축의 폭을 좁힌다는 의식이 대두되면서 각지의 신진 건축가들의 협력과 단합, 교류가 이루어지는 모임이 요구되면서 근대건축국제회의가 형성되게 되었다.

근대건축국제회의는 설립 이후 제10차 회의를 끝으로 해체할 때까지 진보적인 건축가들 사이의 국제적인 교류를 활성화하며 근대건축과 도시계획에 대한 새로운 가능성을 토론하고 제시하였다. 근대건축국제회의는 각국의 근대건축가 대부분이 참여하였던, 근대건축의 핵심적인 추진단체로서 국제적인 성격이 강한 기능주의, 합리주의의 근대건축과 도시계획 이론을 세계 각국에 전파하는 데 지대한 역할을 하였다.

근대건축국제회의는 근대건축 및 도시계획의 이념을 제시하며 실현하고자 1928년 발족되었으며, '국제적 계획 위에 정신적 및 물질적 희망을 실현하기 위하여 제휴한다'라는 라사라 선언을 기초로 출발하였다. 여기에서 추구해 온 과제는 총회의 주제에 반영되었으며, 제2회 '생활 최소한 주택'(1929, 프랑크푸르트암마인), 제3회 '배치의 합리적 방법'(1930, 브뤼셀), 제4회 '기능적 도시'(1933, 아테네)로 계속되다가 1956년 제10차 회의를 끝으로 해체되었다.

1928년 르 코르뷔지에의 주장을 지지하는 각국 건축가들에 의하여 근대건축국제회의가 결성되어 아테네 헌장이 발표되었지만, 르 코르뷔지에는 1945년 또다른 **건축혁신을 위한 건설자의 모임**(ASCORAL)을 조직하여 도시의 새로운 연구를 시작하였다. ASCORAL 그룹은 1945년 선형공업도시를 건설함에 있어 기존 도시와 연결하는 철도와 고속도로 등의 간선도로를 중시하고 이 노선을 따라 녹음 속에 공업기능을 배치함으로써 주거와 공업을 도로와 녹지대로 분리하는 계획안을 제안하였다. 그러나 1954년 도시를 더욱 역동적으로 포착하고자 하는 젊은 층들이 이 이상도시적인 합리주의를 비판하기 시작하여 근대건축국제회의에 이어 'TEAM X'란 그룹이 결성되었으며, 1963년 그리스 도시계획가인 독시아디스(C. A. Doxiadis)는 그의 이론 인간정주사회이론(Ekistics, Science of Human Settlement)을 전개하여 〈**델로스**(Delos) **선언**〉을 채택하게 된다.

ASCORAL(Assemble de Constructeurs pour une Rnovation Architecturale)는 르 코르뷔지에가 1945년 조직한 그룹으로서, 세 개의 '인간시설'(농경단위, 방사집중도시, 선형공업도시)를 제창하였다. 이는 건축혁신을 위한 구조가의 집단이란 뜻으로, 영어로는 Organized the Assembly of Constructors for an Architectural Renovation이다.

델로스 선언은 1963년 그리스의 독시아디스의 제의에 따라 에게해의 고도 델로스 섬에서 한 선언으로서, '세계는 지금 총도시화 시대에 접어들었다. 따라서 전 인류는 이 총도시화 시대에 대비해야 한다'고 하며, 인간과 사회, 자연, 네트워크, 구조물과 관련하여 인구정주 공간을 15단계로 나눠서 설명하였다.

2) 전개 과정

(1) 제1차 회의: 라사라 선언

근대건축국제회의의 설립을 촉진한 것은 건축과 예술의 후원자였던 엘레느 드 망드로(Hélènne de Mandrot, 1867–1948) 여사로서, 그녀는 성실하고 지적인 부인이며 일찍이 예술의 후원자가 되고자 하였다. 망드로 여사는 처음 독창적인 생각을 갖는 집회를 스위스 라사라에 있는 자신의 성에서 개최할 것을 제안했는데, 지그프리드 기디온(Sigfried Giedion)과 르 코르뷔지에 등과 상의하여 확실한 목적의 회의를 결성하게 되었다. 이 회의에 대표로 초대되는 인사들에게 발송된 예비회의의 문서는 다음과 같은 내용이었다:

> 이 최초의 회의 소집목적은 건축을 아카데믹한 막다른 상황에서 탈피시키고 또한 건축을 그 원래의 사회적 및 경제적 환경으로 되돌리기 위한 계획을 확립하는 데 있다. 이 회의에서 수행할 사업은 금후 개최될 회의에서 취급될 연구와 토론의 대체적인 범위를 결정하는 것이다.

근대건축국제회의는 르 코르뷔지에, 지그프리드 기디온 등의 건축가가 주도적 역할을 하며 스위스 라사라에서 개최되어(1928), 3일간의 회의 끝에 8개국 24명의 건축가의 서명 하에 근대건축의 발전에 협력하자는 다음과 같은 〈라사라 선언〉을 발표하였다:

> 국제적인 계획 위에 우리의 정신적, 물질적 희망을 실현하기 위하여 상호 제휴하고 지원한다.
>
> ① 근대건축의 이념은 경제체제와 깊은 연관을 가진다.
>
> ② 경제적 효율성은 최대이윤을 제공하는 생산을 의미하는 것이 아니라, 최소의 노동력을 요구하는 생산을 의미한다.

③ 가장 효율적인 생산방법은 합리화와 표준화로 나타난다. 이것은 근대건축의 개념과 건설현장에서 동시에 작용한다.

(2) 제2차 회의

제2차 회의(1929)부터 실질적인 토의가 이루어졌는데, 제2차 회의는 '저소득층 주택 건설계획'을 주제로 독일 프랑크푸르트 암 마인(Frankfurt am Main)에서 개최되었으며, 월터 그로피우스와 알바 알토, 호세 루이스 서트(J. L. Sert) 등의 건축가들이 등장하였다. 프랑크푸르트 국제회의는 당시 건축담당 공무원이며 유럽에서 저임대주택의 1인자로서 공영주택을 열심히 건설하였던 에른스트 마이(Ernst May)의 후원으로 소집되었으며, 그 성과로서 '최소한도의 생활을 위한 주거(The Minimum Dwelling)'의 보고서가 나왔다.

제2차 회의에서는 근대건축국제회의의 목적을 근대건축에 대한 문제의 제시, 근대건축 개념의 재천명, 이 개념의 근대기술과 경제 및 사회 각 분야에 대한 전파, 건축문제에 대한 일상관심의 표시 등이라고 기술하였다. 프랑크푸르트 회칙은 3개의 집행기간을 설치했는데, 국제회의(총회), 총회에서 선임된 **근대건축문제해결본회**(CIRPAC), 건축 이외의 전문가들이 제휴하여 특정문제와 대결하는 연구그룹 등이다.

the Conité internation-al pour la résolution des problèmes de lárchitecture contemporaine(International Comittee for the Resolution of Problems in Contemporary Architecture)

(3) 제3차 회의

제3차 회의(1930)는 **빅토르 부르주아**(Victor Bourgeois, 1897–1962)의 알선으로 '주택단지의 합리적인 배치계획(Rational Land Development)'을 주제로 하여 벨기에 브뤼셀에서 개최되었다. 그 결과는 주택단지를 위한 토지구성이라는 기본문제와 합리적 건축요령에 관한 보고서를 발표하였다.

빅토르 부르주아는 벨기에의 뛰어난 건축가, 도시계획가이며, 근대건축국제회의의 결성 멤버였고 제3차 회의를 브뤼셀에서 개최하는 데 역할하였다.

(4) 제4차 회의

근대건축국제회의는 제3차 회의 이후 회원들이 사용할 도면 제작방법, 축척, 표현방법 등의 표준화에 착수하여, 근대건축문제해결 국제위원회가 어느 정도 작업의 진전을 보게 되어 다음 총회를 소집할 수 있는 단계에 이르게 되었다. 이 기획은 1949년에 '그리드-근대건축국제회의'를 채용함으로써 완성된다. 1933년 7월 아테네를 출발하여 마르세이유에 도착하는 지중해상의 유람선 파트리스호 선상에서 개최된 제4회 근대건축국제회의는 '기능적인 도시(Functional City)'라는 주제로 토론하여 그 결론을 발표하였다. 제4차 회의는 산업이 고도로 발달한 유럽의 현실로부터 떨어져 장려한 지중해를 배경삼아 개최된 최초의 로맨틱한 국제회의였다. 또한 독일 현실주의자들 대신에 르 코르뷔지에를 비롯한 프랑스인들이 주도한 최초의 회의이기도 했다.

제4차 회의에서 발표된 이상적인 도시계획을 위한 〈아테네 헌장〉(Charte d'Athènes)을 구성하는 세 가지 테마는 도시상태에 대한 보고로서, 도시상태의 개선을 위한 제안이었으며, 주거와 레크리에이션, 작업장, 교통, 역사적 건축 등 5개의 주요 표제로 분류된 것이다. 〈아테네 헌장〉에는 주거와 노동, 보양(保養)의 3가지 기능으로 도시를 분리하여 제4의 기능인 교통에 의해 이들을 결합시킨다는 기능적 도시의 이상적인 상태가 제안되었는데, 도시는 그 주변 지역과의 관련 없이는 성립될 수 없다고 주장하였다.

이 회의에서는 기능 위주의 조닝(Zonning)에 의한 도시계획과 고층주거단지 내 녹지대, 인동간격의 확보 등과 같은 근대 도시계획의 여러 기본적인 원칙을 규정하였다. 이것은 1930년대의 도시의 불건전하고 불합리한 기능적 상황을 비판하고 전인적인 인간상의 측면에서 새롭게 도시와 인간의 관계를 본질적으로 포착함과 동시에 그것을 실현하기 위한 제안이었다. 하지만 이 헌장은 당시 모세의 계율과 같은 절대적인 교의로서 힘을 갖고 있어 다른 형태의 주택단지 계획들이 제안될 수 없었다는 단점도 지적되고 있다.

(5) 제5차 회의

제5차 회의(1937)는 '주택과 여가(Dwelling and Recovery)'를 주제로 프랑스 파리에서 개최되었다. 이 회의는 제2차 세계대전 이전 마지막 회의였으며, 아테네 헌장 난외에 주석을 가하는 정도로 그쳤으며 아무런 결정도 없었다.

제2차 세계대전이 종료된 때는 아테네 헌장이 작성된지 이미 12년이 경과되었고, 그 사항은 진보적 도시계획에서는 이미 확고한 교의로 되어 이 헌장을 전 세계에 불문율처럼 적용하려는 시도들이 있었다. 그러나 근대건축국제회의 방식은 학교나 설계사무소 등에서 실시되었을 때, 그 치명적 약점이 노출되고 있었다. 즉, 연구가 진전됨에 따라서 근대건축국제회의의 기능적 도시는 도시의 특별한 기능을 이해하지 못하고 있었다는 사실이 명백해졌기 때문이다.

(6) 제6차 회의

제6차 회의는 제2차 세계대전 이후 최초로 '유럽의 부흥(Reconstruction of the Cities)'을 주제로 하여 영국 브리지워터(Bridgewater)에서 1947년 개최되어 영구적인 재회를 축원하였다. 제5차 회의 이래 회원들에 의해 건립된 건물을 기디온이 편집한 『신건축 10년』이란 책이 그 성과물로 남았다.

(7) 제7차 회의

제7차 회의(1949)는 '예술과 건축(on Art and Architecture)'을 주제로 이탈리아 베르가모(Bergamo)에서 개최되었다. 건축문화에 대한 관심(Concerning Architectural Culture)을 주로 다루었던 제7차 회의는 이탈리아 건축이 각광을 받게 되었다. 젊은 건축가들이 그들에게는 전설적인 인물이라고 할 수 있는 근대건축의 창시자들의 교시를 받고자 국제회의의 주변에 몰려들었고 회의 자체에도 어떤 새로운 타입이 조성되어 가기 시작했다는 점이 특색이다.

(8) 제8차 회의

제8차 회의(1951)는 영국 축제를 축하하는 것을 겸하여 '도시의 핵(The Heart of the City)'을 주제로 영국 호데스돈(Hoddesdon)에서 개최되었으며 영국의 MARS 그룹이 리드하였다. 도시의 핵을 주제로 잡았던 것이 계기가 되어 연구자수는 증가하였고, 아테네 헌장이 부적당하다는 사실이 공인되었으며 근대건축국제회의의 새로운 타입이 점점 명확히 드러나기 시작하였다.

1933년 결성된 영국의 건축단체(Modern Architectural Research Group)

(9) 제9차 회의

제9차 회의는 프랑스의 액상 프로방스(Aix-en-Provence)에서 '인간의 주거지(하비타트)'를 주제로 하여 개최되었다. 주제 '인간의 주거지(하비타트, habitat)'는 인간의 선천적인 또는 장래 필요에 따라 가장 적합한 거주지역을 의미한다. 이 회의는 르 코르뷔지에의 추종자 및 제자들의 대회라고 기억될 정도이며 마르세이유의 「유니테 다비타시옹」 옥상에서는 즉흥적인 쇼가 펼쳐지기도 하였다.

제2차 세계대전 이후의 회합에서는 근대건축국제회의 창립 멤버와 새로운 세대와의 사고의 차이가 서서히 드러나기 시작하였다. 앨리슨과 피터 스밋슨 부부, 알도 반 아이크 등은 아테네 헌장을 비판하였다. 스밋슨은 아테네 헌장의 기능주의적 4항목에 대체하여 주거, 거리지구, 도시라는 계층을 중시하였다. 그들은 근대건축국제회의 제10차 회의의 준비를 위임받게 되었다.

(10) 제10차 회의

제10차 회의의 준비를 맡은 그룹은 팀텐(Team-X)이라고 불렸다. 팀텐은 아테네 헌장에서 벗어나 그 대규모적이고 엉성한 보편화에 반대하여 개인적인 것, 개별적인 것, 정확한 것을 요구하였다. 팀텐이 주도하여 체코의 드브로브니크(Dubrovnik)에서 개최된 제10차 회의의 주제는 명목상 계속해서 '주거'였다. 제10차 회의에서는 〈하비타트의 헌장〉을 발표하였는데, 그 주제의 내용은 클러스터(cluster), 모빌리티(movability), 성장과 변화, 도시의 건축이었는데, 전체보다는 부분을, 고정보다는 변화를, 고정된 미학에서 열린 미학으로, 조직보다는 개인을 존중한다는 것이다.

이 회의에서 바케마, 하우엘 칸딜리스, 굿트만, 스밋슨 부부, 반 아이크, 볼케르 등의 팀텐을 비롯한 젊은 건축가들과 월터 그로피우스, 르 코르뷔지에, 기디온 등 원로 건축가들과의 대립은 근대건축국제회의를 해체시키는 동기를 유발하였다. 결국 노장 건축가와 팀텐의 심각해진 대립은 근대건축국제회의의 해산이라는 결과를 초래하여서, 근대건축의 역사는 종막을 내리며 현대건축 시대로 들어가게 된다.

3) 제2차 세계대전 이후의 건축활동

1920년대부터 발전하여 온 건축은 소위 국제주의 양식 건축으로 불리며 거장들에 의해 대성되었지만, 제2차 세계대전 이전부터 세계 각국에서는 새로운 움직임이 있었다. 1945년 제2차 세계대전의 종전 이후 유럽은 폐허가 되었고 시대상황은 완전히 바뀌었다. 전쟁 중에 그로피우스나 미스 반 데어 로에, 그리고 많은 유럽의 건축가들이 미국으로 이주하여 거기서 근대건축을 전파, 발전시킴으로써, 1950년대 초반에는 이미 국제주의 양식이라는 이름으로 널리 퍼지게 되었다. 자본주의는 비즈니스를 위해 필요한 만큼 근대건축의 언어와 이미지를 흡수하였고, 근대건축은 기능적 상자로 전락하며 개발업자들의 경제적 타산을 충족시키는 대상이 되었다.

르 코르뷔지에와 미스 반 데어 로에는 각각 프랑스와 미국에서 활동을 재개하며 1950년대 말까지 세계 건축계를 양분하며 건축의 흐름을 주도하였다. 르 코르뷔지에의 건축은 「롱샹 성당」을 비롯하여, 「라뚜레트 수도원」, 「유니테 다비타시옹」, 인도의 「샹디가르 프로젝트」를 통해서 1920년대 건축과는 달리 노출콘크리트의 강렬함, 상징적이고 조소적인 형태, 지중해적인 원시성과 지역성의 도입, 우주적인 스케일, 공간의 분절과 연속적인 대비, 모듈러의 사용 등으로 특징지워진다. 이에 비해 미스 반 데어 로에는 첨단 테크놀러지의 수용, 보편적인 공간의 추구, 'Less is more'이라는 표어가 말해주는 최소한의 형태표현 그리고 철골구조가 지닌 구조미학, 유리를 통한 변화 등이 특징적이었다.

근대건축의 발전은 유럽 근대건축가의 제1세대가 건축과 근대기술을 결합시키려고 노력을 개시한 때에 시작하였다. 근대건축을 살펴볼 때는 월터 그로피우스, 르 코르뷔지에, 미스 반 데어 로에, 프랭크 로이드 라이트, 알바 알토 등 5명의 장인들, 곧 다섯 거장이 반드시 거론되는데, 이들은 현대의 건축으로 넘어가는 과도기에 태어나 각자의 건축과 환경에 대한 철학과 가치관을 체계적으로 확립하여 후세에 남겨준 뛰어난 건축가들이다. 이 다섯 거장들은 그들의 건축작품의 공간과 형태가 탁월할 뿐만 아니라 근대건축을 이끌어 가는 사상적 및 철학적 세계를 구축하며 마치 어두운 가운데 빛처럼 건축문화에 공헌하였기 때문에 거장으로 불리는 것이다. 근대건축의 제1세대는 1920년대부터 근대주의 운동을 이끌어 왔던 거장이고, 제2세대가 그 영웅들의 그늘 밑에서 활약하였다. 이후 이 다섯 거장과 그 영웅시대의 다른 건축가들의 작품과 생애, 건축적 사고를 통하여 근대건축의 특징을 살펴보고자 한다.

제 8 장

근대건축 거장들

01 월터 그로피우스

1) 초기의 활동과 작품

월터 그로피우스(Walter Gropius, 1883-1969)는 독일의 건축가며 교육자로서, 바우하우스의 교장을 지내면서(1919-28 재임) 근대건축 발전에 커다란 영향을 미쳤다. 바우하우스의 창시자이며 많은 작품을 발표한 월터 그로피우스는 오랫동안 건축가와 교육자, 비평가로 활동하였다. 건축가의 아들인 그로피우스는 독일 베를린에서 출생한 후 뮌헨(1903-04)과 베를린 샤를로텐부르크(1905-07)의 공업학교에서 건축을 공부했다. 1904년 베를린의 건축사무소에서 잠시 근무하고, 1905년부터 2년간 군복무를 마쳤으며 다시 1907년 베를린에 있는 피터 베렌스 건축사무소에 들어가 많은 것을 배웠다. 그로피우스는 베렌스의 사무소에 들어가 2년간 근무한 후 독립하면서 1910년 아돌프 마이어와 공동 사무소를 개설하여 공업디자이너 및 건축가로서 독립적인 일을 시작했다. 건축과 실내장식 벽지, 대량생산 가구의 원형, 자동차 차체, 디젤 기관차 등 광범위한 일을 하였고, 「파구스 구두공장」, 「독일공작연맹(DWB) 박람회의 공장 및 사무소」(1914)를 설계하였다.

그로피우스는 1910년 베렌스에게서 독립해 1914년까지 조직과 예술에 대한 이상을 증진시키기 위한 의식과 재능을 키워나갔으며, 1911년 독일공작연맹 회원이 되었다. 그는 피터 베렌스와 독일공작연맹으로부터 건축에 공업과 기술의 수용방법을 터득하였고, 건물의 부분들을 공장에서 생산하고 현장에서 조립하는 건축기술을 주장했다. 또한 그로피우스는 1918년부터 전위적인 표현주의 예술가들의 단체인 '11월 그룹'과 예술노동평의회에 참여하여 활동하였다.

건축에 대한 그로피우스의 재능은 아돌프 마이어와 함께 2개의 중요한 건물 – 알펠드 안 데르 라이네에 있는 파구스 공장, 공작연맹 박람회에 출품한 「쾰른의 사무실과 공장건물군 모델」(1914) – 을 공동 설계함으로써 더욱 보강되었다. 파구스 공장은 베렌스가 설계한 A.E.G. 터빈 공장보다 더 대담하게 넓은 유리벽들과 그 사이에 노출되어 보이는 강철지주를 가지며 허식이라고는 거의 찾아볼 수 없는 건물이다. 그로피우스는 파구스 공장에서 철골과 대형 판유리를 기본으로 벽돌벽체가 뒤따르는 혁명적이라고도 할 수 있는 건축형태를 만들어내었다. 쾰른 건물군은 이보다 더 정형화된 것으로 본격적인 근대건축의 모습을 띠는데, 미국 건축가 프랭크 로이드 라이트에게서 영향을 받았다고도 한다.

(1) 파구스 구두공장

제1차 세계대전 이전의 가장 진보적인 작품으로 불리는 「파구스 구두공장」(Fagus Werke, 1911)은 단순한 조적조 3층 건물로서, 다만 바닥과 천장에는 강철제 보가 들어가 있다. 이 건물은 유리와 철을 사용한 전면적인 유리 커튼월을 근대건축 최초로 도입한 작품으로서, 철과 유리의 가능성, 벽체의 평탄한 취급, 내부의 조직적인 조명 등이 주목된

월터 그로피우스, 파구스 구두공장 서쪽 입구, 1910–14

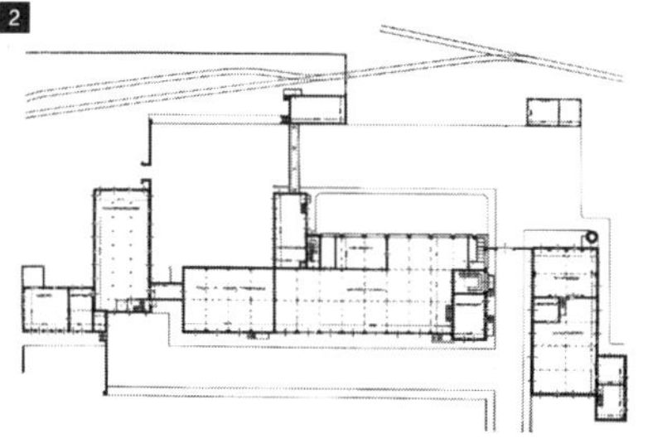

1. 월터 그로피우스, 파구스 구두공장 남측면, 1910–14
2. 월터 그로피우스, 파구스 구두공장 평면도, 1910–14

다. 이 공장은 유리와 철의 평탄한 면이 지배적으로 표현되었고 특히 유리와 철의 벽체가 그 모서리에 기둥을 두지 않고 직접 교차되어 있다. 벽체에 가능한 한 큰 개구부를 갖는 것은 보통 작업공간에 필요하지만, 그로피우스는 기둥을 안쪽에 배치하고 외벽을 완전히 유리면으로 마감한 것이다. 이 공장에서는 구조재와 비구조재의 분리를 시각적으로 표현하고 특히 벽체를 구조체의 기능을 갖지 않고 다만 구획하는 기능만을 가지는 얇은 마감으로 취급했기 때문에 구석 부분의 주벽도 철거될 수 있었다.

이 공장건물은 1907년에 베렌스가 설계한 A.E.G. 터빈 공장의 육중한 모서리 취급과는 현저한 대조를 나타내는데, 종래의 벽에 대한 개념을 타파한 것이다. 이것은 과거로부터 내려온 벽에 대한 고정관념에서 벗어나 우수와 추위, 그리고 소음을 배제하기 위해 가구의 직립주 사이에 세운 스크린으로 벽을 대신한 것이다. 그로피우스는 '벽의 역할은 빗물과 추위와 소음을 배제하기 위하여 가구의 직립주 사이에 친 스크린의 역할로 한정되었다', '유리가 상당히 큰 구축적 중요성을 띠기 시작하였다', '공허한 것(void)이 충실한 것(solid)보다 점차 우위를 차지하게 된 직접적인 결과다'라고 하였다.

(2) 쾰른 독일공작연맹 박람회 건물

월터 그로피우스, 독일공작연맹 모델 공장, 1914

그로피우스는 1914년 쾰른 독일공작연맹 박람회에서 아돌프 마이어와 협동으로 그의 건축언어를 「모델 공장과 사무소 건축」을 설계하며 발전시켰다. 그는 이 공장을 거대한 건물로 하지 않고, 기능적 단위별로 관리사무, 기계홀, 차고로 분리하여 그 단위 각각에 독자적인 형태를 부여했다. 이 건물은 옥상에 춤을 출 수 있는 테라스와 유리로 투명하게 둘러싸인 나선 계단실로 특색 있는 외관을 나타내었다. 2층의 관리사무동은 좌우 대칭형으로 되어 있는데, 남측면 중앙부에서는 라이트식인 벽돌로 이루어져 있고, 양측 모서리 나선형 계단부분은 완전히 투명한 유리로 처리되어 있어서 서로 현저하게 대조를 이루고 있다.

유리탑 모양의 아주 가벼운 강철틀로 고정된 유리 스크린은 1층부터 옆은 건물 측면을 따라 뒤쪽 건물 전체에 걸쳐 연결되어 있기 때문에 이 건물에 매우 밝은 성격을 주고 있다. 옥외 차고는 벽으로부터 비스듬히 구부러진 철제기둥으로 받쳐진 완만한 경사의 지붕을 가지고 있다. 이 건물에 있어서 철골과 투명 판유리의 소재를 예술표현에 이용하는 수법은 매우 모범적이며, 유리상자를 구조체로 받치는 공간디자인이란 조형수법을 개발함으로써 커튼월 공법이라는 결과를 얻었다.

2) 바우하우스 시절의 활동과 작품

그로피우스는 1919년 4월에 작센 대공 미술공예학교, 작센 대공 미술아카데미, 작센 대공 미술학교의 교장이 되었으며, 이 세 학교는 곧 바이마르 국립 바우하우스(Staatliches Bauhaus Weimar)로 통합되었고 그로피우스는 초대 교장으로 1919년부터 1928년까지 재임하였다. 여기서 그로피우스는 바우하우스의 교육이념인 '예술과 기술의 결합'을 확립하였다. 이 학교들의 병합은 깊은 의의를 갖는데, 왜냐하면 최초로 시도된 이 새로운 학교의 주요한 목적의 하나는 오랫동안 서로 분리되었던 예술(Art)과 기술(Craft)의 통일이었기 때문이다.

그로피우스는 예술가나 건축가는 동시에 기술자가 되어야만 하고, 또한 예술가나 건축가는 다양한 재료의 본질을 파악하기 위해서 실제적인 작업에 경험을 갖는 동시에 형식이나 디자인의 이론을 학습해야 한다고 주장하였다. 그로피우스는 건축과 디자인이 언제나 그 시대와 관련하여 끊임없이 변화해야 하고 건축가의 임무는 통합적인 시각환경을 포괄해야 한다고 말했다. 예술가와 기술자 사이에 있는 전통적 차별은 사라져야 한다고 생각한 그로피우스는 건축물이야말로 노력이 집중된 결정체이어야만 하며, 예술가며 기술자인 건축가는 건물 전체의 관련 속에서 자기가 맡고 있는 작업의 목적을 충분히 인식한 다음에 작업을 시작해야 한다고 믿었다. 그래서 그는 건축의 설계, 가구나 자기의 제작, 그 외의 각종 건축예술 분야에서의 팀워크(team work)를 강조하였다. 그는 스스로도 가구와 기차, 자동차를 설계했으며 주거건축과 도시계획, 사회학의 유용성 및 전문가로 구성된 팀의 활용을 강조했다.

예술과 정치, 행정의 실용적 세계에 대한 열정으로 그로피우스는 바우하우스에서 생명력 넘치는 새로운 디자인 교육방법을 개발했고, 이 바우하우스는 전 세계적인 본보기가 되어 200년 전통을 지닌 프랑스 에콜 데 보자르의 명성을 능가하게 되었다.

그로피우스는 바우하우스에서 건축가와 디자이너가 재료 및 제조 공정에 숙달되도록 실제적인 기능을 훈련하도록 하였다. 이 프로그램은 포괄적으로 계획되었으나, 예산제약으로 단 1개의 공작실만 운영되었다. 바우하우스에서는 폴 클레, 리오넬 파이닝거, 바실리 칸딘스키, 게르하르트 마르크, 그리고 그 뒤에 온 라슬로 모호기 나기와 요셉 알베르스 등과 같은 많은 화가와 조각가들이 교수로 활동했다.

스위스의 화가이자 조각가인 요하네스 이텐이 디자인 원리에 대한 개론으로 '예비과정'(Vorkurs)이라는 입문과정을 개발하였고, 이것은 바우하우스 교과과정 중에서 가장 널리 반복 전수되는 과목이 되었다. 학생들은 철사와 나무, 종이 등과 같은 여러 가지 단순한 재료를 써서 2차원 및 3차원적인 디자인을 탐구했으며, 형태와 색채, 질감에 대한 심리적 효과에서도 훌륭한 연구를 수행하였다.

1925년에 바우하우스는 더 나은 재정을 지원할 것을 약속한 데사우로 옮겨졌다. 데사우 바우하우스는 1920년대 이후 새로운 조형 및 건축교육의 중심지가 되었다. 그로피우스는 인간의 모든 조형활동을 혁신하고 건축을 통하여 근대공업과 근대생활에 연결하는 것을 바우하우스의 이념으로 하였다. 그는 집과 일용품은 서로 의미 깊은 관계를 가져야 한다는 신념 아래, '바우하우스는 모든 대상의 구성을 그 자체의 본래의 기능과 조건에서 형식적, 기술적, 경제적 입장에서 이론과 실제적으로 추구하는 것이다', '물건은 그 본질에서 결정되어야 한다. 물건을 올바르게 기능적으로 구성하기 위해서는 컵이나 의자, 주택 등 그 본질이 첫째로 탐구되어야 한다. 물건은 그 목적에 완전히 적합하여야 하고 기능을 충족시켜야 하며 견고하고 싸고 아름다워야 하기 때문이다'라고 바우하우스의 생산원리를 설명하였다.

그로피우스는 기능충족, 합리적 생산방식에 근거한 건축이상을 발전시켜서, 새로운 주택은 주택기능의 과학적 분석과 생산의 공업화와 대량생산에 의해 사회 전반에 보급하려고 하였다. 그는 '오늘의 인구 90%가 구두를 맞추지 않고 기성품을 사서 신는다. 아마 자기가 필요한 주택도 이런 식으로 구할 수 있을 것이다'고 하며, 주택의 모든 부재를 규격화하고 표준화하여 공장생산하려는 주택공업을 제창하였다. 또한 그로피우스는 「바우하우스의 실험주택」(1923)과 「바이젠호프 주택전」(1927)에서 물을 사용하지 않고 시공하는 건식 조립구조를 시험하였다.

한편 그로피우스는 『바우하우스총서』 제1권에서 '건축은 항상 민족적이며 개인적이다. 그러나 개인과 민족, 인류의 세 개의 동심원 가운데서 최후의 그리고 최대의 원이 다른 두 개의 원을 내포한다'고 하며, '재료와 구조기술, 기능의 조건이 공통된 근대사회의 건축은 필연적으로 국제적으로 공통된 표현이 될 것이다'라고 주장하며 국제주의 양식을 열었다.

데사우 바우하우스 시대에 그로피우스는 데사우 바우하우스 「학교건물과 교직원주택」(1925-26), 「데사우 퇴르텐 2층 집합주택」(Dessau Torten, 1926-28), 「데사우 노동국」(1928) 등 많은 작품을 남겼는데, 「데사우 바우하우스 학교건물」은 국제주의 양식 건축의 원형이라고 할 수 있는, 근대건축의 기념비적 초석이 되는 건물이다. 그는 1928년 바우하우스의 교장직을 사임하고 베를린에서 건축가로서 개인활동을 시작하여, 새로운 주택과 도시의 이상안, 건축생산의 규격화와 공업화 등을 실현하고자 했다. 이때 「칼스루헤 다름슈타트(Karlsruhe Darmatadt)의 4층 집합주택」(1929), 베를린 「지멘슈타트 주택단지」(Siemensstadt, 1929-30) 등 많은 집합주택과 대규모의 주택지구 구성을 발표했는데, 지멘슈타트 주택단지는 똑같은 방향으로 규칙적으로 길게 형성되어 있는 정면이 지나칠 정도로 획일적이었다.

월터 그로피우스, 지멘슈타트 주택단지, 1929-30

데사우 바우하우스 「데사우 바우하우스 학교건물」은 1920년대 국제양식 건축을 대표하며 근대건축에서 기념비적 모범이 되는 건물로서, 그로피우스 작품 중 가장 유명한 건축물이다. 이 건축은 고전적 기념비성을 부정하고 구성주의의 조형수법으로부터 전개된 자유로운 공간조형을 보여준다. 이 건축에서 보이는 동적 구성, 비대칭 평면, 커튼월, 수평으로 늘어선 창이 나 있는 희고 평평한 무장식의 벽체, 평지붕 등은 1920년대 국제주의 양식과 관련된 특징들이다. 이 건물의 비물질화를 위해 자유롭게 사용된 유리, 철근콘크리트의 캔틸레버 슬래브에 의하여 1층에서 3층까지의 전 벽면을 유리로 덮은 공장 블록의 공간구성은 획기

월터 그로피우스, 데사우 바우하우스 작업동, 1925-26

적인 것이었다.

이 건축물은 규모와 재료, 위치를 달리하는 입방체의 배치구성, 여러 개의 입방체를 대지 위에 떠있게 한 아이디어 등이 돋보인다. 교수와 학생기숙사 겸 아틀리에, 공장, 부속공업학교라는 세 블록을 기능적 및 구조적으로 독립시키면서 다리로 연결시켜 유동성을 표현하고 커튼월에 의한 상호 침투되는 공간의 시도 등 근대건축의 모습이 잘 나타나 있다.

3) 후기의 활동과 작품

나치 체제에 동조할 수 없었던 그로피우스는 1933년 독일을 떠나 이탈리아를 거쳐 1934년 영국으로 망명했고 히틀러 정권은 1933년 바우하우스를 폐쇄했다. 그로피우스는 1929년부터 근대건축국제회의에 참여하였고, 영국에서는 맥스웰 프라이(E. Maxwell)와 함께 일하면서 중요한 공동작품인 캠브리지 임핑턴의 빌리지 대학을 만들었다. 「임핑턴 빌리지 대학」은 그로피우스가 영국 건축에 가장 중요하게 공헌한 1층 건물로서 교실은 일렬로 세워지고 부채꼴 홀과 클럽 오락실 등이 있다. 그 어느 것이나 중학교인 동시에 성인 교육시설도 될 수 있다는 2중 목적에 부합되며, 잔디밭과 수목 사이에 아름답게 세워졌다.

그로피우스는 1937년 이후에는 미국에서 활동하였는데, 1937년 2월 매사추세츠 캠브리지에 도착해 하버드 대학교의 건축학과 교수가 되어 다음 해에는 학과장이 되고 1952년 은퇴할 때까지 계속 그 자리를 맡았다. 그는 하버드 대학교에서도 바우하우스 디자인 철학을 교과과정에 도입했으나 공작실 교육은 할 수 없었으며 교과과정에서 건축사를 없애려 했으나 실패했다. 그러나 그가 펼친 근대적 디자인 운동은 학생들의 호응을 얻었고, 하버드 대학교에서 보여준 개혁은 곧 미국의 다른 건축학교에 퍼져 비슷한 교육개혁을 일으켰다.

그로피우스는 1937년부터 1940년까지 마르셀 브로이어와 함께 사무소를 개설하여 일하기도 했다. 매사추세츠의 캠브리지에서 20마일 떨어진 링컨(Lincoln)에 있는 「그로피우스 자택」은 1938년 브로이어와 협동 설계한 것으로, 흰색 페인트칠이 된 목재와 가공하지 않은 자연석을 써서 뉴잉글랜드의 전통을 근대적 의미로 되살렸다. 그로피우스는 이후 브로이어와 공동으로 많은 주택을 설계하였다. 1942년 조립식 주택을 생산하는 제너럴패널 사의 부사장이 되자, 그로피우스는 건물을 공장생산하는 것에 다시 관심을 가졌다.

그로피우스는 1923년 독일에 있었을 당시, 이미 대량생산 주택용 규격건축부품에 대해 실험을 시작하였다.

1946년 그로피우스는 팀워크에 대한 강렬한 신념에 따라서 노오만 플레처, 존 하크네스 등 하버드 대학교의 제자 6명과 함께 캠브리지에 본부를 둔 협동 설계조직인 티에이시, 택(TAC; The Architects Collaborative, 건축가협동설계집단)을 결성하여 공동으로 작품활동을 하였다. 그로피우스가 '개성을 살린 팀워크'의 개념을 실현하였던 이 팀은 많은 흥미로운 일을 담당했으며, 20세기 중엽의 미국 건축에 큰 공헌을 하였다. 그로피우스는 스스로를 조직에서 도전을 불러일으키는 역할자로 여기며, 항상 젊은이들에게 자극을 주어 강력한 영향력 아래 디자인을 수행시키는 한편, 자기 자신의 이름만이 강조되는 기사가 게재될 때에는 택 전체 팀에 의한 것이라고 항의를 하곤 했다.

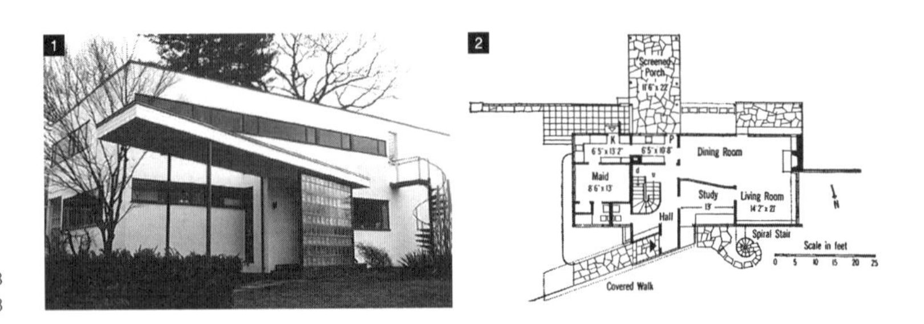

1. 그로피우스 자택, 링컨 매사추세츠, 1938
2. 그로피우스 자택 평면, 1938

그로피우스에 의한 건축과 예술의 통합을 목표로 하는 바우하우스 이후의 사상은 택에서의 작품에도 반영되어 미국에서 가장 오래되고 가장 존경받는 교육기관인 「하버드 대학교 대학원 센터」나 「팬암 빌딩」 등이 이루어졌다. 공용집회소를 중심 삼아 7개의 기숙사 건물군으로 구성되는 하버드 대학교 대학원 센터는 건물 사이의 공지가 기능적으로 매우 잘 관련되었으며, 데사우의 바우하우스 건물을 연상시키지만 그만큼 강한 느낌을 주지는 않는다.

월터 그로피우스, 팬암 빌딩, 뉴욕, 1958-63, 현재는 메트라이프 빌딩

그로피우스는 1952년 명예교수로 퇴직한 이후에도 「미국과학진흥협회 건물」(American Association for the Advancement of Science, 1952, 워싱턴 D.C.), 시카고의 「맥코믹 사 건물」(1953), 「보스톤 백베이 센터」(Boston Back Bay Center, 1953), 「아테네의 미국대사관」(1960)과 「바그다드 대학교 계획안」 등 많은 작품활동을 하였다. 1969년 86세로 그로피우스가 사망한 후 스승의 유산을 이어받은 택은 손꼽히는 대규모 조직 설계사무소로 성장하였다. 그로피우스는 미국에 망명한 뒤에 독일 시대의 실험적 시도를 미국의 공업력이나 생산 시스템을 배경으로 전개하고, 민족성이나 개성에 좌우되지 않는 세계 공통의 건축언어를 개발하고자 계속 노력하였다.

월터 그로피우스, 하버드 대학교 대학원 센터, 1945-50

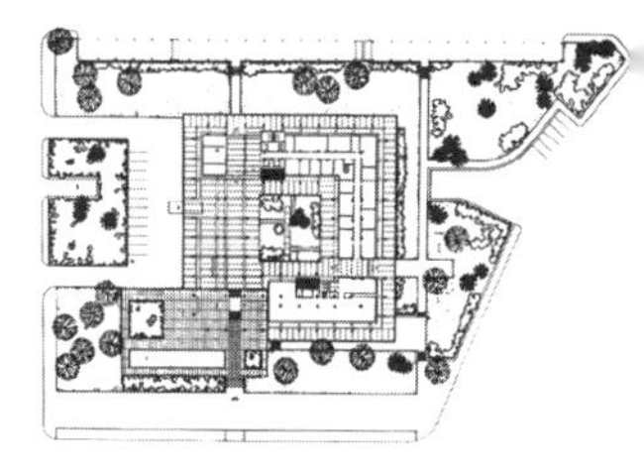

월터 그로피우스, 아테네 미국대사관 평면, 1960

하버드 대학교 대학원 센터 7개의 기숙사와 공용시설 중심으로 구성된 이 「하버드 대학교 대학원 센터」(Graduate Center, 1949-50)는 학교건축의 새로운 방향을 제시하였다. 575명의 학생을 수용하는 기숙사는 여유있게 배치되었으며, 3-4층의 철근콘크리트 건물은 내외부의 공간이 완전히 상호침투되어 아늑한 생활을 할 수 있게 하였다. 건물들은 지붕이 있는 연결복도로 이어지며, 3층과 4층의 기숙사, 2층의 공용건물은 외부공간을 두고 부드러운 분위기를 만들어낸다. 공용건물은 철골조에 석회석 마감으로

된 큰 유리면의 건물로서 대학원 생활의 중심이 되는데, 일시에 1,200명이 식사를 할 수 있는 주방과 식당은 2층에 위치되어 램프로 연결된다.

4) 건축철학과 작품 구성원리

그로피우스는 독일의 건축가와 교육자로서 근대건축 발전에 커다란 영향을 미쳤다. 그로피우스의 특징은 강철과 콘크리트, 유리 등의 근대적 재료의 대담한 사용, 빌딩의 외측을 완전히 유리스크린으로 덮어 광선을 최대한으로 끌어들이는 것 등을 가장 먼저 이루어 낸 것이다. 그의 건축작품은 고전적인 엄격성과 탁월한 균제를 특징으로 하는데, 공동작품이 많으며 대표작은 「데사우 바우하우스 학교건물 및 교직원 주택」(1925-26), 「하버드 대학교 대학원 센터」, 「아테네의 미국대사관」 등이 있다.

그로피우스 자신은 그렇게 많은 건물을 설계하지는 않았다. 그로피우스에 대해서는 건축가보다 교육자와 작가로서 높은 평가를 하고 있다. 그의 훌륭함은 그의 디자인 방법론, 건축교육에 대한 그의 접근태도와 건축일반에 대한 그의 전체적인 철학에 있었다. 그의 디자인 방법론은 '실무주의적'이기 때문에 '공간적 해결책'보다는 기능적 해결책을 강조하였다. 그는 건물과 도시설계, 의자 디자인 등 모든 디자인이 본질적인 면에서는 같은 방법으로 접근해야 한다고 믿었다. 즉, 필요와 문제점을 체계적으로 연구함으로써 과거의 형태나 양식을 모방하지 않고 근대적인 건축자재와 기술을 사용하여 디자인해야 한다고 주장한 것이다. 또한 그로피우스는 뛰어난 교육자로서 협력과 팀워크를 위한 뛰어난 협력자로서 주장하며 활동하였다. 그는 팀워크에 의해 하나의 건물을 만들어내는 것을 이상으로 삼았으며, 그 팀의 각 멤버는 전체 설계와 자기가 참가한 역할의 관계를 충분히 인식해야 할 것이라고 주장하였다.

그로피우스의 건축사고에는 합리주의적 건축이 강한데, 건축의 미학적 측면뿐만 아니라 사회적 및 문화적, 경제적 측면에도 관심을 기우려 예술과 기술의 통합을 추구하였다. 또 그는 건축부재의 표준화와 규격화를 통한 대량생산과 조립화 공법을 주장하였고, 본격적인 유리커튼월을 최초로 고안하여 실용하는 방법을 예시하였다. 그로피우스는 프리패브 공법도 일찍이 착안하여 슈투트가르트의 「바이젠호프지드룽」(1927), 데사우의 「델텐지드룽」(1926-28) 등에서 실시하였다.

한편 그로피우스는 개인적, 민족적 개성과 특성보다는 국제적이며 공통적인 인류문화에 근거한 국제적 건축을 주장함으로써 국제주의양식 건축을 선도하였다. 그는 규격화와 조립화에 의한 공통적 재료와 구조, 기술을 사용하는 기능적이고 효율적인 국제적 공통양식의 건축을 주장한 것이다.

르 코르뷔지에 02

1) 르 코르뷔지에의 업적과 영향

르 코르뷔지에(Le Corbusier, 1887-1965)는 본명이 샤를 에두아르 잔네레(Charles Edouard Jeanneret)였으며, 전 세계에 영향을 끼친 스위스 출생의 프랑스 건축가며 도시계획가로서, 근대건축운동의 기능주의와 대담하

르 코르뷔지에라는 이름은 그가 30세 때부터 파리에서 화가로서가 아닌 건축가로 살기 시작하면서 쓰게 된 것으로서, 남프랑스의 조상 중 한 사람의 이름을 따서 자칭하였다.

고 조소적인 표현주의를 결합한 작품을 많이 남긴 거장이다. 르 코르뷔지에는 이른바 국제주의 건축의 제1세대로서 수많은 작품과 저서를 남긴 가장 유능한 주창자였다.

르 코르뷔지에는 지중해 지방을 여행하고 유명한 건축가 밑에서 수련을 쌓으면서 독자적으로 건축을 익혀 나갔고, 1918년 파리로 이주하여 1965년 사망할 때까지 많은 건축작품과 도시 프로젝트를 남기며 근대건축 역사상 가장 위대한 건축가로, 도시계획가로, 그리고 사상가로 불리게 되었다. 기능주의와 합목적성의 추구라는 근대건축의 완성은 선각자 르 코르뷔지에의 명쾌한 이론과 신념, 그리고 열정적인 노력이 큰 역할을 하였다. 그는 근대 산업사회가 창출한 '새로운 미학'의 혼돈시대에서 '새로운 건축언어를 창조한 선구자'였던 것이다. 20세기 건축계의 위대한 사상가이자 화가, 작가, 조각가, 그리고 디자이너였던 천재적인 건축가 르 코르뷔지에의 건축양식은 근대건축의 기초가 될 뿐만 아니라 근대사회학, 도시화의 문명에 커다란 영향을 미쳤다.

르 코르뷔지에는 건축에서 단순히 필요와 기능, 질서를 추구하였을 뿐만 아니라 여러 건축요소를 다채롭고 독창적으로 구성하여 뛰어난 형태를 만들어내었다. 그는 건축형태와 조형에 관하여 다음과 같이 많은 말을 남겼다:

> 건축은 효용성의 피안에 있다. 건축은 조형적 형태의 문제이다. 질서의 정신, 조형의지의 통일 또 비례의 감각이다. / 우리 눈의 구조는 광선 가운데서 형태를 인식하게 되어 있다. / 원시적 형태는 명쾌하게 인식할 수 있기 때문에 아름다운 형태다. / 건축은 교묘하고 정확하고 장중한 광선 가운데서 전개되는 매스의 희곡이다. 우리 눈은 광선 안에서 형태를 인식하게 되어 있다. 광선과 음영은 형태를 명백히 한다. 입방체, 원추, 구, 원통, 사각추는 광선이 똑똑히 나타내는

원시형태다. 이것들의 이미지는 명쾌하고 명료하여 애매하지 않다. 아이도 야만인도 형이상학자도 알 수 있는 아름다운 형태다. 그것은 조형예술의 본성 그것이다.

르 코르뷔지에는 자신의 건축에서 기능주의자들의 열망과 표현주의적인 강렬한 감각을 결합시켰고, 금욕주의와 조소적 형태를 추구하는 취향을 만족시키기 위해 거친 마감 콘크리트 사용을 최초로 연구하였다. 이러한 르 코르뷔지에의 건축적 성과는 건축과 도시계획의 이론정립, 뛰어난 공간구성과 비례체제 등으로 요약될 수 있다:

1) '도미노(Dom-ino)구조'를 제안하여 철근콘크리트 구조의 구축성을 명료하게 표출시켰다.
2) '살기 위한 기계'(Machine a habiter)라는 개념을 제안하여, 순수한 기능주의적 입장에서 건축을 기계처럼 효율적이고 합리적, 경제적인 것으로 간주하려 하였다.
3) 근대건축의 5원칙 - 필로티(Pilotti), 옥상정원, 자유로운 평면, 수평띠창, 자유로운 입면 - 을 제안하였다.
4) 르 코르뷔지에는 여러 건축요소를 다양하고 독창적으로 구사하여 만들어낸 기하학적 질서에 의한 공간구성이 뛰어난데, 그는 인간은 기하학적 동물이며 정신은 기하학을 창시하였다고 하였다. 무질서한 자연에 기하학적인 질서인 인간의 질서가 합치될 때 아름다우며, 자연을 기하학적 질서에 합치하도록 개조하는 것은 인간으로서의 의무이고 인간의 마음에 강하게 호소하는 예술작품은 기하학이 명확히 느껴진다고 하였다.
5) 1920년대 제안한 「빛나는 도시」, 「300백만 주민을 위한 근대도시」 등을 통해 근대도시에 적합한 도시의 모습을 제안하며 근대 도시계획 이론을 완성하였다. 또한 그는 건축적 산책로라는 개념을 통해 연속된 공간체계를 도입하려 하였다.

모듈러는 '황금의 모듈'이라는 뜻이다. 측정단위 또는 공작물의 기본단위를 뜻하는 모듈은 황금율과 인체의 치수와 수학에서 나온 치수를 재는 도구이며, 인간이 한 손을 든 치수인 7피트 5인치(226cm) 및 그 절반인 3피트 9인치(113cm)로 정해졌으나, 이 경우에는 6피트(184cm)의 신장을 기준으로 하였다.

6) **모듈러**(Modulor)라는 비례체계를 도입하여, 건축형태를 공업화시키는 동시에 아름다움을 가지도록 하였다. 모듈러는 아름다움의 근원인 인체의 척도와 비율을 기초로 하여 황금분할을 찾아 무한한 수학적 비례 시리즈를 만든 것이다. 그는 훌륭한 비례는 편안함을 주고 나쁜 비례는 불편함을 준다고 하였다.
7) 거칠고 조소적인 형태를 추구하기 위해 거친 마감의 콘크리트 사용을 최초로 연구한 노출콘크리트를 통해 전후 브루탈리즘이라는 경향을 발생시켰다.

근대와 현대의 많은 건축가들이 이 위대한 대가의 영향을 받았을 뿐만 아니라, 라틴 아메리카, 인도와 많은 유럽 국가들, 제2차 세계대전 이후 일본의 건축처럼 한 나라의 건축이 이 거장의 주장과 형태에 영향을 받기도 하였다. 젊은 건축가들에게 심적 및 정신적 지주가 되는 르 코르뷔지에의 작품과 건축에 대한 다음과 같은 태도는 오늘날에도 큰 도움을 줄 것이다:

시행하라 다른 건축가의 작품과 다른 문명을 보기 위해서, 철저한 스케치를 통하여 왜 그러한가를 이해하여야 한다.

그리고 조각하라 직접 창작과정을 통하면 새로운 세계에 있는 새로운 느낌을 체득할 수 있다. 르 코르뷔지에는 하나의 예술로서의 건축에 대한 태도와 다른 예술과 전문직에 대한 건축의 관계를 중시하며 '건축가는 실행자가 되어야 한다'고 믿었다.

깨우쳐라 자신을 먼저 깨우치고 동시에 고객을 교육시켜라. 자신의 제안과 신념을 실행시키기 위해서 자신의 생각을 설명하고 설득시켜야 한다.

건축하라 여행자와 화가, 조각가, 저술가, 학자만 되지 말고 건축을 하라. 건축하는 것이 건축가의 궁극적 목표이며 사회가 건축가에게 봉사하기를 바라는 바이기 때문이다.

2) 초기의 교육과 활동

르 코르뷔지에는 산으로 둘러싸인 스위스 쥐라 지방의 정밀시계 중심지인 한 작은 마을 라쇼드퐁(La Chaux-de-Fonds)의 도안가 집안에서 1887년 태어났다. 13세 때 라쇼드퐁의 에콜 데자르 데코라티프(장식미술학교)에 입학하여, 화가인 샤를 레플라테니에(Charles L Eplattenier)로부터 미술공예운동의 마지막 단계에 속하는 교육을 받았다. 라쇼드퐁의 미술학교에서는 아르누보의 여파를 받아 유기적인 모양, 장식적인 모양에 열중하는 경향이 있었다. 레플라테니에는 오웬 존스의 『장식의 문법』에 깊은 영향을 받았으며, 이를 통해 르 코르뷔지에는 장식을 단지 자의적이며 절충적인 것이 아니라 자연과 합리성에 근거한 것임을 익힐 수 있었다. 특히 르 코르뷔지에는 그의 어린 시절에 스승으로부터 엄청난 영향을 받으면서 자연적인 것, 생명적인 것을 직관적이며 역동적으로 바라보는 태도를 얻었다. 르 코르뷔지에는 스승 레플라테니에를 회고하며 다음과 같이 말한 바 있다. '나의 선생은 말했다. … 오직 자연만이 인간에게 영감을 준다. 자연만이 진실이다 라고. …' 훗날 자신의 유일한 스승이라고 불렀던 샤를 레플라테니에에게서 미술사와 소묘, 아르누보의 자연주의 미학을 배웠는데, 레플라테니에는 르 코르뷔지에에게 건축가가 되어야 한다고 갈 길을 정해주고 그 지역 건축계획 실무를 처음으로 맡겼다.

그후 르 코르뷔지에는 뛰어난 건축가들을 만났는데, 1907년 빈에서 호프만, 1908년 리용에서 가르니에, 파리에서는 페레, 1910년 베를린에서 베렌스를 만났다. 르 코르뷔지에는 1909년부터 1910년 사이에 오거스트 페레(Auguste Perret, 1874-1955)의 사무소에서 근무하면서 구조의 중요성과 철근콘크리트의 건축적 가능성을 배웠다. 당시 페레는 20

세기 초 근대건축의 선구자로서 철근콘크리트 구조의 건축적 및 구조적, 미학적 가능성을 예시하고 있었다. 이어서 르 코르뷔지에는 1910년부터 1911년 사이에 피터 베렌스(Peter Behrens, 1868-1940)의 사무소에서 근무했는데, 당시 독일공작연맹의 대표적 건축가였던 피터 베렌스로부터 건축에 공업기술을 수용하는 건축방법론을 배우게 되었다. 그는 또한 오스트리아의 오토 바그너, 네덜란드의 베를라헤와도 접촉하게 되었다.

뒤이어 르 코르뷔지에는 아테네와 로마 등 지중해 연안의 건축을 탐구하기 위해 연필과 스케치북을 들고 여행을 떠났다. 그 '동방여행'에서 그는 파르테논에서부터 농가에 이르기까지, 또 보스포러스에 있는 터키식 별장에서부터 샤르트르 대성당에 이르기까지 가능한 한 많은 건축물의 형태와 그 환경을 분석하였다. '태양과 푸른 바다의 거대한 아웃라인, 그리고 사원의 흰 벽이 끊임없이 호소하고 있었던' 이 동방여행을 통해 르 코르뷔지에는 지중해의 밝은 빛과 그 아래에서 전개되는 건축의 원리를 그의 작품 속에서 추상적인 형태와 이미지로 구체화할 수 있게 되었다. 르 코르뷔지에는 1907년부터 4년에 걸친 여러 차례 여행을 통해 중요한 3가지 건축요소를 발견했다. 토스카나 지방의 갈루초에 있는 에마 수도원을 둘러보고 거대한 집단공간과 개별적인 단위 생활공간 사이의 차이를 깨달았고, 이탈리아 베네토 지방에 있는 안드레아 팔라디오의 르네상스 건축 및 그리스의 고대 유적에서는 고전적인 비례를 발견했다. 지중해와 발칸 반도의 민중건축을 통해서는 기하학적 형태를 발견했으며 빛의 처리와 건축적 배경으로서 조경을 이용하는 방법을 배웠다.

르 코르뷔지에는 '과거라는 위대한 교사 이외에는 스승이란 것을 갖지 않은 혁명가'라고 자신을 규정하기도 하였다.

1917년 파리에 이주하여 정착하면서 르 코르뷔지에는 입체파와 접촉을 하게 되며 큰 영향을 받게 되었다. 1910년경에 피카소와 브라크는 공간에 대한 새로운 경험을 적용하여 대상의 내외부를 동시에 표현하기 시작하였던 것이다. 르 코르뷔지에는 이와 동일한 방식을 건축에 적용하여 내외부 공간의 상호관입을 위한 방법을 개발하였다. 30세 때 파리로 이주한 후 르 코르뷔지에는 화가 겸 디자이너인 아메데 오장팡(A. Ozenfant)을 만나면서 자신의 형식을 완성했다. 오장팡은 일상적 사물이 가지는 순수하고 기하학적 형태로 되돌아간 순수주의를 가르쳐주었다. 1918년 이들은 순수주의 선언인 『입체파 이후』(Aprés le cubisme)를 함께 집필하여 출판했고, 1920년에는 시인인 폴 데르메와 함께 전위예술 평론지며 대변지인 〈에스프리 누보〉(L'Esprit Nouveau, 신정신)를 창간했다. 그는 오장팡과 함께 1918년에 회화분야에서 순수파를 창립하였다. 여기에서 그는 매스와 윤곽을 서로 흘러 들어가 상호관입하게 되는 떠 있는 듯한 투명한 대상을 좋아하고 있음을 표방하였다. 르 코르뷔지에는 1918년부터 1923년까지 오장팡과 함께 순수파 운동을 전개하면서, 20세기 초 추상예술운동의 출발점인 입체파의 영향으로 순수 기하학을 추구하였다.

1917년 30세 때 파리로 이주한 르 코르뷔지에는 1930년에 프랑스 시민권을 받는다.

오장팡과 손을 잡은 르 코르뷔지에는 화가이자 저술가로서 새롭게 발을 내딛었다. 오장팡과 르 코르뷔지에라는 필명으로 〈에스프리 누보〉지에 여러 글들을 함께 발표했는데, 르 코르뷔지에가 이 잡지에 쓴 글은 한데 엮어져 『건축을 향하여』(Vers une architecture)란 책으로 출판되었고, 나중에 『새로운 건축을 향하여』(Toward a New Architecture, 1923)라고 영어로 번역되었다.

이때까지도 잔네레라는 이름을 썼으며, 건축가였던 외가쪽 할아버지 이름인 르 코르뷔지에를 필명으로 썼다.

'주택은 살기 위한 기계다'와 '구부러진 거리는 당나귀가 다니는 길이지만, 곧게 뻗은 거리는 인간을 위한 도로다'라는 2가지 말은 그가 남긴 유명한 선언이다. 유명한 저서로는 『도시계획』(Urbanisme, 1925), 『성당은 언제 흰색이 되었는가』(Quand les cathédrales étaient blanches,

1937), 『아테네 헌장』(La Charte d'Athènes, 1943), 『도시계획론』(Propos d'urbanisme, 1946), 『3개의 인간시설』(Les Trois Établissements humains, 1945), 『모듈러』(Le Modular I, 1948) 등이 있다.

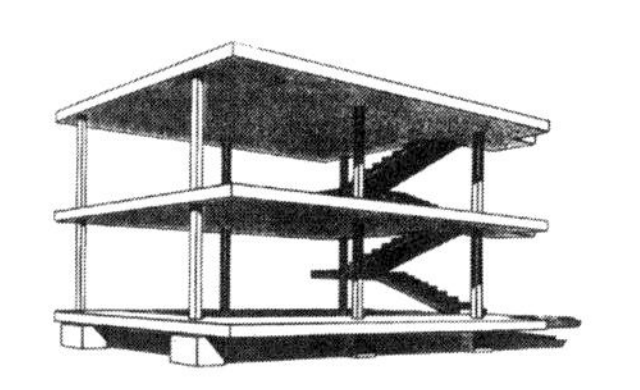

르 코르뷔지에, 도미노 구조 시스템, 1915

건축가로서의 최초의 활동은 1915년 〈도미노 구조 시스템〉(Domino Prefabricated Skelton)을 제안한 것이었는데, 이것은 필로티와 6개의 기둥으로 지지된 3개의 슬래브, 1개의 계단으로 구성된 2층의 철근콘크리트 구조체를 나타내는 한 장의 구조 시스템 계획도였다. 도미노 시스템은 철근콘크리트 구조의 건물에서 뼈대 위에 슬래브를 얹고, 또 그 위에 슬래브를 얹어나가는 개념이다. 이 당시 르 코르뷔지에는 아직 파리에 등단하지 않고 스위스 라쇼드퐁의 미술학교에서 교편을 잡고 있었는데, 주택의 대량생산을 목표로 한 프리패브 철근콘크리트의 구조 시스템인 도미노 시스템을 제시한 것이다.

르 코르뷔지에는 주거의 대량생산과 이와 관련된 표준화의 개념을 계속해서 발전시켜 왔는데, 이것이 도미노구조 및 주택과 같은 결실로 이루어진 것이다. 이런 생각은 그의 주저이자 현대의 가장 영향력 있는 건축서인 『건축을 향하여』(Vers une architecture), 살기 위한 기계(Machine habiter)라는 개념으로 발전한다. 이것은 다른 기계제품들처럼 주거에 표준화와 대량생산, 근대적 삶에 대응하는 기능, 기계의 추상성에 바탕을 둔 기계미학을 부여하려고 했던 것이다. 르 코르뷔지에는 그가 건축사업을 막 시작했을 무렵 프리패브에 관해 말했으며, '주택이란 살기 위한 기계'라고 부를 무렵에는 주택이 기능적이면서 기계가 갖는 형식과 연관시키려 하였다. 르 코르뷔지에는 자동차의 매력에 끌려서 자기의 계획에 자동차의 이름을 따서 붙이기도 했지만, 그가 주택에서 추구하려한 것은 단지 복잡한 기관을 수용할 공간만을 위한 간단한 외형이 아니라, 광택을 갖는 완전한 형식, 동적인 외관, 스피드의 반향 등을 자신의 예술감각에 따라 계획하고자 한 것이었다.

1922년 사촌인 피에르 잔네레와 함께 파리에서 사무소를 개설하여 본격적으로 건축활동을 시작하였는데, 이때 자신의 건축사상을 정리 요약하여 1926년 〈근대건축의 5원칙〉 또는 〈신건축의 5가지 요점〉(Five Points of Architecture)을 발표하여 건축구조와 조형에 있어 중요한 전기가 되었다. 르 코르뷔지에는 1920년대와 30년대에는 〈근대건축 5원칙〉에 바탕을 둔 순수 기하학적 건축을 추구하였다.

(1) 근대건축의 5원칙

① **필로티**(Pilotis, 지주)

철근콘크리트 기둥인 필로티는 건축물과 대지와의 관계에서, 도시와의 연계를 위해 지상층을 땅에서 들어올려 개방공간으로 사용하도록 하는 수법이다. 철근콘크리트나 철골구조의 발달은 구조체로서의

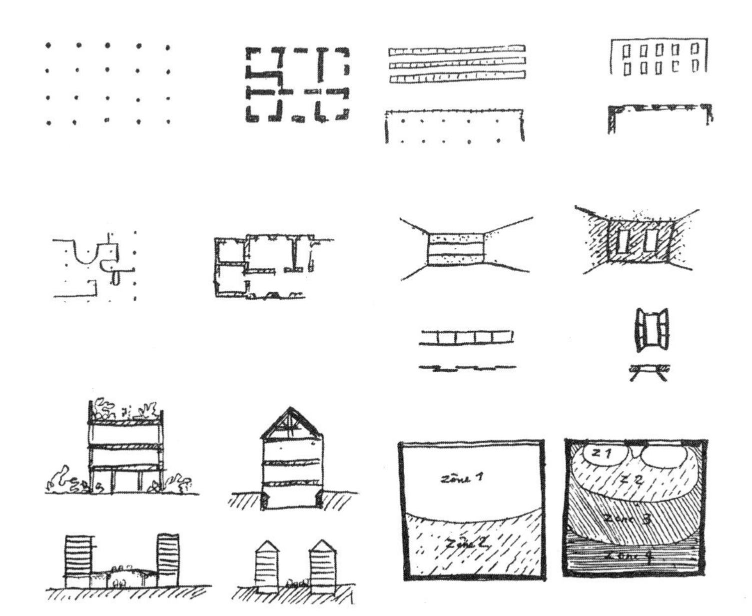

르 코르뷔지에, 근대건축의 5원칙을 설명하는 일련의 스케치, 1926

벽이 갖던 기능적 필요성을 제거하고 콘크리트와 철골기둥으로 구조체를 대신할 수 있게 했다. 이같은 발달은 새로운 기술을 사용하여 건물 무게를 지탱하며 지면을 완전히 해방시키며 인간의 거주 레벨을 필요한 높이까지 올릴 수 있게 되었다.

「시트로앙 주택계획」에서는 가구의 다리와 같은 필로티가 거주하는 상자를 지탱하고 있는데, 이러한 건축은 호상도시로까지 확대될 수도 있었다. 1929년에 이르러 르 코르뷔지에는 모든 지면은 사람들의 활동과 식물에 돌려주어야 하며 일과 거주를 위한 공간은 지면 위에 자리 잡을 수 있다고 제안했다. 르 코르뷔지에는 1929년의 작품인 「사보아 주택」에서 이 구상을 찬란하고 명석하게 실현시켰으며, 1932년 「스위스 학생기숙사」 등 많은 작품에서도 이같은 수법을 관철시켰다.

② 자유로운 평면(Free Plan)

뼈대와 벽의 기능적 독립은 구조체에서부터 내부공간이 독립되어 개방적이며 융통성 있고 변화성이 풍부한 평면구성을 가능하게 하였다. 지금까지 건축평면은 구조적인 내력벽의 구속에서 벗어나지 못하고 있었는데 자신의 전반부에 걸쳐 르 코르뷔지에는 건축의 참된 유연성을 추구하였다. 지지벽이 필요 없이 바닥공간이 자유롭게 배열된 자유로운 평면은 곧 내부공간의 구성을 사용자의 자유와 요구에 맡긴다는 사고와 일치하는 것이다. 「바이젠호프 주택」에서 르 코르뷔지에는 가동식 칸막이를 도입해서 야간에는 거실을 3개의 작은 침실로 바꿀 수 있게 계획했다. 이 작품에서 나타난 자유로운 평면의 개념은 주거공간에 참다운 가동성을 확보하며 그의 공간적이고 조형적인 의지를 보여주기도 한다.

③ **자유로운 건물 입면**(Free Facade)

뼈대와 벽의 독립으로 인하여 구조를 뒤에 숨김으로써 자유로운 입면구성이 가능하게 되며, 구조에 제약받지 않는 가로로 긴 연속창이 만들어진다. 건축가가 원하는 대로 설계할 수 있는 구조적 기능을 갖지 않는 벽체로 이루어진 자유로운 파사드의 건축원리는 위에서 본 원리들에 뒤따르는 조형상의 결과라고 볼 수 있는데, 이같은 파사드의 구상원리는 미스의 경우처럼 완전한 유리상자를 의미하지는 않는다. 르 코르뷔지에의 경우 파사드란 회화의 화면과 마찬가지로 항상 개구부와 비개구부로 질서가 부여되어야 하는 면으로 인식되었기 때문이다.

④ **수평 연속창**(Long Window)

르 코르뷔지에가 제안한 도미노 시스템은 뼈대와 벽의 기능적인 독립으로 하중을 받지 않는 내벽의 위치를 자유로이 처리하며 평면의 융통성을 주고 파사드의 폭 안에서 창의 가로폭은 무제한으로 확정될 수 있다는 특성을 암시하고 있다. 구조에 제약을 받지 않는 수평으로 긴 창을 설계함으로써 건물 내부에 햇빛을 고르게 비치게 할 수 있다. 모든 실내공간을 한결같이 조명할 수 있다는 점에서 「시트로앙 주택」이나 「바이젠호프 주택」에는 이와 같은 수평 연속창들이 필로티 위에 얹혀 본격적으로 등장하게 되었다. 「사보아 주택」의 2층은 넓은 건물 주변을 자유롭게 볼 수 있는 길고 좁은 '띠 유리창'으로 되었으며, 「국제연맹본부 계획안」에서는 길이 200m에 이르는 가로로 긴 연속창이 나타나게 되기도 한다.

⑤ **옥상 정원**(Roof Garden)

옥상정원은 건물이 세워지기 전에 있던 녹지를 대체하는 것으로서,

외부공간의 구성적인 측면에서 1층 대지의 기능을 옥상으로 옮겨 정원 및 인간의 생활공간으로 취급하는 것이다. 르 코르뷔지에는 주로 실용적인 이유로 옥상정원의 장점을 이해시켰다. 그에 의하면 옥상정원은 눈이 많은 북유럽 지방의 경우 눈이 녹아 흐르는 물을 누수의 위험 없이 제거할 수 있는 장점이 있다고 한다. 여기에 엷은 층의 흙을 덮어둘 경우 옥상정원은 언제나 적당한 습기가 유지되어 식물이 자랄 수 있기 때문에 주거공간을 추위와 더위로부터 완전히 차단시켜 주는 효과도 있다.

이같은 옥상정원의 초기개념은 이후의 작품인 「사보아 주택」에 이르러서는 보다 조형적인 세계로 연결되어 선박의 이미지들을 반영하고 있다. 사보아 주택의 경우, 경사로는 지면높이에서 3층의 옥상 테라스까지 연속해 있으며, 이 구조를 통해 건축적 산책로를 형성한다. 하얀 관 모양의 계단난간은 르 코르뷔제가 찬탄한 산업적인 '원양여객선'을 미적으로 연상시킨다. 반원형 통로를 가진 1층 주변의 차도는 1927년형 시트로엥 자동차의 정확한 회전 반지름에 꼭 맞아 떨어진다. 옥상정원은 「유니테 다비타시옹」의 옥상이나 「샹디가르의 사무동과 회의동」 옥상에서와 같이 '빛 아래 집합된 입체의 교묘하고도 장려한 연출'로 승화되어 공간의 새로운 차원을 풍요롭게 해주고 있다.

3) 전반기 주요 활동

1922년부터 1940년까지는 르 코르뷔지에에 의한 도시계획과 건축설계 계획안이 두드러지게 많이 나왔으며, 그의 작품은 완공한 건물은 물론 계획안들도 커다란 반향을 불러일으켰다. 그는 1922년 **'살롱 도톤'** 에 사회환경에 대한 자신의 이념을 표현하며 2개의 계획안을 출품했

살롱 도톤(Salon d'Automne)은 1903년부터 매년 가을 파리에서 열린 젊은 미술가들의 전시회다. 살롱 도톤은 프랑스어로 '가을의 살롱'이라는 뜻이다.

다. 그중 하나인 「시트로앙 주택」은 5년 뒤 그가 근대건축의 개념이 라 정의했던 5가지 특징을 보여준다.

시트로앙 주택 「시트로앙 주택」(Maison Citrohan, 1922)은 프랑스의 자동차 시트로앵(citroën)에서 유추한 건축으로서, 르 코르뷔지에가 기계가 가지는 혁신성을 가지고 '살기 위한 기계'를 향하고 있다는 것을 말해준다. 이 주택은 전체가 단순한 하얀 단순 직방체를 기본으로 하고 내부공간은 남북으로 2등분되어 있다. 남쪽의 반은 두 층 높이를 지닌 거실이고 북쪽은 그 외의 주거공간으로서 2층에는 침실, 3층에는 부엌을 지닌 3층 구조이며, 지붕에는 햇빛을 받을 수 있는 테라스가 있다. 거실과 2층을 연결하는 나선계단, 옥상층의 옥상정원의 외계단 등 계단의 형태는 입방체를 중심으로 한 공간 안에서 동적인 요소로 작용한다. 이 주택은

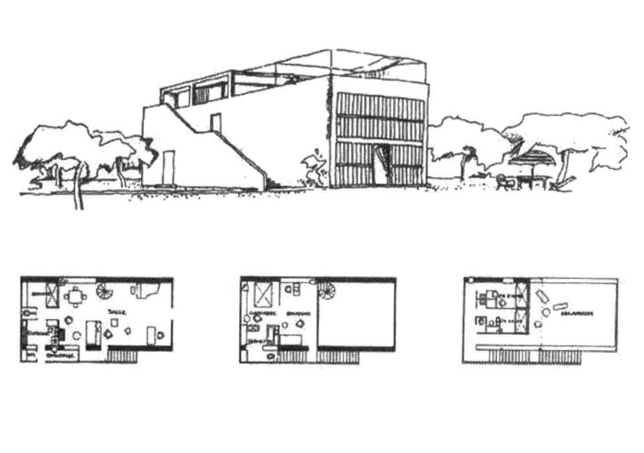

르 코르뷔지에, 시트로앙 주택 계획, 1920
아래의 조감도는 1922년 개선안

> 근대건축의 5가지 요점, 곧 구조물을 받치고 건물 아래의 지면을 개방시키는 필로티, 주택에서 필수적이면서도 정원으로 바꿀 수 있는 옥상테라스, 개방된 평면, 장식이 없는 정면, 구조체와 독립적임을 나타내는 옆으로 긴 연속창이 모두 사용되었다. 내부는 개방된 복층의 스플릿 레벨(split-level)의 거실공간과 셀 모양 침실이 전형적인 대조를 이루고 있다. 이와 함께 출품한 한 도시의 축소모형은 무리지어 있는 마천루의 기저부에 있는 정원과 녹색공원 개념을 시대에 앞서 표현하고 있다.

이 기간 동안 르 코르뷔지에의 사회적 이념은 2가지 형태로 실현되었다. 하나는 1925년부터 1년간 보르도 근처의 페삭(Pessac)에 시트로앙 주택양식으로 40가구를 갖춘 노동자 도시를 건설한 것이다. 그러나 이 주택단지는 지역전통을 무시하고 관습을 벗어난 색채를 사용했기 때문에 도시 당국의 반대를 불러일으켰고 당국은 상수도 공급을 거절하기에 이르렀다. 1927년에 르 코르뷔지에는 '독일공작연맹'이 개최한 국제박람회를 위해 슈투트가르트 실험 주거지역인 바이젠호프에 2채의 주택을 지었다.

그는 제1차 세계대전이 일어나기 전에는 주로 특권층 사람들이 의뢰했던 개인주택을 지었다. 그 주택들은 엄격한 기하학적 형태와 장식

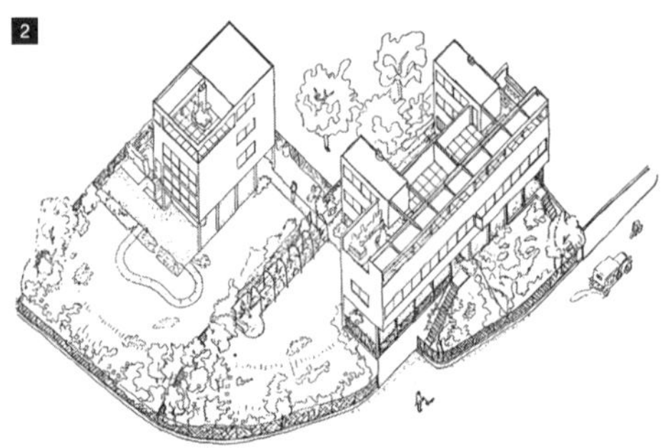

1. 르 코르뷔지에, 바이젠호프 단지 14-15 주택, 1927
2. 르 코르뷔지에, 바이젠호프 단지 13과 14-15 주택의 액소노, 1927

없는 정면을 결합하여 기능적 디자인과 절제된 외관을 갖추고 있었는데, 1922년 「오장팡을 위해 지은 주택」, 스위스의 은행가며 수집가인 「라울 라 로슈 저택」(1923), 「마이클 스타인 저택」(1927), 포아시의 「사보아 주택」(1929-30) 등이 있다.

스타인 주택 파리에서 19km 떨어져 있는 가르시 소재의 스타인 주택(Villa Stein, Garches 1927)은 대저택의 웅장함을 지니고 있는 별장을 설계하도록 의뢰받은 것이다. 이 주택의 1층은 하인들의 방으로 구성되고 부엌과 식당, 서재 등은 대공간 주변에 배치되며, 3층에는 침실과 욕실, 화장실이 자리잡고 있다. 2개의 방은 건물 뒤쪽에 테라스가 형성하고 있는 외부의 데크로 통하며 주침실은 이 주택의 주축상에 배치되어 있다. 주침실 앞의 복도는 같은 크기로 된 2개의 곡선으로 타원형을 형성하고 있다. 이 주택은 도로와 정원 쪽의 두 면에 파사드가 있는데 르 코르뷔지에는 이 두 면의 파사드를 2-1-2-1-2의 규칙적인 리듬으로 설계했다. 팔라디오의 경우 주열로부터 파사드에 이르는 리듬을 간단하게 알아볼 수 있는데 비해 스타인 주택에서는 기둥이 파사드 뒤쪽에 있으므로 확연히 드러나지 않는다. 대칭과 리듬으로 구성된 정면과 후면 정원 쪽의 '파사드의 파괴'가 공존되고 있다.

르 코르뷔지에, 스타인 주택, 1927, 엑소노메트릭

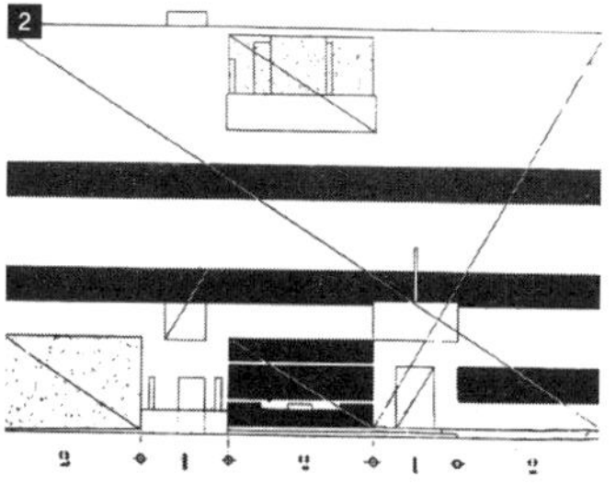

1. 르 코르뷔지에, 스타인 주택 정면도, 1927
2. 르 코르뷔지에, 스타인 주택의 비례관계, 1927

르 코르뷔지에, 사보이 주택 전경, 1929-31

르 코르뷔지에, 사보이 주택 테라스 가든, 1929-31

사보아 주택 「사보아 주택」(Villa Savoye, 포아 시, 파리 부근, 1928-29)은 20세기를 통해 가장 많은 논의가 이루어졌고 영향을 끼쳐온 기념비적 건축이다. 르 코르뷔지에가 자신이 내세운 근대건축의 다섯 가지 원칙을 적용시킨 사보아 주택은 파리의 로이드 해상보험회사에 근무하는 사보아 부부(Pierre & Euggine Savoye)와 아들 로저를 위한 주말주택으로 계획되었다. 사보아 부부는 전원생활을 즐기기 위하여 파리에서 30km 떨어진 포아시의 숲 근처에 부지를 정했다. 르 코르뷔지에의 '백색 빌라'(villas blanches)의 연작 가운데 마지막 작품인 이 주택의 1층에는 차고와 서비스 공간 등이 있으며, 중심축상에는 다소 표현성이 강한 입구가 있다. 입구부 공간은 곡선의 유리벽으로 둘러싸여 있으며, 그 내부에는 위층의 주된 생활공간으로 연결되는 육중한 경사 램프가 자리잡고 있다. 1층 중앙부분은 차고나 고용인실로 쓰이며, 필로티에 의한 개방은 지표면을 건축의 혼란한 점거로부터 막고 공동체에 반환하며 대지들을 유기적으로 연결하고자 한 것이다.

이 주택은 1층의 가는 기둥 위에 입방체의 원시형태가 올려져 있고 그 평탄한 표면에 수평으로 긴 창이 뚫려 있다. 거실은 5×14m이며, 두 면에 긴 수평창이 있고 테라스로 면한 제3의 면은 그 길이의 2/3 가량이 전면유리로 채워져 있다. 이 주택에서는 사진틀에 넣어서 보는 것 같은 조망수법을 이용하였으며, 주택 내부로 가는 램프와 외벽을 따라 옥상으로 통하는 램프 두

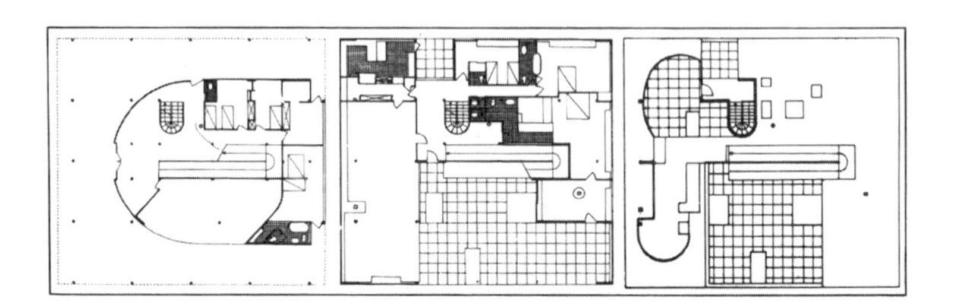
르 코르뷔지에, 사보이 주택 평면도, 1929-31

곳이 쓰였다.

로버트 벤츄리가 『건축의 복합성과 대립성』에서 이 건물의 거의 정방형에 가까운 평면을 모호성의 예로, 또한 단순한 외관과 복잡한 내부를 대립성의 예로 들고 있듯이, 이 작품은 복합성과 모호성, 모순성들이 내재해 있기 때문에 뛰어난 힘과 시적인 면모를 지니고 있다. 이러한 측면은 이미 1층에서 차고로 들어가는 차의 회전반경에 의해서 결정된 구조체계에서도 나타나고 있는데, 건물의 네 면 중 두 면의 기둥들은 벽체선과 일치하고 있는 반면, 다른 두 면의 기둥들은 벽체선보다 안쪽으로 후퇴되어 있다. 이러한 배열로 해서 겉으로 보기에는 전체 건물의 구조체계가 규칙적일 것으로 생각되지만 실제로는 내부의 일부 기둥들은 외주부의 기둥과 열이 맞지 않는다.

르 코르뷔지에의 위대성은 단순한 건축이론의 전개로만 그치지 않고 새로운 도시계획의 제안으로까지 넓혀진다. 르 코르뷔지에는 1922년 「300만 주민을 위한 근대도시」에서 도시의 기능별 배치, 도로와 교통망의 재구성과 용지의 절약, 환경과 서비스의 개선을 위한 고층형

1. 르 코르뷔지에, 빌라 사보아 단면도
2. 르 코르뷔지에, 빌라 사보아 엑소노메트릭

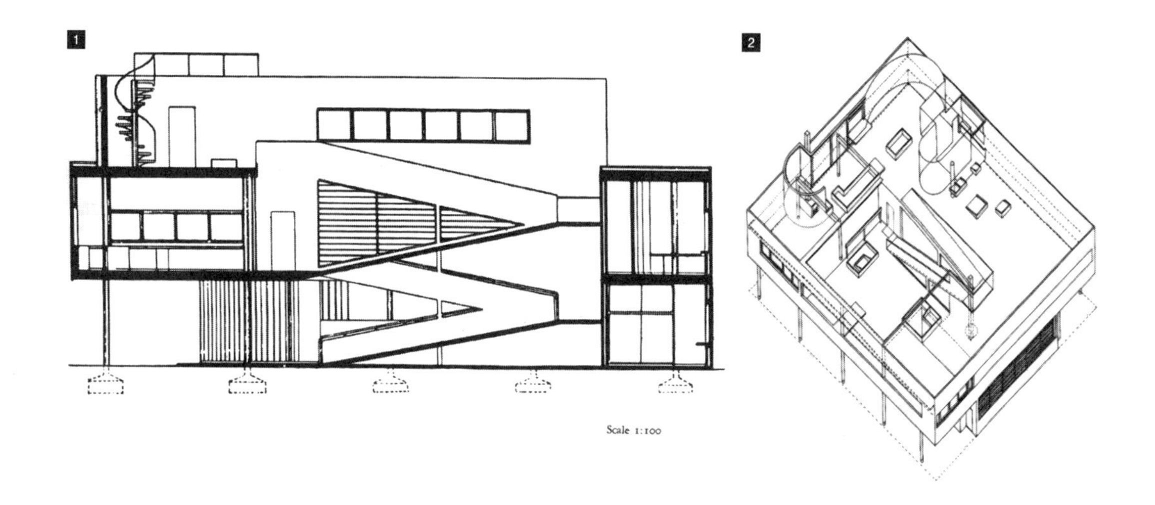

의 채택 등에서 새로운 도시형태를 제안하였으며, 이런 주장들은 나중에 인도의 샹디가르의 수도에서 실제로 구축되기도 하였다.

H. 마이어의 계획안은 회의동과 사무동을 명확하게 분리하여, 신즉물주의의 전형적인 표현으로 되었다.

1927년 르 코르뷔지에는 「국제연맹회관」(Palais des Nations) 설계경기에 참가하여, 호수나 도로 등의 부지조건에 조화된 입체적 동선에 의해 연결된 블록 구성, 정화실과 온연실을 갖춘 공조장치, 그리고 주야를 통해 밝기가 고르게 된 조명장치 등 그의 독창성과 구상력을 발휘하여 설계하였다. 단열유리벽을 쓰도록 설계한 그의 국제연맹회관 계획안은 기능적 분석에 대한 건축가로서의 그의 재능을 가장 훌륭하게 보여준 것으로, 예심에서는 1등을 했지만 최종심사에서 전통주의자들에 의해 거부되어 낙선되었다. 하지만 르 코르뷔지에는 낙선과 함께 떠돈 소문으로 근대적 전위건축가라고 알려지면서 더욱 명성을 얻게 되었고, 결과적으로는 근대의 전위적 건축의 가치를 옹호할 목적으로 여러 건축가들과 함께 1928년 스위스의 라사라에서 근대건축국제회의를 창설하게 되었다.

그는 국가를 초월한 모임인 근대건축국제회의를 주도하였고, 과거회귀주의와의 투쟁과 인간생활의 정신적 및 물질적 욕구추구, 인간활동과 자연환경과의 조화육성 등의 문제 해결을 주도하기도 하였다. 근대

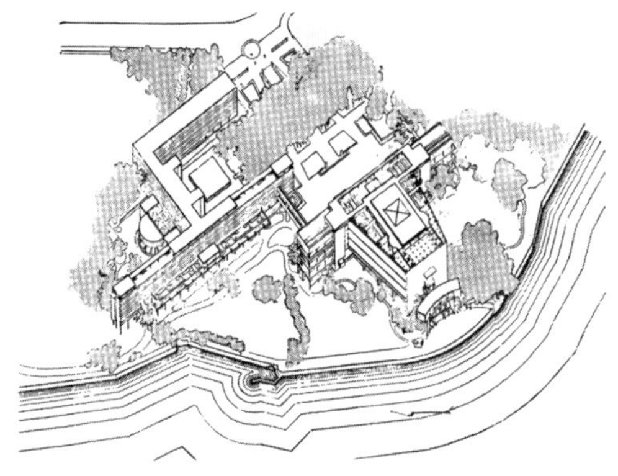

르 코르뷔지에, 국제연맹회관 조감도, 1927

건축국제회의의 프랑스 지부장이었던 르 코르뷔지에는 5번의 회의에서 중요한 역할을 했으며 특히 제4차 회의에서 근대건축의 몇 가지 기본원리를 자세히 기술한 선언서를 채택하는 데 두드러지게 활약했다.

그 밖에 르 코르뷔지에는 이 기간에 「파리 구세군회관」, 파리의 '대학도시'에 있는 「스위스 학생기숙사」(1931-32)와 같은 주요한 건물들을 건립했다. 「소비에트 궁전 계획안」(Palace of the Soviets, 1931)에서는 내용물을 감싸고 있는 표피의 개념이 사라졌다. 르 코르뷔지에는 이 건물을 머리와 어깨, 허리, 엉덩이 등을 갖는 인체로 형상화시켜서 전체의 매스를 통합시키고자 하였다. 1930년대 말에는 「알지에시 종합계획」(Algiers Plan, 1938-42)과 「부에노스아이레스 시 종합계획」(1938), 리우데자네이루의 「교육보건부 청사」(1936)와 같은 유명한 계획안들을 내놓았다.

파리 구세군회관 「파리 구세군회관」(Salvation Army Hostel, Paris, 1932-33)은 르 코르뷔지에가 도시 서민 주거시설을 위한 최초의 작품이다. 르 코르뷔지에는 남북의 인접한 건물들 사이에 장축이 동서로 형성된 부정형의 협소한 대지조건에서 중요시설들을 명확하게 구분하고 지원시설들을 근접시키는 근대적인 설계방법을 적용하였다. 구세군회관은 전체적으로 볼륨과 공간 사이의 상호관련에 의해 만들어진 장대한 인상이 주목된다. 구세군회관은

르 코르뷔지에, 파리 구세군회관 남측 정면, 1932-33

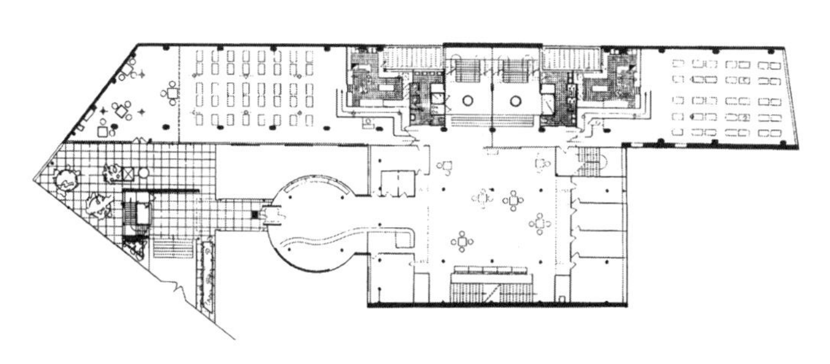
르 코르뷔지에, 파리 구세군회관 평면도, 1932-33

실내공조 시스템의 도입과 외벽면의 기밀성을 최초로 시도한 주거시설로서, 르 코르뷔지에는 개방할 수 없는 유리면으로 인식되어왔던 벽에 공기조화장치를 설치해 '호흡하는' 유리벽을 시도하였다. 정면 창문의 복층 유리 시스템을 적용하여 실내공기의 기밀을 유지하여 여름에는 쾌적한 공기를, 겨울에는 햇빛을 통해 따뜻한 열원을 보존하고자 하였으나, 당시의 기술수준이 따라주지 못하였다. 또한 자유로운 평면을 구현하기 위해서 르 코르뷔지에는 주출입홀을 숙소동에서 분리시켰으며, 출입시설을 외부로 분리함으로써 기하학적인 출입통로를 구성하였다.

스위스 학생기숙사 이 건물은 스위스 정부가 파리에 유학하고 있는 자국민 유학생을 위해 파리의 **'대학도시**(Cite Internationale Universitaire)'에 세운 학생기숙사(Pavillon Suisse, 1930-1932)다. 이 학생기숙사 저층부의 주출입홀과 유려한 곡면의 내부계단은 형태적으로 풍부함과 긴장감을 주고, 건물을 지탱하는 필로티는 그 자체로 뛰어난 조형적인 아름다움을 나타내고 있다. 필로티 위의 주거부분은 저층부의 유연성과는 대조적으로 건축물의 전체 형태가 상자모양으로 되어 있으며, 각 숙소는 칸막이에 의해 명확하게 분절되어 있다.

시테 인터내셔널 유니베르시테르(Cite Internationale Universitaire) 지역은 세계평화를 기원하는 국제교류의 장으로서 세계에서 파리로 유학 온 학생들을 위하여 37개 동의 기숙사가 약 40ha 규모의 대지에 세워져있다.

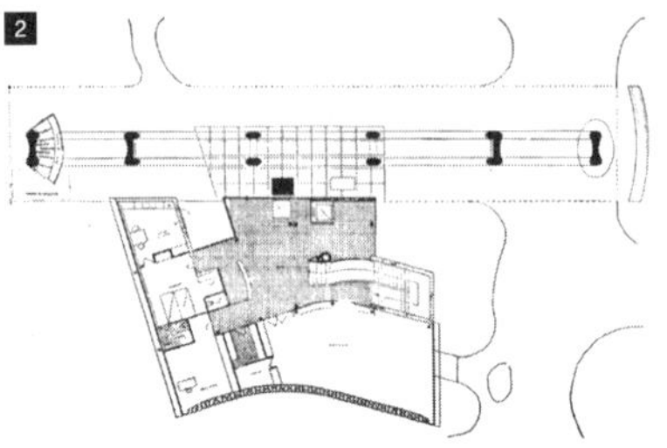

1. 르 코르뷔지에, 스위스 학생기숙사
2. 르 코르뷔지에, 스위스 학생기숙사 평면도, 1930-32

근대건축에서 국제주의가 도래함을 상징하는 이 건축물은 입구홀의 볼륨과 공간의 조형성의 탁월함 등 르 코르뷔지에의 구상력이 풍부하게 표현된 작품의 하나로서, 지하 깊이 암반까지 도달한 철근콘크리트 필로티로 지지되어 있다. 건물의 한면은 각 스튜디오의 유리 커튼월이고 다른 한면은 거친 자연석과 슬래브의 곡면으로 구성되었다. 스위스 학생기숙사에서는 일반 서비스 영역을 별개의 건물에 지정함으로써 거주영역을 분리하고 이 두 부분을 하나의 계단실로 연결했다. 표면은 대부분 마감하지 않은 채 남겨 두었으며, 육중한 필로티는 처음으로 조소적 가치를 표현하게 되었다. 그는 계단실의 적당한 배치, 아름다운 곡면의 간막이, 현미경 사진수법에 의한 벽면 장식수법 등 독창적인 수법으로 건축에 활력을 주게 되었다. 이때부터 르 코르뷔지에의 합리적 기능주의는 표현의 욕구와 균형을 맞추기 시작했다.

이 기숙사는 시떼(Cite) 대학교 내에 건축하게 되어 있는데, 이곳 지형상 19.5m의 기초공사를 해서 건설되었다. 땅 속 깊이 파묻힌 기둥에 노출콘크리트로 마감된 이 기숙사는 앞으로 탄생할 국제주의적인 대단위 주거 아파트인 「유니테 다비타시옹」을 예고하였다. 즉, 노출콘크리트로 만들어진 이 근대주의적인 스위스 학생기숙사는 집합주택의 형식과 이에 따른 도시적 스케일을 구상하는 출발점이라고 할 수 있는 것으로서, 소위 '상자형 주택'의 형태를 갖춘 이 건물은 대단위 주거 아파트를 예고하고 있다. 전형적인 필로티 철근콘크리트 위에 지어진 이 건축은 25년 후에 자신이 동쪽 바로 옆에 더 큰 규모로 세운 브라질 기숙사보다 규모는 작지만 동일한 상자형 주택의 형태를 갖추고 있다. 이 건물에서 르 코르뷔지에는 근대건축물에 반드시 필요한 기술인 건식구조 건설방식과 차음에 대한 실험적인 작업도 하였다.

4) 후반기의 주요 활동

1950년대에 들어서 르 코르뷔지에는 프랑스 정부의 후원을 받아 대규모 주거단지를 건설할 기회를 갖게 되었다. 즉, 「300만 주민을 위한 근대도시」, 「빛나는 도시」 등을 발표한 후, 처음으로 현실에서 도시를 위한 제안이 이루어지게 되었는데, 마르세이유에 사회적 환경에 대한 그의 이상을 실현할 주거단지인 「유니테 다비타시옹」 건설을 맡았던 것이다. 르 코르뷔지에는 주택의 형태 가운데 수직형이 좋다고 했는데, 이는 용지를 절약하고 적당한 일조를 줄 수 있고 모든 거주자에게 여러 가지 서비스를 집중적으로 제공할 수 있는 유리한 점이 있기 때문이다. 유니테 다비타시옹을 통하여 르 코르뷔지에는 몇 가지의 건축언어를 새롭게 제시하였다. 즉, 유니테 다비타시옹을 통하여 르 코르뷔지에는 **브리즈-솔레이**(brise-soleil)라는 차양시스템, 베통 브뤼(beton brut)라는 거친 노출콘크리트, 그리고 거대한 필로티 등 새로운 형태표현 수단을 제시한 것이다.

프랑스어 브리즈 솔레이(brise soleil)는 breaks the sun이란 의미다.

르 코르뷔지에, 마르세이유 단위주거 전경, 1952

유니테 다비타시옹 「유니테 다비타시옹」(unité d'habitation, 1952)으로 불리는 마르세이유의 주거계획안은 다수의 사람들이 집단 거주하는 판상형의 고층 집합주택을 도시의 구성요소로 생각한 르

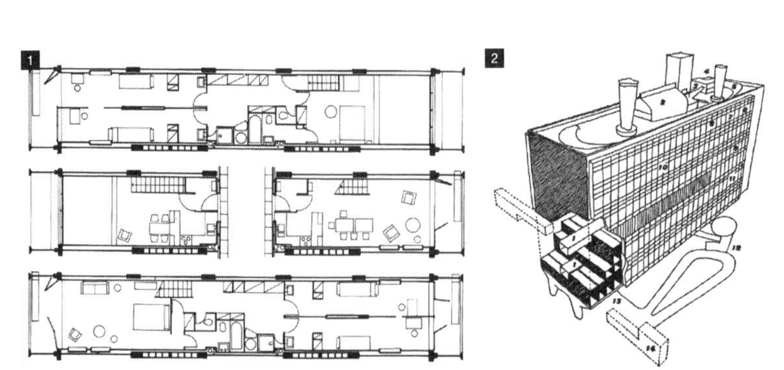

1. 르 코르뷔지에, 마르세이유 단위주거 평면도, 1952
2. 르 코르뷔지에, 마르세이유 단위주거 개념도, 1952

코르뷔지에의 사상이 대규모로 구체화된 것이다. 르 코르뷔지에가 수직의 전원도시라고 부르는 이 유니테 다비타시옹은 18층으로 된 수직 공동체 건물로 350세대 1,800명의 거주자들이 23개 유형의 복층(스플릿 레벨) 아파트에 살도록 설계되었다. 이 건축에서는 각 세대가 선반 속의 병들처럼 철근콘크리트 틀 구조 속에 층층이 집어넣은 개별 '빌라'처럼 느껴지기도 한다.

르 코르뷔지에, 유니테 다비타시옹 옥상, 1952

유니테 다비타시옹은 1인부터 6인 가족까지를 수용하는 23가지의 다양한 평면을 가지는 집합주택으로서, 전장 137m, 폭 24.5m다. 건물은 남북방향을 향해 배치되었고 태양의 고도를 계산해서 여름에는 태양빛을 차단하고 겨울에는 빛을 받아들이는 차양, 즉 브리즈-솔레이(brise-soleil)가 설치되었다. 주택의 공간계획에는 '모듈러 시스템'이 적용되어 단위주택의 폭은 약 4.5미터(2 모듈러)였고, 내부로의 길이는 약 15미터로 결정되었다. 이 건물은 인체모듈을 사용한 시험작품으로서, 내부의 세세한 부분에 이르기까지 황금비를 적용하여 인체와 비례적 조화를 이루도록 하였고, 그 결과 거대한 규모이지만 인간적인 이미지를 느끼게 해준다. 복도는 3층마다 설치되었고 중복도 형식을 취하였으며, 길고 좁은 평면을 가지는 단위주택은 복층형식이다. 일반 부대시설로 7-8층에는 식료잡화를 취급하는 점포와 레스토랑, 호텔 등 다양한 상업시설이 계획되었다. 17층과 최상층에는 유치원과 보육원이 있고, 경사로가 옥상정원과 어린이용 수영장으로 유도하고, 옥상에는 그 밖에도 체육관, 300m 트랙, 바가 있는 일광욕실 등이 있다. 외부에서 보면 7-8층의 2층 루버가 달린 중앙 상점가와 중앙 계단실의 수직으로 낸 사각형 부분은 이 건물에 활력과 척도감을 주고 있다.

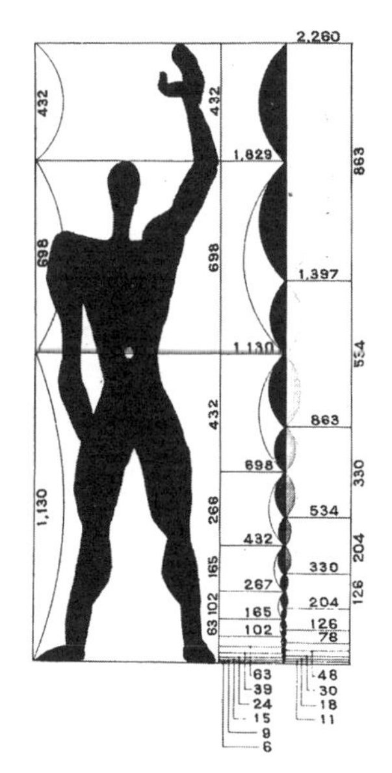

르 코르뷔지에, 유니테 다비타시옹 설계기본 모듈, 1952

르 코르뷔지에가 레지옹 도뇌르 훈장을 받을 수 있게 한 유니테 다비타시옹은 주위의 전통적인 주거의 개념과 대조를 이루어서 혹평을 받기도 했으며, '멍청이의 집'(la maison du Fada)이라는 별명도 얻었다.

1950년대 이후 르 코르뷔지에는 브루탈리즘적(Brutalism) 경향을 보이게 되는데, 노출콘크리트에서 건축형태의 원리를 찾아 미학적으로 표현하며, 노출콘크리트의 거친 재질감(Texture)을 강조함으로써 재료의 자연적 성질을 강조하였다. 르 코르뷔지에의 이러한 작품원리는 동시대 건축가들에게 영향을 미침으로써 1950년대와 1960년대 국제적 브루탈리즘이 발생하게 되었다. 그는 또한 프랑스에 2개의 종교건물, 곧 한층 서정적인 느낌을 주는 「롱샹의 노트르담 뒤오 예배당」(1950-55)과 이것보다 야수적이고 금욕적인 「생트마리 드 라투레트 수도원」을 세웠다. 르 코르뷔지에는 1953년과 1962년 파리에서 열린 대규모 작품 전시회를 통해서 더욱 큰 명성을 얻게 되었다.

르 코르뷔지에, 노트르담 뒤오 예배당 남벽, 1950-55

롱샹의 노트르담 뒤오 예배당 「롱샹 성당」(Notre Dame du Haut, Ronchamp, 1950-55)는 르 코르뷔지에가 남긴 20세기 건축의 금자탑이라는 찬사를 받는다. 마리아 성당은 도미니코파의 순례에서 중요한 영적인 장으로서 예전부터 존재하였으나 두 번의 세계대전으로 파괴되었으므로 재건하게 되었다. 르 코르뷔지에는 지역 주민의 순례의 전통을 부활시키는 한편 새롭고 자유로운 표현과 구조를 가진 아름다운 건축을 창조하고자 하였다.

그에게 주어진 설계 요구조건은 첫째, 200명 수용의 가톨릭 순례 성당으로서 신랑(Nave) 외에 세 개의 소채플(chaple)을 두어

르 코르뷔지에, 노트르담 뒤오 예배당 남측과 북측면, 1950-55

미사 중에도 개인 또는 소규모 참례가 가능하도록 하고, 둘째, 1년에 두 번 있는 정시 순례의 날에 10,000명 정도가 언덕에 올라 야외 미사를 드릴 수 있게 하는 것, 그리고 셋째, 이전 성당의 유물인 성모상을 보존하는 것 등이었다. 르 코르뷔지에는 롱샹 성당을 푸른 하늘을 배경으로 의식이 이루어지는 옥외제단과 동굴과 같이 깊은 침묵과 명상을 담고 있는 커다란 배처럼 만들기 위해 건물에 있어 두 극단적인 것, 즉 에워쌈과 움직임을 결합시켰다. 그는 비교적 얇은 조개껍질과 같은 벽체로 에워쌈을 표현하는 한편, 육중하고 모서리가 예리하고 휘몰아치는 듯한 벽체로 움직임을 표현하였다.

아름다운 알프스 산을 배경으로 자리한 롱샹 성당은 르 코르뷔지에가 처음으로 종교적 주제에 직면하여 설계한 작품으로서, 불규칙한 개구부가 뚫리고 경사지고 뾰족한 모서리의 벽체를 가지며 아름다운 곡면의 지붕은 비행기 날개처럼 떠있어 전체적으로 복잡한 비정형의 모양을 이루고 있다. 약 200명을 수용할 수 있는 성당 내부는 단순한 장식으로 공간감과 평온함을 느끼게 해주며, 창문의 크기와 배치에 따라 빛의 유입이 달라지며 신비감을 더해주고, 그만의 독특한 배치개념인 모듈러에 기초한 미학과 곡면의 예술적 표현이 돋보인다. 두 손을 모아 기도하는 모습이나 수녀의 모자를 연상시키는 이 성당의 실루엣은 언덕을 오르는 모든 이에게 희망의 설레임으로 다가선다. 이 성당에서는 전통적인 의미에서의 정면은 존재하지 않으며, 남쪽 벽체의 육중한 '움직임'과 채플을 형성시키고 있는 벽체의 커다란 '에워쌈'이 만나는 곳에 주입구가 자리잡고 있다. 내부는 제단을 향해 집중된 경사진 바닥면으로 이루어졌고, 소예배실은 탑 속의 천장에서 빛을 받는 동시에 구멍이 난 남쪽 측벽에서 소박한 내부공간 쪽으로 빛을 유입하고 있다.

지붕은 마치 비행기의 날개처럼 비상하는 듯하며 벽체 윗면과 지붕 아랫면 사이가 비어 있는데, 내부에 있는 버팀대에 의해 형상이 유지되고 있다. 세 개의 탑들은 각각 아래에 있는 기도를 하거나 명상을 위한 개인적인 장소인 채플들에 채광과 환기를 시켜주고 있다. 이 성당에서 르 코르뷔지에는 그의 화가로서의 경험을 충분히 활용하여, 전체적으로 여러 장소에 다양한 색상과 패턴을 부여하였는데, 주출입구의 문이나, 남쪽 벽면의 창틀, 후퇴된 작은 채플들에서 이러한 방식을 찾아볼 수 있다. 동쪽 외기에 개방된 제단은 배와 같은 지붕 밑에 위치되는데, 이 옥외 성역은 설교단과 벽의 유리상자에 들어있는 성모 마리아상의 이미지에 의해 강화된다.

롱샹 성당은 얼핏보면 한 개의 조각과 같은 인상을 주며, 어떠한 기능을 수행하는 데는 부적당하다고 생각될 정도다. 그러나 면밀하게 살펴보면, 이 유기적인 형태에는 모든 디테일에 걸쳐 새로운 구상이 내포됨으로써 완전히 다른 외관이 창조된 것을 알 수 있다. 말하자면 곡선을 그리는 표면의 노트르담 뒤오 예배당은 그의 기능주의의 유명한 원칙을 만족시킨 건물이라 할 수 있는 것이다. 시각효과를 의도한 벽은 2배나 두껍게 세웠으며 매달려 있는 듯이 보이는 지붕도 실제로는 수많은 기둥으로 받쳐진 것이다. 롱샹 성당은 콘크리트의 자유로운 조형 가능성을 잘 나타내는 작품으로서, 내부에서 떨어지는 빛은 신비감을 더해 주고, 자연과 조화된 조형성과 내부공간의 공간감, 빛의 효과적인 수용에 의한 신비함은 건축의 비물질적인 가치의 표상이라 할 수 있다. 이 건축은 전기조명이 전혀 없이 자연채광에만 의존하며 빛의 형상과 비례의 유희를 잘 보여주는 작은 순례 성당이다. 또한 르 코르뷔지에는 이 성당 근처에 나그네를 위한 숙소, 성당 전속 신부(사제)의 집 그리고 죽은 이들을 위한 기념관 등 일련의 건물을 설계하였다.

생트마리 드 라투레트 수도원 「생트마리 드 라투레트 수도원」(Couvent de la Ste-Marie-de-la-Tourette, 1960)은 리옹 근처 이뵈쉬르아르브레슬(Eveux-sur-l'Arbresle)에 있는 도미니코파의 견습 수도사를 위한 수도원이다. 구릉의 서쪽으로 경사진 대지를 북동쪽 높은 곳에서 남쪽 방향으로 진입하면 동서방향으로 길게 놓인 장식없는 콘크리트 북쪽 벽체와 모퉁이의 종탑이 가장 먼저 눈에 들어온다. 창이 없는 교회의 벽체를 외부와의 경계로 삼아 수도사들의 생활을 위한 시설들이 U자 형태로 교회와 약간 격리되어 배치되어 있다.

프랑스 도미니코 수도회는 르 코르뷔지에에게 수도원의 디자인을 의뢰하였다. 대지를 방문한 르 코르뷔지에는 당시 폐허화되어 고색창연한 수도원의 위치와 부지의 뛰어남에 매혹되어 주변 자연과의 교감에 신경을 쓰면서, 수도사의 주거부분을 중정을 둘러싼 엄격한 U자 형태로 만들고, U자 형태의 열려진 부분은 교회로 마감하되 중정에 모서리가 예리한 이국적인 조형물을 배치하는 형식을 취했다. 이 조형물과는 지붕이 덮인 회랑으로 연결된다. 나무가 울창한 언덕비탈에 서 있는 거친 노출콘크리트의 건물은 지면을 끌어 안고 있는 한편 지면과 확실하게 분리되어 있다. U자 형태인 주거부분의 양쪽 모서리는 지면에 굳건하게 뿌리박혀 있다. 이들과 맨 꼭대기층이 이루는 틀 안에서 수평적이면서 불규칙한 리듬으로 맨 꼭대기층의 수도사의 방들이 이루는 규칙적이고 강화된 리듬에 의해서 질서가 잡혀 있다. 교회의 내부는 아무런 장식 없이 엄정한 형태로 되어있는 빈 상자일 뿐이지만 그지없이 거룩한 공간인 것이다.

이 수도원의 입구는 3층에 세워지고 4, 5층에는 100여 개의 승

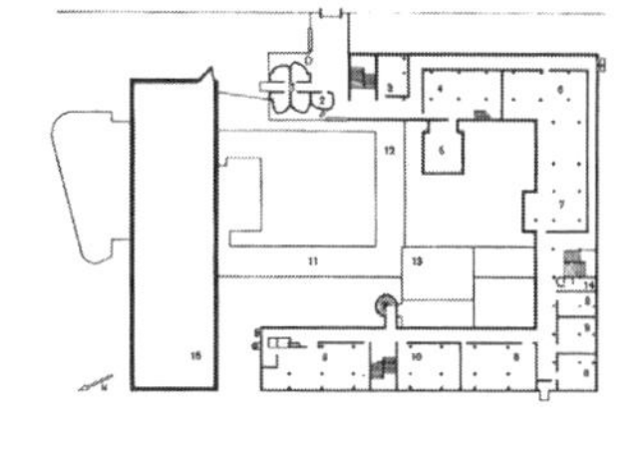

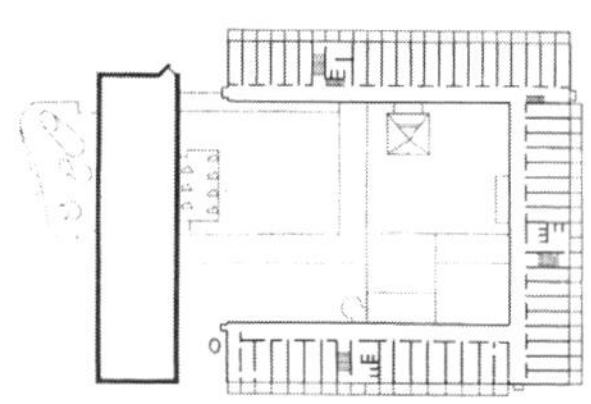

르 코르뷔지에, 라투레트 수도원 평면, 1960

르 코르뷔지에, 라투레트 수도원 전경, 1960

방, 2층에 교회당과 예배당 등이 있고, 1층은 필로티로 되어 있다. 정방형의 이 건물은 자연 속에 있는 콘크리트 요새를 연상하게 하는데, 3층으로 된 유리창 면에 서정적인 효과를 나타내기 위해 먼저 창유리 세트를 음악적인 간격으로 배열했다. 성당의 수직성과 수도 개실의 수평선을 하나의 질서 안에 잘 결합시킨 건축물로서, 내부와 외부공간의 시각적인 변화와 빛의 선택적인 수용에 의한 새로운 공간의 창조성이 돋보인다. 이 수도원에서는 노출콘크리트 표현, 톱 라이트나 벽의 슬리트, 간접광을 이끄는 창 등에 의한 빛과 어둠의 표현 등이 조소적인 전개를 보인다.

르 코르뷔지에가 국외에서 대규모 건물을 설계하기 시작한 것은 1950년부터다. 1951년 인도의 펀잡 주 정부는 새 수도인 샹디가르(Chandigarh) 건설을 위해 르 코르뷔지에를 건축고문으로 지명했다. 르 코르뷔지에는 처음으로 자신의 도시계획 원리들을 거대한 도시규모로 적용할 수 있었다. 그 밖에 「도쿄 국립서양미술관」(National Museum of Western Art, 도쿄, 1957)과 「하버드 대학교의 카펜터 시각예술 센터」(Carpenter Center for the Visual Arts, 1964)를 세웠으며, 그가 죽은 뒤 세워진 「취리히 박람회관」(1964)을 설계했다.

르 코르뷔지에는 계속해서 새로운 계획안들, 즉 「프랑크푸르트 예술관」(1963), 밀라노의 「올리베티 컴퓨터 센터」(Center for Electronic Calculus, Olivetti, 1963), 「스트라스부르의 의회의사당」(1964), 「브라질리아의 프랑스 대사관」(1964)을 설계했다. 그는 1965년 수영하다가 갑자기 죽었는데, 장례는 국장으로 치러졌으며 1968년에 르 코르뷔지에 재단이 설립되었다. 그의 장례식은 1965년 9월 1일 루브르궁의 안마당에서 당시 프랑스의 문화부 장관이었던 작가 앙드레 말로의 감독하에 치러졌다. '파르테논 신전을 지은 고대 건축가 피디아스, 르네상스의 위대한 조각가 미켈란젤로와 함께 르 코르뷔지에는 역대 3대 건축가'라고 한 앙드레 말로는 "안녕, 나의 스승, 나의 친구여. 편히 잠드소서."라고 하였다.

르 코르뷔지에의 사망은 문화와 정치에 큰 충격을 주었다. 전 세계적인 경의가 이어졌고, 화가 살바도르 달리와 같은 그의 예술계의 적들도 그의 위대함을 인정했다. 그리고 미국의 대통령 린든 존슨은 "그의 영향은 전 세계적이고 그의 작품들은 우리 역사상 매우 극소수의 예술가들만이 갖고 있는 영원한 특성들을 갖고 만들어졌다."고 말했다. 소련은 "현대건축은 가장 위대한 거장을 잃었다."라고 덧붙였다.

샹디가르 최고재판소 및 의회 네루 정부에 의해 인도 펀잡 주의 새 수도 **샹디가르**(Chandigarh, 1947)의 계획을 맡은 르 코르뷔지에는 전반적으로 지역 전통에 구애받지 않고 대법원(Palace of Justice)과 행정부 종합청사(Secretariat Building), 의회의사당(Palace of Assembly)을 설계했다. 샹디가르는 르 코르뷔지에의 도시계획으로서는 유일하게 실현된 것이지만, 그의 역할은 총체적 예술작품 속에 미완성인 채로 남아 있었다. 르 코르뷔지에는 단지 막스 프라이와 잔드류와 함께 전체 계획(1950-51)과 정부청사가 들어서는 국회의사당 지역만 관여했을 뿐이고 주거지역과 상업지역은 인도 건축가

1947년 인도에서부터 파키스탄이 분리되어 나감에 따라서, 그 분단의 경계선이 펀잡 주(州)를 가로지르게 되어 인도 정부는 새로운 주도를 만들어야 했다.

르 코르뷔지에, 샹디가르 대법원, 1956

르 코르뷔지에, 샹디가르 의회의사당, 1952

들에 의해 이루어졌다.

샹디가르는 도시의 북쪽에 자리잡고 있으며 히말라야 산맥이 배경을 이루고 있는 아름다운 지역이다. 이 새로운 수도는 도시로부터 뻗어 있는 긴 대로(boulevard)에 의해서 접근되며 두 지역으로 나누는데, 동쪽의 시각적인 종점은 대법원 건물이, 서쪽의 시각적인 종점은 행정부 및 입법부 건물이다. 르 코르뷔지에는 도시의 각 기능을 인체구조에 대응시켰는데, 머리에 비교되는 의회의사당, 대법원, 종합청사로 이루어진 캐피탈 단지에서 신도시가 펼쳐진다. 샹디가르에 있어서 개개 건물의 드라마틱한 처리와 상징적 구성은 대법원이나 각 관청이 수행해야 할 실제적 기능을 충족시키면서도 놀랄만한 자유자재성을 갖고 전체적 조화 속에 융합되고 있으며, 또한 그 지방에서 생산되는 건축재료들이 이용되고 있다. 르 코르뷔지에는 무더운 인도라는 환경을 고려하여서, 뜨거운 태양의 직사광선이 건물로 들어오는 것을 막기 위해 건물 벽에는 다양한 모양의 베란다와 차양을 설치하였고, 건물의 전면에는 대지를 식히기 위해 거대한 사각형의 연못을 조성하였다.

1

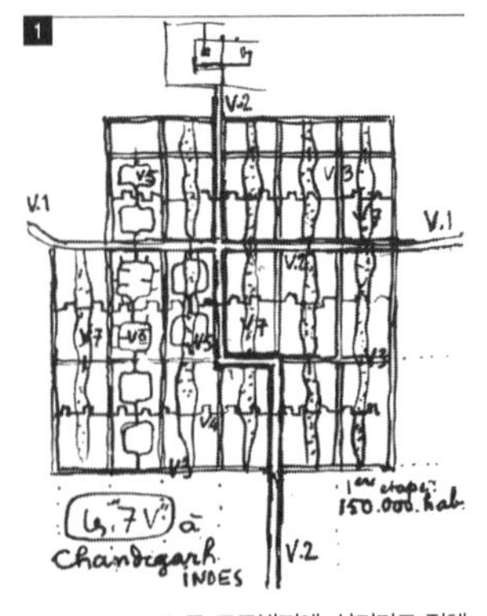

2

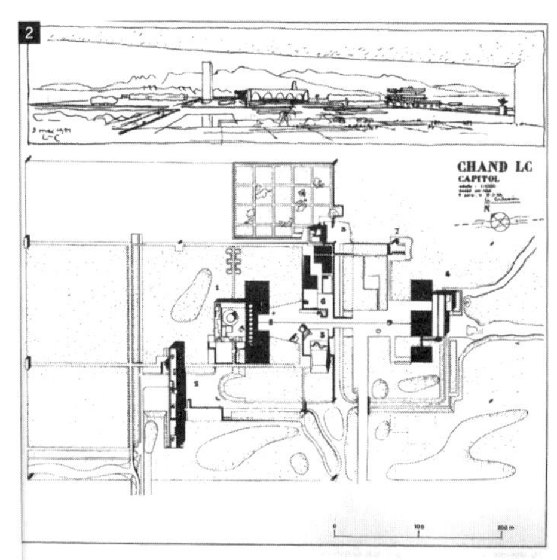

1. 르 코르뷔지에, 샹디가르 전체 배치 개념, 1947
2. 르 코르뷔지에, 샹디가르 중추부 배치, 1947

샹디가르의 복합건물군 가운데 의회의사당 건물이 가장 성공적인 작품으로 보인다. 두 개의 주된 입법부 건물은 피라미드 형태와 쌍곡선의 형태를 취하면서 수평적인 지붕선으로부터 치솟아 오르고 있다. 쉘 형태의 콘크리트 볼트와 거대한 캔틸레버 지붕으로 덮여 있는 의회의사당 건축물의 하부는 구멍 뚫린 벽으로 구성되어 있는데, 그것은 동양적인 신비감을 줄 뿐만 아니라 환기 역할도 한다. 건물 내에서는 기둥과 램프, 승강기, 채광창들이 서로 침두하면서 어떤 공간적인 분위기를 만들어내고 있다. 이 의사당의 외부공간을 르 코르뷔지에는 포럼이라고 불렀는데, 담화와 휴식을 위한 비공식적인 장소로서 의원들이 회의 사이에 잠시 쉬면서 여러 가지 의논들을 할 수 있다. 이 건축물에서 커다란 콘크리트 차양을 친 창문, 마감하지 않은 콘크리트, 조소와 작품 같은 정면, 급강하하는 지붕선, 기념비적인 경사로 등은 그의 건축의 주요 요소였고, 곧바로 전 세계에 영향을 끼쳤다.

르 코르뷔지에의 마지막 대규모 과업이었던 샹디가르 신도시 건설에 나타난 「열린 손」(la main ouverte)은 그가 건축을 통해서 실현하고자 하였던 평화와 관용의 정신, 모든 대립상황을 갈등에서 화해로 유도하고자 한 그의 교훈을 깨닫게 해준다. 르 코르뷔지에는 새로운 도시는 닫힘에서 열림으로 나아가는 사회의 모습을 표현해야 하며, 전통에서 미래로, 내부에서 외부로 열려 있어야 한다고 제시하였다.

카펜터 시각예술센터 「카펜터 센터」(Carpenter Center for Visual Arts, 1965)는 르 코르뷔지에가 76세에 설계한 하버드 대학교의 건축미술대학원 건물이다. 빛과 그림자의 대비가 찬란한 정사각형의 중앙부, 유리블록의 모듈이 층마다 다르게 배치된 직사각형의 타워, 기타의 통과 같은 모양의 램프 등 기하학적 형태가 조합된 건

르 코르뷔지에, 카펜터 센터, 1965

물의 모양 때문에 이 건물은 '큐비스트의 그림'으로도 비교되어 왔다. 이 건축물은 S자형으로 관통하는 경사로가 주도하고 있으며, 매우 조형적인 곡선으로 이루어진 하층부와 강한 그림자가 나타나는 스크린 벽으로 구성된 정육면체, 그리고 승강기 샤프트인 수직체로 이루어진다.

5) 도시계획 개념

르 코르뷔지에는 자신의 이상을 건축에만 한정하지 않고 「300만 주민을 위한 근대도시」, 「파리를 위한 부아쟁 계획」, 「상파울로 계획」, 「알지에 계획」 등을 통해 이를 도시로 확장하려 했다. 르 코르뷔지에는 산업혁명 이후 급속도로 확산되기 시작한 도시화와 그것으로 인한 재앙으로부터 산업사회를 구해내기 위해 새로운 이념을 추구하는 것과 관련시켜서 새로운 도시계획 사상과 주거유형을 제시하였다. 르 코르뷔지에는 당시 제국의 수도로 경제의 중심부, 식민통치의 중추적 역할을 담당하던 파리에서 오장팡과 같은 아방가르드들, 데 스테일 운동, 미래파 운동, 구성주의, 바우하우스와 같은 건축가와 사상을 흡수할 수 있었다. 또한 파리는 그에게 새로운 도시계획을 시도할 수 있는 실험장소이기도 했다.

1910년대부터 르 코르뷔지에는 근대도시를 지배하는 일반법칙을 찾는 데 몰두했다. 스위스의 라쇼드퐁에 머물면서 『도시의 건설』(la Construction des villes)을 저술하면서 카밀로 지테(Camillo Sitte , 1843-1903)식의 도시계획에 관심을 가진 이후, 그는 19세기 도시계획에서 나타나는 주요 개혁 패러다임을 고찰하였고, 특히 토니 가르니에(Tony Garnier, 1869-1948)의 『산업도시』(Une Cite industrielle, 1904)에 각별한 관심을 가졌다. 오스트리아의 건축가며 도시계획가인 카밀로 지테는 도시를 예술적으로 조형화함으로써 인간의 정주지로 만들려고 하였는데, 도시공간의 구성방법인 광장과 가로, 가로와 건축, 광장과 건축, 공원과 건축에 관한 구체적 조형부분을 분해한 결과, 이것들을 조화시켜 예술적인 도시가 형성될 때 살기 좋은 도시가 될 것이라 믿었다. 한편 토니 가르니에는 『산업도시』에서 1901년부터 1904년 사이에 작성한 프랑스 동남부 산업도시 프로젝트를 소개하고 있는데, 이 계획안은 후에 르 코르뷔지에의 보르도(Bordeaux) 근교의 「페삭(Pessac) 노동자 주거안」과 「파리 프로젝트」, 루드비히 힐버자이머(Ludwig Hilberseimer)에 의한 신도시와 도시 주거계획안 등에 커다란 영향을 미친다. 가르니에는 주거와 여가, 노동, 교통이라는 기능 분리, 차와 보행자의 교통 분리, 학교를 중심으로 한 '근린주구' 개념을 정립하고, 주거 위주로 풍부한 도

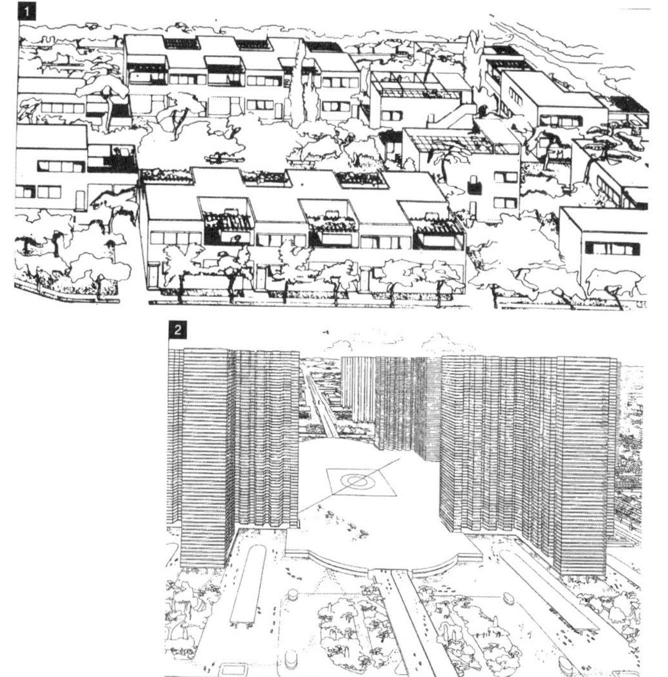

1. 르 코르뷔지에, 페삭 주거단지, 1925–26
2. 르 코르뷔지에, 파리의 근린계획, 1925

로와 정원을 제공하는 등 근대 도시계획의 기본이라고 할 만한 내용을 대부분 정립하였다.

당시 프랑스 당국은 파리에 빈민가의 해악이 늘어가는 것에 오랫동안 적절히 대처하지 못했고, 르 코르뷔지에는 도시의 주택위기에 대한 대응책으로 많은 사람들에게 주거를 제공할 수 있는 효과적인 방책을 모색하고 있었다. 그는 자신의 새롭고 근대적인 건축형태가 하층계급 사람들의 삶의 질을 끌어 올리기 위한 새로운 구조적 해결책이 될 수 있을 것이라 보았다. 그의 「**집합 빌라**」(Immeubles Villas, 1922, Villa building)은 세포와 같은 공동주택들이 모인 집합건물을 제시한 기획으로, 이 평면은 거실과 침실, 부엌과 정원 테라스를 포함하고 있다.

집합주택은 독립주택을 쌓아올린 공동주택, 곧 집합 빌라라는 뜻이다.

몇 개의 집합주거 건물을 설계한 뒤, 르 코르뷔지에는 전체 도시에 대한 연구로 방향을 돌렸다. 르 코르뷔지에는 그의 도시계획적 원칙들을 모델이나 도판으로 만들어서 1922년 '살롱 도톤'에 전시하였다. 그는 이것에 「300만 주민을 위한 근대도시」(Ville contemporaine pour 300 millions d' habitants)라는 제목을 붙였다. 그것은 산업시설과 교통, 주거와 여가시설을 포함하는 공업도시의 일반을 검토하고 있고, 가르니에의 주장을 받아들여 이들 각 도시기능들을 위해 각각의 영역(zone)을 지정하였다. 또한 이것은 철과 콘크리트, 대량생산 기술을 이용해 지어

르 코르뷔지에, 집합 빌라(immeubles-villas), 120 단위 빌라 아파트 스케치, 1922

진 고층건물들로 계획되어서 밀도가 높다. 특히 중앙부분은 800피트 높이로 된 24개의 마천루들로 둘러싸여 있는데, 이 마천루들은 십자가형의 평면으로 되어 있고 기념비적인 형태가 유지되도록 일렬로 늘어서 있다. 건물 사이의 빈 공간에는 차량의 흐름과 완전히 분리된 거대한 공원이 배치되었다.

르 코르뷔지에, 근대도시 스케치, 1922

300만 주민을 위한 근대도시 1922년 르 코르뷔지에는 300만 명의 주민을 위한 근대도시(Une Ville Contemporaine)의 계획안을 내놓았다. 이 계획안의 핵심은 십자모양의 60층 고층건물들의 집합체로, 각 건물은 거대한 유리의 커튼월로 둘러싸인 강철 뼈대 구조의 사무용 빌딩이다. 이 고층건물들은 직사각형 모양의 공원과 같은 넓은 녹지 안에 세워진다. 한 가운데에는 거대한 교통중심이 있어, 각 층에 철도역과 버스터미널, 그리고 고속도로 교차로가 위치하며, 맨 위에는 공항이 위치한다. 르 코르뷔지에는 상업용 여객기가 거대한 고층건물들 사이에 착륙할 수 있다는 비현실적인 생각을 가졌다. 르 코르뷔지에는 인도를 차도와 분리하여 교통수단으로서의 자동차의 사용을 찬미했다. 중앙의 고층건물들의 밖에는 더 낮은 층의 지그재그 모양의 집합주택들이 길에서 훨씬 뒤쪽의 녹지 중앙에 배치되어 주민들이 살 수 있게 하였다.

녹지는 르 코르뷔지에의 도시적 원칙에 가장 핵심적인 부분이었다. 도시 대부분의 지역은 잔디밭과 정원, 테니스 코트, 대로와

르 코르뷔지에, 근대도시의 디자인, 1922

> 공원으로 뒤덮여 있다. 라쇼드퐁에서 성장하면서 그리고 러스킨의 영향을 많이 받은 이후로, 그는 나무를 정신 질서의 상징으로 생각했다. 자연은 슬럼지역과 19세기의 황폐해진 도시에 해독제가 될 수 있었고 또한 여가시간에 좋은 공간으로 활용될 수 있었다. 빛과 공간, 녹지로 구성된 이 장소들은 모든 사람들이 이용할 수 있도록 개방되었다. 이런 생각은 도시분산과 도시 근교로의 확장을 주장하는 도시계획들과는 근본부터 다른 것이었다.

1925년 르 코르뷔지에는 유명한 자동차 제조업체의 후원을 받아 응용예술 박람회(Exposition des Arts Decoratifs)에서 「파리를 위한 부아쟁 계획」(Plan Voisin pour Paris)을 전시하였는데, 그는 이를 통해 근대도시에 관한 그의 생각을 다시 한번 전개하였다. 부아쟁 계획은 파리의 세느강 북쪽에 위치한 곳에 집중적으로 계획되었는데, 세느 강 북쪽 파리 중심부의 대부분을 밀어 버리고, 그 자리에 직각의 도로 격자와 공원과 같은 녹지 위에 자신의 근대 도시 계획안에서 가져온 200m 높이의 십자형 60층 고층건물들을 배치할 것을 주장했다. 이 계획에 있어서는 격자상 가로, 고층건물 사이에 펼쳐진 녹지, 고속도로와 보도의 분리 등이 계획되고 거주와 노동, 휴식, 교통이라는 도시의 주요 기능이 상호 분리된다. 그는 근대적인 도시시설들을 당시 파리의 오래된 도시구조 안으로 삽입시키고자 했는데, 이를 위해 그는 파리의 기존 도시조직을 불도저로 밀어버려야 한다고 주장하였다. 거대한 유리 마천루가 공원과 도로 사이로 솟아 있는 유리 타워는 시대정신의 상징으로 가정되었다. 르 코르뷔지에는 각 시대가 자신의 고유한 이념형을 발전시켰다고 주장하고, 이제는 마천루의 시대라고 하였다.

르 코르뷔지에는 이 두 가지 도시계획을 묶어서 『도시계획』(Urbanisme)이라는 책으로 발간한다. 이어 그는 1930년에 「빛나는 도시」(The

Radiant City, La Ville Radieuse)를 발표하였고, 나중에는 같은 이름의 책으로 확대 출판되었다. 빛나는 도시는 르 코르뷔지에에 의한 이상도시로서, 근대건축국제회의의 도시계획이론의 원점을 이룬다. 여기서도 고밀도의 건물들 사이로 자유롭게 난 도로와 녹지대를 배치하려고 했으며, 또한 마천루와 집합주택이 이 도시를 구성하는 주요유형으로 상정되었다. 평면은 집중적이지 않고 대신에 추상화된 인간 이미지와 확장 가능한 선형도시를 결합하였다. 전체계획은 생물학적 비유로 일관되어, 초고층의 비즈니스 센터가 머리부분에, 그 밑에 문화센터인 심장, 양쪽에 주거지역인 폐와 같은 구조로 배치됨으로써, 도시의 기능으로 설정된 주거와 노동, 휴양, 운동의 4가지가 잘 갖춰져 있었다.

이러한 변화는 다른 외국의 도시계획가들, 특히 독일과 소련의 도시계획가들의 영향을 받으면서 일어났는데, 이것은 르 코르뷔지에가 외국의 건축가들과 근대건축국제회의를 통해 국제적인 유대를 맺으면서 가능하게 되었다. 이들은 대규모의 합리적 도시계획을 통해 근대도시의 질을 향상시킬 수 있는 십자군을 편성하자고 이야기하였다.

이런 르 코르뷔지에의 모든 노력들은 1933년 발표된 〈아테네 헌장〉(Charte d'Athenes)에 종합되었다. 이것은 근대도시에 대한 방향을 부

르 코르뷔지에, 「빛나는 도시」 중 한 건축의 단면도, 1930

여한 것으로 여기서 나타나는 도시계획의 원칙은 전후 유럽과 미국, 그리고 아시아의 많은 도시에서 도시계획의 기준으로 작용하게 된다. 여기서 핵심을 관통하는 내용은 바로 도시기능을 명확하게 분리하여 각 기능에 적당한 계획을 도모하는 것으로서, 도시기능을 네 가지, 즉 주거와 노동, 여가, 교통으로 구분하였다. 그 중요한 부분을 요약하면 다음과 같다.

주거 주거는 가장 유리하게 햇빛이 드는 곳과 적절한 녹지대를 자유로이 이용하여, 도시공간에서 가장 좋은 위치에 놓여져야 한다. 또한 알맞은 밀도를 정하고, 도로를 따라 주택들이 늘어서는 방법은 피해야 한다.

교통 도로는 그 교통량과 속도에 의해 설정된 위계에 따라 건설되어야 한다. 교통량이 많은 교차점에는 높이의 변화, 즉 입체교차로에 의해 통행이 계속되도록 하고, 보행자와 차량은 분리되어야 한다.

노동 노동의 장은 더 이상 고통스러운 속박의 장소가 되어서는 안 되고 자연스런 인간활동이 이루어지도록 해야 한다.

여가 유익하고 풍요로운 여가를 위해 그 활용에 필요한 시설들이 도시에 마련되어야 한다.

르 코르뷔지에의 도시 모델들은 새로운 사회질서에 적합한 이념형을 찾아 적절한 전망을 제시하였다는 점에서 큰 의미를 가진다. 그는 미래 산업도시에 지배적으로 나타나게 될 건물유형과 교통시스템을 매우 정확하게 예언했고 거기에 자연의 풍부함과 질서를 부여하려고 하였다. 그렇지만 현대도시에서 자주 발생하는 도시의 황량함과 획일적이고도 기계적인 개발들이 르 코르뷔지에의 도시계획안이 가지는 결함 때문에 비롯되었다는 비판을 받기도 한다.

미스 반 데어 로에 03

1) 초기의 교육과 활동

루드비히 **미스 반 데어 로에**(Ludiwig Mies van der Rohe, 1886–1969)는 월터 그로피우스, 르 코르뷔지에, 라이트와 함께 근대건축의 거장의 한 사람이며 건축기술의 공업화와 새로운 건축재료, 시공방법에 대하여 상당한 관심을 기울이며 콘크리트와 유리, 철을 사용해서 여러 실험적 작업을 실행한 건축가다.

본래 이름은 루드비히 미스였으나, 건축가로 기반을 잡았던 1921년 결혼생활을 끝내면서 네덜란드 귀족식 '반 데어'를 넣고 어머니의 성인 '로에'를 덧붙였다.

미스는 독일 문명의 최고 중심지이며 **카롤루스 대제**가 있던 아헨(Aachen 또는 엑스라샤펠)에서 태어났다. 유년시절 미스는 장식용 선반과 묘석을 주로 취급하는 석공 아버지의 석공공방에서 재료의 성질에 대한 감각과 정확한 사용법, 숙련된 기능, 장인기술을 배우게 되었다. 미스는 석재종류의 마감재인 스터코 시공회사의 제도실에서 건축을 시작하였다. 미스는 1907년부터 1911년까지 당시 독일에서 가장 진보적이고 창의적인 독일공작연맹의 대표적 건축가였던 피터 베렌스 사무실에서 일하며, 칼 프리드리히 쉰켈(Karl Friedrich Schinkel, 1784–1830)의 작품세계에 심취하게 된다.

카롤루스 대제(Karl der Groβe, 800–814 재위; 프랑스어로는 샤를마뉴(Charlemague))는 카롤링거 왕조 프랑크 왕국의 2대 국왕이며, 신성로마제국의 황제직을 부여받아 예술과 종교, 문화를 크게 발전시켜 카롤링거 르네상스를 열었다.

'총체적 문화'의 건축을 추구하는 미스에게 결정적인 영향을 끼치게 된 인물들로서는 칼 쉰켈, 피터 베렌스, 헨드릭 베를라헤 등을 들 수 있다. 미스는 칼 쉰켈의 건축이 갖고 있는 우아한 명쾌함이야말로 인간이 새로 이룩해야 할 환경의 형태를 가장 완벽하게 나타낸다고 생각했다. 미스는 19세기 독일 건축가였던 칼 쉰켈의 신고전주의 건축에 영향을 받아서, 순수하고 단순한 형태와 완벽한 비례, 조화에 의한 건축을 추구하게 되었다. 베렌스는 독일공작연맹의 주요 회원이었기 때문에, 미스는 그를 통하여 예술과 공업기술의 결합사상과 강철골조에 관한 지식을 배우는 한편, 예술과 기술의 결합을 옹호하던 예술가와 장인들의 단체인 이 연맹과 밀접한 관계를 맺게 되었다. 산업시대에 맞게 새롭고 기능적인 것을 만든다는 공작연맹의 구상은 '총체적 문화'(Gesamtkultur), 즉 완전히 개혁된 인위적 환경 속에서 이루어지는 새로운 범세계적 문화를 낳게 되었다.

한편 네덜란드 근대건축의 선구자인 헨드릭 페트루스 베를라헤도 미스에게 결정적인 영향을 주었다. 미스는 1911년 네덜란드에서 베를라헤의 건축을 접하게 되는데, 당시 베를라헤는 네덜란드 근대건축의 선구자로서 건축에 있어서 재료와 구조의 진실성과 윤리성, 합리성을 주장하였다. 미스는 베를라헤의 사무실 근무 당시 재료와 구조에 대한 진실되고 합리적인 접근방법을 터득하게 되었다. 베를라헤의 작품은 미스에게 벽돌에 대한 애착을 불러일으켰고, 네덜란드 거장의 철학은 미스에게 건축의 본질과 구조적 정직성에 대한 신념을 불어넣어 주었다. 이처럼 베렌스의 신고전주의적 형태, 베를라헤의 구조와 재료의 노출 등은 미스가 근대사회를 표현하는 신건축을 수립하는 데 커다란 영향을 미치게 된다.

2) 제1차 세계대전 이후의 작품활동

미스가 제1차 세계대전 동안 사병으로 복무하고 1918년에 베를린으로 돌아왔을 때, 독일 제국은 패전으로 무너져 있었고 굶주림과 폭력으로 가득 차 있었지만, 혁명의 혼란 속에서도 모든 예술가와 지식인들은 새로운 창조력이 발휘될 것을 기대하였다. 당시 독일 사회는 바우하우스의 선언문에 따르면, 건축과 그림, 조각이 새로운 표현양식을 향해 나아가고 있었을 뿐 아니라 좀더 다양하고 국제적인 경향을 띠어 가고 있었다. 건축에 영향을 미친 것으로는 스위스 취리히의 다다이즘, 직사각형과 원색의 사용을 특징으로 하는 기하학적 추상운동인 네덜란드의 데 스테일, 그리고 러시아의 그림과 조각분야에서 일어난 비구상적 추상운동인 구성주의와 절대주의 등이 있다.

미스는 제1차 세계대전의 패전 후 혼란의 소용돌이에서 전위적인 표현주의 예술가들의 단체인 '11월 그룹'(Die Novembergruppe)과 예술노동평의회(Der Arbeitstrat fur Kunst)에 참여하여 활동하였다. 11월 그룹은 1918년 11월에 일어난 독일 혁명을 기념하여 이름 지은 것이다. 또한 그는 근대건축의 개념을 널리 보급시키기 위한 '체너 링 그룹'(Zehner Ring :Ring of Ten)에 가입했으며, 〈G〉라는 잡지의 창간에 참여하고, 자금을 지원하는 한편 많은 이론적 계획안을 이 잡지에 발표했으며 많은 전시회를 열었다. 그러나 그 가운데 실제로 세워진 건물은 하나도 없었지만, 제1차 세계대전 이후 1919년부터 1923년에 걸쳐 미스가 발표한 5개의 계획안들은 1920년대 초기의 가장 창조적이며 근대건축운동의 선구자적 건축개념을 잘 나타내었다.

G는 독일어로 '조형'이라는 뜻의 'Gestaltung'의 머리글자.

현재 뉴욕 현대미술관에 소장되어 있는 일련의 도면과 스케치에 묘사된 미스의 초기 이론적 설계안들은 그의 후기 작품의 전체적 경향을 미리 잘 보여준다. 「프리드리히가 사무소 건물」(1919)과 「유리 마천루」(1920-21)는 극단적인 단순함을 특징으로 하고 있으며, 그밖의 이론적 설계안들은 콘크리트와 벽돌건축의 가능성과 데 스테일의 형식을 탐구하고 있다.

프리드리히가 사무소 건물 1920년대 초기의 가장 선구자적인 근대 건축 개념의 첫번째 프로젝트는 1919년에 있었던 현상설계 응모안으로 베를린의 중심부인 프리드리히 거리(Friedrich strass) 종착역의 맞은편에 자리잡은 삼각형의 대지에 고층 오피스 빌딩을 설계하는 것이었다. 이것은 철골조로 되어 있으며 중심에 서비스 코어가 있는 20층의 마천루로서, 세 방향으로 사무실이 배치되고 1층에서 지붕층까지 전체가 유리로 된 커튼월로 둘러싸인 유리탑이다. 미스의 계획안은 입체의 모든 면이 전면 유리로 감싸여진 결정체로서 도로 면에서부터 20층을 힘차게 올라가는 듯한 모습이었다. 「프리드리히가 사무소 건물」은 유리로만 이루어진 커튼월 건물을 짓기 위한 최초의 계획안으로, '뼈대와 외피뿐인 건축'의 원칙을 확립했다. 이 계획안은 꼭대기나 기저부를 강조하지 않고 내부에 균질한 공간을 쌓아가는 고층빌딩 양식의 본질을 나타내었다. 이 마천루에는 실내의 채광과 가로의 매스 효과, 유리면의 반사를 강조했으며, 거대한 유리의 단조로움을 피하기 위해서 유리벽을 서로 예각으로 배치하였다.

유리 마천루 프리드리히가 사무소 건물의 현상설계안을 끝낸 후 미스는 유리 고층건물의 디자인에 대해 더 깊은 관심을 가지며 1922년에는 「유리 마천루」(Glass Skyscraper)안을 발표하였다. 곡선적인 자유형을 취한 이 계획안은 당시 유럽에서 유행하던 표현주의 경향의 작품으로 유리 커튼월을 이용하였다. 유리 마천루에 있어서 자유로운 평면모양에 유리로 둘러싸여 있는 형태는 건물에 주는 광선의 효과를 최대한으로 발휘하도록 구상되었다. 유리 표면의 볼록한 곡선은 건물 내부에 있어서 빛의 일조조건, 거리에서 보이는 볼륨의 효과 그리고 반사작용에 적합하도록 사용되었다. 미스가 자유로운 아메바 모양(free-form amoeboid)의 평면으로 구성한 이 프로젝트는 우선 평면의 크기가 「프리드리히가 계획안」보다 작은 반면에, 30층까지 올려진 입면에 의하여 탑과 같은 느낌을 더 많이 주는 날씬한 비례를 지니고 있다.

콘크리트 사무소 건물 계획안 「콘크리트 사무소 건물 계획안」은 1923년에 제작하여 전시된 것인데, 기둥 밖으로 돌출된 슬래브에 난간을 세웠기 때문에 안쪽으로 들어간 수평의 연속창은 띠처럼 되었고 창의 새시도 상당히 가볍게 처리할 수 있었다. 이 계획안은 철근콘크리트 라멘구조 방식의 성격을 간결하고 우아하게 잘 나타내었으며, 외벽에서 후퇴시킨 연속창을 최초로 시도한 것이었다.

벽돌조 전원주택 「벽돌조 전원주택」(1924)은 이전의 건축공간과는 완전히 새로운 공간개념을 제시한 획기적인 프로젝트로서, 데 스테일과 프랭크 로이드 라이트의 건축 구성원리를 적용한 듯하다. 이 계획안에서는 서로 직각 방향으로 배열된 조적조 벽면들 사이사이로 일련의 연결된 공간이 형성되고 몇 개의 벽돌벽들은 지붕을 구성하는 사각형의 경계를 벗어나 자연 속으로 뻗어나가고 있다. L자형과 T자형 평면의 벽돌벽들은 비대칭적 균형을 이루며 바닥과 공간에서 연속하여 변화를 주었고, 또한 바닥에서 지붕까지 연속된 창이 패널벽에 적당히 배치되었다. 비내력벽의 면들에 의한 공간의 흐름은 이후에 미스의 건축발전에 가장 중요한 역할을 하게 된다. 이 계획은 건축 역사상 벽의 배치와 형태가 최초로 계획을 결정하는 뛰어난 작품이었지만, 아쉽게도 실시되

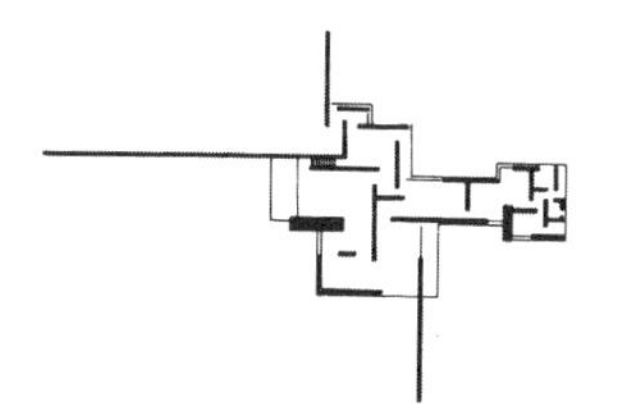

미스 반 데어 로에, 벽돌조 전원주택 평면도, 1924

미스 반 데어 로에, 벽돌조 전원주택, 1924

지는 못하였다. 이 계획안은 5년 후 미스의 손에 의하여 구축된 「바르셀로나 독일전시관」의 형태와 공간을 예고해 주고 있다.

콘크리트 전원주택 벽돌조 전원주택보다 1년 앞선 1923년에 발표된 「콘크리트 전원주택」은 평면의 기능분할과 조닝 개념을 보여주고 있다. 미스는 정원 혹은 파티오(patio)에 의해 각각 분리된 날개 속에 거실과 침실, 서비스 공간을 분할하여 배치하며 전통적인 박스형을 벗어났다. 이 계획안은 고저 차이가 있는 부지 위에 바람개비처럼 펼쳐지는 평면구성을 하고 있는데, 주택의 여러 부분들이 내부의 중정 주변에 배치되며 볼륨들이 어울린다. 이 계획안에서 다양한 크기의 사각형의 수평창들은 단순하며, 기하학적인 볼륨은 깔끔한 선을 통해 명료해 보인다.

이 시대의 미스의 작업은 뛰어나며 근대건축에 큰 영향을 미치게 되는데, 「바이젠호프 주택단지 전시회」(1927)와 「바르셀로나 만국박람회 독일관」(1929)에 잘 나타난다. 르 코르뷔지에와 미스를 비롯한 유럽의 주도적인 근대건축가 16명은 독일공작연맹이 슈투트가르트 근처에서 바이젠호프 지두룽 시범 주택단지 전시회를 할 때, 한 가족용 별장부터 미스가 설계한 아파트에 이르기까지 21개의 항구적 건물과 부속 가설건물 등 총 33채의 다양한 주택과 아파트 건물을 설계했는데, 미스는 독일공작연맹의 부회장으로서 주거단지 계획을 주관하였다. 바이젠호프 주택단지 전시회는 전쟁 직후에 생겨난 다양한 경향들이 이제 하나의 운동으로 통합되어 국제주의 양식이 정립되었음을 보여주는 것이었다.

한편 미스는 '산업은 양에서 질로, 양적 팽창에서 질적 내실 쪽으로 나아가야 하며', 그렇게 하면 '산업과 과학기술이 사상 및 문화의 힘과 결합하게 될 것'이라고 굳게 믿었다. 미스가 추구하였던 과학기술과 문화는 「바르셀로나 만국박람회 독일전시관」(바르셀로나 만국박람회 독일관이라고도 함)에서 하나로 통합되었다. 근대건축의 걸작이라고 알려진 바르셀로나 만국박람회 독일전시관은 미스의 전원주택 계획안의 데 스테일적 실험의 연장으로 보이는데, 구성요소의 단순화와 폭넓은 취급이 매우 뛰어나다.

독일공작연맹, 바이젠호프 집합주거단지 전경, 1927

국제주의 양식은 아직 대중적으로 성공하지 못했지만 중요한 양식으로 대두되었다. 그 영향으로 인해 유럽의 상류층은 근대적인 주택을 점차 주문하기 시작했다. 그러한 주택 가운데 하나로서 미스가 체코의 브르노에 세운 「투겐트하트 저택」(1930)을 들 수 있다.

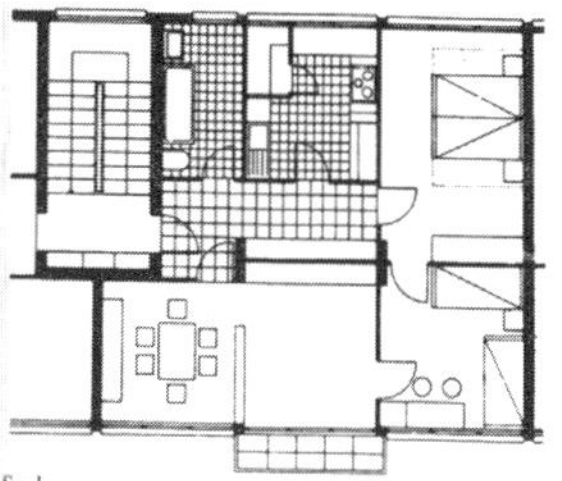

미스 반 데어 로에, 바이젠호프 집합주택 평면, 1927

1930년 미스는 월터 그로피우스의 추천으로 바우하우스 교장으로 임명되었다. 바우하우스는 원래 바이마르에 있었지만, 1925년에 그로피우스가 데사우로 옮겨왔다. 밖으로는 나치가 압박해오고 안에서는 좌익계 학생들이 반란을 일으키는 와중에 바우하우스 학교는 심한 혼란상태에 빠져 있었다. 나치가 국가의 지원을 받는 학교들을 폐쇄하자, 미스는 베를린의 비어 있는 전화공장에서 개인적으로라도 학교를 계속 운영하려고 몇 달 동안 애썼다. 그러나 히틀러의 전체주의적 국가에서의 근대적 디자인은 정치적 자유와 마찬가지로 유지하기가 어려

1. Mies van der Rohe.
2. J. J. P. Oud.
3. V. Oud.
4. 5. A. Schneck.
6. 7. Le Corbusier.
8. 9. Walter Gropius.
10. L. Hilbersheimer.
11. B. Taut.
12. H. Poelzig.
13. 14. R. Döcker.
15. 16. M. Taut.
17. A. Rading.
18. J. Frank.
19. M. Stam.
20. P. Behrens.
21. H. Scharoun.

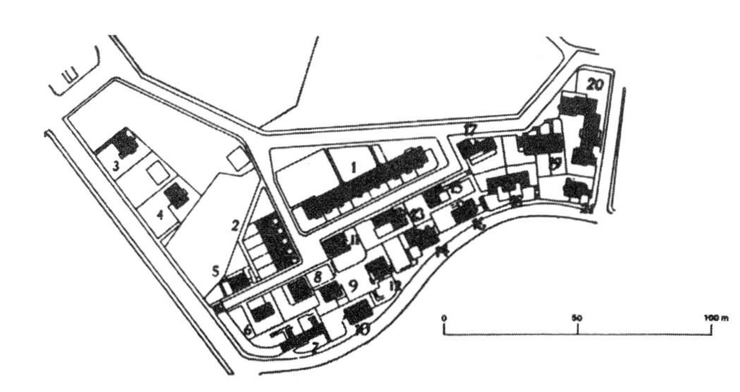

독일공작연맹, 바이젠호프 집합주거단지 배치도, 1927

웠으므로, 미스는 나치가 학교를 폐쇄하기 전에 스스로 바우하우스의 종말을 선언했다(1933). 미스는 1930년부터 1933년까지 바우하우스의 3대 교장으로 재직하면서 예술과 공업의 통합, 이론교육과 실기교육의 병행을 통해 근대건축의 발전에 노력하였다.

미스 반 데어 로에, 독일전시관, 바르셀로나, 1929

바르셀로나 만국박람회 독일전시관 「바르셀로나 만국박람회 독일전시관」(Barcelona German Pavilion, 1929)은 1929년에 스페인 바르셀로나에서 열린 국제박람회를 위한 것으로, 품질과 사상 및 문화의 건축학적 진술이라고 묘사될 수 있다. 바르셀로나 만국박람회는 제1차 세계대전의 패전국 독일에게 신생 바이마르 공화국의 근대적이며 민주적인 위신을 표출하는 좋은 기회였으므로, 독일전시관은 통상 건축비의 수십 배를 들여 호사스럽게 건립된 기념비였다. 독일전시관은 보자르풍의 고전주의로 배치된 만국박람회장의 의식용 광장의 한 끝에 위치되었다. 미스는 박람회장의 피곤한 관객들을 위한 '이상적인 고요한 지역'(an ideal zone of tranquillity)을 만들려 하였다.

트래버틴은 온천 침전물로 만든 건축재료.

이 독일전시관은 가로 53.6m, 세로 17m인 **트래버틴** 바닥 위에

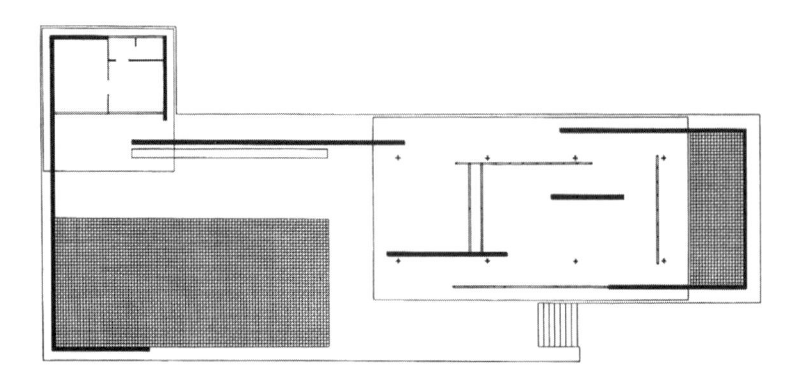

미스 반 데어 로에, 독일전시관 평면도, 1929

크롬으로 도금된 강철기둥을 세워, 일부는 얇은 철근콘크리트 지붕을 덮고 일부는 지붕이 없이 노출시킨 연속적인 멋진 공간을 이루었다. 이 건물은 지붕 슬래브 밑에 트래버틴의 슬래브나 여러 가지의 유리 패널이 배치되었는데, 일부는 지붕이 걸린 부분을 둘러싸고 다른 일부는 지붕을 벗어나 밖으로 연장되어 있어서, 공간의 흐름을 보전하면서 명확한 공간에 질서를 갖게 한다.

독일전시관에는 2개의 큰 풀장이 있는데, 큰 것은 외부 테라스에, 작은 것은 그것과 직각으로 한쪽 끝에 배치하여 완벽한 건물로 만든다. 작은 풀장에는 게오르그 콜베(George Kolbe, 1877–1947)의 **여성 누드 조각상**이 설치되어 면밀한 의도하에 이루어진 간소한 건물의 한 공간을 잘 긴축시키고 있다. 전시관 건축공간은 벌꿀 빛깔의 붉은 갈색 마노(agate)와 초록빛 **티노스 대리석**(tinos verde antico marble) 및 젖빛이 나는 반투명 서리무늬의 판유리로 이루어진 벽으로 둘러싸여 있으며, 내부에는 이 전시관을 위해 미스가 특별히 제작한 유명한 의자 몇 개가 있을 뿐이었다. 미스가 1920년대 후기에 제작한 일련의 디자인 중에서 가장 뛰어난 유명한 「바르셀로나 의자」도 이 독일관에서 전시되었다.

20세기 전반의 독일의 뛰어난 조각가인 게오르그 콜베의 작품인 「아침」(Der Morgen)

그리스이 에게 해의 섬들 중 키클라데스 제도에 속한 티노스 섬에서 산출된 대리석

미스는 이 전시관에서 구조체인 기둥과 비구조체인 간막이벽을 구조적으로 분리함으로써, 하중에서 해방되어 자유롭게 위치한 간막이 벽체가 유동적이고 연속적인 공간을 창조하였다. 이 독일관은 그 전시기간 중에는 큰 주목을 끌지 못했지만, 미스의 말대로 '거의 아무 것도 없다'(almost nothing)는 정신이 나타난, 20세기의 가장 영향력 있는 건물의 하나라 할 수 있다. 이 독일관은 전람회가 끝난 뒤 1930년에 철거되었으나 근대건축 역사상 높은 그 가치로 인해 1986년 현지에 복원되었다.

투겐트하트 주택 미스가 체코의 브르노에 지은 「투겐트하트 주

미스 반 데어 로에, 투겐트하트 주택
정원 파사드, 브르노, 1928-30

미스 반 데어 로에, 투겐트하트 주택
거실, 브르노, 1928-30

택」(Tugendhat House, 1928-30)은 미스의 유럽 활동 중에서 최후의 중요한 주택이다. 이 주택은 거리의 풍경을 내려다 볼 수 있는 완만한 경사면에 세워졌으며, 도로에 면하여 전면이 한 층, 뒷부분이 두 층으로 구성되어 있다. 상층부분에는 현관과 침실을 두어 폐쇄적 공간을 이루었고, 하층부분에는 거실과 식당, 서재를 배치하며, 거실은 유동적인 연속된 공간으로 되었다. 하층의 개방적 내부공간은 가는 철골기둥으로 지지된 두 장의 수평면 사이에 이루어졌으며 이 수평 슬래브의 측면에 바닥에서 천정까지 연속된 넓은 유리면을 두어 유동하는 것 같은 공간의 상호관입을 최대한으로 달성하였다. 50×80 피트의 거실부분은 평탄면과 곡면의 두 간막이벽에 의해 거실과 식당, 서재, 현관홀의 공간이 유기적으로 구획되었다. 거실의 크롬을 도금한 십자형 철골기둥과 패널은 바르셀로나 만국박람회 독일전시관의 수법을 연상케 한다. 이 주택에서는 미스 자신이 만든 가구들이 여유있게 배치되어 공간이 더욱 우아하게 만들어졌으며, 커튼 박스에 이르기까지 미스 스스로 설계할 정도로 디테일에도 세심한 주의를 기울여서, 모든 것이 주문제품으로만 사용되었다.

1. 미스 반 데어 로에, 투겐트하트 주택
아랫층 평면도
2. 미스 반 데어 로에, 투겐트하트 주택
위층 평면도

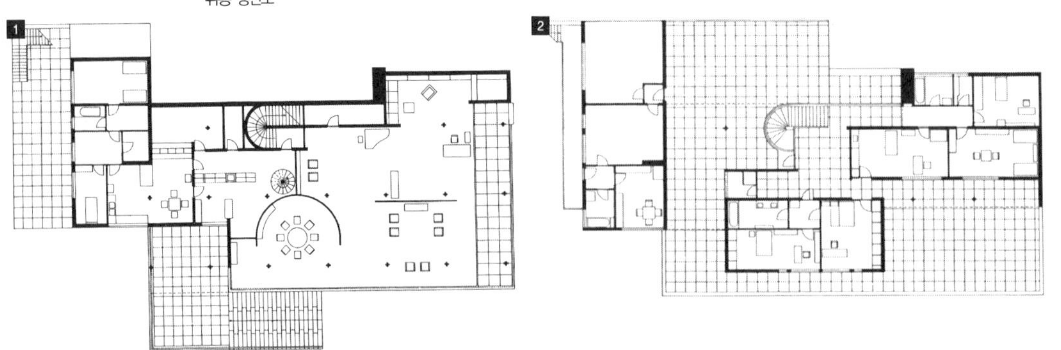

3) 후반기의 활동

미스는 바우하우스 폐교 이후 4년간 많은 건축계획을 하였으나 실제로 지어지지는 못하였다. 1937년에 미스는 미국으로 이주해 간 다음해, **시카고 아머 학교** 건축학부를 이끌 사람을 찾고 있던 건축가 존 홀러버드를 만나 재량권을 완전히 발휘할 수 있는 조건으로 하여 건축학장을 맡아 건축학부를 이끌면서 통제된 교육방법을 수립하며 이름을 알리게 되었다. 미스는 일리노이 공과대학에서 '예술과 기술의 통합'이라는 바우하우스의 교육이념을 실천함으로써 미국 근대건축에 지대한 영향을 주었다.

아머 학교(Armous Institute of Technology)는 1940년 레위스 학교(Lewis Institute)와 합병하여 일리노이 공과대학(Illinos Institute of Technology; I.I.T.)이 됨.

미스는 자신의 교육이념에 대하여 "모든 교육은 생활의 실제적인 측면과 함께 시작되어야 한다. 그러나 진실한 교육이라는 것은 이것을 초월하여 인격을 형성하는 것이어야 한다. 교육의 첫째 목적은 학생으로 하여금 실제적인 생활을 위한 지식과 기술을 습득하도록 하는 것이어야 한다. 그리고 둘째 목적은 그의 인격을 발전시켜 그가 이러한 지식과 기술을 올바르게 사용할 수 있도록 하는 것이어야 한다. 따라서 진실한 교육이라는 것은 실제적인 목적뿐만 아니라 가치에 관계하고 있다."라고 말하였다. 미스는 이러한 인간교육의 원리와 목표를 바탕으로 하여 학교의 교육방침을 이끌어 갔는데, 다음과 같은 미스의 말 속에서는 그의 교육이념과 건축작품의 내면을 들여다 볼 수 있다:

> 재료로부터 기능을 통하여 창조적 제작에 이르는 긴 노정은 오직 하나의 목표를 가진다. 그것은 우리 시대의 절망적인 혼란으로부터 질서를 창조한다는 목적을 가지고 있다. 우리는 각각의 것에 그 적당한 위치를 부여하고 또한 각각의 것에 그 성질에 따라 의의를 부여함으로써 질서를 유지시켜야 한다. 우리가 이를 완전히 행하면 우리의 세계는 내면으로부터 개화할 것이다.

미국에서 미스가 한 최초의 중요한 작업은 일리노이 공대를 위한 배치계획(1940)과 그 건물들의 설계였다(1942–43). 미스는 시카고 남부의 시가지 몇 블록에 걸친 부지 위에 사각형 및 슬래브 모양의 건물들을 전체에 일관하는 그리드에 의하여 배치하였다. 그리드의 단위는 24ft(7.3m)이고, 층고는 그 절반을 기준으로 하였다. 학교의 다양한 용도에 맞게 쓰일 수 있도록 미스가 설계한 이 건물들은 입체적 단순함이 특징적이었다. 그는 이 건물들에서 드러나 있는 철재 골조물, 교정의 모습이 그대로 비치는 커다란 유리창, 그리고 황갈색 벽돌 등을 기본재료로 사용하였다. 미스는 1943년 「광물금속연구동」을 완성시킨 이래 1958년 일리노이 공대를 떠나 캠퍼스 건설에서 손을 떼기까지 모두 22동을 설계하였다. 미스가 설계한 이 건물들의 배치는 서로 직선적인 관계에 있어 한 눈으로는 전체를 볼 수 없지만 움직임으로 지각될 수 있는 전체를 포괄하는 공간을 창조하게끔 계획되었다.

미스는 자신이 1920년대에 전개한 신념을 평생 충실히 지키며 그 신념에 따른 아름다운 건물들을 창조하는 데 노력하였다. 미스는 두 가지의 독특한 건축형식을 발전시켰는데, 하나는 다층의 골조구조로 된 고층건물 형식이고, 다른 하나는 중간에 기둥없이 지붕이 덮인 대형의 단층 홀로 된 형식이다. 고층건물은 철골골조와 유리로 덮인 순수한 형태의 평활한 표피건축이고, 대형의 단층 홀 형식은 보를 돌출시

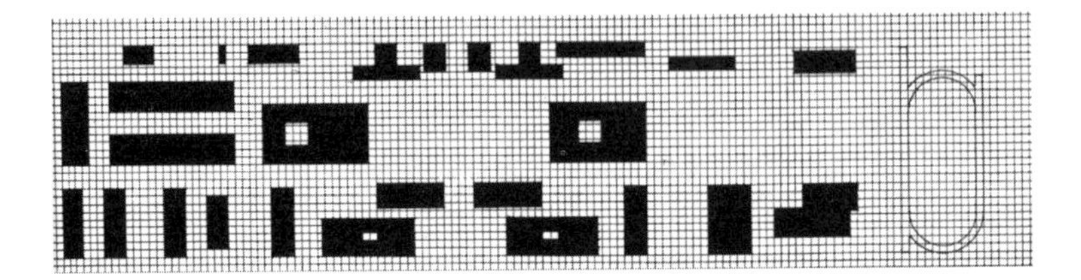

미스 반 데어 로에, 일리노이 공대 캠퍼스 배치계획도, 1939–40

켜 지붕을 달아매거나 큰 보들을 격자로 구성하여 지붕을 덮었다. 미스는 건축에 있어서 평탄한 면을 강하게 나타내기 위해 가장 평활하고 가장 투명한 형체인 유리판을 즐겨 사용했다. 또한 그는 이러한 순수하고 간결한 형태를 추구함에 있어서 방해가 되며 본질적인 것이 아니라고 생각되는 모든 것을 엄격히 배제하도록 하였는데, 이러한 개념은 미스의 'Less is more'라는 말에 잘 나타난다.

이 시기 미스의 대표적 작품으로는 「판스워스 주택」, 「레이크 쇼어 드라이브 아파트」, 「크라운 홀」, 「만하임 국립극장 계획」(1953), 「시그램 빌딩」, 디트로이트의 주택단지인 「라페이에트 파크」(1956-63), 볼티모어의 사무용 건물인 「원 찰스 센터」(1963), 「휴스턴의 박물관」(1958), 시카고의 「페더럴 센터」(1964), 워싱턴 D.C.의 「공립도서관」(1967) 등이 있다. 이 가운데 미스의 개성을 가장 잘 보여주는 작품은 서베를린에서 1968년에 준공된 「20세기 미술관」(나중에 '신국립미술관'으로 개명)이었다. 만하임 국립극장(National Theatre, Manheim, Germany, 1953)은 현상설계 계획안으로서 폭이 266피트, 길이 533피트의 사각형 평면 슬래브로 구성된 광대한 건축공간이다.

〈타임〉(Time)지와 〈라이프〉(Life)지 및 〈포춘〉(Fortune)지의 발행인 **헨리 루스**(Henry Robinson Luce(1898-1967)는 이제 '20세기 건축 혁명이 완수되었고, 그 혁명은 주로 미국에서 이루어졌다'고 선언했다. 미스가 제1차 세계대전 직후에 구상한 개념들의 대부분을 실현한 유리상자형 건물이 미국 전역을 넘어 세계 전역에 계속하여 나타났다. 그러나 1970년대에 들어서면 이러한 신념과 취향의 흐름은 곧 방향을 바꾸게 되었는데, 강철골조와 유리벽은 더 이상 건축학적 독창성의 새로운 시작이 아니라 종말처럼 여겨지게 되었고, 이에 따라 새롭게 건축의 지평을 넓히며 낭만적인 모습을 찾으려 하였다.

미스 반 데어 로에, 판스워스 주택 전경, 시카고 교외, 1946–50

판스워스 주택 「판스워스 주택」(Farnsworth House, 1946–50)은 미스가 미국에서 처음으로 지은, 그리고 그의 생애의 마지막 독립주택이다. 8개의 H형강 기둥을 지붕과 바닥에 직접 용접하는 극히 단순한 구조의 판스워스 주택은 미스의 '보편적 공간'(Universal Space) 개념과 기둥이 없는 큰 공간개념이 반영된 작품이며, 예리한 철골과 유리로 구성된 낭만적이고 시적인 건축작품이다. 이 주택은 테라스, 그 뒤쪽의 약간 높은 바닥면, 그리고 평지붕 등 세 부분의 슬래브 수평면이 여덟 개의 H형강 기둥으로 용접되어 지면 위에 떠있는 것처럼 보인다. 또한 떠오른 것 같이 보이는 작은 슬래브는 지면에서 테라스로, 그리고 테라스에서 유리 및 간막이가 된 사각형 주거부분의 현관 포치로 계단의 역할을 하고 있다. 세 개의 슬래브를 지지하는 강철기둥은 슬래브 안쪽에 세워진 것이 아니라 측면에 용접되었다. 이 주택에서 미스는 완벽에 가까운 시공수준을 요구했으므로 건설비가 상당히 높았다.

시카고 교외 폭스 강 부근에 세워진 이 **주택**은 평면길이 23.4m, 안길이는 8.5m이고, 바닥높이는 지상 1.5m다. 부속하는 테라스는 정면 길이 16.8m, 안길이 6.7m이고 바닥 높이는 0.61m이다. 이 주택은 내부공간이 간결한 동시에 자유롭고 L, H형 서비스 코어, 즉 주방과 화장실, 창고 등이 유일한 폐쇄적 요소였다. 내부공간은 설비 코어를 중심으로 상이한 기능을 갖는 공간

강가에 있어서 일명 Fox River House라 불리며, 바닥이 높이 들려 있는 것은 폭스 강의 범람에 대처하기 위한 기능적인 해결이었을 것이다.

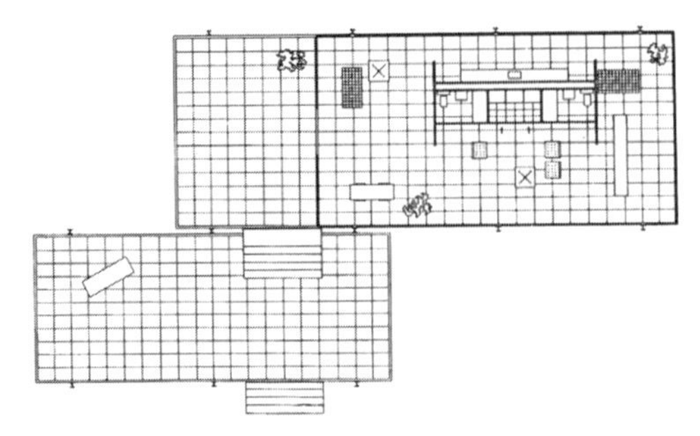
미스 반 데어 로에, 판스워스 주택 평면, 1946–50

이 천정까지 도달되지 않는 하프 파티션(half partition)에 의해 구분된다. 미스는 하나의 기본적인 건축형, 곧 지붕을 둘레에서 가볍게 지탱하는 파빌리온의 형식을 발전시키려 추구하였는데, 이 주택에서의 주제는 일리노이 공대의 「크라운 홀」 등에서 대규모로 실현된다.

레이크 쇼어 드라이브 아파트 이 아파트(Lake Shore Drive Apartments, 1949-51)는 근대 고층건축물의 외관에 커다란 영향을 미친 두 개의 쌍둥이 빌딩이며, 두 개의 볼륨을 가지는 이런 유형의 빌딩의 효시이기도 하다. 이 아파트 건물은 「프리드리히가의 사무소 건물」 계획안으로부터 약 30년이 지나서 미스가 처음으로 실현시킨 철과 유리의 고층빌딩으로서, 기둥에는 철판으로 덮였으며 스펜드럴의 프레임이 표면에 드러나 있으며 비구조적인 I형강의 멀리온이 붙여져 있다.

미스 반 데어 로에, 레이크 쇼어 드라이브 아파트, 시카고, 1949-51

이 아파트에서는 26층 높이의 두 개의 수직 직육면체가 좁은 공간을 사이에 두고 직각방향으로 배치되어 있어 끊임없이 긴장된 상태에 있으며, 보는 시각에 따라 생동감 있는 변화를 느낄 수 있다. 두 건물의 주위를 한 바퀴 돌아보아도 정면과 뒷면을 확실히 알 수 없는데, 그것은 한쪽 건물의 좁은 면은 다른 건물의 넓은 면과 서로 마주 대하고 두 건물의 관계는 보는 장소에 따라 항상 변화되기 때문이다. 이 아파트에 있어서는 창문의 그리드의 수평선이 끊임없이 수직선을 깨뜨리고 긴장된 공간을 구성한다.

지주 위에 수직으로 올라가는 철골조로 된 우아한 직사각형 입방체의 유리상자라는 이 아파트는 매우 순수한 형태를 지니고 서 있다. 수직열 4열마다 창의 베이(bay) 치수가 조금씩 달라짐으로써 이 건물은 시각적인 수직방향의 강조가 강화되고 깊이와 움직임에 대해서 착각을 불러 일으키게 한다. I형강의 멀리온은 시각적 구조로서 실제적으로 구조적인 기능을 갖지는 않지만 시각적 예리함을 표출하며 수직성을 강조하는 시각적 기능의 역할을 하고 있는 것이다. 이러한 미스의 직사각형 입방체의 유리상자라는 원형은 전 세계적으로 그의 모방품들이 세워지는 모델이 되었다. 이 건축물에서 사용한 외부의 철골 디테일은 미스 자신과 그의 추종자들에 의해서 전 세계적으로 널리 퍼지면서 소위 국제주의 양식의 대표적 외관이 되었다. 21ft(6.4m) 그리드의 균등한 라멘에 의한 3X5 스팬의 평면은 각 실들의 간막이를 치워버리면 오피스로도 사용될 수 있어, 미스가 추가했던 '보편적 공간'의 개념을 엿볼 수 있다.

미스 반 데어 로에, 크라운 홀 전경, 시카고, 1951–55

크라운 홀 「크라운 홀」(Crown Hall, 일리노이 공대, 1951–55)은 필립 존슨과 공동으로 설계한 미스의 절정 작품으로서, 노출된 보에 지붕 슬래브를 매달아 드리운 형식이다. 크라운 홀은 일리노이 공대의 건축 및 디자인 학부 건물로서, 디자인학부는 지하실에 위치하고, 건축학부는 실내가 탁 트인 상부의 유리상자를 차지하고 있다. 기둥을 실내에서 유리벽 밖으로 끌어낸 기둥 없는 자유로운 평면을 얻기 위한 실험적 작품이었던 판스워스 주택의 바닥 슬래브 밑이 완전히 비워져 있었던 것에 비하여, 크라운 홀은 판

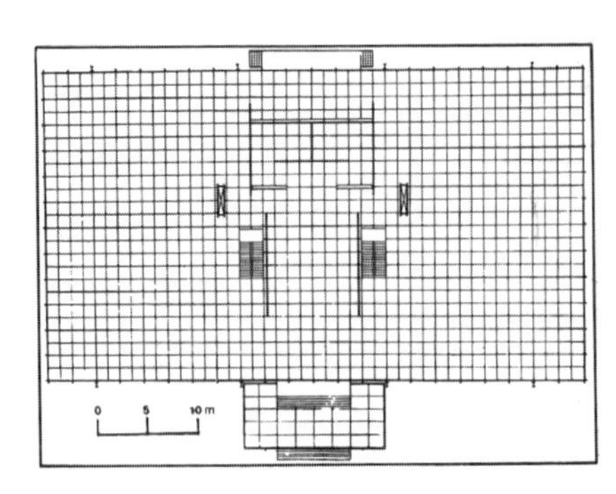

미스 반 데어 로에, 크라운 홀 평면도, 시카고, 1951–55

유리로 끼워져 지하층과 연결되어 있는 형태다.

크라운 홀은 커튼월을 지지하며 외부로 노출된 4개의 구조체에 의해 간결한 구조미를 표현하였는데, 지붕과 마룻바닥의 슬래브는 기둥에 단단히 끼워 있다기보다는 오히려 매달려 있거나 기대어 있는 듯한 느낌을 주기 때문에 공간의 개방성을 더욱 높여주고 있다. 지붕을 그 상부의 거대한 트러스에 달아 내림으로써 얻어진 거대한 스팬의 실내는 미스가 말하는 '거의 아무 것도 없는(Almost nothing)', 균질하고 방향성이 없는 공간을 이루었다. 다목적의 기능을 지닌 '보편적 공간'을 내부에 창조하여 융통성을 극대화한 크라운 홀은 도식적이며 대칭성과 비례, 하중과 지지의 명쾌한 표현이 돋보이는 건물이다.

기둥간격이 3.6m, 높이 5.5m의 주층의 균질공간은 오크나무로 된 이동식 간막이(높이 2.35m)가 최소한의 구획을 할 뿐인데, 이 균질공간은 어떠한 용도에도 적합할 수 있도록 특별한 목적을 정하지 않은 무성격의 공간이다. 이 '보편적 공간'에서는 가구나 간막이에 의해 분절하여 사용할 수 있는 공간이 지향된 것으로, 거기에서는 건축은 생활에 좌표를 줄 뿐이며 규정하는 정도는 적다. 크라운 홀의 외부는 건물 양끝의 6m 캔틸레버가 좌우방향으로 확산을 강조하며, 입구를 표시하고, 테라스의 바닥판이 중심으로서의 강한 중심성을 나타내고 있다.

미스 반 데어 로에, 시그램 빌딩 전경, 뉴욕, 1954-58

시그램 빌딩 미스가 정년퇴직한 해(1958)에 준공되었고 필립 존슨과 공동으로 설계한 「시그램 빌딩」(Seagram Building, 뉴욕, 1954-58)은 외부가 유리와 청동 및 대리석으로 되어 있는 초고층 사무용 건물이었다. 국제주의 양식은 이 건물로 인해 절정에 이르렀고, 미스는 국제주의 양식을 선도하는 대가로 인정받게 되었다. 시그램 빌딩의 구성은 축대칭으로 기념비성이 강하며 높은 기품

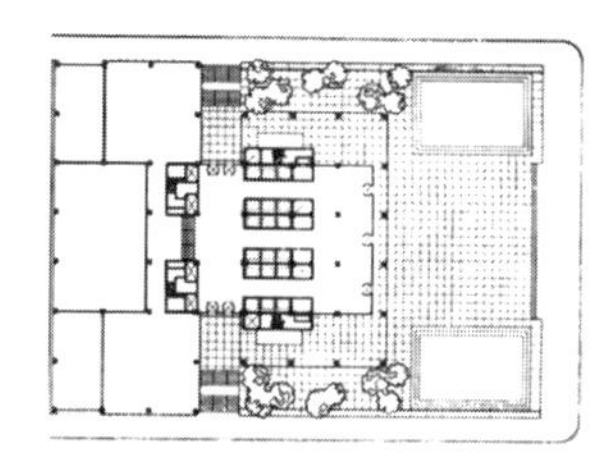
미스 반 데어 로에, 시그램 빌딩 평면도, 뉴욕, 1954-58

과 정적인 느낌을 가지고 있다. 브론즈의 이 건물은 개방공간인 입구의 광장을 앞에 두고 높게 솟아 있고, 정면에 있는 엘리베이터 샤프트와 등을 맞대고 2층까지 뻗어 있는 기둥은 입구로서 위엄을 주며 건물과 광장의 중심점이 되었다.

높이 158m의 39층인 이 빌딩을 〈아키텍처럴 포럼〉(Architectural Forum) 지는 1958년 7월호에서 '역사상 가장 호화로운 마천루'라고 불렀다.

시그램 빌딩에 있어서는 미스는 창문의 그리드에서 보이듯이 수직성을 명확하게 주장했으며, 최소한의 재료를 구조적 및 기능적으로 건축의 형태적인 요소로 정리·통일하여 순수한 형태를 최고도로 높였다. 건물을 도로에서 약 30m 후퇴시켜 건물의 광장부지 중에서 50%를 시민에게 개방하여 멋진 공간을 창조한 것은 이후 건축의 모범으로 여겨졌다. 당시 부지에 꽉 채워 세우고 상부에는 세트백하는 것이 통례였던 일반적인 오피스 빌딩에 비해서 이 시그램 빌딩의 개방된 플라자는 획기적인 해결책이었다. 시그램 빌딩은 주위의 멋있고 아름다운 여러 건물들로 인하여 한층 더 강한 인상이 느껴지게 된다.

베를린 국립미술관 신관 「베를린 국립미술관 신관」(Neue National Galerie, 1962-68)은 미스의 만년작으로서, 망명 후 35년째 처음으로 독일에서 건축된 기념비적인 작품이다. 높이 만든 기단 위에 자리한 이 건축물은 미술관이라는 성격에도 불구하고 유리벽으

미스 반 데어 로에, 베를린 국립박물관 신관, 1962-68

로 둘러 쌓여 있고, 여덟 개의 십자형 강철기둥들로 지지되는 정사각형의 지붕으로만 구성되어 있으며 외주부에는 기둥이 없다. 이 건축물에서 수평선을 강조한 철골의 거대한 보와 십자형의 기둥에 의한 조형은 합리적 건축미를 잘 나타낸다. 미술관이 갖는 여러 기능은 지층에 배치되었는데, 주된 공간은 미스에 의한 근대건축의 기본 가운데 하나가 된 보편적 공간 개념을 실현하고자 하였다.

4) 건축철학 및 작품 구성원리

미스는 독일 태생 미국의 건축가로서, 우아하면서도 단순한 그의 직선적 건축양식은 1920년대 말에 등장한 국제주의 양식을 특징적으로 잘 보여주고 있다. 유리와 철의 미를 창시한 근대건축의 거장으로 불리는 미스는 그가 설계한 건축물들을 통해 근대도시의 이미지를 창조해내는 데 막대한 영향을 미쳤다고 평가받고 있다. 미스는 새로운 건축양식을 만들어내는 것뿐만 아니라 기술과 생산의 새 시대를 대표할 수 있는 새로운 건축언어를 수립하려고 하였다. 뛰어난 그의 작품들에 대한 표현들은 단순한 형태와 시각적 조화, 비례, 흐르는 공간(Flowing space), 보편적 공간(Universal space), 수직적·수평적 확장성 등의 용어로 나타난다.

건축사에 혁명적 공헌을 했던 미스의 중요한 초기 작품들 가운데 「프리드리히가 사무소 건물」과 「유리 마천루」는 건설되지는 않았지만 그 도면이 남아 있다. 후기 작품으로는 필립 존슨과 함께 설계한 뉴욕 시의 「시그램 빌딩」과 「크라운 홀」 그의 마지막 작품인 베를린의 「20세기 미술관」이 있다.

(1) 재료 및 구조

독일에서 건축가로 출발할 때부터 미스는 과거양식을 모방하는 것을 거부했으며 대신에 사용재료의 특성을 명료하게 전달해주는 기술적 수단을 추구했다. 그는 건축조영의 엄격한 표현을 선호하여 모든 장식을 거부했다. 미스는 근대의 시대적 특징인 공업화와 표준화, 대량생산의 개념을 건축 전반에 적극적으로 수용하여 예술적 및 미적으로 표현하였다.

미스는 근대건축의 대표적 재료인 철과 유리를 주재료로 하여 커튼월 공법과 강철구조를 건축의 기본형식으로 간주하였다. 미스는 강철을 사용하여 건축의 미와 기능성 및 공간개념을 처음으로 체계화하였으며, 오늘날 강철의 형태적인 가능성과 구조적인 기능성의 발전을 대성케 하였다. 즉, 미스는 강철로 만든 건축문화를 완성하였다고 할 수 있을 정도이며, 유리에 대해서도 건물 전체의 표면을 유리로 덮는 것에 의해서 반사효과를 이용하는 등 정확한 표현을 완성시킨 것이다.

미스가 건축에서 보편성을 가지고 추구해 온 건축적 문제는 기둥과 피막이라 할 수 있다. 미스가 자주했던 'Less is More'는 말수가 적었던 시절의 성격을 나타낼 뿐 아니라 철저히 아이디어를 정제해 내는 그의 설계태도를 이야기해 준다. 솔직명쾌함을 표현함에 있어서 미스는 철과 콘크리트는 견고함을 나타내는 건물의 뼈대로, 유리는 빛나는 베일처럼 그 뼈를 감싸는 외피로 처리하였던 것이다. 미스의 마천루 계획안은 뼈대와 외피가 완전히 분리되어서 뼈대는 안에, 유리 외피는 밖에 두고 바닥과 지붕의 무게를 지탱하며 외기로부터 실내를 지키는 일 사이에 시각적으로 확실히 구별할 수 있는 역할과 기능이 부여되어 있다.

(2) 건축형태

미스 작품의 대표적 특성 중 하나는 순수성으로 표현할 수 있는데 재료뿐 아니라 공간 속에서 간결하고 명쾌한 단순미와 순수성이 드러난다. 그의 뛰어난 비례감과 재료에 대한 높은 식견은 이러한 단순미를 배가시켰고 이러한 작업들을 통해 그는 순수한 건축형태를 추구하였다. 미스는 철과 유리, 커튼월, 강철구조 등의 인공적이며 기계적인 표현수단에 의해 기계미를 표현하였다. 이는 미스의 유명한 명언인 '보다 적은 것일수록 보다 풍부하다'에서도 잘 나타나듯이, 미스는 철과 유리라는 단순하고 제한적인 재료에 의해 다양한 건축적 형태언어를 구사하였던 것이다. 미스는 건축의 구성요소 중의 하나인 평탄한 면을 더욱 강하게 나타내고 그것을 가장 평활하고 투명한 형체인 유리판으로 즐겨 사용하였다.

'적을수록 많다'(Less Is More)라는 말은 20세기 디자인이 추구했던 기계미학의 정신을 상징적으로 가장 잘 표현하는 것으로, '장식이 적을수록 의미는 풍부해진다', '형식을 절제할수록 본질에 가까워진다', '과거의 양식과 결별할수록 새로운 시대를 더 잘 맞이할 수 있다'라는 의미로 해석할 수 있다. 말하자면 미스는 단순한 재료를 가지고서 대칭과 비례, 질서, 조화 등의 고전주의적 건축원리를 형태적 및 미적 구성원리로서 이용하며, 완벽한 비례와 조화에 의한 순수하고 단순한 기하학적 건축형태를 추구하였던 것이다.

(3) 건축공간

건축이란 것은 긴 생명을 가지므로 많은 건축은 본래의 기능을 발휘한 다음의 새로운 기능에도 자신을 적응시켜야만 한다고 여겨졌다. 따라서 기능주의의 이념에서 보면 가장 기능적인 건축이란 다양한 기능에 대응할 수 있는 것이어야 한다. 미스에게 있어 가장 기능적인 건축은 일체의 기능을 갖지 않아야 되는데, 이것이 바로 단일의 용도에 제한되지 않는 '다목적 공간', 곧 모든 기능을 수용할 수 있는 '보편적 공간'을 창조하게 된 것이다. 이로써 미스는 하중으로부터 해방된 간막이 벽의 자유로운 배치에 의해 유동적이고 연속적인 공간을 만들어 낼 수 있게 되었다.

미스의 작품은 융통성 있는 시간적 변화를 수용하는 공간계획, 무성격의 보편적 공간를 보여준다. 미스는 급속히 변화하는 근대사회의 다양한 요구에 대해 공간의 형태뿐 아니라 기능에까지 융통성을 부여함으로써 다목적 공간과 같은 시간적 변화를 수용하였는데, 1929년 「바르셀로나 만국박람회 독일전시관」, 「투겐타트 주택」 등에서 잘 나타난다.

그리고 미스는 유리 커튼월에 의해 내외공간의 투명성과 상호관입성을 연출하기도 하였는데, 그는 건축의 가능성을 새로운 형태에서뿐 아니라 경제적 구조와 기술에서 찾았다. 미스의 그러한 건축세계는 1950년 일리노이 공대에서 행한 강연문의 일부내용에서 엿볼 수 있다:

> 건축은 그 시대에 존재하며 그것에 내재되어 있는 구조를 구체화시키고, 그 형태에 의해 서서히 전개되어 왔다. 공업과 건축이 밀접한 이유는 여기에 있다. 우리가 바라는 것은 그것들이 동시에 성장하게 되는 것이고, 또 언젠가는 한편이 다른 편을 표현해 주는 것이다. 그것이 실현된 건물을 비로소 우리는 건축이라고 명명하고 가치를 인정하게 된다. 건축은 우리 시대의 정확한 상징이다.

미스의 건축작품에서 보이는 명료함과 간결성은 1960년 미국건축가협회 A.I.A의 금메달 수여식에서 미스가 한 짧은 답사에서 엿볼 수 있다:

> 나는 학생, 건축가 그리고 관심있는 일반인들에게서 여러 차례 이런 질문을 받았습니다. '우리의 갈 길은 무엇입니까?' 참으로 매주 월요일 아침마다 새로운 건축을 고안해 내는 것은 가능하지도, 필요하지도 않습니다. 우리는 한 시대의 끝이 아니고 시작에 처해 있습니다. 이 시대는 새로운 정신에 의하여 지배될 것이며, 새로운 기술적·사회적·경제적 힘에 의하여 움직여질 것이며, 새로운 방법과 새로운 재료를 구사할 것입니다. 이 때문에 새 건축이 생길 것입니다.

프랭크 로이드 라이트 04

1) 라이트의 건축사고와 영향

프랭크 로이드 라이트(Frank Lloyd Wright, 1867-1959)는 역사상 손에 꼽힐 정도로 위대한 건축가 중 한 사람으로, 매우 독특한 양식의 건축설계는 전 세계적으로 영향을 미쳤다. 생전에도 매우 유명했으며 오늘날까지도 미국에서는 가장 유명한 건축가로 남아 있는 라이트는 미국 건축에서 창조성을 가장 풍부하게 발휘한 천재 건축가며 저술가로서, 그의 〈프레리 양식〉은 20세기 주택설계의 기본이 되었다. 라이트는 유럽 중심의 근대건축의 흐름에서 자신만의 독특한 색깔을 지니고 유럽 건축에 영향을 미친 뛰어난 미국의 건축가였다.

라이트의 원래 이름은 프랭크 라이트였으나, 1881년 14세 때 부모가 이혼하게 되면서 모친쪽의 가족 이름(the Lloyd Jones)을 미들 네임으로 하였다.

라이트는 20세기 문명이 만든 철골과 철근콘크리트, 금속판, 판유리, 그리고 플라스틱 등으로 이전에 이루지 못했던 새로운 건축을, 건축 역사상 가장 역동적이며 특이한 공간을 창출하였다. 라이트는 자연을 통하여 자연과 함께 호흡하는 유기적인 건축의 기수이며, 기하학적인 수평선과 자연의 조화, 내부공간의 리듬, 반복과 대비의 적절한 구성 등 근대건축의 중심언어를 훌륭히 사용했다. 한 사람의 것이라고 믿을 수 없을 만큼 광대한 작품을 남긴 라이트의 건축적 개념을 간단히 정리하기는 매우 어려운 일이다. 디자인 관점에서 라이트는 건축적 사고를 다방면으로 발전시킨 재능있는 혁신가였다. 그는 공간의 유동적 처리, 전통적 재료의 현대적 사용, 새로운 구조와 서비스 체계의 사용, 추상적인 조각적 효과를 창출하기 위한 건축언어를 사용하였다.

라이트는 사회의 격동과 역경 속에서도 이론과 실체를 겸비하여 많은 작품을 설계하며 자신의 건축적 사고의 근본인 유기적 건축을 실제화하였다. 라이트는 본질을 찾으며 기하학적인 평면의 전개와 입체조형을 추구하였고, 유기체가 전체와 부분의 균형을 이루는 자연을 디자인의 모든 원리로서 이해하며 그것에 의한 내부와 외부공간의 융합, 자연과의 일체화 및 재료의 본질이 갖는 자연의 구조를 추상화해서 새로운 것을 창조하고자 하였다. 라이트는 건축을 함에 있어 본질과 근원을 찾고 그것을 건축으로 나타내고자 하였다. 그는 건축을 생명의 가장 진실한 기록이자 위대한 정신으로 보았으며, 그에게 건축이란 인간을 위한, 인간에 의한 정신이고, 또 시대와 장소의 정신이었다.

라이트는 순수한 기하학적인 형태와 자연으로부터 이끌어낸 기하학적 형태로 그의 작품을 설계하였다. 라이트의 건축은 기하학적인데, 컴퍼스와 직선자, 삼각자를 도구로 원과 사각형, 삼각형, 육각형 등의 패턴을 표현했다. 순수한 기하학적 형태는 그가 어린 시절에 받았던 프레벨 교육 시스템에 의해 깊은 영향을 받은 것으로서, 기하학적 체계와 그 디자인 특성에 대한 인식, 3차원적 솔리드와 보이드에 대한 감각, 다양한 요소의 구성능력에 대한 이해, 복잡한 2차원적 패턴과 3차원적 공간을 엮어내는 방법, 2차원적인 제도판 위에 그린 패턴들의 3차원적 관계들을 시각화하는 능력을 가르쳐 주었다. 이런 기하학적 형태는 자연으로부터 도출된 형상과 함께 더욱 발전하여 라이트의 건축형태와 공간구성으로 발전하였다. 라이트는 사각형의 결합과 조합, 삼각형 패턴의 연속된 반복계획, 육각형이 주조를 이루면서 연속된 벌집형의 평면 그리고 원형, 원추형 등 평면적인 구상에서부터 입체적이며 조형적인 감각으로 발전시키며 기하학적인 형태를 추구하였다.

라이트는 아메리카 대륙의 인디언 문명과 일본을 통한 오리엔트 문명을 미국 문명과 접속시켜 이전의 어느 건축가도 이루지 못했던 독특하며 자연과 교감하는 유기적 건축(organic architecture)을 창출하였다. 프랭크 로이드 라이트의 자연에 대한 직관은 자연의 모습에서 형상화된 구조 시스템을 비롯한 다양한 형태, 내부와 외부공간의 관입, 수직과 수평의 상호 연관관계 및 연속과 확장, 반복 및 대립의 관계로 이어져 각각의 개체가 결합되면서 일체로 표현되는 유기적 건축의 바탕을 이루고 있다.

라이트는 르 코르뷔지에, 미스와 함께 근대건축의 3대 거장이라 일컬어지는 인물이다. 70년의 긴 건축인생 동안 400점이 넘는 다양한 작품을 창조한 라이트의 작품은 일리노이와 위스콘신, 캘리포니아, 애리조나 등 미국 곳곳에 널리 퍼져 있어 미국 국토의 랜드마크를 이루고 있다고 할 수 있을 정도다. 또한 라이트는 미국 건축의 자존심으로서, 영국의 식민지로 시작되어 오랫동안 유럽 건축의 절대적 영향권 아래 놓여 있었던 미국의 근대건축 초기에 유럽 건축에 영향을 준 최초의 미국 건축가로 평가받는다.

라이트는 1890년대의 주택건축 분야에서 위대한 창조적인 역할을 담당했고, 20세기 중엽에 이르기까지 미국과 유럽의 건축을 형성하며 영향력을 주어 왔다. 1991년 미국건축가협회는 라이트를 '전 시대에 걸쳐 가장 뛰어난 미국의 건축가'(the greatest American architect of all time)라고 선언하였고, 2000년 미국건축가협회는 라이트의 「낙수장」(Falling Water)을 「20세기의 건축물」(The Building of the 20th century)로 선정했다. 또한 **20세기의 우수한 건축물 10선**에 「낙수장」을 포함해 라이트의 작품 「구겐하임 미술관」, 「존슨 왁스 빌딩」, 「로비 저택」 4점을 선정했다.

10대 건축물의 건축가 명단은 라이트를 비롯해 사아리넨, 페이, 루이스 칸, 필립 존슨, 미스 반 데어 로에 등이 포함된다.

모든 시대를 통해 모든 사람들에게 가장 위대한 건축가의 한 사람으로 알려지고 가장 많은 건축가들로부터 최고의 건축가로 인정받는 라이트의 작품과 그에 대한 논문 및 저작만도 거의 2천 편이 넘는다. 그는 살아 있을 때부터 전설적인 인물로서, 생활방식과 여성편력 등 어느 누구보다도 드라마틱한 생애를 살았다. 자연과 역사, 인간을 건축공간 속에 통합한 위대한 건축가였던 라이트는 기술자로서의 건축가, 예술가로서의 건축가이기 이전에 사상가로서의 건축가였으며 위대한 휴머니스트였다. 라이트는 건축을 살아 있는 예술로 승화시켰으며, '사람이 자신에게 솔직하다면 인생의 세 가지 것에 대해 일정한 권리를 갖고 있다. 그것은 삶과 일과 사랑이다'라는 말을 남겼다.

오랜 기간에 걸친 라이트의 활동은 대략 3개의 시대로 구분되는데, 1893년 설리번 문하를 떠나 독립한 다음 1910년까지가 제1황금시대이고, 1911년에서 1935년에 이르는 시기가 불모의 잊혀진 회색시대이며, 1936년 이후 말년까지가 제2황금시대다. 제1황금시대에는 화려하고 아름다운 「윈슬로 주택」(1894)의 성공으로 개막되어 〈프레리 하우스〉라는 대지와 일체화하는 주거양식을 확립하였고, 제2황금시대에는 〈유소니안 하우스〉를 제창하고 최고 걸작이라 할 수 있는 「낙수장」, 「구겐하임 미술관」을 내놓았다. 1959년 4월 라이트는 91세로 파란만장한 일생을 마쳤다.

라이트는 매우 많은 작품을 남겼는데, 그중에는 시대를 뛰어넘는 수많은 걸작들이 있다. 라이트의 주요 작품으로는 시카고의 「로비 저택」(1909), 버팔로의 「라킨 빌딩」(1904), 펜실베니아 밀런에 있는 주택인 「낙수장」(1936), 뉴욕 시의 「구겐하임 미술관」(1943) 등이 있다. 저술가로도 활동한 그는 『자서전』(An Autobiography, 1932, 개정판 1943), 『유기적 건축』(An Organic Architecture, 1939), 『미국건축(An American Architecture, 1955), 『서약』(A Testament, 1957) 등 많은 글을 썼다.

2) 초기의 교육과 제1황금기의 활동

프랭크 로이드 라이트는 미국 위스콘신 리클랜드센터에서 태어나 처음 20년을 위스콘신의 남서부에서 보내고 위스콘신 공과대학을 졸업하였다. 라이트의 아버지는 코네티컷에서 온 교양있는 음악가 겸 선교사인 윌리엄 C. W. 라이트이고, 어머니는 스프링그린에 토착한 웨일즈 출신의 안나 로이드 J. 라이트였다. 어린 시절 라이트는 바흐와 베토벤을 즐겨 연주하던 아버지와, 임신하였을 때부터 건축가로 키우려 하였던 어머니로부터 큰 영향을 받았다. 아들을 임신한 순간부터 방안에 영국 대성당 사진을 걸어놓고 태어나는 장남은 건축가로 키우겠다고 마음먹은 라이트의 어머니는 독일 교육자인 프리드리히 프레벨(Friedrich Wilhelm August Fröbel)의 유치원 '장난감 나무 블록'(Fröbelgaben)으로 자식을 교육시켰다. 프레벨은 나무 상자, 큐빅 그리고 원통형 등을 이용해 조합, 확장시키면서 시각훈련을 쌓는 것이 중요하다고 생각한 교육자다. 라이트는 어머니가 준 나무 블록을 가지고 놀면서 자연물과 인공적인 구조를 이루는 기본적인 기하학적 형태를 익힐 수 있었으며, 라이트에겐 평생 잊지 못할 기억들이 되었다. 그는 '이 장난감 덕분에 사물을 그저 지나치지 않고 자세히 들여다보게 되었다. 그것은 어머니가 내게 주신 커다란 선물이었다'라고 말하였다.

또한 위스콘신 주 스프링그린과 가까운 곳에 위치한 삼촌의 농장에서 라이트는 자연과 재료에 대한 깊은 이해를 했고, 시골의 삶에 대한 영원한 애정을 갖게 되었다. 라이트는 농촌생활을 통해 미국의 광활한 대지와 유기적 자연에 깊은 감명을 받고 자연과 조화를 이루는 건축을 추구하는 의식을 형성하게 된 것이었다.

싱글 양식은 1879년부터 1890년 사이에 미국에서 유행했던 독특한 건축양식으로서, 건물 전체를 싱글(single)이라는 판재로 덮어 씌우는 기법을 사용하였다.

1887년 초 라이트는 1871년 대화재 이후 건설이 한창이었던 시카고로 옮겨가서 **싱글 양식**(shingle style)의 건축가 J. L. 실즈비(Joseph Lyman Silsbee)의 건축 설계사무소에서 건축 상세도를 그리며 유연한 선과 강조점을 표현하는 기술을 익혔다. 1889년 라이트는 부유한 집안의 캐서린 키티(Catherine Lee Kitty Tobin, 1871–1959)와 결혼하고 오크파크에 땅을 구입하여 자신의 첫번째 집을 세웠다. 실즈비 사무실을 1년도 안 되어 나온 라이트는 1888년부터 1893년까지 루이스 설리번의 사무소(Adler & Sullivan)에 근무하여 설리번의 유기적 건축원리를 흡수하였다. 라이트가 사무소에서 맡은 첫 작품은 단순하고 대칭적이며 입체적으로 보이는 3층의 「챤리 주택」(Charnley, 1891)이었다. 당시 설리번의 사무소는 뛰어난 루이스 설리번과 '위대한 선생님'인 단크마르 애들러의 두 거장 아래 근대건축의 지표가 된 인상적인 「오디토리움 빌딩」(Auditorium Building)을 건립하는 중이었다. 라이트는 오디토리움 빌딩 외에도 「시카고 만국박람회 교통관」 설계에 관여했다. 설리번은 1888년 당시 미국의 가장 위대한 건축가이며 라이트에게는 항상 '친애하는 선생님'이었다. 또한 이 시기에 라이트는 건축사무소가 의뢰받은 주택건축을 많이 맡았으며 독자적으로 주택도 설계했다. 얼마 후 '애들러-설리번 건축설계사무소'를 그만 두고, 1893년 자신의 사무실을 열어서 1901년까지 오크파크의 많은 주택을 포함하여 50여 건축물을 완성하며 주택건축에 집중하였다.

라이트는 1890년대의 수업시대를 마치고 1900년에는 완전히 성숙한 경지에 도달하였다. 1900년에 설계한 일리노이 주 캉카기(Kankakee)의 「브래들리 저택」과 「힉콕스 저택」(Hickox House)은 근대건축에 크게 기여한 일련의 「대평원의 집」(Prairie House)의 선구적 작품들이다. 새 사무실에서 처음 맡았던 일은 「윈슬로 저택」(William Herman Winslow Residence, 리버 포리스트, 일리노이, 1894)으로서 사각형의 평면으로 구성되었고 대지에 밀착되어 입면은 낮고 수평으로 처리되었다. 이 주택은 프레리 형식의 싹이 보이는 건축이었는데, 당시 시카고에서 가장 영향력 있던 건축가 다니엘 번햄의 주목을 끌 정도로 놀라운 작품이었다. '윈슬로 저택'은 유동적 움직임을 나타내는 평면을 가지며, 대칭적인 아름다운 비율을 보여주는 파사드는 고전주의와 빈 세제션의 영향을 느끼게 한다.

라이트는 새롭고 고유한 미국 중서부 건축을 연구하려고 했는데,

프랭크 로이드 라이트, 윈슬로 저택,
리버 포리스트, 1894

같은 생각을 가진 젊은 건축가들이 늘어나면서 이 흐름은 〈프레리학파〉(Prairie school)로 알려지게 되었다. 1900년 무렵 프레리 학파는 33세의 프랭크 로이드 라이트가 이 흐름을 주도하며 점차 성숙해졌으며, 근대적 주택건설에 급진적으로 접근함으로써 곧 널리 인정받았다. 라이트에 의한 1909년의 「로비 저택」을 정점으로 한 시카고 교외의 여러 주택들에서 보이는 빛나는 공간의 창조는 유럽에 많은 영향을 주었다. 이러한 작품들은 1910년부터 1911년에 걸쳐서 독일에서 전시 및 출판되었다.

(1) 프레리 하우스

라이트는 독자적으로 건축분야의 일을 하기 시작했을 때 주거건축에 관심을 기울이며 노력했는데, 1893년에 자신의 사무실을 열고 1900년에는 주거건축의 설계를 변화시키며 삶의 새로운 패턴을 창조해 냈다. 이 혁명적인 스타일의 주택을 '대평원 주택', 즉 프레리 하우스(prairie house)라고 부르는데, 십자형의 개방된 평면구성으로 입면에서 수평부와 수직부가 교차하며, 상호관입하는 모습의 주택으로 실의 중심에 벽난로가 위치하면서 자연환경과 조화된 주택이다. 라이트는 주택계획의 출발점으로 집 중앙에 큰 굴뚝을 핵으로 삼았으며, 이 풍차형의 십자형 평면은 높이를 달리하여 상하가 서로 관입하는 구성으로 되어 있었다. 이 주택형식은 주요한 거주부분 사이에는 자유로운 공간의 흐름을 보여 주며, 외관은 낮고 수평적이며 완만한 경사의 지붕이 넓게 퍼진 아래에 창이 띠 모양으로 연속되어 배치되고 처마는 조심스럽고 질서있게 구성된 포치(porch)를 덮어주고 있다.

라이트는 십자형 평면의 한 날개로 취급되는 포치를 채용하여 때로는 캔틸레버로 공중에 돌출시켜 날아갈 것 같이 가볍고도 대담한 외관을 형성하였다. 라이트는 이러한 공중으로 가볍게 내밀어 수평선을 강조했던 처마를 '넓은 보호 지붕 덮게'(broad protecting roof shelter)라고 불렀다. 프레리 하우스는 일반적으로 우아한 기하학 무늬의 스테인드 글래스를 끼운 유리창을 제외하면 장식이 없으며, 내부의 벽도 평탄한 벽으로 취급되었다. 높이가 다른 방들은 각각 그 기능에 따라서 배치되며, 자연재료는 알맞은 자리에 자연대로의 성질을 살려 사용되었다. 라이트는 구조물을 가능한 한 대지 위에 자유롭게 펼쳐 놓고 개방적이고 융통성이 있으며 내외공간이 서로 교류되는 부드러운 실내공간을 창조하려 했으므로 유기적 건축가로 불리는 것이다.

라이트는 자연 속에 위치한 프레리 하우스 작품들을 통하여 유기주의적 건축 구성원리를 완성하고자 하였다. "나는 이제 알았다. 집은 언덕 위에 혹은 그 어떤 것 위에 군림하는 존재가 아니라는 것을. 집은 언덕 속으로 스며들어 가야 하는 것이었다. 언덕과 집이 함께 살면서 더 행복해질 수 있어야 하는 것이었다." 그의 고백처럼 라이트의 주택은 자연과 함께 공존하는 유기적 건축을 갈망한 결과였다.

프레리 하우스라는 단어는 라이트가 1908년 건축잡지 〈Architecture Record〉에 기고한 글에서 유추할 수 있다:

> 중서부에 살고 있는 우리는 평온함을 인식하고 강조해야 한다. 그러므로 완만한 경사지붕, 수평적 비례, 평온한 스카이라인, 굴뚝과 깊은 처마, 낮은 테라스와 개인정원을 나타내는 헛벽 등을 집을 짓는 데 사용했다.

프레리 하우스는 대평원에 맞는 길고 낮은 라인을 형성하며, 다락방과 지하실이 없고 지붕선이 조용하고 우아하게 만들어졌다. '어쩌면 본능 깊숙이 자리 잡은 생각일지 모르겠지만, 어떠한 주거라도 쉘터

(shelter)가 본질이어야 한다는 생각이 들었다. 그래서 낮고 넓게 퍼지는 지붕을 설치했다. 나는 건물을 동굴이 아니라 넓고, 그 장소와 관련된 하나의 쉘터라고 보기 시작했다'라고 라이트는 말하였다. 이들은 대부분 상업건물용으로 개발된 대량생산 자재와 장비를 사용하여 복잡한 구획과 상세부 처리를 폐기하여 두껍고 널찍한 벽체, 여유있는 거실공간으로 대체하고 광택 있는 공간 밑에 난방장치를 설치했다.

라이트는 프레리 하우스의 형식으로 인해 돈을 적게 들이고도 안락하고 편리하며 넓은 공간을 누릴 수 있는 집을 짓게 되었고, 1900년부터 1910년까지는 혼자서 50여 채의 프레리 하우스를 지었다. 프레리 하우스 가운데 가장 주목할 만한 작품들로서는 일리노이 주 하이랜드 파크의 「윌리츠 저택」(Willitts, 1902), 오크파크의 「허틀리 저택」(1902), 뉴욕주 버팔로의 「마아틴 저택」(1904), 일리노이 주 리버사이드의 「이자벨 로버트 저택」(Isabel Roberts House, River Forest, 1908), 「쿤리 저택」(Coonley House, 1909), 시카고의 「로비 저택」(1909)과 오크파크의 「토마스 게일 부인 저택」(1909) 등을 들 수 있다.

프랭크 로이드 라이트, 게일 하우스, 오크파크, 1909

프랭크 로이드 라이트, 하이랜드 파크 주택, 1901-02

라이트는 초기 주택 걸작 중 하나인 일리노이주 하이랜드 파크의 윌리츠 저택에서 주변 경간의 모든 방향으로 십자형이 뻗어나도록 평면을 자유롭게 확장시켰다. 일리노이 주 리버사이드의 쿤리 저택은 큰 풀에 면하여 옆으로 펼쳐지며 외부와 내부의 차이를 완화시켰고, 모

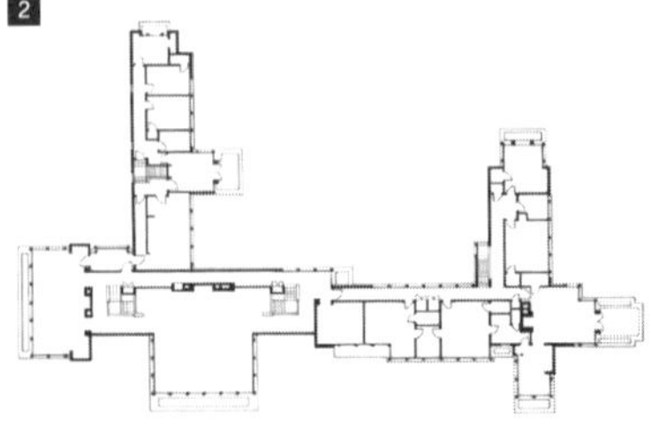

1. 프랭크 로이드 라이트, 쿤리 저택 전경, 리버사이드, 1909
2. 프랭크 로이드 라이트, 쿤리 저택 평면도, 리버사이드, 1909

든 방을 2층에 배치하고 1층에는 유희실만 두었다. 실내는 재료를 노출시킨 평탄한 면으로 구성하였는데, 톱라이트와 측면 창들에 의해 알맞은 무늬를 만들어낸다. 주택 전면 구석구석에서는 연속성과 유동성을 엿볼 수 있는데, '벽과 천정, 바닥은 각각 다른 부분이면서 서로 교류하여 연속성을 지녀야 한다. 이제 기능에 충실할 뿐만 아니라 어느 건축보다도 표현이 풍부한 건물에 대한 센스가 요구된다'고 라이트는 말하였다.

라이트는 작품활동을 하는 것 외에도 강연을 여러 번 했으며, 산업문명 시대에서 예술이 예술 본래의 목적을 잃지 않도록 기계를 지배하고 받아들임으로써 기계와 공존해야 한다는 자신의 신념을 1901년에 발간된 강연집 『기계의 예술과 공예』(The Art and Craft of the Machine)에서 밝혔다. 라이트는 이 저서에서 '강철과 증기시대에 대한 찬사로부터 시작하여야 겠다. 여기서는 기관차와 생산기계, 빛의 기계, 전쟁의 기계 또는 기선 등이 과거의 예술작품이 차지하고 있던 그 지위를 대신 차지하게 되었다'고 하며, 기계시대에 이루어질 간결하고 오묘한 장래 건축의 리듬을 찬양하였다. 그러나 그는 기계로 생산된 것은 어떻게 해도 기계생산의 산물이라는 겉모습을 피할 수 없으며, 바람직한 것만은 아니라고 하였다.

1. 프랭크 로이드 라이트, 로비 저택, 오크파크, 1909
2. 프랭크 로이드 라이트, 로비 저택 내부, 오크파크, 1909

로비 저택 「프레데릭 로비 저택」(Frederick Robie House, 1909)은 일리노이주 시카고 오크파크의 이웃 에드윈 체니(Edwin Cheney)를 위한 주택이었으며, 20세기 초기의 주택 디자인에 막대한 영향을 주었다. 일반적으로 프레리 양식 주택은 다락방을 없애고 지평선을 따라 넓게 확장되는 형태로 낮고 기다란 형태를 취하는데, 로비 저택은 프레리 양식의 원숙함을 보여주는 대표적인 작품으로, 외부의 낮고 길게 뻗은 수평 지붕선이 가장 잘 드러나는 건물이다. 라이트는 건물 사면에 차양을 가볍게 돌출시키기 위해 철제보를 사용하였는데, 그가 주택에 철제를 사용한 최초이다. 외관에 얇고도 긴 수평선이 겹치고 교차되는 이 주택에서 라이트는 길고 낮게 뻗은 차양과 중앙의 굴뚝으로서 수평성과 힘의 균형을 훌륭하게 표현하였다. 라이트가 주위 경관을 수용하여 통합시킨 이 주택은 3층으로 외부형상은 낮고 고요하며 평온한 분위기를 나타내며, 시각적으로는 지면과 연결되어 길게 내민 지붕이 상부를 덮었다. 로비 저택은 벽돌에 의한 세부마감과 뛰어난 윤곽, 돌출된 지붕선 등이 훌륭하다.

내부계획은 연속된 중심코어의 계단실과 벽난로 주변을 바닥에 변화를 주어 생명력이 있고 서로 맞물린 공간으로 구성시켜 자유로운 분위기를 만들어내게 하였다. 로비 저택에 있어서 배와 같이 뾰족한 양끝은 수평방향의 흐름을 연출하고, 입구는 주택

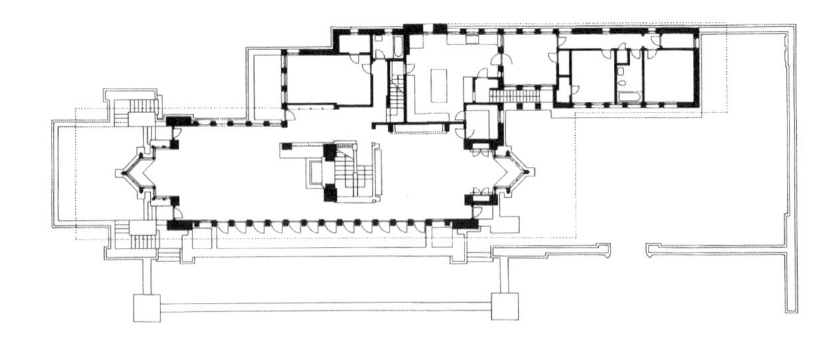

프랭크 로이드 라이트, 로비 저택, 오크파크, 1909

의 중심부와 난로 부근에 숨어 있듯이 위치되었으며 그곳의 계단을 올라가면 처음으로 거실에 이를 수 있다. 실내는 약간 나란한 천장 아래 난로를 따라 거실과 식당으로 나뉘어져 있다. 내부에서 외부로 일체가 되어 뻗은 지붕은 실내와 현관, 발코니의 연속성을 인상짓는다. 또한 노출된 발코니와 둘러싸인 테라스 모두 수평선을 반복적으로 길게 강조하고 있다. 등받이가 높은 식당 의자, 4개의 작은 좌대로 받쳐진 얇은 테이블, 벽의 붙박이 진열장 등은 라이트가 직접 디자인한 작품이다.

라이트는 프레리 양식에서 특히 대지에 조용히 안착해 있는 모습을 표현하는 수평선에 집착하였는데, 로비 저택의 붉은 벽돌의 시멘트 줄눈 역시 수평이 강조되도록 수직 줄눈에 붉은 색상을 넣어 수평 줄눈의 회색이 드러나도록 하는 공예적 정교함을 보였다. 라이트는 이 프레데릭 로비 저택의 건축과정에서 에드윈 체니의 부인 마마(Mamah Borthwick Cheney)와 사랑에 빠져 건물이 완성되기 전에 두 사람은 유럽으로 떠난다. 로비 저택은 시카고 대학에 기증된 후, 1963년 국가문화재로 지정되었다.

이 무렵 라이트는 아파트와 집단주거, 사무소, 레크리에이션 센터까지 작업의 범위를 넓혀갔으며, 가장 주목할 만한 것은 사무실 건물과 교회에서 이루어졌다. 뉴욕 주 버팔로의 라킨 사의 사옥인 「라킨 빌딩」, 오크파크의 「유니티 교회」, 자그마한 아이오아 주 「메이스의 호텔」(1919) 등이 두드러진다. 라이트는 1904년 버팔로의 우편주문 회사인 라킨 사 사옥을 완공했다. 이 건물은 철로에 인접해 있기 때문에 내화재료를 써서 밀폐시켰으며, 여과식으로 조절되는 기계식 환기장치와 금속으로 된 책상, 의자, 보관함, 넓은 방음표면, 자연광과 인공광으로 조화를 이룬 조명장치를 설치했다. 2년 뒤에는 오크파크의 유니테리언파 교회인 유니티 교회를 지었는데, 이 건물은 1971년 미국의 사적으로 등록되었다.

라킨 빌딩 「라킨 빌딩」(Larkin Administration Building, 1904)은 뉴욕주 버팔로에 소재한 라킨 회사의 본사 건물로서, 라이트의 초기 걸작품 가운데 하나다. 당시에는 이미 시카고학파에 의해 사각형의 연속창이 반복되는 사무소 건축의 형태가 거의 유형화되었는데, 라이트는 그 개념에서 벗어나 소음과 오염을 방지하기 위해 육중한 외벽으로 둘러싸고 내부에 중정을 볼 수 있는 사무소를 제시하였다. 라킨 빌딩은 중앙에 유리지붕을 얹어 4층까지 하나의 공간으로 트여 있으며 건물 전체를 공조 시스템으로 만든 최초의 사무소 건축이며, 또한 건물 전체가 하나의 큰 방화 볼트로 완전하게 방화장치가 된 최초의 건물이다. 가구는 모두 강철과 마그네사이트로 만들어져 각각의 장소에 비치되며 건물에 속하거나 건물과 일체되었다. 마그네사이트는 건물의 내부 전체에 걸쳐 사용되었다. 위엄이 있는 내부는 위에서 채광을 하여 햇빛으로 중앙의 사무실을 밝게 조절하고 깨끗하게 환기된 방에서 일을 하는 공장의 대가족이라는 효과를 만들어낸다.

라킨 빌딩은 공기조화가 양호한 최초의 상업건물이면서 계단

프랭크 로이드 라이트, 라킨 빌딩, 버팔로, 1904

탑이 디자인상 중요한 요소가 된 첫 건물이기도 하다. 이 빌딩은 계단탑의 분리, 금속과 유리의 응용에 있어서의 모듈러화, 박스형 상업건축에서의 이탈 등이 특징적이다. 라이트는 분절화의 원리를 이용하여, 계단을 상하의 연결과 비상시의 피난을 위해서만이 아니라 환기장치를 위해 공기를 흡입하는 것으로도 쓰도록 계단을 독립시키고 적당히 분절화하였다. 라이트는 "나는 처음에 라킨 빌딩으로 상자모양의 건축을 타파하려고 의식했다. 상당히 고심한 끝에 생각한 대로 자유롭게 자연의 개구부를 발견하고 계단을 건축의 네 구석에 독립시켜 독특한 용모를 갖추게 하였다." 고 말하였다. 라이트에 의한 비전통적인 내부공간과 육중하고 입체주의적인 외부형태의 이 건축은 유럽의 건축가들에게도 큰 영향을 미쳤다. 20세기 초의 10년간의 가장 중요하고 획기적인 건물의 하나였던 이 건물은 1949년에 싼값으로 철거업자에게 팔렸고 1950년에 철거되었다.

유니티 교회 「유니티 교회」(Unity Temple, 일리노이, 1906-08)의 작은 예배당과 부속건물은 최소의 예산으로 지어져 시대를 초월한 기념물로 평가되는데, 라이트가 '작은 보석(little jewel)'이라고 부를

프랭크 로이드 라이트, 유니티 교회 제단, 오크파크, 1906-08

프랭크 로이드 라이트, 유니티 교회, 오크파크, 1906-08

만큼 애착이 깊었다고 한다. 1904년에 불타버린 낡은 목조건물 대신에 세워진 이 초기의 철근콘크리트조 교회의 평면은 정사각형 예배당과 긴 직사각형 목사관의 두 블록을 평지붕의 현관복도로 연결한 H형이다. 육중하고 고전적인 외관은 육중한 요새와 같은 이미지로 어둡고 거친 내부공간을 예상케 하지만, 실제의 실내공간은 하늘의 반짝이는 빛의 조각들이 가득한 밝은 한낮을 연상시킨다. 내부 디자인은 정사각형과 직사각형, 수평면이 조화를 이루고 서로 작용하며 유럽의 데 스테일 운동에도 영향을 미치게 되었다. 예배당 내부에서는 서로 교차하는 보들 사이에 박힌 호박색의 천정과 높은 창으로부터 떨어지는 빛이 직선적인 모티프의 장식을 부드럽게 비추면서 친밀한 공간을 만들어낸다. 라이트는 자연채광에 대한 개념을 발전시켜 황갈색 유리에서 반사된 빛을 실내에 퍼지게 하였다. 예배당은 도시소음을 차단하기 위해 안쪽을 향해 배치되어 있으며, 정육면체 공간 내부의 꼭대기 천창에서 쏟아지는 자연조명 아래 아늑한 분위기에서 집회를 할 수 있도록 구성되었다. 건물의 외부 이미지가 세상으로부터의 차단과 침묵의 분위기를 담고 있다면, 내부는 하늘로부터 강림하는 영적 경건함을 담은 빛의 공간이라는 느낌을 준다.

프랭크 로이드 라이트 자택 「라이트 자택 겸 스튜디오」(Frank Lloyd Wright Home and Studio, 1889-1909)는 방에서 방으로 공간이 흐르며, 재료의 정직한 사용이 돋보인다. 현관과 거실, 그리고 식당이 하나의 공간으로 묶여 있으며 파티션이나 벽이라기보다는 공간으로써 부분적으로만 구분이 되어 있다. 내부의 주요 장소는 벽난로로서, 신성하고 민주주의의 작은 단위인 가족이 모이는 곳이다.

3) 회색 시대의 활동

1910년대와 1920년대는 라이트에게 있어 뛰어난 활동이 보이지 않은 불모의 잊혀진 회색 시대다. 1909년 라이트는 웨일스의 음유시인이자 사제의 이름을 따서 붙인 위스콘신 주 스프링그린 근처의 주택 겸 아틀리에인 「**탈리에신**」을 짓고 작업하기 시작했으나 그해 9월 갑자기 유럽으로 떠났다. 위스콘신의 「탈리에신 이스트」(Taliesin East)는 초기 프레리 하우스의 경향을 나타내고 있지만, 구릉의 경사면에 밀착되며 이 지방에서 생산되는 석회암을 풍부하게 사용하는 점이 특징이다. 탈리에신 이스트는 '건축은 자연에서 나오는 것'이라는 라이트의 유기적 건축이 반영된 작품으로서, 땅과 환경 그리고 건축물이 조화를 이루며 마치 일체화된 것처럼 보이는 유기적 건축이다. 이 시기에 라이트는 해외에서 2권의 책을 써 독일에서 처음 출간되어 유명해졌는데, 한 권은 그가 직접 서문을 실은 『건축설계 도면집』(Ausgeführte Bauten und Entwürfe, 1910)이었고, 다른 하나는 애슈비가 서문을 쓴 것으로 사진기록인 『건축 도면집 』 (Ausgeführte Bauten, 1911)이었다.

탈리에신은 6세기 웨일스 지방의 시인의 이름(Taliesin, 534-599)으로서 빛나는 이마(shinging brow or radiant brow)라는 의미다.

라이트의 건축이 지닌 단순하고 개방적인 평면구성과 4차원적이고 유기적인 공간구성, 새로운 건축재료와 건축치수의 표현력이 풍부한 사용 등은 근대건축 초기의 유럽 건축계에 커다란 영향을 미치게 되었다. 특히 네덜란드 예술가들에게 큰 영향을 미쳐 데 스테일 운동의 발생을 유발하는 데도 일조하였다. 1914년에는 라이트가 시카고에서 작업을 하는 동안, 탈리에신 이스트에서는 그의 하인 줄리안 칼튼이 그의 정부인 마마 체니와 그녀의 두 자녀, 정원사와 설계사, 작업인부와 그 아들 등 모두 일곱 명을 도끼로 살해하고 방화하는 비극이 일어났다. 1922년 라이트는 첫 부인인 캐서린 키티와 이혼하고 1923년 자라이트는 시카고에서 공연을 하고 있던 러시아 페트로그라드 발레단 출신의 발레리나 올가를 만나 1925년부터 동거하였는데, 1926년 올가의 전남편 블라드마 힌즈버그는 자신과 올가 사이에 난 딸 스베틀라나를 올가와 라이트가 유괴했다고 소송을 내기도 했다. 라이트는 1927년 미리엄과 이혼하고 1928년 올가와 결혼하였다.

프랭크 로이드 라이트, 탈리에신 이스트, 스프링그린, 1909

신의 조수인 미리암(Maude Miriam Noel)과 결혼하였다. 라이트는 미리암이 마약에 중독되어서 결혼생활이 순탄치 못하였고, **올가**(Olga Lazovich Hinzenburg)와 1928년 결혼하였다. 1925년 4월에는 탈리에신 이스트에 또다시 화재가 발생하여 일부가 탔으며, 건물을 전면 수리한 라이트는 건물이름을 「탈리에신 Ⅲ」로 하였다.

이 시기의 라이트의 작품으로는 시카고의 「미드웨이 가든(1913)과 동경의 「임페리얼 호텔」(1916–22)이 대표적이다. 미드웨이 가든은 조각되고 채색된 장식이 유럽의 후기 입체파 예술과 비슷하든가 약간 앞선 것 같은 모습을 보여 준다. 임페리얼 호텔은 일본을 방문한 사람들이 공무를 수행하면서 안락하게 지낼 서구식의 새로운 호텔 설계를 의뢰받아 이루어졌다. 라이트는 일본 문화에 관심이 많아서 1905년과 1913년 일본을 방문하였다. 라이트는 1916년부터 1922년 사이에 일본에서의 활동을 제외하고는 주로 미국에서 활동하였다. 한편 1920년경 라이트는 앨런 반즈돌을 위해 주거와 스튜디오를 겸한 건물을 설계했는데, 이 건물은 현재 헐리우드 시립미술관으로 쓰이고 있다.

임페리얼 호텔 일본 애호가였던 라이트가 설계한 「임페리얼 호텔」(Imperial Hotel, 1916–22)은 일본을 방문한 사람들이 업무를 처리

프랭크 로이드 라이트, 임페리얼 호텔, 도쿄, 1916–22

하면서 편안하게 지낼 수 있도록 건축된 서구식 호텔이다. 임페리얼 호텔은 철저한 기하학 무늬로 치장되고 주변 부지에 대해 배려된 유기적 성격을 갖는다. 현관에서 로비, 연회장으로 이어지며 전개되는 높이는 매우 극적이며, 라이트는 이 호텔에서 구조체뿐만 아니라 테이블, 의자로 붙박이된 가구류, 식기류에 이르기까지 디자인하였다. 임페리얼 호텔은 안락하고 웅장한 공간, 새로운 구조로 지어진 중요한 작품이었으나 완공까지는 엄청난 예산을 들였을 뿐만 아니라 매우 힘든 설계였다.

라이트는 일본에 지진이 자주 발생하는 걸 알고 지진에 대비하여 특수기초로 호텔을 설계하였는데, 이 호텔을 의뢰받고 6년간을 지진연구에 소비하였다. 라이트는 일본이 지진국인 만큼 기술적 문제 해결을 위해 폴 뮤엘러(Paul Mueller)와 단크마르 애들러를 기술담당으로 하고, 나중에 일본 근대건축의 선구자 역할을 한 안토닌 라도(Antonin Rado)를 협동자로 하여 설계를 완수하였다. 라이트는 지진의 위협에 대한 해답이 강직함이 아니라 유연성과 탄성이 필요하다는 것을 알게 되었고, 그에 따라 이 건물을 세웠다. 부지지반은 표층 8피트 정도 아래에 60-70피트의 무른 점토층이었는데, '그 위에 건물을 뜨게 하면 어떨까?, 극히 가볍고 화사하고 유연하게 만들면 어떨까?' 하면서 건물의 설계가 시작되었다.

즉, 라이트는 군함이 뜨는 원리에 기초를 둔 구법을 채택하면서, 지진의 충격을 최소화하기 위해 중앙의 안전핀 지지대 위에 마루판자가 균형을 잡고 있는 구조로 구상하였는데, 실제로 1923년 **관동대지진**에도 파괴되지 않았다. 관동대지진은 1923년 9월 1일 인구 5백만의 대도시 도쿄에 발생된 지진으로서, 15만 명이 사망하는 대재앙이었고 도시의 절반이 폐허가 되었다. 그러나 임페리얼 호텔은 완공된지 꼭 1년 뒤에 일어난 도쿄 역사상 최악의

1923년에 도쿄를 강타한 관동대지진은 그 후 일본의 도시나 사회에 큰 영향을 주었으며, 건축기술면에서는 철근콘크리트조가 일본 건축구조의 중심이 되고 오늘날에 이르고 있다.

지진에도 끄떡없자 모든 노력과 위험, 비용이 헛되지 않았음이 증명되었으며, 미국 지진학의 전문서에도 등장할 정도였다. 이 임페리얼 호텔은 30년 전 뛰어난 건축작품성을 기념하여 메이지 시대의 민속촌으로 지금의 나고야로 옮겨 호텔 로비 건물 동만 조립, 재건하였으며, 호텔 내부에는 지금도 라이트가 디자인한 가구들이 꾸며져 있다.

4) 제2황금기의 활동

라이트의 활동 가운데 1930년대 이후 말년까지는 그의 제2황금시대다. 1929년에는 세계 경제대공황이 발생하였는데, 이 시기에 라이트는 도시 집중현상을 해결하기 위한 계획을 수립하고 미국 중산가정이 살 수 있는 저렴한 주택을 제공하기 위해 관심을 두었다. 라이트는 그 해결책으로 「브로드에이커 시티」(Broadacre City, 1934)와 「유소니언 주택」(Usonian House)을 제안하였다. 브로드에이커 시티는 라이트가 도시지역 재정비 계획의 일환으로 거대한 모형을 제작하여 제안한 것으로서, 도시와 시골을 구분하는 이분법적 경계를 무너뜨리는 미래도시의 특성을 강조하고 있었다. 브로드에이커 시티는 라이트에 의한 도시계획의 대표작인데, 미국 중서부의 격자상 행정구분과 일치하도록 1에이커 정도로 토지를 분할하고 그 하나하나에 유소니언 주택을 배치하는 전원적인 도시계획이다.

유소니언 주택은 미국 중산층을 위한 주택으로서 실용성 높고 우아한 기하학적 아름다움을 표현한 것이다. 저렴한 유소니언 주택의 원형인 **유소니아**(Usonia)라는 단어는 1925년의 기록물에 최초로 나오며, 유소니언 주택은 경제공황기에 경제성을 고려한 전원주택으로서 평슬래브의 채택, 슬래브 캔틸레버에 의한 차고, 파이프 온돌 시스템, 건축

유소니아는 United States of North America의 이니셜이며 라이트는 '진정한 미국인'을 위한 주택으로 유소니언 주택을 제시하였다.

과 조명의 일체화로 경제성 추구 등이 돋보인다. 놀랄만큼 적은 비용으로 세워진 유소니언 주택들은 프레리 주택과는 달리 편평한 지붕이며 난방장치를 한 콘크리트 바닥 기초 위에 마루를 깔았다. 라이트는 '미합중국에서 생활을 영위하는 사람들은 빈부의 구별 없이 평등하게 풍요로운 주거생활을 보낼 권리가 있다'고 주장하며 그 실천에 노력하였다.

라이트의 걸작 중 몇몇이 이런 유소니언 주택 구조로 되어 있는데, 매디슨 근처의 위스콘신 주 「제이콥스 주택」(Herbert & Katherine Jacobs First House, 1937)과 미시간 주 오크머스에 있는 「윈클러 괴트슈 주택」이 이에 해당하는 사례다. 제이콥스 주택은 유소니언 주택의 첫 작품으로서, 거실에 큰 개방형 창이 생겼고 부엌 및 가사공간이 근대식으로 꽉 짜여졌으며, 2층 공간이 1층으로 내려왔다. 기후와 대지 및 가족의 숫자에 적응 가능한 L자형 평면으로 바뀌었는데, 특히 모서리는 벌어질 수 있도록 함으로써 수평성을 연장하고 극대화하였으며, 긴 처마는 역시 수평성을 강조하였다.

1930년대에는 라이트의 위대한 두 개의 작품, 곧 펜실베니아 숲속의 「낙수장」이라고 불리는 「카우프만 저택」과 위스콘신 주 라킨의 「존슨왁스 본사 빌딩」(1936-39)이 설계되었는데, 여기에서 캔틸레버가 유례없이 과감하게 사용되고 자유로이 서 있는 버섯형태의 기둥도 시도되었다. 이 두 건물에서 라이트는 전체적으로 장식을 피했으며, 철근콘크리트를 이전과는 전혀 다른 방법으로 사용하고 또한 석재와 유리 튜브, 금속 등 여러 가지 재료를 적절하게 사용하였다.

1930년대 중엽 이후 라이트의 작품은 사무소 건축이 지배적인 주제가 되는데, 이전의 주택건축과는 완전히 다르게 변모한다. 이 건축들은 모두 건물 전체가 한 공간으로 취급되고 매시브한 벽으로 둘러싸여 있으며, 광선은 천창과 고측창으로부터 들어온다. 또한 외관은 정사각의 모서리, 직각의 수직선, 예리한 능선, 수평과 수직의 굳은 선, 장식없는 엄격한 기하학적 정확성을 표시할 뿐이고, 라이트다운 유기적 성질을 찾아볼 수 없다.

1932년에는 탈리에신에 살면서 작업하던 건축가들과 관련 미술가를 위한 교육 프로그램으로서 탈리에신 장학재단을 만들었다. 이들은 탈리에신 건물의 설계뿐만 아니라 직접 짓고 개축한 학교건물의 운영도 담당하였다. 해마다 20-60명의 견습생들이 라이트와 함께 일했으며 몇 명은 수십 년 간 계속 남아 그의 사무실 간부로 일했다. 1938년에는 애리조나의 사막 스코츠빌에 자신을 위한 겨울의 시설인 탈리에신 웨스트를 세웠다.

뛰어난 작품활동을 한 라이트에게는 그 이후 세계 여러 나라에서 여러 종류의 건축설계 의뢰가 들어왔다. 레이크랜드에 있는 「플로리다 서던 대학」(Florida Southern College) 캠퍼스와 건물을 짓기 시작했고(1941-1958) 샌프란시스코의 「V. C. 모리스 상회」를 완성했으며, 후기의 많은 작품 중에서 대표적인 뉴욕 시의 「구겐하임 미술관」과 샌프란시스코 근처의 「마린 시청사」도 설계하였다. 구겐하임 미술관은 그가 꾸준히 개발해온 기하학적이고도 구조적인 테마의 범위가 넓어져 0도에서 60도의 각도나 원형, 나선형에 기초를 둔 패턴이 전개되어 완성된 것이다. 마린 시청사는 캘리포니아 산 라파엘에 위치하며, 라이트가 설계한 건축물 중 최대의 크기이고 중앙 돔에는 주민 도서관이 자리하고 있다.

프랭크 로이드 라이트, 모리스 상회, 샌프란시스코, 1948

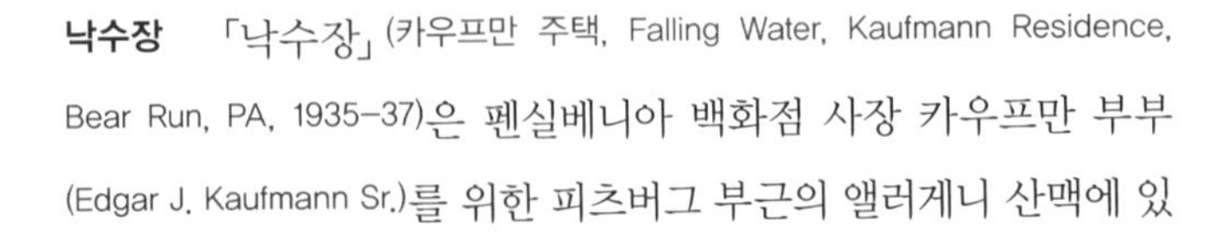

낙수장 「낙수장」(카우프만 주택, Falling Water, Kaufmann Residence, Bear Run, PA, 1935-37)은 펜실베니아 백화점 사장 카우프만 부부(Edgar J. Kaufmann Sr.)를 위한 피츠버그 부근의 앨러게니 산맥에 있

는 산장으로서, 단순하고도 대담하게 폭포 위에 팔처럼 뻗어 있으며 1936년부터 지금까지 널리 명성을 누리고 있다. 나중에 주정부에 기증되어 관광객들에게 개방된 낙수장은 자연과 공생하는 라이트의 유기적 건축의 대표적인 작품의 하나로 손꼽힌다. 낙수장은 '거주자는 자연환경에 가까이 살아야 한다'는 라이트의 생각을 잘 반영한 것으로, 건물 아래로 개울과 폭포가 흐르도록 설계되었다. 이 주택은 철근콘크리트의 캔틸레버를 자연의 바위와 폭포 위에 수평으로 힘차게 뻗게 하여 마치 물과 바위 위에 떠있는 듯한 인공미를 나타내고 있다.

프랭크 로이드 라이트, 낙수장 전경, 베어런, 1935–37

폭포 위의 낙수장으로 들어가기 위해서는 먼저 폭포에 이르는 개천 위의 다리를 지나야 한다. 다리를 지나 아래쪽 복도를 지나 현관에서 좌측으로 계단을 오르면 거실이 나타나며 좌우로 테

프랭크 로이드 라이트, 낙수장, 베어런, 1935–37

라스가 펼쳐진다. 거실 한 구석에 땅에서 솟은 듯이 있는 벽난로와 부엌이 있고, 부엌에서 후원으로 연결된다. 2층에는 모두 각자의 테라스를 갖고 있는 세 침실이 있고, 3층에는 욕실과 테라스가 딸린 큰 방이 있다. 라이트는 거실에 있어서 벽난로와 부엌에 의한 수직부분을 자유로이 떠있는 듯한 테라스를 암반에 고정시켜 건축형태를 자연의 힘과 조화되도록 만들었다. 낙수장은 바위의 벼랑 위에 세워져 있으며 바위 중의 하나를 거실 바닥으로 하여 난로의 바닥을 만들었다. 낙수장은 매우 단순한데, 수평 콘크리트의 기하학적 구성과 벽과 난로의 수직의 돌은 서로 대립되어 있다. 내부공간은 발코니 공간으로 이어지고 있으며 폭포 위의 작은 바위 위에 놓여져 있는 커다란 콘크리트 슬래브는 극적인 공간을 연출한다.

라이트는 이 주택에서 조용하고 한적한 생활을 하며 한편으로는 주위 환경을 온전히 보존할 수 있도록, 낙수장의 각 실들을 거의 다 외부와 연속되게 하며 아무런 방해도 받지 않고 자유롭게 자연과 접하게 하였다. 라이트는 '나는 당신이 단지 폭포를 바라보는 것이 아니라 폭포와 함께 생활하기를 기대했고, 폭포가 당신의 삶 속에 중요한 한 부분으로 자리잡게 되기를 바랍니다'라고 했다. 라이트는 낙수장에서 내외부 공간 사이에 어떤 차이나

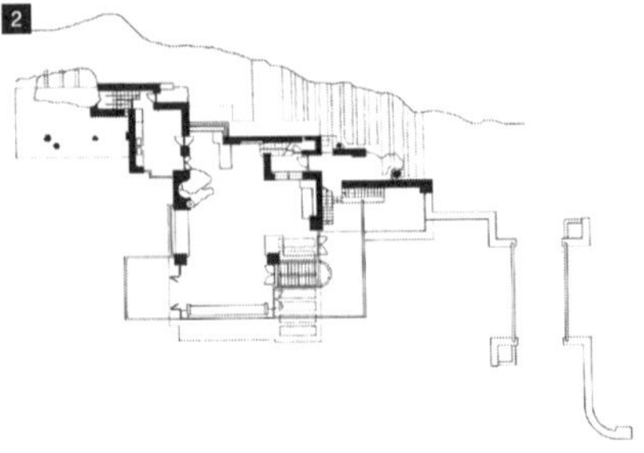

1. 프랭크 로이드 라이트, 낙수장 테라스, 베어런, 1935–37
2. 프랭크 로이드 라이트, 낙수장 평면도, 베어런, 1935–37

변화를 주지 않았고, 바닥도 문턱없이 이어지며, 낮은 천장들은 더 낮아지기도 하고 계속해서 바깥으로 이어져 평처마가 되기도 한다. 햇빛의 변화와 식물과 공기의 계절적 변화는 함께 어우러져 낙수장에 생기를 불어넣어 주며 로맨틱한 분위기를 자아낸다.

낙수장은 라이트의 유기주의적이며 자연주의적인 건축 구성원리에 입체파의 4차원적 공간개념과 기하학적 조형개념을 창의적으로 융합시킨 작품이다. 라이트는 자연 속으로 확장되는 벽체와 바닥, 캔틸레버 등 서로 교차하는 구조체에 의해 연속적이고 상호관입하는 4차원의 공간을 창조하였다.

라이트는 내외부가 하나가 되게 하는 공간의 연속성과 내외부 공간에 사용되는 재료의 일관된 연속성을 강조하였다. 그는 자연의 재료를 선호하였고, 각 재료의 본질을 파악하려 노력하였으며, 재료의 솔직한 표현이 장식적 가치를 부여한다고 생각하였다. 낙수장에서 사용된 주요 요소 가운데 철근콘크리트로 만들어진 슬래브는 천장역할과 바닥역할을 동시에 하고 있으며, 돌로 이루어진 내외부의 석벽과 바닥은 시멘트와 대조적인 조화를 이루고 있다.

라이트는 낙수장에서 바위투성이의 폭포와 수목이 우거진 펜실베니아 계곡의 장점을 살려 주택과 자연경관이 서로 어우러지는 모습을 보여주었다. 또한 폭포 위로 돌출된 주택의 극적인 캔틸레버와 더불어 낙수장 건물 주변과 숲의 경계를 불분명케 함으로써, 자연과의 의사소통을 경험할 수 있도록 배려하였다. 프랭크 로이드 라이트는 "아름다운 숲에는 단단하면서도 높은 바위가 폭포 가까이 있고, 폭포 위의 바위 층에는 캔틸레버식 주택으로 보이는 자연이 있다."고 낙수장을 설명하였다. 낙수장에서 자연은 건축과 대립되는 것이 아니라 자연이 자연스럽게 건축공간이 되고 건축공간이 자연의 일부가 되는 교감을 나타내고 있다.

프랭크 로이드 라이트, 존슨왁스 본사, 러신, 1937-39

존슨왁스 본사 빌딩 「존슨왁스 본사 빌딩」(S.C.Johnson & Wax Administration BD, 1937-39)은 위스콘신 주 러신에 있는 왁스 공장 주인 S. C. 존슨을 위해 지은 사옥으로서, 14층 건물의 연구개발동과 그 밑에 전개된 저층동으로 구성된다. 존슨왁스 본사 빌딩은 상자형식에서 탈피하여 원통형을 기조로 한 자유로운 조형의지를 나타내며, 내부의 구조는 나뭇가지 모양의 구조의 연속에 의한 독특한 거대한 공간의 구성과 빛의 연출을 보여준다.

저층동에 있어서 약 39mX62.5m, 두 층 높이의 사무실에는 54개의 연꽃잎과 같은 기둥이 늘어서 있다. 금속관이 들어간 콘크리트제의 이 기둥은 높이 7.2m, 하단의 직경 23cm, 상부의 원반부는 직경 5.4m로서, 기둥의 가운데 중심에는 배수관이 통해 지나가고 있다. 빛은 상부 원반의 간격과 벽, 천장이 접하는 부분으로만 들어오는데, 빛이 유리 튜브를 통해 받아들여지므로 실내에는 미묘한 밝기를 가진 공간이 연출되었다.

이 건물에서 라이트는 꼭대기에서 빛이 쏟아지며 폐쇄된 곡면이 반복되는 천장공간과 원통형 버섯모양의 기발한 기둥을 결합시켜 자신의 능력을 과시했다. 그 결과 높이 솟은 실내공간은 근대건축에서 가장 인간미 넘치는 작업실이 되었다. 특이한 기둥형

1. 프랭크 로이드 라이트, 존슨왁스 본사 내부, 러신, 1937-39
2. 프랭크 로이드 라이트, 존슨왁스 본사 외관, 러신, 1937-39

상으로 유명해진 이 건물의 홀은 은빛 광선과 형태의 가소성으로 새로운 공간, 황홀경을 이루고 있다.

이 구조의 특색은 속이 빈 한 개의 나무와 같은 호화로운 기둥의 반복이며, 이 기둥의 끝은 바닥에 묻혀 작은 황동으로 고정되어 있다. 라이트는 빛과 공기 속에 떠 있으며 하늘 높이 솟아 있는 기적이라 할 만큼 가벼운 나뭇가지 모양의 기둥으로 이 건물의 무거운 하중을 지탱하였다. 주된 사무적인 일은 모두 공기 조절된 288평방피트의 큰 방에 서로 연락되며 해결되는데, 극히 세부에 이르기까지 전체적인 감각이 잘 유지 되도록 배려되었다.

1950년에 완성된 연구개발동은 밖에서는 7층으로 보이지만 2층마다 1개의 창면이 둘러져 있으므로 실제로는 14층 건물이다. 라이트는 중심에 계단과 엘리베이터를 갖는 코어 부분을 나무줄기처럼 세우고 그곳에서 가지처럼 뻗는 캔틸레버에 의해 바닥이 떠받쳐지도록 고안하였다.

탈리에신 웨스트 애리조나 주의 스코츠델에 위치한 「탈리에신 웨스트」(Taliesen West, Schottsdale, Arizona, 1937–38)는 라이트가 설립한 건축학교로서 라이트의 건축적 사고에 입각해 학생들을 교육하고, 제자들과 함께 설계 프로젝트를 진행하는 설계사무소로서의 기능을 함께 하는 공간이다. 라이트의 별장 겸 아틀리에인

프랭크 로이드 라이트, 탈리에신 웨스트, 스코츠델, 1937–38

프랭크 로이드 라이트, 탈리에신 웨스트,
스코츠델, 1937-38

탈리에신은 처음에는 위스콘신 스프링그린에 건설되었으나 춥고 긴 겨울 동안 눈에 덮이기 때문에 불편하였다. 그래서 라이트는 겨울에도 작업할 수 있는 장소로 애리조나의 스코츠델에 또 하나의 탈리에신을 건축하여, 위스콘신의 학교는 「탈리에신 이스트」(Taliesen East), 애리조나의 학교는 「탈리에신 웨스트」라 부르게 되었다. 라이트와 제자들은 모두 그렇게 여름과 겨울에 두 탈리에신 학교를 오가며 교육과 작업을 함께 하였다. 탈리에신 웨스트는 내외공간이 서로 관입하여 공간의 미묘함을 나타내었고, 광대한 공간의 한적함과 갤러리, 캔틸레버로 돌출된 발코니, 참신한 구성의 거실 등 일본풍의 스크린, 주의깊게 안치된 불상, 육중한 벽난로 등은 라이트의 유기적 철학을 잘 표현하였다. 건물을 이루는 트러스는 30-60-90도로 각각 경사를 달리한 적송 트러스로 구성되며, 내외부 모두 강한 짙은 갈색으로 마무리되었다.

탈리에신 웨스트는 건물의 설계는 물론 건설도 모두 라이트와 그 제자들이 직접 작업했다고 한다. 애리조나의 자연환경과 적절히 융합된 가운데, 1938년부터 시작해 20년간 계속 지어나간 탈리에신은 생태건축(Ecological Architecture)의 대표적 건물 중 하나로 꼽히고 있다. 덥고 건조한 애리조나의 자연환경은 자갈과 건조한 모래로 덮인 언덕과 같은 산, 평지의 나무, 선인장, 잡초들이 빚어내는 황량한 이미지를 생각나게 한다. 이 건물은 용암 위에 자연으로 생긴 것같이 땅에 발을 붙이며 살아서 생동하는 동물같이 놓여져 있다. 라이트는 주변의 거친 자연재료를 정교하게 사용하는 방법을 제시하였는데, 애리조나 사막에서 쉽게 구할 수 있는 여러 가지 색깔의 크고 거친 돌들을 최소한의 시멘트로 붙여서 대체적인 형태를 만들어내는 '사막의 콘크리트'라 불린 새로운 형식의 콘크리트를 고안했다. '사막의 콘크리트'는 재료의 솔직한 표현이 장식적 가치를 부여한다고 생각했던 그의 생각을 구체적으로 보여준 또 하나의 사례가 된다.

프랭크 로이드 라이트, 구겐하임 미술관 외관과 내부, 뉴욕, 1943

구겐하임 미술관 미국 철강계의 거물이자 자선사업가인 솔로몬 구겐하임(Solomon R. Guggenheim)이 수집한 현대미술품들을 기반으로 설립된 「구겐하임 미술관」(Solomon R. Guggenheim Museum, 1943)은 1943년 라이트의 설계에 따라 착공하여 1959년 완성되었다. 이 미술관은 큰 달팽이 모양의 외관과 탁 트여 통풍이 잘 되는 천장을 중심으로 한, 계단 없는 나선형 구조의 전시장이라는 독특한 설계로 구축된 대담하고 표현적이며 호화로운 건축이다. 이 건물은 2개의 기능적인 볼륨으로 구성되고 중앙에 입구가 있는데, 왼쪽의 작은 공간은 아래층에 관리실과 사무실이, 위층에 식당이 위치하며, 2층의 연결부는 도서실과 작업실이 위치하고 입구의 지붕역할을 한다. 달팽이 모양의 내부는 완만한 경사로로 내부공간이 형성되며, 엘리베이터로 최상층까지 올라가서 나선상의 경사로를 이동하여 내려오면서 작품을 감상하도록 되어 있다.

구겐하임 미술관은 보다 자유스러워진 라이트 말년의 작품으로 하나의 중심적인 개념에 의해 건물의 내용과 형식이 표현되어 있다. 연속된 나선형 경사로는 통로이면서 동시에 전시공간으로

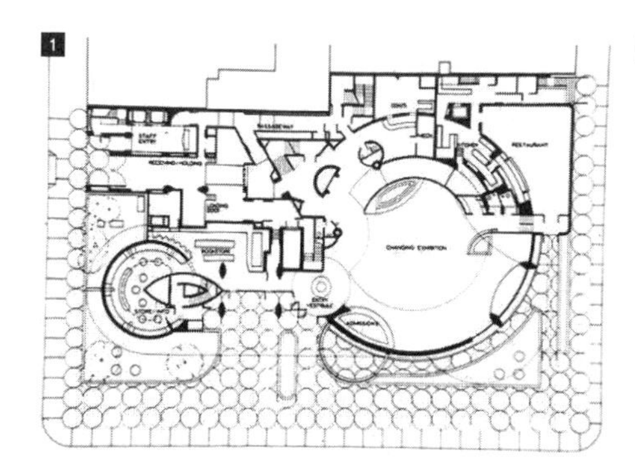

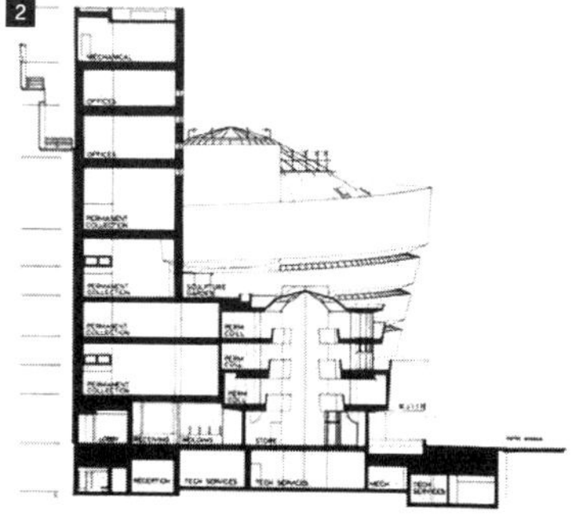

1. 프랭크 로이드 라이트, 구겐하임 미술관 평면도, 뉴욕, 1943
2. 프랭크 로이드 라이트, 구겐하임 미술관 단면도, 뉴욕, 1943

사용했는데, 이는 전시기능면에서 비판되기도 했다. 구겐하임은 상부에서 채광이 되는 단일공간으로 된 건물로서, 여기서도 거대한 내부공간의 확산을 위한 천창이 적극적으로 사용되었다. 쉘과 캔틸레버에 의한 내부공간은 관람자에게 새로운 건축적 경험을 준다. 추상미술의 대컬렉션으로 알려진 이 미술관은 그 자체로 거대한 예술작품이라 할 수 있다. 모던한 분위기를 풍기는 이 건물은 설계 초기에 당시 주변 고급주택가의 클래식한 분위기를 망친다는 등의 커다란 논쟁을 불러일으켰고, 1959년 완공되기까지 16년이라는 오랜 시간이 걸렸다.

프랭크 로이드 라이트, 마린 시청사, 샌프랑시스코, 1959

마린 시청사 「마린 시청사」(Marin County civic Center, 1957–66)는 라이트의 사망 직전인 1959년 봄에 설계한 샌프란시스코 북쪽 마린 군에 완만한 경사의 세 언덕을 잇는 장대한 건축공간을 갖는 유기적 건축물이다. 라이트는 건물 기단부분의 큰 아치에 입구가 있는 두 개 동이 원형의 의회동에 연결되도록 계획하였다. 이 건물은 거대한 각 동의 중앙을 톱라이트를 가진 몰이 관통하고 내부공간에 자연광을 끌어들이도록 하였는데, 라이트의 설계를 라이트 재단과 탈리에신의 사람들이 계승하여 완성시켰다.

5) 유기적 건축과 자연주의

일생 동안 800개 이상의 수많은 작품을 발표하고 400여 건을 실현했던 라이트는 빛과 건축재료와의 관계에 특별한 관심을 가졌다. 씨가 땅속에 깊이 뿌리를 내고 발아하여 큰 나무가 되는 자연의 원초적 개념에서 출발했던 그의 유기적인 건축(Organic Architecture)은 시간과 장소, 인간이 어우러지는 건축으로서, 아름다움은 기능이나 형태에 내재해 있다는 믿음을 바탕으로 하고 있다. '자연은 나무를 밖으로 내뻗어 자라게 한다. 이것이 곧 유기적인 건축이다. 자연이 건설하는 방식이 바로 건축인 것이다'라는 것이 라이트의 설계철학이었다.

유기적 건축이란 건축의 인간적 표현을 탐구하는 것으로서, 인간에게 친밀한 공간구성의 기준은 어떤 것인지, 유동성과 연속성을 얻기 위한 구조와 재료를 어떻게 사용해야 하는지, 주위 환경에 연속성과 일체성을 주기 위해 건축을 어떻게 해야하는지 등을 해결하려 하였다. 유기적 건축의 원리는 라이트의 일생 동안 그의 건축을 지배했으며, 그는 자유롭게 흐르는 공간개념에서 시작하여 자연적인 대지와 인공의 구조를 통합하는 것뿐만 아니라 실내와 실외의 상호관입을 극대화하도록 디자인했다

라이트는 모든 건축물은 주변의 자연적 환경과 조화롭게 어울려야 하고, 건축물은 그 자체로 고정된 상자 같은 닫힌 공간이 아니라 내부공간과 외부환경 사이의 공간이 서로 넘나드는 열려 있는 공간이어야 한다는 기초원리에 충실했다. 라이트가 한 다음의 말들은 유기적 건축의 성격을 잘 나타낸다:

> 유기적 건축에 있어서 건물과 그 환경을 서로 다른 것으로 생각해서는 곤란하다. 건축은 하나의 유기체로서 이를 구성하는 모든 요소는 신중히 그 본질에 맞게 건물의 완벽함과 성격을 드러내는 하나의 세부로서 이해되어야 한다. … 태양은 모든 삶의 거대한 발광체로서 어떤 건물에서도 그 기능이 발휘되어야 한다. / … 자연을 관찰하라, 자연을 사랑하라, 자연과 가까이하라. 자연은 절대로 배신하지 않을 것이다. / 얘야, 대지의 맥박을 가까이 느끼며 살아가도록 해라. 거기에 힘이 깃들어 있단다. 농부도 목사도 마찬가지이지만, 건축가가 위대한 건물을 지으려고 한다면 무엇보다도 영혼의 단순함이 필수적인 것이란다.

라이트는 1894년 공공연설에서 처음으로 '유기적(organic)'이라는 말을 썼다.

> 당신의 주택이 그것의 장소로부터 쉽게 확장될 수 있고, 그곳 자연이 근사하다면, 그곳의 환경과 호흡을 같이 하도록 하게 하라. 만약 그렇지 않다면, 건축물이 마치 그러한 기회를 가졌던 것처럼 그 장소에서 조용하게 자리를 잡고 있도록 하라.

그는 '유기적 건축'이라는 것을 자연과 융화되며 시간과 장소, 인간에게 어울리는 것이라고 하였는데, 이는 시대정신과 환경, 인간의 가치를 말하는 것일 것이다. 즉, 건축은 그것이 구축되는 시대와 사회에 부합해야 하고, 그 건물이 세워지는 곳의 자연환경과 조화를 이루어야 하며, 나아가 그 건물에 살거나 이용하는 사람들의 삶과 생활에 대해 봉사를 해야 한다는 것이다. 라이트는 "스스로 의식을 하든 못하든, 실제로 사람들은 더불어 살아가는 주변의 사물들이 만들어낸 환경으로부터 삶에 대한 찬조와 지지를 이끌어내고 있다. 마치 식물이 토양 속에 존재하는 것처럼, 사람들은 그렇게 자신을 둘러싼 사물들 속에 뿌리내리고 있다."고 하였다.

시간 시간이란 것은 건축이 만들어지는 시대정신을 뜻하는 것이므로 라이트의 건축은 과거 건축의 반복이 아닌 끊임없이 발전하는 문명의 언어를 표현하려 하였다. 20세기 건물은 17세기 건물을 모방해서는 안 된다. 과거의 건물은 현대에 더 이상 적용될 수 없는 과거만의 삶의 방식과 사회양식 등을 반영하기 때문이다. 유기적 건축에서의 시간은 건축이 만들어지는 당대의 진실, 시대정신을 말하는 것이다.

장소 장소는 시각적 자연만을 뜻하는 것이 아니라 살아 있는 자연을 말하는 것으로서, 장소에 적합하려면 그것은 주위 환경과 경관을 가장 잘 이용해야 한다. 그 예로 프레리 하우스를 들 수 있다. 이 주택들은 지평선을 따라 확장되도록 만들어지고, 주거층은 위로 올려서 주변 환경의 경치를 제공했다. 그리고 그 재료에 담겨 있는 나름대로의 본성을 잘 이용해야 한다. 유기적 건축의 대표적인 작품인 낙수장은 건물과 장소, 자연이 조화롭게 엉켜 있는 것으로 좋은 사례다.

인간 라이트는 건물의 목적이 인간을 위해 있는 것으로 여기며 구조에서도 인간의 치수를 단위길이로 사용했다. 라이트는 '건물의 실체(reality)는 벽이나 천장이 아니라 그 속에 살고 있는 사람의 공간이다'라고 말하였다. 라이트는 그의 초기 주택에서 오픈 플랜(open plan)을 제공함으로써 건축적 공간을 자유화시키고 불필요한 간막이는 없앴다. 건축물은 그것이 속한 시간과 공간, 인간에 적합해야 한다고 주장한 라이트에게 인간은 그의 가족과 친구들, 그가 사랑했던 여인들, 그리고 그가 유소니아(usonia)라고 불렀던 진정한 미국인들이다.

라이트의 유기적 건축은 전체에 대한 부분의 관계에서 모든 부분은 자체의 고유한 성질을 지니지만 동시에 전체로부터 분리될 수 없다는 유기주의 이론을 건축에 적용한 것이다. 라이트는 각 요소들의 기본적 요구사항이 동일하다는 가정 아래에 규격화되고 표준화된 단일원리로서 전체를 구성하는 합리주의를 거부하고, 개개의 다양한 기능을 지닌 공간의 연속과 조화와 통합에 의해 전체를 완성할 것을 주장하였다. 이에 따라 라이트는 내부적 요소로부터 외부적 요소로 연속적으로 확장, 전개되는 건축수법을 구사하였다. 또한 라이트의 작품에 보이는 건축과 자연환경과의 조화와 통합을 추구하는 자연주의(Naturalism)는 철과 유리 등의 인공적 재료보다는 돌과 나무, 벽돌 등의 자연적 재료를 사용하며, 기하학적이고 표준화된 인공적 형태언어보다는 자유롭고 다양한 자연적 형태언어를 추구하는 것에서 비롯된다. 또한 라이트는 네모 상자와 같은 내부공간이나 외형을 벗어나기 위해 모서리에 창을 두거나 기둥을 원형으로 하고, 캔틸레버로 돌출된 지붕을 깊게 형성함으로써 자연과의 접속을 도모하였다.

이러한 유기적 건축의 주요한 디자인 특성으로는 단순함과 평온함이 예술의 척도가 되어야 하며, 사람마다 스타일이 다르듯이 주택도 다양한 스타일을 지녀야 하고, 자연과 지형, 건축은 상호관계가 이루어져야 한다는 점을 들 수 있다. 또 자연으로부터 건축의 색채를 얻고 건축재료를 조화롭게 사용해야 하며, 재료의 자연스러운 특성을 나타내며 건축에는 영혼의 진실성이 담겨야 한다는 것이다.

05 알바 알토

알바 알토(Alvar Aalto)는 유기적 곡선, 낭만주의 혹은 지역주의 건축 등으로 알려진 핀란드의 건축가이며, 스칸디나비아 지역 나라들에서는 '모더니즘의 아버지'로 불린다. 알토의 건축은 냉철한 논리와 계산된 기계미, 순수 형태의 매스의 조화와 통일된 질서를 추구하였던 다른 근대건축가들 달리 민족성과 지방성, 휴머니티, 낭만성 등을 갖춘 것이 특징적이다. 즉, 알토의 건축은 근대건축의 대표자들인 르 코르뷔지에나 미스 반 데어 로에의 작품에서 나타나는 백색 표면의 엄격한 기계미와 같은 건축보다는, 프랭크 로이드 라이트와 함께 유기적 디자인을 하는 휴머니스트적 건축가로 이해되는 것이다. 알토의 디자인은 곡선이 많으며, 사선처리와 비대칭성 등이 많이 나타나고 나무를 재료로 한 것이 많으며 자연에 대한 처리가 다른 건축가에 비해 돋보이기 때문에 매우 개성 있고 의미심장하게 여겨진다.

알토는 핀란드 출신으로서, 그 지역의 풍토를 건축과 연관시키며 자연에 바탕을 둔 건축가고, 걸작으로 취급되는 알토의 대부분의 작품은 항상 풍토와 함께 이해되는 것이다. 알토는 핀란드의 자연과 풍토에서 독창적인 디자인 방법을 찾아내어 뚜렷한 발자취를 남긴 근대건축의 거장 중 한 사람으로서, 핀란드의 황량한 들판과 호수가 알토의 정신적 바탕을 이루고 있다. 가우디가 스페인을 대표하는 건축가이듯 알토는 핀란디아를 작곡하여 국민적 음악가로 추앙받는 **시벨리우스**(Johan Julius Christian Sibelius, 1865–1957)와 더불어 핀란드를 대표하는 거대한 존재이고, 핀란드 화폐에는 알토의 얼굴과 작품이 수록되어 있기도 하다. 핀란드는 추운 지방이기 때문에 알토에 의한 주택의 실내에서는 빛을 끌어들이기 위해 천장과 벽부분에 많은 개구부가 있으며, 아름다운 자연환경을 볼 수 있도록 유리벽을 설치하는 등 자연을 실내로, 또 인간에게로 끌어들이려고 하였다. 하지만 알토는 유기적 건축, 지역주의적 건축뿐만 아니라 보다 근본적인 질문을 던지면서 디자인 형태나 지역적 고려 등을 뛰어넘으려는 이상을 가지고 있었다. 다음의 글은 알바 알토의 건축관을 엿볼 수 있는 부분이다:

> 건축이란, 낙원을 건설하고자 하는 인간 내면의 동기로부터 시작된다. 이것이 내가 이 모든 건물을 설계한 목적이다. 만약 이 소명을 이루지 못한다면, 모든 건물은 더 단조롭고, 평범해질 것이다. 물론 우리 인생도 그렇게 되지 않을까? 나는 지구상에 존재하는 보통 사람을 위한 낙원을 이 땅에 짓고자 한다.

근대건축국제회의의 회원이기도 했던 알토 역시 그 시대에 공통적으로 추구되었던 이상에 대한 염원을 가지고 있었다. 건축물을 세움

핀란드는 전 국토의 75%가 숲으로 덮여 있고, 18만 8천 개의 호수와 10만 개의 크고 작은 섬으로 이루어졌으므로, 자작나무 숲과 끝없이 펼쳐진 그림 같은 호수가 핀란드를 대표하는 이미지로 여겨진다.

요한 시벨리우스는 핀란드 최대의 작곡가이며 19세기 말부터 20세기 초 세계적인 작곡가로서, 그의 음악은 요한 루드비그 루네베리(Johan Ludug Runeberg)의 시처럼 핀란드의 국민성을 대표한다고 여겨진다. 대표작품으로는 핀란디아(Finlandia), 바이올린 협주곡 등 수많은 작품이 있다.

으로써 지구상에 존재하는 사람들에게 낙원을 제공하고자 한 알토의 소망은 그가 단순한 심미적이거나 은둔적인 건축가가 아닌 이상적인 생각을 지닌 적극적인 사회 참여 건축가였다는 것을 말해준다. 핀란드 특유한 목재와 전통적 재료인 벽돌로 핀란드의 굴곡진 호수의 자연을 상징하는 것 같은 부드러운 곡선의 매스를 만들어낸 알토의 작품은 땅에 발을 꽉 붙이고 대지 위로 우뚝 솟은 자연물같이 힘찬 서정시를 읽는 것 같은 느낌을 준다.

알토의 작품들에는 주택뿐만 아니라 공공건물들도 또한 많이 있다. 그의 대표적인 건축물로서는 「파이미오 결핵요양소」(1929-33)와 「비푸리(Viipuri) 도서관」(1927-35)을 들 수 있다. 알토는 '파이미오 결핵요양소'를 **'토탈 디자인'**(Total design)과 같은 개념으로서 접근하여서 건축물 설계에서부터 의자와 침구, 세면대 등의 모든 세부요소들을 직접 디자인하였다. 세부까지 모든 것을 디자인하려고 하는 의도는 그만큼 건물을 이용하는 여러 종류의 사람들이 먹고 자고 앉고 하는 일상적인 생활까지도 고려한다는 것이다. 알토는 건축을 포함하여 모든 디자인이 철저하게 사람을 행복하고 즐겁게 만드는 도구이어야 한다고 하였다. 그 외에도 알토는 마을회관과 공장, 노동자 클럽, 철도노동자의 집합주택과 같은 공공건물들도 설계하였다. 이처럼 알토는 단순히 지역주의와 유기주의 등의 건축개념을 넘어서, 심리적 및 기능주의적 건축관을 추구하였다고 할 수 있다.

알토는 사람을 행복하게 만들어야 한다는 디자인의 이상을 실현하고자 건축뿐만 아니라 가구와 그릇, 조명기구, 벽지, 손잡이, 꽃병 등 집과 생활용품을 디자인한 토탈 디자인의 선구자라 할 수 있다. a total work of Art(Gesamtkunstwerk)

1) 초기의 활동과 작품

핀란드 쿠오르타네(Kuortane)에서 출생한 알바 알토(Hugo Alvar Henrik Aalto, 1898-1976)는 핀란드의 건축가며 도시계획가, 가구 디자이너로서, 근대건축의 세련됨과 토착적 재료, 그리고 구성과 세부를 통한 자기표현을 뛰어나게 결합시켜 국제적 명성을 얻은 대가였다. 알토의 아버지 존 헨릭 알토(John Henrik Aalto)는 측량사였고, 어머니 셀리 마틸다(Selly Matilda)는 우체국장이였다. 알토가 공부하고 활동을 시작하던 시기의 핀란드는 러시아 혁명의 혼란 가운데서 1917년 12월에 독립을 선언한 약소국가였다. 이러한 국가적 형편과 민족성, 핀란드의 대자연이 알토의 건축적 뿌리가 되었다.

알토는 핀란드 오타니에미에 있는 헬싱키 공과대학에서 1916년부터 1921년까지 건축을 공부했으며, 졸업 후 2, 3년은 스칸디나비아와 중부 유럽을 여행하였다. 1924년 알토는 건축가 아이노 마르시오(Aino Marsio)와 결혼하여 이탈리아로 신혼여행을 갔는데, 그 지중해 문명의 집약된 여행은 그의 삶에 중요한 영향을 미치게 되었다. 알토는 고국인 핀란드에서 일생을 보내며 핀란드의 아름다운 자연환경에 영향을 받았는데, 핀란드의 역사적 및 문화적, 지리적 전통과 지역성은 알토의 건축을 규정하는 기본적 요소라 할 수 있다. 알토는 1923년부터 유바스크라(Jyväskylä)에 개인사무소를 운영하며 작품활동에 열중하였지만 1927년까지는 미미하였다. 그후 알토는 자연적이며 유기적, 낭만적 건축을 추구하면서 자신의 건물에 필요한 가구와 조명까지도 직접 디자인하여 우수한 작품을 많이 남겼다. 알토는 자유스러운 형식, 생각 깊은 재료의 사용법, 자연경관에 적응시키는 건축 등으로 디자인의 새로운 힘을 표현하면서 국내외의 주목을 끌게 되었다.

알토는 1922년 탐페레(Tampere) 공업박람회를 위한 건물에서 처음 건축가로서 명성을 얻기 시작하였다. 유바스크라 시대에 알토는 「노동조합을 위한 극장」(1923-25)을 비롯하여 많은 기능주의적인 건물을 설계하였다. 1927년에 알토는 투르쿠 시로 이전하였고, 투르쿠 시 창설

700주년을 축하하고자 하는 「기념박람회 건물」(1929)을 설계하였다.

알토는 1927년과 1928년에 투르쿠에 있는 신문사 건물인 「투룬 사노마트 빌딩」(Turun Sanomat Building, 1929-30)과 「파이미오 결핵요양소」, 「비푸리 시립도서관」 등 3개의 중요한 건물을 설계함으로써 핀란드에서 가장 진보적인 건축가로 자리 잡으며 세계적으로도 인정받게 되었다. 파이미오 결핵요양소와 비푸리 시립도서관은 설계경기에서 당선한 것으로서 알토의 천재적 재능을 보여주었다. 이 세 가지 건물은 모두 기능적이고 솔직한 설계에 역점을 두고 역사적 양식을 참고하지 않았으며, 평활한 하얀 표면과 벽면을 따라 있는 띠모양의 창(ribbon window), 편평한 지붕, 테라스, 발코니를 사용했다. 최초의 '순백의 시대'라고 불리는 이 시기는 제2차 세계대전까지 계속되었다. 투룬 사노마트 빌딩은 투르쿠 신문사를 위하여 사무소와 인쇄소, 아파트 등을 종합한 것으로서, 도시계획으로 한정된 교외에 지어졌기 때문에 알토의 작품치고는 상당히 합리적인 면에 치중된 건물이다. 1929년부터 알토는 근대건축국제회의에 참여하여 활동하였다.

파이미오 결핵요양소에서 근대주의적 표현을 내세운 알토는 1935년경 전후로 그의 작풍이 변화된다. 알토는 파리(1937)와 뉴욕(1939-40)에서 열린 두 차례의 국제박람회를 위한 '핀란드 전시관'을 계기로 하여 자유분방한 건축형태를 구사하는 창의적인 건축가로서 명성을 얻게 되었다. 이 전시관들은 설계공모전에서 당선된 것으로, 알토는 주요 구조와 표면효과를 위해 나무를 사용하였다. 1938년에는 뉴욕 현대미술관에서 그의 작품전시회가 열려 그가 설계했던 건축물과 가구, 생활용품 사진이 일반에게 공개되었다.

알토는 1930년대 초 파이미오 결핵요양소의 건축 때부터 가구 디자인을 하기 시작하였다. 그의 가구는 구조적이고 미학적이면서 마치 종이를 접은 듯한 띠 모양의 합판을 사용한 것으로 유명하다. 1935년 알토는 자신의 아내 아이노 알토(Aino Aalto), 마이레아 굴리치센(Mairea Gullichsen) 등과 공동으로 자신의 가구를 생산하고 판매할 아르테크(Artek) 가구회사를 세웠다. 형식에 구애받지 않은 알토 건축의 아늑한 실내 분위기는 굴리치센 가족을 위한 전원주택인 「마이레아 저택」에 잘 나타나 있다. 또한 이 시대의 다른 작품으로는 헬싱키의 리히티어 거리에 있는 그의 자택 「빌라 플로라」(Villa Flora, 1935–36), 「카우투아에 세워진 테라스 하우스」, 「타피올라의 제지공장」(1930–31), 그리고 공장과 주택단지를 포함한 대규모의 「수닐라 종합계획」(1936–39, 1951–54) 등을 비롯한 수많은 공장건축 등이 있다.

피이미오 결핵요양소 「피이미오 결핵요양소」(Paimio Tuberculosis Sanatorium, 1929–33)는 알토가 설계한 최초의 건물로, 건물 전체에 알토의 작업실에서 제작한 가구를 설비하였다. 양차 세계대전 사이 핀란드는 결핵의 유행으로 인해 전국 곳곳에 많은 요양소를 건설하게 되었으며, 이런 상황에서 파이미오가 새로운 요양소를 지을 도시로 선정되었고 설계공모전이 열린 가운데 1929년 1월 말에 그 결과가 확정되었다. 파이미오 결핵요양소는 약 290명을

알바 알토, 파이미오 요양원, 전경, 투르크, 1929–33

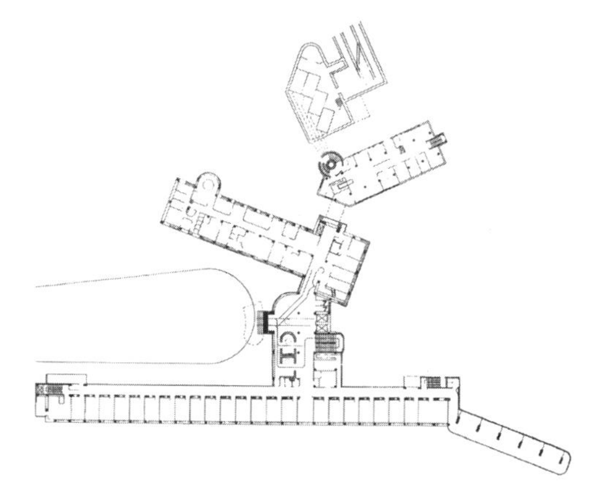

알바 알토, 파이미오 요양원, 평면도, 투르크, 1929–33

수용하는 중규모 정도의 시설이었다.

알토의 출품작은 신고전주의적인 방식으로 배치된 건물들과 모던한 건축적 접근법을 표현한 발코니가 조화를 이루는 계획안이었다. 이 결핵요양소는 결핵 요양환자를 위한 병실동, 식당과 오락실 등의 서비스동, 의사와 종업원 주택과 같은 다양한 기능을 갖는 여러 동들이 합리적으로 연결되어 명쾌한 조닝이 이루어졌다. 주동은 일련의 6층 건물로 남남서로 향하였고, 이 주동과 약간 비스듬하게 일광욕실이 캔틸레버의 발코니를 가지고 연결되어 있다. 당시로서는 일광욕실을 일렬의 철근콘크리트 기둥 위에 올려놓고 그 뒤를 한 개의 평탄한 벽으로 막고 7층의 발코니를 연속시켜 돌출시키는 것이 획기적이었다.

발코니에서 일광욕을 하는 것이 당시 결핵치료의 일부분이었기 때문에, 발코니는 요양소 건축에 있어 없어서는 안 될 필수적인 요소였다. 알토는 발코니를 간단한 스크린으로 막아 환자들을 소그룹으로 나누어 쓰도록 하였다. 알토는 콘크리트의 평평한 면을 부드럽게 하기 위해 발코니에 소나무 화분을 진열하였다. 알토의 이러한 인간적인 배려는 개개의 병실의 기본설계에도 찾아볼 수 있는데, 침대 옆에 가까이 놓여진 전등의 위치, 작은 받침의 계란형 문, 물이 흐르는 소리가 나지 않게 고안된 세면기, 천정면의 패널 히팅의 채용 등과 같은 여러 가지에 세심한 주의를 기울였다. 환자들의 슬리퍼를 분류, 정리할 수 있는 칸막이 선반을 비롯하여 알토가 설계한 요양소 휴게실의 실내 가구설비는 장기 체류환자들을 위해 가정적인 느낌을 강조하였다. 이 건축물에서 모든 디자인이 환자의 입장에서 결정되어 있는 휴머니스트의 모습을 보여주듯이, 알토는 심리적 기능주의라는 특성을 갖는다. 이 작품으로 인해 알토는 국제적으로 명성을 받게 되었다.

알바 알토, 비푸리 도서관, 1930–35

비푸리 시립도서관 「비푸리 시립도서관」(Municipal Library, 1930-1935, Viipuri, 지금은 러시아의 비보르그)은 설계공모전에서 당선된 작품으로서 알토의 재능을 보여준다. 이 도서관은 도서관 기능과 강당 및 소위원회, 세미나를 위한 기능 두 블록으로 구성된다. 열람실과 관리실은 바닥 높이를 달리하여 각각 그 기능을 충족하도록 되었다. 도서관 1층에는 긴 강당이 있으며, 2층에 열람실과 도서실이 있다. 1층 강당은 길쭉한 형태여서 뒷자리에도 소리가 잘 들리게 하기 위해 알토는 천정을 반사판으로 사용하여 파형으로 하며 물결모양의 역동적인 아름다움을 얻게 되었다. 알토의 트레이드마크인 비합리적인 파동 치는 곡선의 목재천장이 등장한 강당의 곡면 천정은 3만 개 가량의 소나무 리브로 결이나 빛깔에 특이한 취급을 볼 수 있는데, 물론 이 곡선은 조형적 목적뿐 아니라 음향효과를 고려한 것이었으며, 과학적 논리와 예술적 상상력이 결합되어 건축을 자유롭게 한 것이다. 한편 계단난간이나 선반, 벽판넬 등은 이 천정과 대조적으로 백색의 벽과 어울리도록 모양이나 색상이 선택되었다.

또한 알토는 건물 전체를 흰색으로 마감하여 빛이 지배적인 역할을 하도록 하였는데, 열람실의 어떤 부분에도 그늘이 지지 않도록 원통형의 굴뚝 천창을 통해 자연광이 확산되도록 하였다. 도서관의 기능으로서나 북유럽의 긴 겨울철에도 충분하도록 천

Ground floor
1 entrance
2 double door
3 hall
4 cloakroom
5 kitchen
6 lecture room
7 entrance to reading room
8 stairs to lending section
9 stores

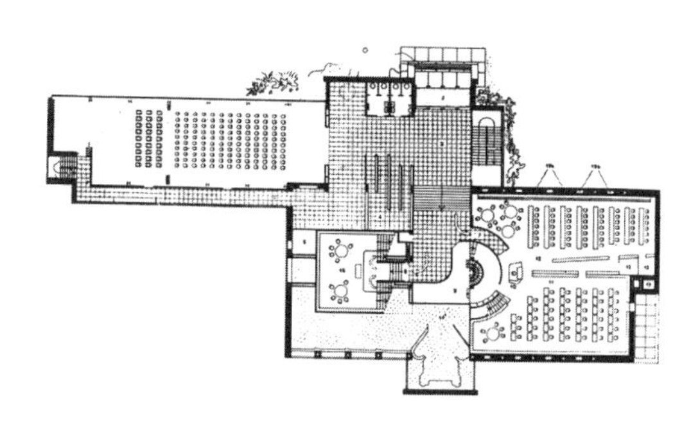

알바 알토, 비푸리 도서관 평면도, 1930-35

정을 뚫고 마련된 57개의 원형으로 고안된 채광창은 아주 주목할 만하다. 이 도서관 건축에는 큰 유리면과 흰색 벽면의 대비, 원형 천장의 대규모적인 사용, 건축음향적으로 고안된 목재 외형의 천장형태와 곡선형의 난간 손잡이 등 그 후 많은 건축가들이 모방하여 사용한 건축세부 디테일 등이 돋보인다. 건물 외부는 국제건축 양식의 딱딱한 냉정함을 느끼게 하지만 내부공간은 친근감이 있고 따뜻한 느낌을 갖게 하는 것이 특징이다.

알토에 의한 1927년의 현상설계 당선안이 매우 새롭고 현대적이며 온건한 표현을 나타내었지만, 1935년에 실제로 건설된 건물은 여러 곳에서 강한 독창성을 나타내며 평면이 간결, 대담하였다. 「비푸리 시립도서관」은 유럽 근대건축의 기본형을 따르면서도 알토 자신만의 양식을 가꿔나가는 중요한 출발점이다. 이 도서관은 널찍한 내부 복합공간이 여러 층으로 배치되어 층높이를 조절하고 있으며, 천연재료와 천창 및 불규칙한 형태를 구사하여 도서관 부속강당에는 목재를 띠처럼 엮은 음향반사 천장을 고안했고, 나무의 따뜻한 질감은 건물의 전체적인 하얀 색조와 좋은 대조를 이루었다. 이 특별한 성공으로써 알토는 근대건축의 이른바 유기적 태도 또는 지방적 해석과 관련을 맺는 건축가로서 주목을 받게 되었다.

뉴욕 만국박람회 핀란드 전시관 뉴욕 만국박람회(1939)를 위한 「핀란드 전시관」(Finnish Pavilion, 1938-39)은 4층, 15미터 높이로 이루

알바 알토, 뉴욕 만국박람회 핀란드 전시관 내부, 1939

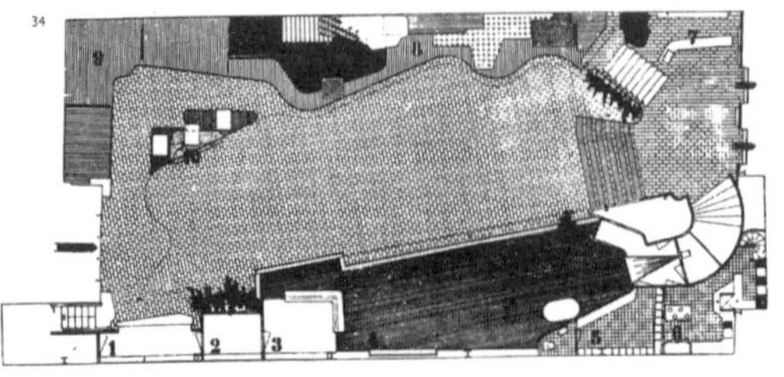

알바 알토, 뉴욕 만국박람회 핀란드 전시관 평면도, 1939

어져 있으며, 경사진 목제 스크린이 내부공간을 자유스러운 곡선으로 둘러싸고 있다. 각 층은 아래 층부터 경사져 돌출되어 있기 때문에 연속된 움직임이 강조되었으며, 세로로 붙인 리브의 열과 그 변화하는 음영의 리듬이 거대한 스크린에 생동감을 주었다. 각 층은 핀란드의 다양한 모습을 담은 사진으로 장식하였는데, 4층은 핀란드의 풍경을, 3층은 핀란드인들의 모습을, 2층은 핀란드 산업의 현장을 그리고 1층은 이 세 요소의 결과라 할 수 있는 여러 제품들의 모습을 보여주고 있다. 이 프로젝트에 대한 질문을 받은 알토는 '개별적인 요소들을 통합해 하나의 교향곡으로 만들어내는 쉽지 않은 작업이었다'라고 대답했다고 한다. 이 전시관은 거의 완성단계에 오른 1930년대 후반 알토의 성취를 보여주는 것으로 평가되며, 프랭크 로이드 라이트는 이 작품을 '천재의 작업'(work of genius) 이라고 불렀다.

마이레아 저택 「마이레아 저택」(Villa Mairea, 1937-39)은 핀란드 서부 해안 지방의 폴리에서 15km 정도 북쪽에 있는 누르마르크(Noormarkku)에 세워진 단독주택으로서, 세계에서 매우 중요한 근대 초기의 주택 중 하나로 손꼽히고 있다. 이것은 알토의 전생에 걸쳐서 후원자이자 친구인 **마이레아 굴리치센**을 위해서 건설되었

마이레아 굴리치센(Mairea Gullichsen)은 목재회사 사장으로서, 수닐라 셀롤로스 공장과 그에 부속된 노동자주택(1935-39)의 건축주이기도 하였다.

알바 알토, 마이레아 저택 외관, 누르마르크, 1937-39

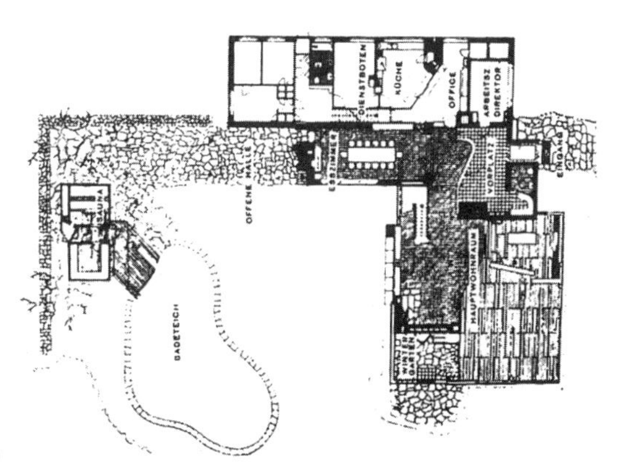

알바 알토, 마이레아 저택 평면도, 누르마르크, 1937-39

다. 나무와 타일, 그리고 회반죽을 바른 벽돌로 건설된 이 주택은 옥외 수영장과 사우나, 정원 주변에 배치되어 있다.

해안에 가까운 언덕 위에 소나무 숲을 벌채하고 세운 이 주택은 매우 큰 저택이지만 친밀감을 준다. 이 주택은 휴양을 위한 기능에 맞도록 생활부분과 서비스부분이 완전히 구분되고 각자의 프라이버시가 보장되게 하였다. 1층은 거실과 회랑, 현관과 식당, 다용도실이 배치되며, 2층에는 개인방과 테라스, 옥상정원이 있어 ㄱ자 형태를 이루고 있다. 거실의 맞은편에 사우나와 수영장을 만들어 ㄷ자로 모인 마당을 만들고 있고, 트인 부분에 나무를 심어서 아늑한 안뜰이 자연스럽게 생기게 하였다. 이 주택의 실내에서는 교묘하고도 시정이 흐르는 공간구성을 볼 수 있으며, 거실의 핀란드풍의 큰 벽난로에는 화강석의 단이 있어 여기에 몸을 기대어 누울 수 있게 되었다. 이 주택에서는 특히 현관부분의 곡면벽, 리빙룸의 벽난로 취급, 독서실의 완전한 프라이버시 보장, 계단에 세워진 불규칙한 막대, 등나무를 감은 철제기둥, 계단난간 등이 주목된다.

실내의 재료는 매우 섬세하게 사용되었는데, 현관에는 공간의 강조를 겸하여 갈색의 큰 타일을 깔고 응접실에서부터 식당까지는 붉은 빛이 도는 작은 타일을 깔았다. 이 주택에서 보이는 참신한 백색의 녹청이 있는 벽, 나무 판벽, 타일 바닥, 그리고 그 밖에 단순한 재료의 실내 디자인은 스칸디나비아의 내부공간 처리의 원형이 되고 있다. 이 주택은 구불구불한 곡면을 이용한 내부공간 및 외관, 나무의 풍부한 이용, 그리고 주위 자연과의 조화가 특징적이다. 특히 알토는 목제의 구불구불한 벽면에 대한 관심이 매우 커져서 이 주택에서도 파사드의 일부는 목제의 곡면벽으로 되어 있다.

2) 원숙기의 활동과 작품

알토는 제2차 세계대전 중에 일시 미국을 거점으로 하여 활동했으나, 전후에는 모국의 부흥에 주력하였으며 이후 핀란드뿐만 아니라 국제적인 건축가로서 활동하였다. 1941년 알토는 MIT 공대의 교수 초빙을 받아들여 교육하였으며, 학생기숙사인 「베이커 하우스」를 설계하여 1948년 완공하였다. 알토는 1944년에서 5년간에 걸쳐 **린데그렌**(Yrjö Lindegren, 1900-52) 등과 협력하여 **라플란드**(Lapland) 지방의 중심지 로바니에미(Rovaniemi)의 개발계획의 마스터플랜을 완성하였다. 전후 10년간에 준공 또는 계획된 작품은 예술가 알토의 중기, 원숙기의 작품이라고 할 수 있다. 이 시기의 알토의 작품은 점점 더 원숙해지고 그의 특유한 지방성과 개성은 어느 누구보다도 뛰어났었다. 이 시대는 강한 색조의 벽돌이 자주 쓰이고 양감이 강조되며 그 위에 세잔와 같이 각면에 조명을 하는 수법이 사용되었기 때문에 '적색 시대' 또는 '세잔 시대'라고 불린다.

린데그렌은 핀란드의 건축가로서 「헬싱키 올림픽 스타디움」(1938) 등을 설계하였다.

라플란드는 핀란드 최북단 지역으로 그 중심도시는 로바니에미이며, 산타클로스 마을이라고 불린다.

붉은 벽돌을 많이 사용한 것은 알토의 벽돌 양괴에 대한 집착과 유럽 전래의 조형에 대한 애착, 전후 철근과 특수재료의 부족 등에서 비롯된다.

알토의 건축구조 및 계획의 여러 가지 시도가 잘 나타난 작품으로는 「베이커 하우스」, 「세이네찰로 시청사」, 「유바스크라의 교원양성 대학의 교회」(1952-57), 헬싱키 교외 「마르미의 위령당 계획안」 등이 있다. 알토의 성숙한 양식을 집약한 대표적 작품인 세이네찰로 시청사는 숲 속에 아담한 규모로 자리잡고 있으며 강한 힘을 느끼게 하는데, 붉은 벽돌과 나무, 구리 등 핀란드의 전통적인 재료를 통해 단순한 형태가 이루어졌다.

이 시기에 알토는 헬싱키 거리의 표정을 바꾸어버릴 강력한 도시계획을 시작하기도 하였다. 그의 가장 대규모 계획의 하나인 「라우타탈로 오피스 빌딩 계획」(1952-54)을 비롯하여 「기술연구소」(1952), 「국민연금국」(Helsinki Pensions Institute, 1952-56), 「문화의 집」(House of culture, 1955-58) 등의 50년대의 작품은 '적색 시대'와 '제2의 백색시대'의 중간, 브론즈라고 할 수 있는 작품으로서 원숙미를 보여준다. 철강회사 조합 건물인 「라우타탈로」는 '철의 집'이란 뜻으로 철강업자조합을 위한 회관인데, 알토가 미국의 MIT 공대에서 학생들을 가르치는 동안 습득한 커튼월 공법을 응용하였으며, 건물 설계 당시 바로 옆에 붙어 있는 핀란드 건축의 아버지 사리넨의 건물 높이와 비례, 문맥을 조화시키기 위해 파사드 디자인을 신중히 고려했었다.

1950년 이후 알토의 작업은 매우 방대해졌고 아주 다양해졌으며, 「브레멘 고층 아파트」(1958), 「볼로냐 교회」(1966), 또 「이란 미술관」(1970) 등이 세계 각지에 세워졌다. 그의 기획 중 많은 것이 여러 건물을 배치하는 단지 계획과 관련되었는데, 대표적인 2가지는 오타니에미(1949-55)와 유바스크라(Jyväskylä, 1952-57)에 있는 단과대학 종합계획이다. 그는 「수닐라 셀룰로오스 공장」을 설계할 때 이러한 단지계획을 처음 시작했는데, 근로자 숙소를 갖춘 이 공장은 종합적인 건물 단지 계획으로 성공하였다.

알토는 무라찰로 섬에 실험주택이라고 할 수 있는 「자신의 별장」(The Experimental House, Muuratsalo)을 세운 1953년부터 제2 백색시대의 활동이 시작되었다. 이어 1955년에는 백색 한 가지 색으로 된 훌륭한 자신의 스튜디오가 완성되었는데, 일하기에 편하고 또 조용히 명상에 잠길 장소를 의도하여 전혀 색을 쓰지 않도록 설계되었다. 1955년부터 7년에 걸쳐 베를린 인터바우를 위한 8층 아파트를 설계하였고, 이어 「요오테보리의 시민회관 계획」(1956), 이마트라 시에 가까운 「부오크세니스카 교회」, 「오타니에미 공과대학」, 「헬싱키 문화회관」 등이 세워졌다. 알토는 핀란드 학술원회원으로서 학술원 원장

(1963-68)을 지냈으며, 1928년부터 1956년까지는 근대건축국제회의 회원으로 활동했고, 1957년 영국 왕립건축가협회 금메달, 1963년 미국건축가협회 금메달을 받는 등 명예로운 삶을 보냈다.

수닐라 셀룰로오스 공장 알토는 산업건축에도 큰 공적을 남겼는데, 핀란드는 한정된 자원으로 국가재건을 위하여 도서관이나 병원, 사무소보다 산업건축이 더 절실하였기 때문이다. 알토의 공장계획은 단일한 공장건설에서부터 도시계획적인 공업지구계획으로 발전하였다. 「수닐라 셀룰로오스 공장」(Sunila, 1936-39, 확장 1951-54)은 공장대지 선택과 각종 재료의 교묘한 사용법, 건물의 구성법 등에서 세심한 주의를 기울여 건축한 대표적 공장의 하나다. 수닐라 셀룰로오스 공장은 핀란드의 5개 목재회사가 공동 투자한 공장으로서 연간 8만 톤의 섬유판을 생산하며, 공장과 공장 노무자를 위한 주거단지와 생산지역의 복합체다. 바위 위에 세워져 아름다운 풍경 속에 장엄한 분위기를 자아내는 이 공장에서 알토는 화강석의 양감과 콘베이어를 지지하는 철골구조, 평평한 벽돌벽과 서로 다른 질감 사이의 대조적 효과를 꾀하려고 하였다. 알토는 수닐라에서 생산지역과 주거지역이 서로 방해하지 않으며 주거지와 생산 중심과 자연 사이에 균형을 확립하려 하는 도시계획적 개념을 적용하였다.

MIT 베이커 학생기숙사 「베이커 하우스」(Baker House Dormitory, 1949)는 알토가 설계한 MIT 학생기숙사인데, 길다란 건물이 구불구불한 평면을 하며 천장과 간막이벽에 유동성이 부여되고 외벽도 변화있게 취급되었다. 이 건물은 기숙사라는 평범한 건물에 대해 새롭게 해석을 했는데, 계단실의 특이한 배치방법에 의하여 침실의 수용인원수와 실 형상 및 그 배치들에 새로운 고안에 의해서, 알토는 다양하게 각 개인의 인간적인 권리를 부여하

알바 알토, 베이커 하우스, 캠브리지, 1949

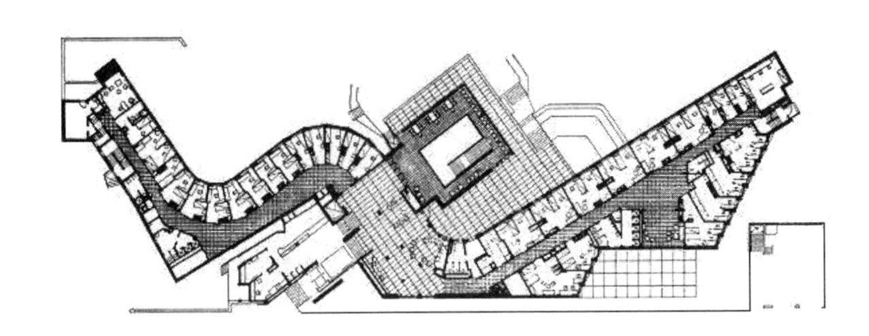

알바 알토, 베이커 하우스 평면, 캠브리지, 1949

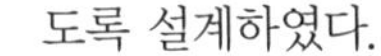

도록 설계하였다.

알토는 이 건물의 파사드를 대담하게 자유롭게 휘어진 파상형 벽면으로 취급했다. 그 결과 어느 학생이나 그 건물이 길게 펼쳐진 것을 느끼지 않고 찰스 강의 환히 트인 조망을 감상할 수 있으며 도로측의 소음으로부터도 벗어나게 만들어졌다. 알토는 내부를 짙은 색의 벽돌벽의 거친 면이 그대로 노출되게 만들었으며, 사각형에 가까운 식당에 스카이라이트를 설치하였다. 건물 뒤쪽 외관에 나타난 계단구조의 선을 조형적으로 돌출시킨 표현은 관습에 얽매이지 않는 알토의 설계태도를 말해 준다.

알바 알토, 세이네찰로 시청사, 1949–52

세이네찰로 시청사 「세이네찰로 시청사」(Saynatsalo Town Hall, 1949–52)는 제2차 세계대전 이후 알토의 본격적인 활동의 출발점이 된 작품이다. 알토의 원숙기 작풍을 잘 보여주는 세이네찰로 시청사는 커뮤니티 중심에 위치하며, 지역사회에 모든 초점이 되어야 할 복합공간이었다. 그 복합시설에는 저층부에 공공도서관과 함께 공회당도 있고, 필요한 때에는 사무실로 전환할 수 있는 점포가 있다. 공회당은 경사지붕을 가진 거의 입방체의 볼륨 속에 놓여 있어, 이 건물에 접근할 때 입방체는 중심체로서 작용을 한다. 이들 시설에 의하여 둘러싸인 중정은 큰 계단을 통해 밖으로 통하고 시민에 개방된다.

이 시청사에서는 창의 배열과 마무리 재료의 다양함이 건물의 다른 면을 분절하는 요소로 사용되고 있다. 나무로 된 갤러리가 붙은 창과 발코니는 아주 거친 벽돌면을 바탕으로 부착되어 있는데, 특히 파사드를 특징짓는 적벽돌은 이 이후 알토가 즐겨 이용하였으며, 여기서 그의 적색시대가 개막되었다고 할 수 있다.

이 건물은 숲의 배치나 여러 가지로 변화하는 대지의 높이와 조화되고 있다. 굴곡을 이루고 있는 건물윤곽들은 그리그 극장의 몰딩에 대한 알토의 스케치들을 상기시킨다. 위로부터 걸린 듯한 빛나는 벽돌조의 공회당은 정치적인 모임을 위한 지역적이고 고전적인 핀란드식 사우나를 포함하고 있다. 이 건물은 기념비적이기보다는 시민들에게 친숙한 것이었으며 도시와 시골을 연결하고 있다. 거대한 외각에는 그의 기술을 지배하려는 힘과 핀란드의 가장 전형적이며 고전적인 건축재료인 양질의 목재를 자유로이 구사하여 3차원의 세계를 표현하는 통제력이 상징되어 있다. 이 건물에서 자유로운 형상을 포기한 사각형에 알토의 디자인 특징이 있음에도 불구하고 조형적 조화가 이루어지고 있다.

부오크세니스카 교회 소련 국경 부근의 공업도시 이마트라에 세워진 「부오크세니스카 교회」(Church Vuoksenniska, Imatra, 1956–58)에서 알토는 지역의 커뮤니티 센터로서의 교회의 다양한 활동을 수용할 수 있을 뿐 만 아니라, 핀란드의 자연적 특성이 건축에 잘 반영되며 낭만적이고 인간적인 건축을 이루어냈다. 이 교회 건축물은 롱샹 성당에 이어 현대건축에 지대한 영향을 미쳤다고 여겨진다. 부오크세니스카 교회는 백색의 스투코(stucco)를 바른 부드러운 느낌의 벽과 그 위에 검은 색의 동판을 씌운 지붕이 대비를 이루면서 유동성을 가진 편안한 모습으로 숲 속에 위치해 있어서 자연 속에 한 폭의 그림처럼 보인다.

알바 알토, 부오크세니스카 교회, 이마트라, 1956–58

동쪽은 내부 공간구성에 따라 벽이 세 개의 곡면을 이루면서 분절되고, 입구인 서쪽은 긴 직선적 형태로서 세 곡면형태와 결합됨으로써 내부공간에서 비대칭적이면서도 절묘한 독창적인 공간을 창출해 낸다. 알토는 종교적 기능과 교회 내부에서의 다양한 사회활동을 충족시키기 위해 교회를 3개의 공간부분으로 분할하여 설계하였으며 그것을 외관에 명료하게 표현하였다. 분절된 각 공간으로 오가는 세 개의 높고 낮은 출입구를 덧붙였고 그 가운데 중앙부를 높여 변화를 주었다. 그 외관은 그로테스크한 점이 없지 않으나 알토의 고유한 공간구성의 특성을 잘 나타내는 것으로 보인다. 알토의 전형적인 파동 치는 벽과 천장은 공간 전체를 생동감 있게 하고 중심에서 퍼져나와 중심을 향해 접근하게 한다. 예배실은 일사량이 부족한 북구 지방에서 가급적 많은 자연채광을 받아들이려 비교적 많은 창이 뚫려 있다. 모든 창은 벽체의 상부에 고창으로 설치되어 회중들의 시선을 분산시키지 않도록 하고 제단의 왼쪽벽 위에 넓은 창을 두어 더 많은 빛을 끌어들임으로써 제단부가 강조되게 되어 있다. 내부공간에 있어서 제대부분은 좁고 높아서 효율적이면서도 위계를 표현하고 사방에서 적절히 쏟아지는 빛은 엄숙함을 강조한다.

부오크세니스카 교회의 평면형은 좌우 비대칭으로 되어 있기에, 그러한 형태로 인해 축성이 더욱 강하게 나타나며, 공간을 평면적으로나 입체적으로 곡면이 지게 하여 공간구성에 융통성이

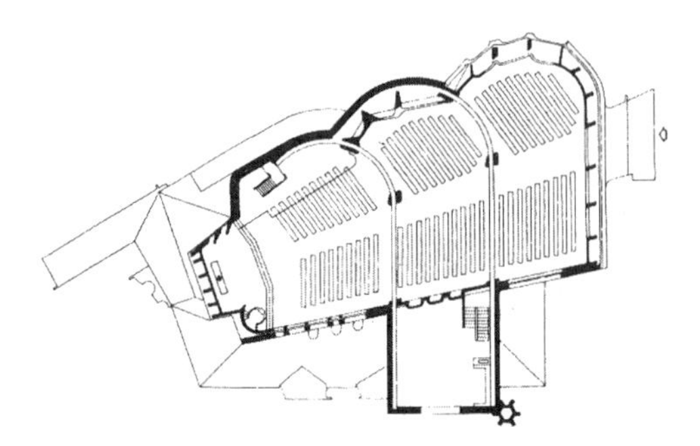

알바 알토, 부오크세니스카 교회 평면도, 이마트라, 1956-58

주어졌다. 평면 형태는 정형과 비정형으로 중첩되어 있다. 이렇게 중첩되어진 공간에서의 지배적인 형태는 비정형, 즉 예배와 의식의 공간이 되는 듯하다.

예배실은 3개의 구역으로 나누어 사용할 수 있도록 기계적으로 작동되는 이동식 칸막이를 설치하였는데, 서로의 음향적 간섭을 배제할 수 있도록 충분한 차음을 고려하였으며, 각각의 구역은 실의 독립성을 확보하는 공간적 형태와 자연채광 및 자연환기를 충분히 고려하여 설계되었다. 교회 내부의 3공간은 제단에 가까운 부분은 예배전용이고, 다른 두 부분은 의식의 규모에 따라 자유로이 공간을 바꾸어 사용한다. 이 교회는 교회의 기능뿐만 아니라 지역사회의 커뮤니티 센터로서 비종교적인 활동에도 사용되도록 계획되었는데, 평상시에는 성소를 포함하는 앞부분만을 예배실로 사용하고 다른 두 부분은 교회의 교육과 친교, 작은 집회들을 위해 분리 사용하거나 지역사회의 다양한 모임을 위해 제공되며 대규모 집회시에는 세 부분을 통합하여 사용한다. 이 세 공간의 분절은 평면과 단면의 형태가 유사하게 나타나서 연속한 3개의 호를 그리고 있다. 또 내부의 수직 부재와 수평 부재가 매끈하게 연결되어 이룬 벽과 천장의 곡면, 경사진 창문이 음향효과를 더욱 높이고 있다.

어느 의미에서는 이 건물에는 2개의 외각(shell)이 있다고 할 수 있는데, 하나는 외피로서 보호가 되는 유리와 조적조의 벽이고, 또 하나는 내피로서 유리와 플러스터의 벽이다. 외피는 둘러싸고 보호하며 채광을 위해 있다. 내피는 공간에 적합한 음향효과를 고려한 형태를 보완하고 둘러싸며 채광하기 위한 것이다.

알토는 이 교회에서 입구와 제단의 거리를 더 깊게 느껴지게 함으로써 신에 대한 영역을 더욱 신성하게 느끼며 동시에 신에 대한 영역과 인간 세계의 영역을 구분시켜주는 심리적 작용을 의

도한 듯하다. 평행으로 뻗은 수평선은 같은 폭이어도 뒤로 갈수록 좁아져서 사람으로 하여금 거리감으로 공간을 인식하게 해주는 투시화법적 효과를 꾀한 듯하다. 교회의 벽면들은 전체적으로 평면과 곡면의 조화가 적절히 이루어졌다고 보인다. 전경에서는 평면의 벽들과 완만한 곡면의 지붕, 후경에서는 곡면의 벽과 평면의 지붕으로 조화를 이루었다.

오타니에미 공과대학 알토는 핀란드의 산업인재를 양성해온오타니에미 공과대학 캠퍼스의 대부분 건물을 설계하였다. 「오타니에미 공과대학」(Technical University Center At Otaniemi, 1962–65) 건물은 1949년에 실시된 경기설계의 1등안으로, 12년간의 설계기간을 거쳐 1961년에 착공되었다. 알토에 의한 도서관과 발전소, 기숙사, 체육관 등을 포함한 이 대학의 대부분 건물들은 신중한 기능에서부터 과장되지 않은 매스의 형태를 부드럽게 조화시킴으로써 안정감을 얻고자 하였다. 알토는 대체적으로 붉은 벽돌을 사용한 직사각형 모양으로 각기 다른 기능을 가지는 대학건물들의 용도를 융통성 있게 수용할 수 있는 개방성을 도입하였다. 가장 대표적인 건물은 본관건물로서 상징적인 대학의 본관을 위한 알토의 디자인 개념이 마음껏 적용되었다. 이 건물에서 알토는 '철저하게 통제된 낭만성을 가진 시적인 건물'을 구상하며 진입로에서 보는 전경이 최상이 되도록 외부 동선계획을 치밀하게 조작하였

1. 알바 알토, 오타니에미 공과대학 오디토리움, 1966
2. 알바 알토, 오타니에미 공과대학 도서관, 1966

다. 외부에서는 원형극장으로, 내부에서는 계단강의실을 위한 천창으로 사용되는 기능을 극적으로 표현한 형태는 수평선을 강하게 강조하며 이 대학의 상징이 되었다.

전체적으로 살펴보면 벽돌 붙임을 기조로 하는 수평적인 구성의 건물들이 펼쳐진 가운데, 커다란 오디토리움이 돌출되면서 전체를 인상짓는다. 교정의 중앙 언덕에 자리 잡고 있는 주요 건물인 오디토리움 홀(auditorium hall)에 있어서 극적인 계단실은 굽이치는 부채꼴 모양에 구조물로 유도하고 있으며 곡선형 창문 외관은 디자인의 주제를 성취하고 있다. 오디토리움의 원호상 지붕은 아래쪽에는 돌붙임의 계단이 되고 옥외극장을 구성한다. 건물을 이루는 재료는 어두운 붉은 벽돌과 붉은 색 화강석 그리고 청동을 포함하고 있다. 구조물의 전체 길이에 걸쳐서 확대되고 있는 현관 홀은 인상적인 강의실과 강당으로 통행을 조절하고 있다.

알토는 이 건축학과의 건물에서 비직선계의 디자인을 위해서 두 가지 장소, 즉 강당이 있는 주요 현관과 강의실을 선정하였다. 이 건축에서 그 밖의 건물은 모두 직사각형이다. 외관에서 보면 강당의 곡면이 가장 중요한 형태이며 캠퍼스를 향해 자동차로 진입할 경우 맨 처음으로 보인다. 제3의 레벨에 있는 건축학과에 미술 스튜디오에 부여된 외부형태는 평면도에 그 위치의 전체층에서 보이는 비직선형 계획과 관련된 것이다. 지붕의 수평선을 파괴하고 있는 다른 형태는 지리학부 위에 있는 소규모 기능적인 돔뿐이다. 직선적인 것에서 비직선적인 것으로 기하학을 변화시킴으로써 알토는 장소에서의 도착감, 그리고 두 가지 집회홀의 소재감을 강조하고자 했다.

헬싱키 문화센터 이 문화센터(House of Culture, Helsinki, 1955–58)는 노동조합연합을 위한 시설이다. 1,500석의 다목적홀과 관리동을

알바 알토, 헬싱키 문화센터, 1958

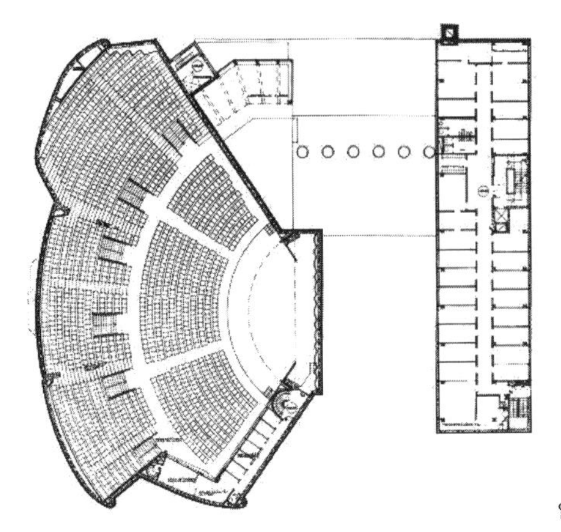

알바 알토, 헬싱키 문화센터 평면도, 1958

강의실에 연결하고, 입구는 그 둘러싸인 안쪽에 있다. 홀의 외벽은 벽돌조적의 유닛이 이용되고 있다. 홀의 평면은 기본적으로는 부채꼴이지만, 내부의 벽과 천장에 나무나 벽돌과 특수한 음향용 부재를 조합시켜서 좌우 비대칭의 모습을 만들었으며, 그 형태는 외관에 직접 반영되고 있다. 부채꼴 형상의 음악당은 가동 간막이 벽에 의해 세 부분으로 구획할 수도 있다. 알토는 이 문화의 집으로 인해 공공건축물의 설계를 많이 의뢰받게 된다.

핀란디아 콘서트홀 「핀란디아 콘서트홀」(Finlandia Concert Hall & Congress Hall, 1967–75)은 헬싱키 서부의 해안에 현대미술관과 국회의사당, 우체국 등 대규모 문화시설의 띠를 형성하는 재개발 계획인 '헬싱키 센터 계획'(1959–64)에 포함된 건축물이다. 약 14,000㎡의 건물에는 1,750석의 홀을 중심으로 실내악홀, 회의장 등이 수용되어 있다. 알토는 디자인과 형태상 고전주의풍으로 단순하고 웅장한 이 건축물에 처음으로 본격적인 대리석을 사용한다. 이 건물의 부지인 **헤스페리아** 공원의 푸르름을 배경으로 튜로 호수로부터의 외관을 의식한 것이다.

헤스페리아는 '서쪽 나라', '저녁의 나라'라는 뜻으로 고대 그리스와 로마의 시인들이 각각 이탈리아, 스페인을 가리켜 부른 말이다.

내부에는 오디토리움과 회의실, 집회실, 정보센터, 레스토랑 등이 구비되어 있으며 기능적인 연결이 자연스럽다. 오디토리움에 있어서 짙은 감청색으로 채색된 합판을 포갠 음향판에 가미된 장식이 부착된 벽면의 형태와 색채는 아주 뛰어나며 풍부한 공간을 창출하고 있다. 알토는 자신 특유의 계단실을 외관으로 노출하여 부착시키고 전체를 하얀 이탈리아 대리석으로 마감하여 우아함과 고귀함을 풍기게 하였다. 내부의 기능에 따라 자유로이 변화하는 공원쪽의 형태와 절제된 수면쪽의 구성이 순수한 조형으로 극단적인 대비를 이룬다. 야간에 완전하게 조명이 되면 이 반짝이는 백색의 구조물은 헬싱키의 중심에 자리 잡고 있는 보석처럼 빛나고 있다. 그 백색의 대리석은 알토의 철학과 연관된 인간적인 온화함을 전달하고 있다. 알토는 또한 실내비품을 대부분 디자인하기도 하였다. 1971년 준공식에서는 시벨리우스의 핀란디아가 연주되었고, 1975년에는 홀 남단에 회의동이 증축되었다.

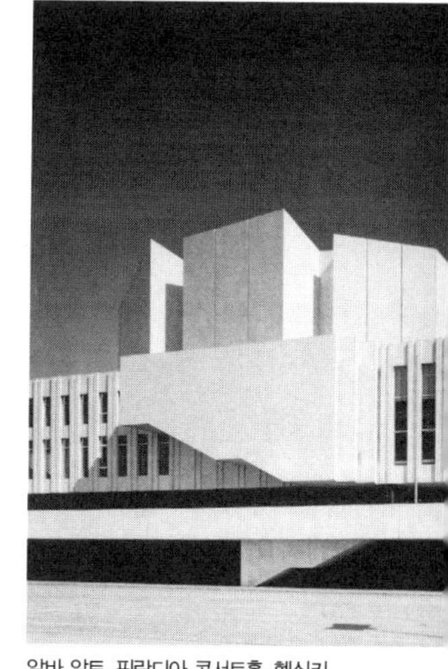
알바 알토, 핀란디아 콘서트홀, 헬싱키, 1967–75

3) 건축 철학 및 작품 구성원리

알바 알토는 20세기의 기능주의와 합리주의, 기계주의 등이 가지고 있는 형식적인 정확성에 반발하여 온화함과 인간을 중심에 두는 작품을 한 건축가로서, 프랭크 로이드 라이트, 르 코르뷔지에 등과 함께 근대건축의 거장으로 불리고 있다. 20세기 스칸디나비아 건축의 정수를 보여주는 알토의 작품은 다분히 기하학적인 형태 내에서 기능성을 중시하며 보편성과 합목적성을 절대적으로 추구하는 근대건축 흐름 가운데에서 비정형성과 유기적, 개인적 표현을 강조한 첫번째 작품에 속한다.

그의 건축양식은 낭만적이며 지역성이 강한 것으로 평가되는데, 대지의 특성을 인식하여 복잡한 형태와 다양한 재료를 사용했고, 건물의 모든 상세부에 주의를 기울였다. 알토는 지역적인 특색을 파악하여 그 개개의 본성을 유지한 채 보편적인 언어로 표현하였는데, 목재와 벽돌 등의 자연적 재료를 주로 사용하며 자연재료의 따뜻한 느낌을 표현하였다. 그는 기본계획안을 세울 때 T자와 삼각자를 쓰지 않고 자유롭게 스케치했기 때문에, 기발하고 변칙적인 형태를 향한 자유롭고 창조적인 충동을 충족시킬 수 있었다. 알토는 유기주의적 원리를 바탕으로 하여 합리주의적 구성원리를 수용하였다. 곧 알토는 스위스의 예술사가가 표현했듯이 '이성적이며 기능적인 면에서 비이성적이고 유기적인 측면으로 도약'한 건축가라 할 수 있다.

초기의 신고전주의적이고 기능주의적인 건축에서부터 실험적인 과정을 거쳐 완숙기의 기념비적 건축으로 나아간 알토의 건축에 보이는 특징은 다음과 같이 정리해 볼 수 있다. 첫째, 알토는 북구(Nordic)에 위치한 자국의 지형적 및 정신적 그리고 스웨덴과 러시아의 식민지로서의 경험을 갖고 있는 역사적 요소로부터 파생된 극렬한 민족주의적 정서와 더불어 아스푸룬드(Erik Gunnar Asplund)로부터의 자율적인 영향력, 그리고 알토 자신의 독창적이고 주관적인 사고의식에 기인하여 자신만의 독창적인 건축영역을 확보하였다. 알토는 근대건축을 주도한 거장의 한 사람이었지만, 자국인 핀란드에 있어서는 위대한 애국자이면서 민족주의의 선구적 역할을 훌륭히 수행한 건축가였다. 신생 핀란드의 독립시기와 알토의 건축가로서의 출발시기는 거의 같다. 뿌리를 전통적인 것에 두고 핀란드 고유의 건축을 추구하면서도, 알토는 당시의 강한 민족적 성향의 분위기에서 비교적 자유롭게 여러 문화적 편력을 보였다. 알토가 주로 사용했던 재료는 전적으로 목재와 벽돌이었는데, 그것은 삼림자원이 풍부한 자국 핀란드의 주요 자연 생산품이었으며, 그로 인한 목재와 벽돌의 건축에서의 사용확대는 적지 않은 이윤을 남겨주었다. 또 알토의 자연적인 건축재료의 사용은 그의 자연주의적 성향을 충실히 반영하고 있다.

둘째, 알토는 인간의 육체적 및 정서적 요구에 관심을 가지는 인본주의(humanism)이며 유기주의 건축가로서, 그의 작품에는 외부공간과 내부공간의 교류가 잘 나타나 있다. 알토는 아름다운 나무와 같은 재료가 풍부한 핀란드의 자연환경에서 영감을 받아서 목재나 벽돌과 같은 자연재료를 새로운 방식으로 이끌며 풍토에 어울리는 유기적 건축을 하였다. '자연! 그것은 기계가 아니라 건축의 가장 중요한 모델이다'라는 그의 말은 알토의 건축을 잘 보여준다. 또한 알토는 기술적이며 기능적인 요구사항을 준수할 뿐만 아니라 동시에 사용자의 심리적 요구사항에도 적합한 건축을 추구하였다. 따라서 알토는 표준화에 지배되지 않고 이 수단을 적절히 활용하기 위해 표준화와 유기적 구성의 결합을 시도하기도 하였다. 알토의 건축은 단조롭지도 않으며 다양하고 생생한 특성을 전달해주며, 서정적인 핀란드 민족의 정신과 사상을 표현한다고 일컬어진다. 알토는 '지역적 상황에 기반을 두지 못한 건축은 결국 헛된 것이다'라는 주장으로 언제나 조국 핀란드의 자연과 환경친화적, 유기적인 디자인을 추구했었다.

「마이레아 주택」, 「세이나찰로 시청사」, 「핀란드 국민연금협회」, 「무라찰로 여름 별장」과 「알토의 스튜디오」에서 볼 수 있듯이, 대지의 형상에 따라 건축물을 ㄷ자나 ㅁ자형으로 둘러싸고 그 안쪽에 뜰을 형성하여 자연스럽게 실외공간을 실내로 끌어들이는 방식을 주로 취하고 있다. 또한 알토는 「카레 저택」에서 볼 수 있듯이 끊임없이 펼쳐지는 핀란드의 자연경관을 안뜰과 같은 매개공간을 두지 않고 직접 내부공간과 연결시키기도 하였다. 카레 저택은 전망이 좋은 언덕 위에 자리 잡고 있으며, 갤러리로 쓰이는 중앙 홀 주위로 여러 개의 침실과 거실 및 식사실을 배치하여, 각 실에서 시원하게 설치된 창을 통해 사방으로 펼쳐지는 광활한 숲과 대지를 조망할 수 있도록 배려하였다. 이처럼 핀란드의 숲과 호수의 연속적인 패턴과 복잡한 유기체로 근대공간을 변형시키고 고유한 자연환경과 토착재료를 사용해 나타나는 알토의 작품에는 건축이 자연환경과 인간생활에 조화되어야 하는 점을 잘 보여 주고 있다.

셋째, 알토는 가구에서 도시환경까지 모든 건조환경에 관심을 가졌으며, 단조로운 실내평면의 활력소로서 바닥면의 높이변화를 적용하고, 빛과 곡선을 적극적으로 추구하였다. 바닥면의 높이변화는 특히 「핀란드 국민연금협회」의 도서관에 있어서는 내부 조형상 혹은 도서관으로서의 기능적인 면에서도 유효적절한 구성요소로서 작용하였다. 핀란드의 지형적 여건상 야기되는 빛의 부족현상을 염두에 두고 알토는 「울프스버그(Wolfsburg) 문화센터」를 비롯한 거의 모든 작품에서 천창과 고창을 이용한 자연 채광을 유도하였다. 또한 그 이용방식에 있어서도 알토는 「로바니에미의 도서관」, 「핀란드 국민연금협회 도서관」, 「무라메 교회」 등에서 보여지는 것과 같이 한 단계 여과된 자연채광 방식을 선택하고 있다. 한편 근대건축의 주류를 이루었던 국제주의의 양식화된 기하학적 직선과는 대조적으로 알토의 작품에서는 다분히 유동적이고 파동적인 곡선체계가 그 디자인의 핵심을 이룬다. 그 배경에는 핀란드 전 국토의 8%에 달하는 호수의 이미지나 물결의 흐름으로부터 느낄 수 있는 영감이 자리잡고 있었을 것이다. 실제로 「뉴욕 만국박람회 핀란드관」, 「헬싱키 공과대학 오디토리움」, 「리올라 교구센터의 교회」, 「울프스버그 교구센터의 교회」 등에서 보여지는 천정과 벽체에의 곡면 적용뿐만 아니라 특히 그의 디자인 작품인 유리 꽃병(1937)에서는 호수의 유동적인 이미지가 잘 표현되어 있다.

제 9 장

영웅시대의 건축가들

01 휴고 헤링

휴고 헤링(Hugo Haring, 1882–1958)은 독일 비베라하(Biberach)에서 태어나 슈투트가르트 공과대학과 드레스덴 공과대학에서 수학하였다. 헤링은 1921년 베를린에서 건축사무소를 개설했으며, 1924년 체너링(Zehnerring, 10 고리)을 설립했는데, 이 조직은 나중에 '더 링'(Der Ring)이 되었다. 독일 근대건축가의 엘리트들이 대부분 소속되었고 헤링이 간사로 활동한 '더 링'은 1933년 나치에 의해 해체되었고, 헤링은 사립미술학교 교장으로 활동하였다.

헤링은 유기적 건축의 이론을 저서와 작품을 통해 주장하며 많은 중요한 일을 담당하였다. 유기적 건축에 대하여 헤링은 첫번째로 요구의 변화에 대한 연구를 하여 그 목적과 그 유기체에 적합하게 하고, 둘째는 그러는 한편 디자인과 씨름하는 두 단계를 거치면 건축을 활기 있게 할 수 있다고 하였다. 또한 헤링은 '성공적인 건축물은 하나의 힘찬 조직으로 이해되며, 자연의 원천으로부터 유래해야 한다'고 하며, 유기적 건물은 자연의 형태를 그대로 옮겨놓는 것이 아니라, 자연계에 있어서와 같이 형태는 기능으로부터 자연적으로 발생하는 것

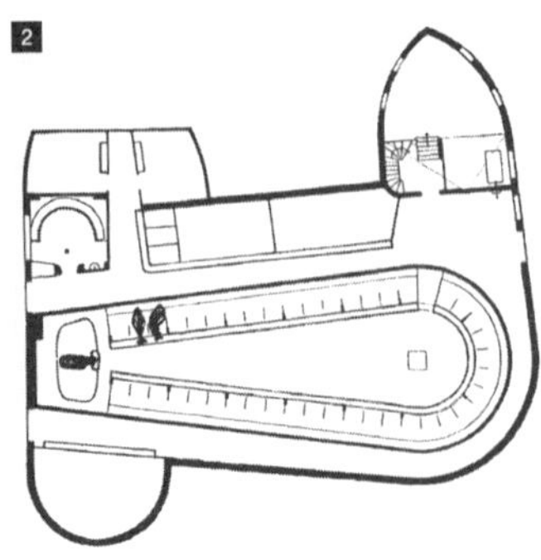

1. 휴고 헤링, 가르카우 농장 외관, 1923
2. 휴고 헤링, 가르카우 농장 평면도, 1923

이라고 주장하였다.

헤링은 '물체를 탐구하여 그 물체 자체로부터 디자인을 이끌어 내야 한다. 물체의 실체가 개개의 건물에 적합한 형태를 결정해야 한다'고 하며, 건물의 형태는 건물의 인간의 도구 혹은 기관으로서 수행해야 할 기능에서 추론돼야 한다고 주장하였다. 그의 대표적 작품으로서는 뤼이벡 근교의 「가르카우 농장」(Garkau, 1923)이 있다. 헤링은 이 기교하고 복잡한 농장건축을 유기적이고 기능적인 것으로 만들었다. 헤링은 전통적인 소재를 새로운 방법으로 시도하였으며, 말굽형의 소 축사 내부는 노출된 콘크리트조 기둥과 보가 연속되어 있다. 헤링의 유기적 건축의 이론을 표현한 이 가르카우 농장은 1920년대 사람들에게 이해되지 못해지만 근년들어 그 평가가 높아지고 있다.

한스 샤론 02

한스 샤론(Hans Scharoun, 1893-1972)은 독일 브레멘에서 태어났으며 1912-14년 베를린 공과대학에서 수학하였다. 샤론은 1919년부터 1925년까지 동프러시아의 인스터부르크에서 건축가로서 본격적인 활동을 시작했으며, '유리사슬'과 '더 링'에 가입하였다. 샤론은 자신의 건축과 저서를 통해 1920년대의 '기관과 같은 건물'에 관한 개념을 주창하며 합리주의를 지지하였다. 그는 1927년에 독일공작연맹이 주최한 「슈투트가르트 바이젠호프 주거단지계획」에 미스 반 데어 로에와 협동으로 한 동의 주택을 설계하였다. 베를린건축협회의 '더 링'의 일원으로서 샤론은 대규모의 「지멘스수타트 단지계획」(1930)에도 참여하였다.

샤론은 1923년 베를린 방송탑에서 열린 '모든 사람들에게 태양과 물과 주거를'이란 전시회에서 '성장하는 집'을 발표하였다. 이 주택계획안에서 샤론은 그리드 방식에 의거해 전체 과정의 정확한 경비일람표를 증축의 경우까지도 포함해서 건설업자에게 제공할 수 있도록 하였다. 그는 '독자적인 건축가는 감각에 의해 움직이기보다는 숙고에 의해 움직여져야 한다'고 하였다. 그러나 샤론은 나치 지배 아래 큰 계획을 실현할 수 있는 기회를 모두 빼앗겨버리고 작은 개인주택이나 계획안만을 제시하였다.

1945년 제2차 세계대전 이후 샤론은 베를린 건축주택국의 첫 국장에 임명되어 파괴된 시내의 많은 건물과 황폐해진 도시를 재건하려 노력하며, '베를린작업공동체'라는 계획그룹을 조직하였다. 이로써 샤론은 이론뿐만 아니라 실질적인 건설경험을 많이 쌓게 되었다. 이 시기에 샤론은 「헤리글란드 섬의 재건계획」, 「슈투트가르트의 음악당」(1949), 「베를린의 미국기념도서관」(1951) 등 여러 중요한 경기설계에 참가하였다. 샤론은 슈투트가르트에서 빌헤름 프랑크와 협동으로 「로미오와 줄리엣 고층 아파트」를 세웠는데, 이 아파트의 펜트하우스와 스튜디오는 이제까지 저층 건물에서만 쓰이던 디자인을 고층 건축에서 완성된 것이라고 볼 수 있다. 샤론은 1956년 「베를린 필하모닉 콘서트홀」의 경기설계에 입상하면서 일약 세계적인 명성을 얻게 된다.

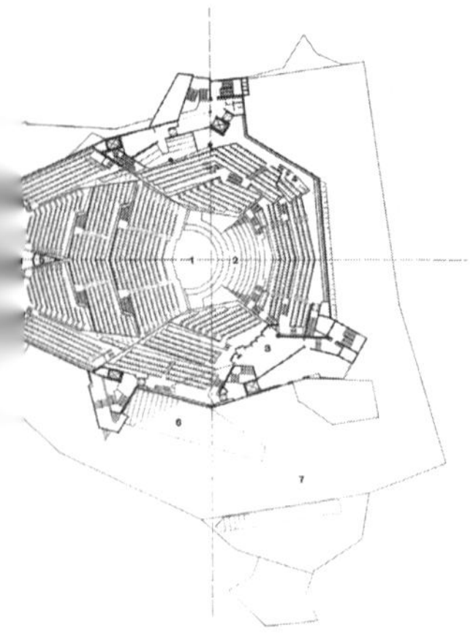
한스 샤론, 베를린 필하모닉 홀 평면도, 1956

한스 샤론, 베를린 필하모닉 홀 원경, 1956

베를린 필하모닉 홀 음악과 공간을 통일해서 3차원의 형태로 압축한 것 같은 샤론의 후기 대표작인 「베를린 필하모닉 홀」(1963 완공)은 중심에 있는 음악이란 개념으로부터 작고 쉽게 관찰되는 구성 및 공간영역을 발전시켰는데, 오디토리움의 초점을 이루는 곳은 오케스트라석이다. 이 베를린 필하모닉 홀은 가로 60m 세로 55m의 불규칙한 공간에 2,200석의 좌석을 가졌으며, 모든 것이 음향본위로 설계되었으나 기이하게 생긴 건물의 외형 때문에 서커스단 건물이라는 별명도 갖는다. 샤론은 공간 속의 움직임에 대한 인식과 공간 내에서의 행동에 대한 인식을 고려하며, 다양한 레벨의 홀들의 긴장감을 통해 뛰어난 경관을 만들어내었다. 샤론은 거리의 악사들이 연주를 하면 관객이 몰려들어 원을 만든다는 것에 착안하여 관객들이 연주자를 둘러싸는 형태의 건축을 제안하였다.
샤론이 필하모닉 홀의 개념을 '음악을 가운데 두는 곳'이라고 요약하였듯이, 이 공연장은 전통적으로 존재했던 뒷무대와 오케스트라 사이의 공간은 물론 획일화된 좌석배치도 거부하였다. '베를린 필하모닉 홀'에서 오케스트라는 경사진 언덕에 놓인 듯한 관중석 테라스에 의해 둘러싸여 있으며, 어떠한 좌석도 무대로부터 가시거리 한계인 32미터 이상을 벗어나지 않고 있다. 샤론은 포도밭의 형태를 청중석 디자인에 채용하여, 모든 측면에서 무대를 향하여 계단식으로 흘러 내려오는 공간을 배치하며 약간의 미묘한 변화를 주어 완벽한 대칭을 깨고 공간에 에너지를 부여하였다. 베를린 필하모닉 홀은 이상한 모양을 한 콘크리트 덩어리에 노란 금속판으로 덮여졌으며, 웅장한 계단이나 고전적인 기둥, 금으로 장식된 내부를 배제하고 그 대신 중앙 공연장을 다각형의 기둥 위에 콘크리트로 큰 술잔과 같은 모양으로 심어 놓아 홀의 아랫부분은 바깥거리의 삶과 같은 공간에 위치하게 하였다.

03 리처드 노이트라

리처드 노이트라(Richard Joseph Neutra, 1892–1970)는 오스트리아 빈에서 태어나 예술적 분위기의 부유한 가정에서 성장하였다. 그는 빈 공과대학과 취리히 대학을 졸업하고, 아돌프 루스와 오토 와그너 등에 영향을 받았다. 1911년에는 프랭크 로이드 라이트의 작품이 처음으로 유럽에 광범위하게 소개되어 노이트라는 큰 관심을 갖게 되고 영향을 받게 되었다. 그는 1922년 멘델존과 협동하여 설계작업을 하여 1923년에는 하이퍼 시의 「비즈니스 센터 경기설계」에 1위로 입상하였다. 1923년 노이트라는 미국으로 이주하여 홀라버드, 로슈, 라이트, 루돌프 등 초창기 건축가들과 같이 활동하였으며, 남캘리포니아의 지역성을 잘 표현하였다.

노이트라는 주택을 설계할 때에 주위배경을 고려하여 신중히 배치하고, 파티오(patio)와 포치를 두어 옥외 경치가 마치 집의 일부인 것처럼 꾸몄다. 그는 건축이란 인간을 자연과 조화되는 상태로 되돌려주는 수단이어야 한다고 믿었으며, 특히 집주인의 생활방식을 반영하는 주택을 지으려고 애썼다. 노이트라는 주택을 설계할 때 가족의 활동과 취미, 유희, 식사습관 등 생활상황을 도표로 만들어가며 과학적으로 분석, 연구하였다. 그가 기술과 디자인, 심리학의 3요소를 결부시킨 최초의 주택은 산타 모니카 산맥을 타고 태평양이 내려다 보이게 자유롭게 펼쳐 지어진 그림과 같은 「로벨 주택」(P. M. Lovell House, 1927)이다. 뉴포트 비치에 콘크리트로 된 이 주택은 넓은 유리창을 내고 굵은 밧줄로 발코니를 매달았고, 개방적인 구조로 모든 야외생활을 즐길 수 있게 되어 있어 소위 '건강 주택'(Health House)이라고 불렸으며, 국제

리차드 노이트라, 로벨 주택 외관, 뉴포트비치, 1927

양식과 라이트의 낭만적 건축이 함께 반영되어 있다.

이처럼 노이트라는 명확한 기능 분리, 명쾌한 디테일과 인공미의 즐거움을 느끼게 하는 등 주택설계에서 뛰어난 재능을 보여주었다. 또한 노이트라는 단순한 형태를 아주 신기하고 색다른 재료로 표현하기를 즐겼다. 제2차 세계대전 이후 노이트라가 설계한 탁월한 주택들인 「카우프만을 위한 사막의 집」(Desert House, 팜스프링, 1946, 카우프만 저택), 산타 바바라(Santa Babara) 소재의 「트레메인 저택」(1947-48), 「데 슐테스 주택」(De Schulthess, 쿠바), 「한쉬 주택」(Hansch House, 1950년대) 등은 구조적 명쾌성, 자른 듯한 수평선 강조, 유리를 사용하여 이루어진 내외공간의 상호교류, 간단한 조작으로 이동되는 스크린 등이 잘 활용된 것을 보여준다. 1942년 설계된 「네스비트 주택」은 지방적 특색을 살리기 위해 벽돌과 소나무를 썼으며, 라이트의 영향을 받아 신풍토주의적 경향을 나타내는 작품이다. 산타 바바라 소재의 「와렌 트레메인 주택」(Warren Tremaine House, 1947)에서 노이트라는 지금까지 사용해온 경쾌한 강철에서 벗어나 육중한 콘크리트로 모든 기능을 잘 해결하며 정원의 자연풍경을 그대로 살리며 육중한 위엄과 빛과 그림자의 효과를 꾀하였다.

리차드 노이트라, 카우프만 하우스의 수영장에서의 모습, 1946

노이트라가 채택한 기후와 위치, 실제적 요구의 충족에 대한 세밀한 과학적, 심리적 설계방법은 주택뿐만 아니라 다른 건물에서도 적용되었다. 브로이어는 「코로나 학교」(Corona School, 캘리포니아, 1935)에서 다중 학교건축을 지양하고 교육을 위한 새로운 환경을 조성하여 학교건축의 혁명을 이룩하였다. 그는 이 학교에서 고정된 책상배치를 자유로이 이동할 수 있도록 하고 벽돌벽 대신에 이동식 유리 간막이로 외부간을 내부와 긴밀하게 연결시키려 하였다. 노이트라의 디자인은 시종일관 합리주의를 기조로 하고 있으나, 구조재료의 표준화 및 형태의 극단적인 단순화 또한 특징적이며, 자연환경과의 융화도 뛰어나다. 노이트라는 1950년대와 1960년대에는 사무용 건물과 교회, 대학건물, 주택단지, 문화센터 등을 지었고, 1966년부터는 아들과 함께 '리처드 앤드 디온 노이트라 건축회사'를 경영하였다.

04 마르셀 브로이어

마르셀 브로이어(Marcel Breuer, 1902–81)는 헝가리의 페에치에서 태어났으며, 1920년 화가나 조각가를 지망하여 빈으로 건너가서 바우하우스를 알게 되어 바이마르로 가게 되었다. 브로이어는 바이마르 바우하우스의 제1회 졸업생으로 그로피우스의 수제자이며 국제주의 건축을 현대화하는 데 크게 기여하였다. 브로이어는 22세에 바우하우스의 교수가 되었는데, 당시 바우하우스는 미술과 기술, 합리주의와 디자인의 객관성에 목표를 두고 있었다. 브로이어는 처음 가구디자인에 관심이 많았으며, 1924년에는 바우하우스의 가구부문의 지도를 맡게 되었고, 브로이어는 23세 때에 새로운 재료에 대한 매력과 대량생산이 가능한 파이프로 된 의자를 설계하여 유명해졌다. 그는 1개의 강관을 구부려 스툴, 의자, 테이블의 골조를 구성하는 방법을 고안하기도 했으며, 강관을 최초로 사용해서 만든 '바실리 의자'(Wassily chair)는 현대적 디자인의 고전이 되며 오늘날까지도 생산되고 있다. 브로이어는 데사우 바우하우스의 이전에 따라 여러 시설에 필요한 가구를 디자인하는 책임을 맡기도 하였다.

건축에 대한 흥미가 점차 높아지며 브로이어는 건축에 발을 들여놓게 되어 작품을 하였으나, 1941년까지는 그로피우스의 그늘 아래 가려져 있었다. 나치의 탄압으로 1935년 영국으로 건너갔던 브로이어는 1937년 다시 미국으로 건너가 그로피우스와 함께 교육과 사무소에서 같이 활동하였다. 브로이어의 교육과 건물은 필립 존슨, 폴 루돌프, 존 요한센 등과 같은 미국의 젊은 건축가들에게 깊은 인상을 주었다. 브로이어는 최초의 미국 주택인 「챔버렌 주택」(Chamberlain Cottage, 매사추세츠, 1940)을 설계한 이후 본격적인 활동을 하였다. 이 주택은 주거공간을 지면에서 들어올려 놓고 주변 환경을 즐기도록 하였다.

미국에서 첫 주택 이후 많은 주택을 설계하였던 브로이어는 「겔러 주택」(Geller House, 1945), 「바사르 대학 기숙사」(1950), 「사라 로오렌스 대학 아트센터」(1952), 「리치필드 고등학교 체육관」(코네티컷, 1954-56), 헌터 대학의 「성 존 교회당」(미네소타, 1961), 프리스톤 대학의 「교수 사택」 등 큰 규모의 학교 건축을 설계했다. 겔러 주택은 두 개의 핵(bi-nuclear)을 지닌 주택이란 개념으로 세워졌는데, 거실과 식당, 부엌부분과 침실부분을 분리하고 가운데로 모이는 특유한 나비(butterfly) 지붕을 하였으며, 이후 인기 있는 근대건축 어휘가 되었다. 브로이어는 「파리 유네스코 본부」(1952)의 설계로 인해 국제적으로 명성을 얻게 되었고, 이후 브로이어는 미국 전역과 남미, 아시아의 대규모의 도시계획과 건축, 공장이며 사무소 빌딩 등 많은 일들이 그에게 의뢰되었다.

브로이어의 이름을 알리게 된 유네스코 본부를 설계할 3인조로서 미국의 브로이어와 프랑스의 제르퓨스, 이탈리아의 네르비가 선정되었는데, 이들은 국제적 조직에 알맞는 건물로서의 성격과 좀더 기능적인 표현을 강조하였다. 이 건물은 여러 기능을 검토한 결과, Y자형을 채택하고 7피트 높이의 여닫이 창의 채양을 위한 수직 슬래브와 수평 래티스, 연장된 플라스틱, 유리 등을 기능면과 장식적으로 사용하였다. 이때부터 브로이어는 콘크리트의 조형성에 큰 매력을 느끼게 되

마르셀 브로이어, 유네스코 본부, 1952

마르셀 브로이어, 성 존 베네딕트파 교회당, 1961

어, 대담하고 조소적인 「성 존 베네딕트파 교회당」(St. John's Benedictine Abbey, Collegeville, 미네소타, 1953-61)에서는 콘크리트의 무한한 조형의 가능성을 최대한 발휘하였다.

브로이어는 건물을 공중에 떠올려서 반중력적 구성으로 하기 좋아했으며, 전면을 유리로서 통일된 전체로 취급하며 여러 가지 세부에서 루버와 블록, 투명한 유리 간막이 등 새로운 재료를 매력적으로 잘 구사하였다. 브로이어의 건축형태는 강렬한 분절에 대한 그의 감각을 뚜렷하게 반영하고 있으며, 그의 디자인은 고도로 분절된 형태로 표출되고 있다. 브로이어의 의자는 형태와 재료에 있어 모든 요소들이 따로따로 분리된 상태로 표현되고, 주택은 각각 다른 행동영역에 따라 다르게 분리된 형태로 나타나며, 구조적 요소들도 모두가 분절되고 정확히 한정되어 있다. 유네스코 본부와 같은 대규모의 건축에 있어서도 기능적으로 각각 다른 요소들을 명확하게 차이를 두게 하거나 분리하는 방법을 사용하였다. 브로이어는 건축에 대해 가진 생각들을 정리하여『햇빛과 그림자』(Sun and Shadow)라는 책을 출판하여, 건축물에서 서로 대립되는 요구의 공존에 대해 이야기하며, 단순한 혼합이나 변형이 바른 해결책이 아니라, 이에 대한 많은 고찰이 건축의 진정한 본질에 이를 수 있게 한다고 하였다.

05 월래스 해리슨

월래스 해리슨(Wallace Kirkman Harrison, 1895-1981)은 매사추세츠 주 워체스터에서 태어났으며, 파리의 에콜 데 보자르에서 공부를 하였고, 20

세 때 뉴욕의 맥킴, 미드 및 화이트 설계사무소에서 건축설계를 시작하였다. 건축설계협동체의 일원으로 경험을 쌓음으로써 그는 여러 가지 건축요소를 알맞게 조정하여 해결하는 솜씨와 조직자로서의 지도력이 돋보이는 건축가가 될 수 있었다.

해리슨은 1929년 「록펠러 센터」(Rockefeller center) 계획에 참여하면서 처음으로 큰 건물을 설계하였는데, 이때 코르벳(Harvey Wiley Corbett)과 후드(Raymond Hood) 두 스승을 만났다. 록펠러 센터는 처음 지상 70층 259m의 RCA 빌딩을 중심으로 13개의 고층빌딩이 세워졌으나 제2차 세계대전 이후 2개 동이 더 늘어났다. 이 센터는 건물들의 높이나 형태에 변화를 주어서 보다 기능적이었고, 적당한 공간을 두어 통풍과 채광, 교통인구의 처리 등을 원활하게 고려하는 등 한 지역의 건축군을 종합적으로 계획한 것으로서 고층 시가지의 환경을 개선하고자 한 획기적인 것이었다. 1934년부터 해리슨은 스위스 태생의 기술자 앙드레 포일후(Andre Fouilhoux), 뛰어난 재질을 가진 맥스 아브라모비치(Max Abramovitz, 1908-2004)와 협동하였다. 해리슨과 아브라모비치 협동사무소는 미국 최대의 건축사무소의 하나로서, 첫 작품으로 뉴욕 만국박람회를 상징하는 삼각첨탑과 둥근 기념탑(1939)을 발표하였고, 주로 사무소건축을 많이 다루었다.

해리슨의 전반부 작품은 국제주의 양식 건축의 경향을 보이며, 해리슨 설계공동체가 세계 각국의 건축가들을 고문으로 하여 설계한 「뉴욕 유엔본부 건물」이 대표적 작품이다. 유엔 본부(United Nations Headquarters)는 제2차 세계대전 후 존 D. 록펠러 주니어가 850만 달러의 토지를 기증함으로써 이곳에 설립되었으며, 1,800석의 유엔 총회 빌딩(General Assembly Building), 하마숄드 도서관(Hammerskjold Library), 39층의 사무국 빌딩(Secretariat Building), 회의장 빌딩(Conference Building) 등 4개의

월래스 해리슨, 유엔 본부, 1962

건물로 구성되어 있다. 뉴욕 이스트리버에 면해 있는 세계평화를 상징하는 기념비적 건축인 유엔본부는 태풍에도 견딜 수 있게 알루미늄으로 된 창살이 사용되었으며, 햇빛을 차단하기 위해 루버를 사용하지 않고 단열유리를 사용하여 유리 입방체를 형성하였다.

해리슨은 알루미늄의 활용 등 미국 산업조직의 산물을 대담하게 건물에 적용함으로써 미국산업과 깊이 연관되었다. 그는 알루미늄회사 사무소인 아이오아 소재의 「대븐포트」(Davenport, 1949)를 위하여 외부 벽을 알루미늄으로 설계하였고, 피츠버그 소재의 「알코아 빌딩」(Alcoa building, 1952)에서는 알루미늄을 대량으로 사용하였다. 이 건물들에서는 층고 전체를 차지하는 알루미늄 또는 강철의 커튼월 유닛이 사용되며, 작은 패널을 사이사이에 끼운 큰 알루미늄 패널이 특이하다. 이들을 통해 해리슨과 아브라모비치 협동사무소는 시카고학파 이래 마천루 건물의 제2의 혁명을 이루었다고도 할 수 있다.

한편 해리슨은 협동작업이 아닌 개인의 낭만적 성격을 나타내기도 했는데, 코네티컷 주 소재의 「스탬포드 제일장로교회」(First Presbyterian Church, Stamford, 1959)에서 새로운 재료와 새로운 구조법을 써서 고딕교회당에서 볼 수 있었던 다채로운 스테인드글래스의 아름다움을 표현하려고 하였다. 근대 교회 디자인의 뛰어난 작품인 스탬포드 제일장로교회의 물고기 모양 내부는 넓게 펼쳐진 스테인드글래스를 통해 들어오는 여러 가지 빛으로 넘쳐 찬란한 분위기를 만들어낸다.

월래스 해리슨, 링컨 센터, 1960

링컨 센터의 정식 명칭은 Lincoln Center for the Performing Arts, Inc이다.

해리슨 설계공동체에서 설계한 「**링컨 센터**」(Lincoln Center, 1960)는 미국현대건축의 성격을 잘 표현한 작품으로서 네오클래식 수법을 보여준다. 링컨 센터는 뉴욕의 링컨 광장에 록펠러 재단의 주최로 기금을 마련하여, 오페라와 음악, 뮤지컬, 연극 등의 각 극장을 한곳에 모아 공연예술 종합 센터로 기획한 것이다. 링턴 센터 내에는 '줄리어드 음악원'을 포함한 대리석을 사용한 고전적이면서도 모던한 7개의 무대건물이 있고 그 중심은 약 3,800석의 메트로폴리탄 오페라하우스가 위치하고 있다. 「메트로폴리탄 오페라하우스」(Metropolitan Opera House)는 10층 높이의 기둥들이 장식되어 있는 신바로크적 성격의 건물로서, 미국 자본주의의 발전으로 이루어진 경제력의 표상으로 화려하던 고대 로마를 동경한 조형적 표현이라 할 수 있다. 오페라하우스 앞 광장을 끼고 왼쪽에는 2737석의 「뉴욕 주립극장」(New York State Theater)이 있어 뉴욕 시티발레와 시티오페라의 본거지가 되며, 맞은편에는 「에이버리 피셔 홀」(Avery Fisher Hall)이 있다. 에이버리 피셔 홀은 42개의 기둥을 골격으로 땅에서 지붕까지 큰 유리를 끼웠으며, 콘크리트와 유리로 된 장엄한 건물이다. 피셔 홀의 객석은 2,646석이며 내부는 '테라스'로 부르는 3층 객석이 무대 근처까지 비스듬히 이어져 있다.

루이스 칸 06

루이스 칸(Louis Kahn, 1901-74)은 에스토니아(러시아)의 오셀(Osel) 섬에서 출생하여 미국에 건너가 어린 시절 대부분을 펜실베니아에서 보냈으며 회화와 음악 양면에 재질을 보였다. 칸은 1917년 펜실베니아 대학에 입학해서 건축교육을 받고 활동을 하였다. 1937년 필라델피아에 자신의 개인 사무소를 개설하여 활동하며, MIT 공대 등과 같은 여러 교육기관에서 학생들을 지도하기도 하였다. 1950년대에 칸은 개성있는 작품을 민들이내며 두드리진 활동을 보이며 많은 논란을 일으켰는데, 뉴헤븐의 「예일 대학 미술관」(1952-54)을 지었을 무렵 이미 독자적인 경지

를 이루게 되었다. 이 1950년대 초에 있어서 필립 존슨과 에로 사리넨 등과 같은 많은 건축가들은 여전히 미스 반 데어 로에의 공업화된 고전주의 건축을 설계의 교본으로 생각하며 모방하고 있었다.

칸은 건물의 기능과 구조, 설비를 외부적으로 솔직하게 표현함으로써 형태의 자율성을 강조하였다. 그는 힘차고 억센 구조체의 매스에서 보이는 시각적 강조와 인간이 촉감으로 느낄 수 있는 매스와 질감의 맛을 결부시키려 하였다. 그는 천정에 조이스트 슬래브를 노출시키고 뼈대와 같이 보를 노출시키며 공간전개에서 당당한 기둥을 쓴다. 그의 건축에 있어서 콘크리트의 질감은 힘차다는 느낌을 넘어 야수적인 느낌을 주며, 각 부재나 요소들 상호의 접합부에는 이음줄을 크게 두어 강조한다. 칸은 「AFL-CIO 의료센터」(1954)에서는 돌과 유리벽의 내부에 조각적인 구멍이 뚫린 보를 둠으로써 증대되는 파이프나 닥트설비를 위한 구조의 변경없이 처리할 수 있도록 고안하였다.

칸은 '서비스 하는 공간'(servant space)과 '서비스 받는 공간'(served space)을 공간적 및 구조적으로 분리하고 외부적 형태로 표현하였다. 칸은 평면에서 기하학적인 배치와 대칭을 중시하였으며, 두 개의 큰 스팬을 두어 큰 스팬은 생활에 필요한 '서비스받는 공간'으로 쓰이고 작은 스팬은 '서비스하는 공간'으로 하였다. 기능적으로 나누어진 두 개의 공간구분은 입면에서도 항상 명확히 표현되었다. 즉, 칸은 고층건물인 경우 '서비스하는 공간'이 구조적 표현과 건물의 기능을 명확히 구분하고, 저층건물의 경우에는 큰 스팬과 작은 스팬의 지붕을 모양과 높이를 달리하여 기능을 역시 명확히 하였다.

칸은 질서의 원리와 유기적 건축이라는 말로서 자신의 건축적 개념을 설명하는데, 건축에서는 질서의 직감적 이해에서 유기적 성격이 나온다고 하며, 질서란 공간과 구조, 건축물, 서비스, 움직임의 질서라고 생각하였다. 칸은 '형태는 기능에 따른다'는 명언을 뒤집어 '공간은 기능을 끄집어낸다. 공장이건 주택이건 단순히 생활 프로세스를 벽과 바닥으로 뒤집어 씌우는 일은 건전한 원활을 기할 수 없다. 건축물은 인간생활의 기지로서 생활 프로세스 위에 무엇인가를 덧붙여야 한다. 그래서 생활 프로세스를 좀더 낫게, 좀더 능률적으로 또 도움이 되는 것으로 만들 수 있어야 한다'고 하였다.

칸의 주요 작품으로는 「예일 대학교 미술관 증축」, 다섯 개의 정사각형 공간이 중앙의 하나를 제외하고는 피라미드 모양의 모임지붕으로 이어진 「트렌턴 욕장」(1956), 「리처드 의학연구소」, 「솔크 생물학연구소」, 「킴벨 미술관」(Kimbel Art Museum, 텍사스, 1966–72), 「방글라데시 정부종합청사」(Bangladeshi, 방글라데시 데카, 1972–76) 등이 있다.

루이스 칸, 킴벨 미술관, 1966–72

예일 대학교 미술관 「예일 대학교 미술관」(Yale Art Gallery, 코네티컷, 1952–54)은 칸이 설계한 최초의 주요한 건물이라 할 수 있는데, 예일 대학 구캠퍼스의 일획이었던 기존 건물의 증축으로 계획되었다. 예일 대학교에 있어 최초의 근대건축인 이 미술관은 동쪽 파사드는 거리에 면한 연속성을 배려하였고, 북쪽은 중정을 향하여 개방되었다. 칸은 이 건축물에서 미스식의 디테일이나 수법을 모방하기보다는 오히려 미술관의 실내설계에 절대적으로 필요한 것을 의도했는데, 필요에 따라 간막이를 할 수 있는 입체적으로 넓은 공간과 간소한 입방체가 주는 외관을 만들려 한 것이라고 할 수 있다. 이 건물의 외부처리는 벽돌과 유리의 대조에 의해 극도로 간소하게 처리되었는데, 이는 당시 성행하던 미스식의 고전적이고 우미한 모습과는 상이한 것이다. 내부의 천장은 보이드한 삼각추를 연속시킨 듯한 독특한 구조 시스템이 드러나 있다. 칸이 사용한 콘크리트의 골조나 천장의 4면체 구조는 우미함과 세

루이스 칸, 예일 대학교 미술관 증축, 1951–53

련된 완벽성이 유행하던 당시의 경향과 비교해 힘차고 거친 형태의 표현이었다.

루이스 칸, 리처드 의학연구소, 1957-60

리처드 의학연구소 「리처드 의학연구소」(Richards Medical Research Building, 펜실베니아 대학교, 1957-60)는 칸의 디테일에 관한 생각이 잘 표현된 건물로서, 루이스 칸의 명성을 세계적으로 알리게 한 작품이다. 이 연구소는 유틸리티 코어를 가진 중앙의 돔과 그것을 둘러싸는 같은 면적의 3동으로 구성되었는데, 나중에 2동이 증축되었다. 이 연구소는 연구공간과 동물사육실, 실험준비실 등으로 구성되는데, 세로의 동선이나 설비배관을 갖는 서비스 코어가 연구공간으로부터 명확히 분리되어 있는 것이 특징이며, 그 구성은 수직성을 강조하는 벽돌의 코어로서 외관에도 기둥 모습으로 솔직히 표현되고 있다. 이 건축물은 모든 구조가 프리캐스트 콘크리트 부재로 구성되어 구조적 표준화의 표본이 되기도 하였다.

루이스 칸, 솔크 생물학연구소, 1959-62

솔크 생물학 연구소 「솔크 생물학연구소」(Laboratory Buildings for Salk Institute, 캘리포니아, 1959-62)는 남캘리포니아 외곽의 태평양을 바라다보는 언덕 위에 세워졌다. 이 연구소에서는 석회석의 중정을 두고 두 동의 건물이 배치되었는데, 각 동은 가늘게 분절된 콘크리트의 벽면과 하얀 나무의 개구부를 가진 개실영역과 공동연구실 영역을 로지아를 사이로 연결되는 구성이다. 여기서는 '서비스받는 공간'과 '서비스하는 공간'의 분절이라는 칸의 개념이 연구부분과 기계 및 설비부분을 서로 쌓아올리는 모습으로 실현되었다.

에드워드 듀렐 스톤 07

에드워드 듀렐 스톤(Edward Durell Stone, 1902-1978)은 아칸사스의 페옛빌(Fayettesville)에서 태어났으며, 아칸사스 대학을 다니고 하버드 대학교에서 디자인 2년 과정을 1년에 끝마친 후 MIT 건설기술과정을 수학하며 유럽여행에서 많은 고전작가의 작품을 보고 영향을 받았다. 스톤은 프랭크 로이드 라이트에 의해 유망한 청년이라고도 불렸었는데, 1930년 뉴욕 주 키스크의 「만델 하우스」에서 정확히 구획된 정방형 형태로서 미끄러운 외장에 연속창의 무늬로 칸막이된 건물을 최초로 건립하였다. 스톤은 1936년 뉴욕에서 사무실을 설립하여 활동하였다. 스톤은 초기에는 연속된 유리창과 수직으로 세워진 금속 기둥열을 쓰는 당시의 국제 건축양식을 따랐지만, 곧 장식의 전통적 요소를 부활하고 광선과 음영의 효과를 살리는 건축을 추구하였다.

스톤은 1954년 「뉴델리의 미국대사관」을 설계한 때부터 본격적인 건축활동을 시작하였다. 스톤의 특색 가운데 하나인 클린월, 곧 실제 구조부재의 전면 또는 후면에 붙인 하중을 지탱하지 않는 간막이벽은 열대나 아열대의 여러 나라에서 많이 사용되었다. 스톤은 음영과 통풍을 공급하기 위해 공간을 낸 타일벽, 작은 구멍을 낸 벽돌벽, 금속제의 격자망 등을 많이 사용했는데, 이들은 고전적인 좌우대칭의 평면이나 파사드와 잘 조화된다. 「**콜럼버스 서클 박물관**」(Columbus Circle Museum, 뉴욕, 1961)은 현대미술관으로 베니스의 「까도로 궁전」이나 「다지 궁전」을 연상시키는 화려한 양식적 건물이다.

이 건물은 2006년 리노베이션되어 핸드메이드(hand-made)로 만든 작품을 전시, 보존, 연구하는 예술디자인박물관(MAD, Museum of Arts and Design)이 되었다. 세계기념물기금(WMF)은 건축의 원형을 훼손하는 리노베이션을 지적하며 이 건물을 '2006년 위험에 처한 100대 문화유적지' 리스트에 올렸다.

스톤은 인도 미국대사관에서 사용한 원리들을 1958년 「브뤼셀 만국박람회의 미국전시관」에도 사용했는데, 사각형에서 원형으로 변화

에드워드 듀렐 스톤, 콜럼버스 서클 2, 1964

되었을 뿐이다. 「브뤼셀 만국박람회 미국전시관」(United States Pavilion for the 1958 International Exposition in Brussels, Belgium)에서는 100톤의 인장력을 받는 케이블을 이용한 현수지붕을 사용하였는데, 직경 328피트 이상의 압축을 받는 환상체에 지붕구조가 매달려 조립되었다. 1964년 스톤은 뉴욕 맨해튼 중심부 콜럼버스 서클 남동쪽 사다리꼴 모양의 블록에 국제주의 양식의 건물인 「콜럼버스 서클 2」(2 Columbus circle)를 설계하였다. 그의 대표적 건물들은 원래의 「현대미술박물관」(Museum of Modern Art, 뉴욕, 1937), 워싱턴의 「케네디 퍼포밍아트 센터」(Kennedy Center for Performing Arts, Washington D.C., 1962), 「펩시코 세계 본부」(Pepsico World Headquarters, 뉴욕, 1967), 「알바니 대학 캠퍼스」(the State University of New York at Albany, 뉴욕, 1962) 등이 있다.

인도 미국대사관 스톤은 정면에 원형의 연못을 두고 그 너머의 기단 위에 대칭적인 「인도 미국대사관」(United States Embassy, 1954)을 세웠다. 건물의 구성은 큰 중정을 중심으로 그 층의 업무공간

1. 에드워드 듀렐 스톤, 케네디 센터 열주, 1962
2. 에드워드 듀렐 스톤, 케네디 센터, 1962

이 둘러싸게 되었는데, 그것들의 기능공간은 기단 위에 자립하는 철골기둥에 의하여 들어 올려진 지붕 밑에 분절된 상자로서 늘어서고 바깥기둥은 콘크리트와 대리석에 의한 그릴로 덮여 있다. 「뉴델리의 미국대사관」은 강한 상징성을 지니며 고대 그리스의 신전이나 타지마할을 상기시키는 조형을 보여준다. 스톤은 이 건물의 설계에서 자신을 고전주의자라고 여기며 대규모의 공공건물은 그리스 신전을 기본으로 건축해야 된다고 생각하였다. 스톤은 타지마할에서 사용된 전면의 인공호수에 비친 건물의 반영에 의한 확대된 공간구성, 현대적 재료로 재현된 열주, 고전주의적인 비례, 기능과 장식을 위한 콘크리트 그릴(grill) 등의 건축 원리를 적용하였다.

에드워드 듀렐 스톤, 미국대사관, 뉴델리, 1954

필립 존슨 08

전 세계의 건축계에 영향력 있는 미국 건축가인 필립 존슨(Philip Cortelyou Johnson, 1906-2005)은 오하이오 주 클리브랜드에서 태어나 1923년부터 1930년까지 하버드 대학교에서 고전연구와 철학을 전공하였는데, 히치콕의 근대건축에 관한 책을 읽고 르 코르뷔지에와 그로피우스, 미스 등 건축가들의 작품을 보며 건축으로 전향하게 되었다. 1930년 존슨은 근대건축의 거장들을 순방하는 유럽 여행을 하게 되어 샤르트르 대성당, 로마의 판테온 등의 건축물에 매료되었으며, 네덜란드의 오우드, 베를린에서 멘델존과 그로피우스, 미스를 만났는데, 특히 미스와의 친교는 그에게 커다란 영향을 주게 되었다. 존슨은 1932년 알프렛

바아르 2세(Alfred Barr Jr.)와 기획하여 뉴욕 현대미술관(MOMA)에서 국제건축전시회를 개최하였고, 1934년에는 기계예술전시회를 개최하여 미국 디자인운동의 이정표를 세웠다.

존슨은 1930년부터 1936년까지 뉴욕 현대미술관 건축부의 부장직을 맡았고, 1940년부터 1943년까지 하버드 대학원에서 건축을 공부했다. 1942년부터 1946년까지 캠브리지에 자신의 사무소를 개설하고, 1946년 다시 뉴욕 현대미술관의 건축부 부장직을 맡았으며, 1942년 첫 작품으로 자신의 집을 실현시켰고, 1954년부터 뉴욕에서 건축가로서 활동하였다. 존슨은 미술관에 재직 중 근대건축운동의 선전 및 연구에 전력하였는데, 1933년 근대건축전이 개최될 때 히치콕과 공저로 『국제양식』(1932)을 썼다. 존슨은 본질에 따른 건물군의 구성, 주의깊게 다루어진 디테일과 마감, 치밀한 설계로 우아함을 만들어내는 점, 경관의 중요성을 인정하는 점 등 여러 특색이 있는 건축가로서, 교육자로, 또 비평가로서 큰 영향을 주고 있다.

존슨은 초기에는 미스의 영향으로 유리와 강철구조의 미학을 탐구하였다. 미스는 존슨에게 있어 최고의 스승이었고, 존슨은 미스의 수제자로 알려지게 되었다. 그러나 1954년 페이(I. M. Pei), 루돌프(Paul Paul), 위이즈(Harry Weese), 요한센(John Johansen), 사아리넨, 분샤프트(Gordon Bunschaft) 등 미스의 영향을 받은 건축가들이 모여 토론한 후, 그들의 우상인 미스 반 데어 로에로부터 배운 건축문법에서 벗어나 새롭게 전개하여 나아갈 것을 선언하였다.

존슨은 1950년대 말 이후 미스의 영향에서 벗어나 일반대중의 취향에 부합되는 절충주의적인 미적 형태와 외관에 몰두하게 되었다. 즉 뉴욕의 포트 체스터(Fort Chester)에 있는 「이스라엘 유태교 교회」((Temple Kneseth Tilfereth Israel, 1954-55)를 설계했을 때부터 존슨은 미스에서 벗어나 자기를 주장하기 시작했다. 하지만 존슨은 1957년에 착수한 「시그램 빌딩」에서는 미스와 협력하였다.

1950년 후반부터 교회와 미술관, 극장대학 등 정열적인 설계활동을 계속했던 존슨은 후기에는 미스와 결별한 후 고전적 요소를 이용하여 외관을 구성하는 절충주의적(Eclecticism) 수법을 주로 이용하여 미국 탈-근대주의, 즉 포스트모더니즘(post-modernism) 건축의 선구적 역할을 하고 있다. 존슨은 자신을 '현대의 전통주의자'로 부르며 광범위하게 과거의 건축과의 절충을 위해 노력했다. 존슨은 '뉴하모니의 성당은 브라만테 없이는 생각할 수 없으며, 링컨 센터의 열주랑은 성베드로 대성당 없이는 생각할 수 없다'고 하며, 새로운 전통주의의 부활(Vive the New Traditionalism)을 주장하였다. 존슨은 모더니스트로 시작하여 해체주의 건축을 열었을 만큼 세계 건축의 흐름에 아주 중요한 역할을 하였다. 이스라엘 「원자핵연구소의 돔식 건축」(1960)은 현장에서 만든 콘크리트로 된, 차츰 끝이 가늘어지는 삼각형의 보충재를 사용했고, 인디애나 주 「뉴하모니의 성당」(New Harmony Shrine, 1960)은 휘어진 나무와 합판을 사용한 얇은 슁글(shingle)로 지붕을 이었는데, 이들은 하드리아누스 황제의 별장 등 후기 로마제국의 건물이나 보로미니에 의한 바로크식 교회의 기복이 있는 돔을 연상하게 한다. 링컨에 있는 네브라스카 대학의 「쉘든 미술관」(Sheldon Museum of Art, 1963), 링컨 센터의 「뉴욕 주립극장」(1960-64)은 신고전주의의 대표작이며 프랑스 에꼴 데 보자르의 영향을 보여준다. 쉘든 미술관에 있어서 건물의 기둥과 엔터블레처의 접합부의 곡면은 고딕건축의 영향을 받은 듯하다.

존슨의 주요 작품 및 저서로서는 히치콕과 공동으로 국제주의 양식 건축을 최초로 구체적으로 정의하고 소개함으로써 국제주의 양식 건축의 전 세계적인 전파에 결정적 역할을 한 책인 『국제양식: 1922

년 이후의 건축』(International Style : Architecture since 1922), 「유리의 집」, 미스와의 공동작품인 「시그램 빌딩」(Seagram building, 뉴욕, 1954-58), 뉴욕 링컨 센터의 「뉴욕 주립극장」(Lincoln Center, 1960-64), 「펜조일 플레이스 복합건물」(Penzoil Place, 텍사스, 1970-76), 「미국 전신전화국 사옥」(AT&T, 뉴욕, 1978-83) 등이 있다.

인간과 사회에 대한 깊은 이해와 사랑을 바탕으로 한 조형의지를 가지고 건축을 한 필립 존슨 이후 건축은 미술적 재능보다 인문과학적 감수성과 사회과학적 이해의 산물이라는 인식이 새롭게 대두되었고, '자연과학적 지평 위에 공학적 미학으로 표현하는 역사적 산물'이라는 건축에 대한 폭넓은 해석이 자리를 잡았다. 존슨은 1978년 미국건축가협회 금메달을 수상했으며, 1979년에는 첫번째 **프리츠커 상**(Pritzker Architecture Prize)을 받았다. 존슨은 프리츠커 수상연설 중에서 '건축을 한다는 것은 어떤 일을 하는 것보다 즐거운 일일 것입니다. 사회적 여건을 충분히 고려하여 건축에 표현해야 합니다. 새로운 건축이 없는 새로운 시대는 없습니다. … 새로운 기술은 새로운 건축에 반영이 됩니다. 위대한 기술은 위대한 건축을 만들 것입니다. 프리츠커 건축상은 노벨상에 버금가는 것입니다. 노벨상은 이제껏 시각예술분야에 상을 준적이 한번도 없습니다, 건축분야에서도 마찬가지입니다. 이제껏 건축가는 이 사회에서 2류로 취급되었습니다. 의사와 작가, 과학자와 마찬가지로 이제는 건축가도 동등한 취급을 받아야 할 것입니다. 프리츠커 건축상의 의미가 여기 있을 것입니다 우리 건축가는 더 좋은 세상을 위한 인간환경을 건조할 것입니다'라고 하였다.

프리츠커 건축상(Pritzker Architecture Prize)은 매년 하얏트 재단이 '건축예술을 통해 재능과 비전, 책임의 뛰어난 결합을 보여주어 사람들과 건축환경에 일관적이고 중요한 기여를 한 생존한 건축가'에게 수여하는 상이다. 1979년 제이 프리츠커(Jay A. Pritzker)가 만들고 프리츠커 가문이 운영하는 이 상은 현재 세계 최고의 건축상으로서 건축의 노벨상으로 불린다. 이 상은 국적과 인종, 종교, 이데올로기와는 관계 없이 주어진다.

유리의 집 숲으로 둘러싸인 광대한 부지의 한 모퉁이에 세워진 필립 존슨 자신의 저택인 「유리의 집」(Glass House, 코네티컷 주 뉴캐

필립 존슨, 유리의 집, 전경, 1949

논, 1949)은 미스가 일리노이 주에 세운 「판스워스 저택」의 계통에 속하며, 독창성이 있는 대걸작으로 여겨진다. 존슨은 당시의 첨단 재료인 철과 유리를 사용하여 기하학적이고 미니멀적인 형태를 만들며, 실내외부의 투명성과 시각적 연결을 이루어내었고 계절과 자연의 변화에 유기적으로 대응할 수 있도록 하였다. 가로 18m 세로 9m 크기의 작은 이 주택은 부엌과 식당, 거실, 침실이 모두 투명하게 유리로 쌓여 있고, 공간은 낮은 크기의 호두나무 가구로 구획되어 있다. 건물 내부에 있어서 원형의 욕실만이 유일하게 붉은 벽돌을 사용하여 지붕을 뚫고 하늘로 솟아 있다. 미스의 판스워스 저택은 엄격하고 세련된 감이 있었으나, 존슨의 유리의 집에는 공원 같은 낭만적인 분위기와 고풍의 풍요성이 있다. 테라스가 있는 잔디밭에 놓인 단순한 형태에 18세기식의 우아함과 위트를 주고 있다. 존슨은 미스의 판스워스 저택이 혼자 서 있는 반면, 유리의 주택은 자연과 함께 그 속에 있는 하나의 파빌리온이라고 하였다. 실내는 유일한 곡선인 난로와 욕실, 화장실 부분과 가구, 오브제에 의해 거실, 식당, 사적 영역으로 분할되어 있다. 주위에는 벽돌조의 게스트하우스(1951), 토성 밑에 만들어진 회화관(1965), 벽돌과 유리를 이용한 조각관(1970), 파빌리온, 원형의 풀, 분수 등이 **잭 립쉬츠**(Jacques Lipschitz, 1891–1973)에 의해 만들어진 커다란 토템 조각상 주변에 각기 대각선상으로 배치되어 있다. 최소한의 유리와 최소한의 철로 자연과 잘 어울리는 집, 자연의 일부인 집을 세운 존슨은 이후 그 외의 많은 교외의 주택을 설계함에 있어 이 주택의 테마를 여러 가지 방법으로 채택하였다.

잭 립쉬츠는 리투아니아 태생의 입체파적 조각가이며, 제2차 세계대전 발발 이후 미국에 정착하였다.

이스라엘 유태교 교회 뉴욕 주 포트 체스터에 있는 크네세스티페레드 「이스라엘 유태교 교회」(1954–55)에서는 미스식의 노출된 금속골조에 가느다란 스테인드글래스를 넣고 프리캐스트 콘크리트 판을 끼우고 있다. 절충주의적 작품인 이 교회의 바깥쪽은 르두(Ledoux)식의 계란형 입구가 있는 구조이고, 내부에는 소온식의 회반죽을 바른 둥근 천장이 있다. 이 유태교 교회에서는 수직기둥에 올려 놓은 천개를 천정 모양으로 써서 극적인 효과를 나타내었다. 이 교회에서 존슨은 프리캐스트 콘크리트의 벽화를 시험적으로 사용했으며, 그는 프리캐스트 콘크리트나 손으로 다듬은 돌을 사용하여 고전주의자들이 이상으로 여기는 포티코나 콜로네이드를 장식하였다.

09 에로 사리넨

에로 사리넨(Eero Saarinen, 1910-1961)은 핀란드 키르코누미에서 출생하여 1923년 미국으로 이주하여 활동한 건축가로서, 건축가 아버지 에리엘 사리넨(Eliel Saarinen, 1873-1950)과 조각가 어머니 로야 게셀리우스 사이에서 태어났다. 사리넨은 루이스 칸과 함께 1950, 60년대 전환기의 미국 건축을 선도한 건축가이며 크랜브룩 예술학원의 초대원장이었다.

사리넨의 아버지는 미시간 주 블룸필드힐스에 있는 크랜브룩 아카데미(Cranbrook Academy of Art)에서 교수로 있었고, 그는 조각과 가구디자인을 공부하였으나, 1930년부터 1934년까지 예일 대학교에서 건축을 전공한 뒤에 크랜브룩 아카데미에서 강사로 일하였다. 사리넨은 1936년 미시간주 플린트의 '플린트조사계획연구소' 일원으로서 작업한 주거와 도시계획에 관한 연구로 건축전문가로서 활동을 시작하였다. 그는 1938년 아버지의 건축설계사무소에 들어갔고, 1950년부터 미시간 주 버밍행에 자신의 사무소를 개설하여 운영하였다. 사리넨은 1946년 현상설계에서 당선된 세인트루이스 근교의 「제퍼슨 영토확장 기념관」(Jefferson National Expansion Memorial)으로 인하여 이름이 알려지게 되었다.

사리넨은 초기에는 미스의 영향으로 철과 유리를 이용한 커튼월과 기하학적 구조미학을 추구하였지만, 후기에는 콘크리트의 가소성을 최대한으로 활용하며 인간에게 감정과 정서를 줄 수 있는 조각적이며 상징적인 형태의 건축을 추구함으로써 미국 탈-근대주의 건축의 선구자적 역할을 하였다. 사리넨은 풍부한 건축적 특징과 일찍이 본 적이 없는 극적인 시각효과를 지닌 조형적 형태를 도입했으며, 이 자극적 형태의 건축물들은 근대건축에서 국제주의 양식이 지녔던 획일성과 엄격함에 싫증난 사람들에게 환영받았다. 사리넨은 형태의 구성요소로서 구조를 활용하여 형태와 구조의 통합에 의해 공간을 구성하였다. 그는 '우리는 무엇을 하든지 미학적 이유와 같이 구조적 이유를 가지지 않으면 안 된다'고 하였다.

오늘날 미국의 대표적 현대건축가인 로버트 벤추리(Robert Venturi), 시저 펠리(Cesar Pelli), 케빈 로치(Kevin Roche) 등이 당시 사리넨의 사무소에 근무하며 사리넨의 영향을 받았다. 사리넨의 사망 후, 그의 파트너인 케빈 로치(Kevin Roche)와 존 딘켈루(John Dinkeloo)가 작업 중이던 과제들을 마쳤으며, 사무소의 이름은 '케빈 로치, 존 딘켈루 연합체'(Kevin Roche, John Dinkeloo and Associates) 또는 '로치-딘켈루'(Roche-Dinkeloo)로 바뀌었다.

사리넨의 건축은 주로 교육 및 공업을 위한 공공단체 건물과 관련이 있다. 그의 주요 작품으로는 순수한 형태의 미스적인 건축인 「제너럴 모터스 기술연구소」, 「MIT 대학교 크레스지 강당 및 예배당」, 「밀워키 전쟁기념관」(Milwaukee County War Memorial Center, 1955–57), 예일대의 「인갈스 실내하키장」, 콘크리트 쉘 구조를 이용하여 날아가는 새의 모습을 건축적으로 형상화한 상징적 형태의 건물인 뉴욕 케네디 공항 「TWA 전용 터미널」, 우아한 표현적 특징이 돋보이는 「댈러스 국제공항」 등을 들 수 있다. 예일 대학 인갈스 실내하키장과 TWA 전용 터미널, 댈러스 국제공항 등 내부에 큰 공간을 가진 건축에서는 내부공간이 드라마틱하고 풍부하며 외형은 이질적이지만 내부의 공간과 외관형태의 관계가 좀 더 이해하기 쉽게 처리되었다. TWA 전용 터미널과 댈러스 국제공항은 서로 다른 모습이지만, 비행에 대한 개념탐구와 콘크리트 및 강선을 이용한 독창적인 구조, 청사 내 동선에 대한 색다른 아이디어 등 공통점이 많이 있기도 하다.

에로 사리넨, 게이트웨이 아치, 1963

제퍼슨 영토확장기념관(게이트웨이 아치) 사리넨의 이름이 알려지게 된 이 「제퍼슨 영토확장 기념관」(Jefferson National Expansion Memorial)은 서부개척의 상징으로 '게이트웨이 아치'(gateway arch)란 이름으로 1963년 세워졌다. 1948년 세인트루이스에서는 미시시피 강 서안에 있는 제퍼슨의 영토확장 기념관을 장식하기 위한 설계공모가 열려 사리넨의 계획안이 당선되었다. 이 기념관은 건축가 출신 대통령인 토머스 제퍼슨을 기념하는 장소인 동시에, 메리웨더 루이스와 윌리엄 클라크가 미국 서부의 지도를 그리기 위해 탐험을 출발한 세인트루이스의 도시적 상징이기도 했다.

우아하고 장엄한 이 기념관은 630피트(192m) 높이의 우아한 포물선 아치 구조물로서 단순명쾌한 기하학적 형태와 새로운 재료가 주는 예리한 감각이 매우 뛰어난 작품이다. 이 아치의 단면은 등변 삼각형이며, 두께는 기단의 측면이 16.54미터이고 위로 갈수록 가늘어져서 정상부분은 5.2미터다. 이 아치의 주요한 외장재로는 신장력이 있고 마무리 하기가 좋으며 부식에 저항력이 강한 스테인리스강을 선택하였다. 아치의 외피는 0.6cm 두께의 스테인리스강이고, 내피는 1cm 두께의 탄소강으로 되어 있는데, 두 부분은 볼트로 결합되어 그 안에 들어 있는 콘크리트를 강하게 밀착한다. 벽판들은 886톤의 재료로 부품들을 따로 제작하여 현장에서 용접했다. 지상에서 약 90미터까지는 측면의 하중이 감소하지만, 아치가 수평방향이 되면서 중량은 크게 늘어나기 때문에, 이 부분에는 콘크리트를 없애고 내피와 외피를 직접 철판으로 연결하였다.

제너럴 모터스 기술연구소 「제너럴 모터스 기술연구소」(General Motors, 미시간 주, 1948-56)는 에로 사리넨에 의한 최초의 큰 작업이었는데, 정연하게 조림된 숲이 에워싸는 넓은 대지에 25동의 건물들이 세워졌다. 이 연구소는 젊은 기술자나 기능자를 위한 연구기관으로서, 각기 다른 분야를 연구하는 단순한 입방체의 많은 건물들이 9ha 연못을 중심으로 하여 불규칙하게 배치되어 있으며, 정확한 형태로 건물들이 구성되고 그 위에 강렬한 인상의 색채를 배합하며 여러 가지 색의 유약을 칠한 벽돌을 써서 화려하고 인상적인 강조점을 주었다. 나지막한 건물들이 풍기는 꼼꼼함과 규격화된 율동감을 주며 직사각형의 철과 유리 건물들로 구성된 이 연구소는 미스의 「일리노이 공과대학의 마스터플랜」(1940)을 연상케 하는데, 미스의 경우는 규칙화되고 공업적인 고전주의적인 성격을 보이는 반면에, 사리넨의 건축형태는 그 규모나 외관의 조화수법이 훨씬 개성적이고 색채에도 변화가 있다. 사리넨이 이 건물에서 알루미늄 틀에 철판과 유리를 짜맞추는 커튼월의 기술적인 문제를 해결한 방식은 이후 많은 건축

에로 사리넨, 제너럴 모터스 기술연구소 디자인동 입구돔은 오디토리움, 1945-56

'금속공업의 고도의 정밀성과 대량생산 가능성'을 그대로 표현해달라는 요구에 따라 세워진 이 건축물에 전문적 평론가들은 '미국의 베르사이유 궁전'이라는 이름을 붙였다.

에로 사리넨, 크레스지 강당, 캠브리지, 1955

에 모방되었다.

MIT 예배당 및 크레스지 강당 캠퍼스를 위한 한 쌍의 작품으로 설계된 캠브리지의 매사추세츠 공과대학에 있는 「크레스지 강당과 예배당」(매사추세츠, 1953-55)은 2개의 구심적 평면을 가진 건물이다. 사리넨 한 사람에 의해 설계되었지만, 이 건물들은 각각의 크기와 형태, 구조 등이 대조적으로서, 「MIT 예배당」은 거친 표면의 벽돌조 원통형으로 이루어진 낭만적이며 주관적인 형태를 한 반면, 크레스지 강당에서는 단순한 형태의 돔이 복잡한 형태의 강당을 커다란 곡선을 그리면서 감싸고 있다.

「크레스지 강당」(Kresge Auditorium)은 3개의 지지점에 얹혀 있으며 '손수건' 돔이라고도 불리며, 전체적으로 매우 극적이며 단순한 형태를 띤다. 세 개의 꼭지점을 가지는 돔 천장으로 덮여진 크레스지 강당의 외관은 두꺼비가 편안하게 앉아 있는 듯한 모습으로 쉘 구조의 원형건물 중에서 가장 아름답다는 평가를 받고 있다. 기둥이 없이 이루어진 내부에는 크고 작은 두 개의 공연장이 있으며 음향조절을 위해서 사리넨 자신이 '떠다니는 구름' 이라고 표현한 시스템을 설치하였다. '크레스지 강당'에 대해서는 자유분방하다고도 할 수 있는 조각적인 외부형태가 여러 가지 요구를 가진 내부공간에 어울리지 않는다고 하는 등 많은 논란이 있기도 하였다.

1. 에로 사리넨, MIT 채플 외관, 1955
2. 에로 사리넨, MIT 채플 내부, 1955

MIT 예배당은 단순한 기하학적 형태와 주위와 대비되는 재료로 인하여 캠퍼스의 중요한 오브제가 되며, 낭만적인 석조 실린더 모습의 본체와 유리붙임의 콜로네이드로 이루어졌다. 원통형 예배당은 넓고 깊이가 얕은 원형의 연못 중앙에 서 있고 원통 하부에는 불규칙한 크기와 간격의 아치들이 파여 있으며 건물이 물 위로 떠오르는 듯하다. 이 예배당은 직경 17m, 좌석 128석의 그리 크지 않은 단순하고 간소한 외관을 보여주지만, 예배당 내부에는 정면 안쪽의 톱라이트로부터 조각 스크린에 떨어진 빛과 주위의 연못에 반사하여 밑에서 벽돌벽을 어스름히 비치는 빛에 의하여 풍부한 공간이 연출된다. 즉, 사리넨은 중심의 제단 상부의 천창에서의 빛과 예배실 주위 벽 아랫부분에서의 빛으로 되는 이중의 빛을 이용하여 공간의 중심과 에워쌈의 효과를 창출하며 신비스럽고 엄숙한 종교적 분위기를 만들어내었다. 이 예배당에서는 건축과 조각의 통합이 완벽하게 이루어졌는데, 조각 스크린의 조각은 이탈리아 출신의 조각가이며 건축가인 **헤리 베르토이아**(Harry Bertoia, 1915–78) 작품이고, 지붕 옥상 한쪽에는 조각가 **T. 로작**(Theodore Roszak, 1907–81)에 의한 스테인리스스틸의 종탑이 놓여 있다.

헤리 베르토이아는 이탈리아 태생의 미국 예술가, 조각가, 가구 디자이너.

로작은 폴란드 태생의 미국 조각가며 화가.

예일 대학 인갈스 실내하키장 쉘을 이용한 지붕구조로서 가장 성공한 이 「인갈스 실내하키장」(David S. Ingalls Hockey Rink, 1958)은 콘크리트 아치와 매단 케이블이란 참신한 구조의 지붕가구에 의하여, 26m×61m의 표준적인 하기 링크와 2,800석의 고정석을 감싸고 있다. 사리넨은 이 실내하키장에서 전형적인 실내경기장 형태를 탈피해 독특하면서도 공감을 주는 체육관을 만들어냈는데, 철근콘크리트의 등뼈에 해당하는 긴 곡선으로부터 타원 주위에 있는 고정용 쇠붙이에 케이블을 늘어뜨렸다. 이러한 텐트와 같은 형태는 하키 경기를 위한 동양풍의 신전을 연상시키며 사리넨 자신이 자랑스럽게 여겼던 구조와 감정, 미학의 혼합체였다. 해적선의 선체를 뒤집어 놓은 것과 같은 유기적 곡선형태의 이 하키장을 통하여, 사리넨은 '극적 표현과 강조를 주저하여서는 안 된다'고 하며 완전히 기계적 기능에서 이탈하여 새로운 재료와 새로운 구조기술을 구사하는 창조의 길을 모색하였다. 회랑과 경사로

에로 사리넨, 예일 대학 인갈스 실내하키장, 1958

를 갖춘 타원형의 평면형은 다수의 관객출입을 원활하게 하고 있으며, 케이블의 매단 곡선을 드러내는 내부의 천정은 널붙임으로 마무리되어 있다. 사리넨은 독특한 조형감각과 훌륭한 디테일에 의하여 특유의 역동적인 공간을 만들어내었다.

트랜스 월드 항공사는 2001년 아메리칸항공사(AA)에 인수, 합병되었고, 바로 그 직후부터 이 건물은 공항청사로서 기능이 없어지고 폐쇄되고 말았다.

뉴욕 케네디공항 TWA 전용터미널 「TWA 터미널」(Trans World Airlines Terminal, Kennedy Airport, 뉴욕, 1956-62)은 뉴욕의 존 F. 케네디 국제공항의 5번 터미널로서, 건설되던 당시의 공항 이름은 아이들와일드(Idlewild) 공항이었으며, 트랜스 월드 항공사(Trans World Airlines)가 주로 사용하는 터미널이기에 'TWA 터미널'로 불린다. TWA 터미널은 조각적이고 상징적, 우화적인 특성이 강한 건물로서, 1950년대 경제적으로나 정신적으로 절정에 달한 미국의 근대건축의 황금기를 대표하는 작품의 하나이며, 콘크리트 쉘의 가능성에 의해 극적인 공간과 형태를 만들어낸 작품이다. 콘크리트로 지어진 이 건물은 외부형태뿐만 아니라 실내까지도 온통 유려한 곡선으로 이루어져 대단히 매력적이고 유쾌한 공간을 창출한다. 사리넨은 TWA 터미널 설계를 통해 내외부의 조소적 효과를 계속해서 탐구했는데, TWA 터미널 건물은 대칭을 이루는 평면을 기초로 2개의 캔틸레버 콘크리트 쉘이 날개 모양으로 바깥쪽으로 쭉 뻗어오르며 독특하고 인상적인 비상의 상징을 나타냈고, 내부는 조소적 형태의 지지체들과 곡선을 이루는 계단 등이 역동성을 표현하고 있다.

에로 사리넨, 뉴욕 케네디공항 TWA 전용터미널 외관과 내부, 1962

콘크리트의 가소성과 쉘 구조의 발전을 최고도로 활용한 이 건축은 표현주의적이며 상징주의적 건물이다. 이 건물에서는 Y자형 다리에 받쳐진 4매의 콘크리트 쉘이 길이 105m, 높이 17m의 여객용 공간을 덮는다. 사리넨은 콘크리트의 가소성을 살리며 부분과 전체가 일체가 된 디자인과 자연광에 의한 입체효과 등이 이 공간에 통일감을 주도록 하였다. 금방 새가 날아갈 듯 한 모습의 이 건물에 대해서 사리넨은 다음과 같이 말하였다.

TWA 터미널에서 도전한 것은 두 가지였다. 하나는 아이들와일드(Idlewild)를 구성하는 종합터미널 단지 내에서 이 건물이 특색있고 기억할만한 것으로 남게 하겠다는 것이고, 다른 하나는 터미널 자체에서 여행의 특별함, 즉 기대에 찬 흥분과 극적인 감정을 표현해줄 수 있도록 설계하려는 것이었다. 우리는 고정되고 막힌 장소가 아닌 이동과 움직임의 공간으로서 터미널을 표현하는 건축물을 원했다.

댈러스 국제공항 수도 워싱턴으로 향하는 관문역할을 하는 「**댈러스 국제공항**」(Dulles International Airport, 워싱턴, 1957–62)은 아름다운 형태와 독창적인 구조처리, 모빌 라운지에 의한 동선처리 등이 뛰어난 건축이다. 사리넨은 이 댈러스 국제공항에서 앞면이 높고 중앙이 낮으며 뒷면이 다소 높은 직육면체 형태를 취하여 측면으로는 증축할 수 있게 하였다. 사리넨은 이 공항 설계를 위해 현수교의 구조까지 이용하면서 콘크리트에 의한 우아한 형태를 완성하였다. 사리넨은 이 건축물에서 쌍을 이루는 16개의 기둥들이 양쪽 끝이 바깥쪽으로 32도 경사지며 거대한 곡선의 지붕과 연결되어 인장력으로 지탱하며 비상하는 듯한 아름다운 형태를 만들어 내었다. 사리넨은 일련의 기둥들이 지붕을 뚫고 나가 위에서 지붕을 당기는 모습으로 하여, 자신이 표현했듯이 '콘크리트 나무 사이에 매달린 커다란 해먹(hammock)'과 같은 형태를 만들어내었다. 그는 정면 쪽 입구의 중요성을 강조하기 위해 뒷면보다 기둥을 높게 하였고 기둥 사이의 벽면은 검은 유리로 마감하였다.

공항 이름은 아이젠하워 대통령 시절 국무장관을 지낸 존 포스터 댈러스에서 따온 이름이며, 현재 이름은 워싱턴 댈러스 국제공항이다.

에로 사리넨, 댈러스 국제공항, 뉴욕, 1962

10 오스카 니마이어

오스카 니마이어와 코스타, 문교보건성, 리우데자네이루, 1942

오스카 니마이어(Oscar Niemeyer, 1907-)는 브라질의 리우데자네이루에서 태어났으며, 1934년 리우데자네이루의 국립미술학교에서 브라질 근대건축운동의 창시자인 루시오 코스타 아래 건축을 공부하였고, 1936년부터 1943년까지 문교보건성의 신청사 디자인팀에 들어가면서 건축에 발을 딛게 되었다. 니마이어는 1936년 르 코르뷔지에가 「문교보건성」(Ministry of Education and Health, 리우데자네이루, 1937-42)의 디자인을 위해 브라질에 잠시 체재했을 때 무명건축가로서 같이 일을 하였다. 르 코르뷔지에는 유럽의 학구적이고 역사적인 양식의 진부한 형식에서 벗어나 지역적이고 토속적인 요소와 풍부한 곡선을 살리는 독창적으로 설계할 것을 조언하였다. 이 건축에서 르 코르뷔지에는 기능주의적 면과 조형 감각에 있어서의 서정성 가운데 후자를 더 강조함으로써 브라질 특유의 자유스런 서정과 활달한 명쾌성의 건축을 창조하였다. 니마이어는 '내 뿌리, 그리고 내가 태어난 나라와 자연스럽게 연결되는 방식으로 즐거움을 주는 것이 나의 건축에 가장 큰 기쁨이다'라고 하였다.

유럽에서 형성된 국제주의 양식 건축은 1930년대에 들어와서 근대화의 발전이 이루어지던 남아메리카와 중근동, 아프리카, 인도지방으로 확산되어 갔다. 이 가운데 브라질은 국제주의 양식 건축이 가장 활발하게 전개된 나라의 하나였다. 근대건축운동의 계기는 1929년과 1936년 두 차례에 걸쳐서 있었던 르 코르뷔지에의 브라질 방문이었다. 오스카 니마이어는 브라질의 근대건축을 대표하는 지도적인 건축가로서 르 코르뷔지에의 영향을 강하게 받았다. 니마이어는 첫 작품인 오브라데 베르끄 협회를 위한 「보육원」(1937)에서 르 코르뷔지에의 이론을 실천하였다.

그후 니마이어는 르 코르뷔지에가 말하는 기본원리 위에 브라질이라는 지역성과 풍토의 특색을 가미하여 풍부한 상상력과 창조력을 구사하면서 독자적인 건축활동을 하며 르 코르뷔지에를 능가할 정도였다. 기능적 유기성과 이상적 조형을 융합하는 데 성공하였던 니마이어는 위대한 건축창조를 위해 아름다운 표현이 풍부한 형태로서의 미와 조화, 세련과 우아함을 찾아 노력하였다.

니마이어의 주요작품으로는 최초의 저명한 건물이며 그의 이름을 국제적으로 알리게 된 「뉴욕 만국박람회 브라질관」(1939, 루시오 코스타와 협동), 「니마이어의 자택」(1942), 카지노와 요트클럽, 골프클럽, 호텔 등으로 구성된 「팜플라 복합단지」와 「성 프란시스 교회당」(Church of St. Francis, Pampulha, 1943), 리우데자네이루의 「보 아윙스타 은행」(1946), 「산 호세 도스 캄포스」(1947), 「이비라푸에라 전시관」, 「카라카스의 현대미술관」(1954), 「브라질리아 신도시 계획」이 있다.

벨로오리존테(Belo Horizonte) 교외에 있는 「팜플라 복합단지」(Pampulha complex)는 인공호수 주변에 배치된 계란모양의 프리즘과 직사각형의 건물이 잘 조화된 카지노, 유동적인 모양의 차양이 있는 원형 댄스홀, 나비모양 지붕의 요크클럽, 포물면이 지닌 돔 지붕의 「성 프란시스 교회당」 등으로 이루어지는 복합단지다. 이 복합단지는 다양하면서도 통일성 있는 형태의 전개, 빛과 그림자가 어울린 화려한 표현, 회화와 조각과 건축의 종합 등이 뛰어난 프로젝트였다. 4개의 물결치는 듯한 포물곡선으로 이루어진 성 프란시스 교회당은 브라질 근대건축의 출현을 알리는 작품으로서, 포물선의 볼트 지붕은 바로크적이며 성 프란시스의 생애를 묘사한 청색과 백색의 밝게 빛나는 벽화는 **칸디도 포오티나리**(Candido Portinari, 1903–62)에 의한 상징주의적 작품이다. 이

칸디도 포오티나리는 브라질의 가장 중요한 화가 중의 한 명이며, 신사실주의의 뛰어나고 영향력 있는 화가다.

교회당은 호수 쪽을 정면으로 하여 예배당과 주입구를 두고 뒷면 도로를 따라 성소와 부속기능들을 담는 공간들이 배열되어 있다. 건물 형태는 예배당을 덮는 큰 볼트를 중심으로 크고 작은 볼트들이 연속되어 있으며, 전면 오른쪽에 약간 떨어져 독립된 종탑을 세우고 그 사이에 차양을 연결시켰다.

니마이어를 이해하며 이 프로젝트를 적극 후원한 주세리이노 크비체크(Juscelino Kubitschek)는 이전 팜플라 복합단지(Pampulha complex)를 기획한 벨로 오리존테(Belo Horizonte)의 시장이었으며, 나중에는 대통령이 되어 브라질리아를 창설하게 된다.

「이비라푸에라 전시관」(Ibirapuera Park, 1950-54)은 상파울루 도시의 400주년을 기념하기 위해 광대한 지역에 걸치는 전람회 건물들의 종합계획으로서, 국가관과 주립관, 산업관, 예술관 등으로 이루어졌다. 이비푸에라 전시관은 힘과 상상력이 잘 표현되며 계획과 전체 구조의 단순성을 극적으로 나타내었다. 이 계획에서 니마이어는 불규칙적인 모양으로 펼쳐진 차양을 중심으로 여러 건물동을 서로 연결하였는데, 140m 길이의 낮은 국가관과 주립관, 중층의 바닥의 윤곽인 여러 가지 레벨로 나뉘어 있는 250m 길이의 3층 산업관, 장려한 내부를 가진 돔 같은 예술관 등으로 구성되었다.

이집트의 피라미드는 고전적 안정된 기하학적 기본 형태이고, 카라카스의 역피라미드은 현대의 건축, 공간개념을 표현한다.

니마이어는 제2차 세계대전 이후 뉴욕의 「유엔 본부 빌딩」의 설계에 브라질 대표로서 르 코르뷔지에와 월래스 해리슨 등과 같이 국제설계팀의 일원으로 참가하였다. 「카라카스의 현대미술관」(Museum of Modern Art of Caracas, 1954)은 역피라미드형의 독창적 건축인데, 종래의 미학과 공간구성법을 거슬러 근대건축의 아름다움을 상징하는 건물이다. 니마이어의 작품에 그리 칭찬하지 않았던 르 코르뷔지에도 이 참신함에 대하여 '훌륭하다. 내가 당신의 창안과 융통성과 건축정신을 칭송하게 됨을 행복으로 생각한다. 당신은 근대건축의 발명에 주어진 자유를 구가하여야 한다. 만세!'라는 축하 메시지를 보내왔다. 니마이어는 '내게 중요한 것은 철근과 콘크리트의 건축이 아니라 삶과 친구, 그리고 좀더 나은 세상을 위해 싸우는 것'이라고 하며, 자신의 건축에 보이는 곡선에 대해서 '산 같은, 아인슈타인의 우주같은 곡선, 그리고 아름다운 여인같은 곡선'이라고 정의하였다.

브라질리아 신도시 계획 브라질리아(Brazilia, 1958)는 구수도 리우데자네이루에서 940km, 상파울로에서 890km 떨어진 내륙의 고이아스 주의 평원에 전부 새롭게 건설된 브라질의 신수도로서, 근대건축국제회의적인 근대도시계획의 총결산이라고도 할 수 있다. 1957년에 루시오 코스타의 계획안이 경기설계에 당선되고, 그후 3년 뒤인 1960년에 수도로 정식 발족되었다. 대통령관저와 국회의사당, 최고재판소로 이루어지는 삼권광장과 극장, 호텔, 대성당 등 중요 건축물은 수도건설국의 수석 건축가인 오스카 니마이어가 담당하였고, 도시계획 설계는 그의 스승 코스타가, 도시조경은 브를레 막스(Burle Marx)가 담당하였다.

1987년 유네스코에 의해 세계문화유산으로 선정됨.

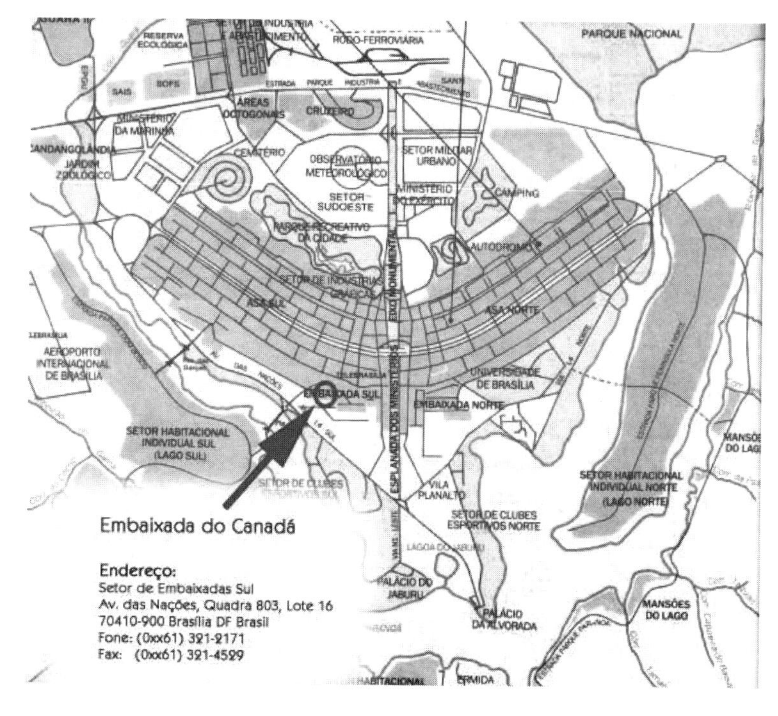

브라질리아

코스타의 계획안은 파일럿 플랜(Pilot Plan)으로 불리게 되었다.

신도시의 배치도는 **비행기**를 연상시키는 모습인데, 동체의 중앙을 가로지르는 왕복 8차선의 중심도로에, 양쪽 날개는 주거와 상가로 되어 있고, 날개 밑부분이 오피스와 문화센터, 광장을 둘러싼 관청가이고, 비행기 머리부분에는 국회의사당과 최고재판소, 행정부가 삼권광장을 둘러싸고 있다. 삼권광장(Plaza of the Three Powers)에 있는 여러 시설에는 고전적이라 할 수 있는 형식주의적 조형을 겸비한 기념성을 도모하였다. 건조한 기후에 대비해 안정적인 용수공급을 위해 만든 총면적 약 44㎢의 인공호수 파라노아(Paranoa) 호수가 시가의 동쪽을 에워싸고 있다. 하지만 제도판 위에서 탄생한 도시 브라질리아는 보행자에 대한 배려나 주민들이 쉴 수 있는 광장이나 공원 따위가 부족하고 과거와 역사라는 삶이 결여되는 등 전반적으로 자연스러운 인간미가 부족하다는 비평을 받고 있다.

오스카 니마이어, 국회사무국, 1958

오스카 니마이어는 독특하고 초현대적인 건축물들로 도시를 채웠는데, 높은 기둥과 많은 유리창이 특징인 대통령 관저, 인근의 부통령 관저, 피라미드를 본 뜬 국립극장, 위로 향한 접시모양의 하원과 아래로 향한 접시모양의 상원건물 등이다. 니마이어는 이 설계에서 조형적 형태의 단순화와 기능과 구조문제에 대한 명확한 해답을 찾으며, 단순하고 간결한 기하학적인 해결법, 건물 상호간의 통일과 조화를 추구하였다. 대통령궁(President's Palace)은 파일럿 플랜(Pilot Plan) 시작부분 인근 파라노아(Paranoa) 호숫가

오스카 니마이어, 브라질리아 대성당, 1958

브라질리아 전경, 1958

에 위치하고 있으며, 건물을 받치고 있는 기둥과 정면에 많은 유리창을 활용한 건축양식은 추후 대통령 집무실과 연방최고법원에도 똑같이 활용되었다.

대통령궁은 참된 궁전의 표현과 고귀성을 나타내려 했으며, 건물 고유의 구조를 이용하여 경쾌하면서도 품위있는 느낌을 주며 공중에 떠있는 것 같으면서도 지상에 사뿐히 앉아 있는 형태를 이루었다. 국회의사당은 균형과 조화를 이루도록 남쪽에는 위로 향한 접시모양의 하원건물과 북쪽에는 아래로 향한 접시모양의 상원건물이 있으며, 가운데에는 사무실 용도로 27층 높이의 쌍둥이 건물이 있다.

삼권광장에서는 행정부와 최고재판소의 두 건물을 공통분모로 하여 구조요소를 만들어냄으로써 루시오 코스타의 마스터플랜을 손상시키지 않고 유럽의 광장에서 볼 수 있는 절제되고 균형잡힌 아름다움을 표현하였다. 그는 이 거대한 마스터플랜에서 정말 필요하다고 생각되는 곳에 한두 개의 강조된 요소를 남겨놓았다. 그러한 예로서는 대통령궁의 아름다운 주랑의 강조, 최고재판소와 고지의 대통령궁에서 볼 수 있는 변화, 꽃과 같은 디자인의 특이한 대성당, 삼권광장의 수평요소에 올려진 접시모양의 지붕과 한 쌍의 수직요소, 더 멀리에 보이는 피라미드의 끝을 잘라낸 것 같은 극장 등을 들 수 있다. 이 모든 것들은 넓은 지평선을 배경으로 하여 건축적인 요소들의 일관된 간결성과 위엄을 강조하는 요소들이라 할 수 있다.

바깥 둘레에 연못이 배치되어 있는 「브라질리아 대성당」(Catedral de Brasilis, 1958)은 16개의 기둥으로 받쳐진 거대한 왕관모양으로, 직경 60m, 높이 36m의 유리로 만들어진 돔 건축이다. 이 대성당은 전통적이고 권위적인 고딕 이미지를 곡선을 이용하여 부드럽게 만들어낸 조각과 같은 대표적인 작품으로서, 각각 90톤

무게의 거대한 16개의 곡선 기둥이 비스듬하게 중앙에서 한군데로 모이는 독특한 모습은 가시면류관을 형상화한 것이다. 단순하면서도 장엄함을 나타내며 하늘을 덮는 스테인드글래스가 경건한 마음을 일으키게 하는 이 대성당은 4,000명을 수용하며, 내부의 천장에는 3개의 천사 모빌상이 늘어져 있고, 입구는 지하를 통과해서 성당 내부로 나오도록 설계하였고 기둥 사이에 모자이크 무늬의 유리로 채워 채광효과를 높였다.

11 SOM

SOM(Skidmore, Owings & Merrill, 1936-)은 루이스 스키드모어(Louis Skidmore, 1897-1962), 나다니엘 오윙스(Nathaniel Owings, 1903-1984)가 1935년 설립하고, 1939년 존 메릴(John Merril, 1896-1975)이 파트너로 참가한 미국의 대규모 설계조직이다. 이 사무소는 20세기 후반기에 들어와서 그로피우스에 의한 TAC, 영국의 TECTON처럼 건축계획과 설계를 여러 건축가들이 협동으로 조직적으로 진행시키는 새로운 경향에 따라 설립되었다. 이 사무소는 각자의 이름을 내세우지 않는 익명성과 엄격한 경제적 작업방법, 팀워크를 서로 조화시켜 나갔다.

SOM, 레버 하우스 전경, 1951-52)

SOM은 미국 자본주의와 상업주의의 사회적 및 기술적, 경제적 여건을 건축에 반영하여 초고층 사무소 건물을 많이 건설하였다. 그들은 주로 대규모의 산업건물과 교육시설, 상업건물에 집중하였으며, 미스의 구조적 명쾌성과 르 코르뷔지에의 형태적 역동성, 바우하우스의 이념을 실천하고자 하였다. SOM은 뉴욕 시의 파크 애버뉴의 「레버 하우스」에 의해 지도적인 자리를 차지하며 국제적인 건축회사로 발전하게 되었다. 오피스 건축의 전형이 된 「레버 하우스」를 설계한 고든 번샤프트(Gordon Bunshaft)는 '미국은 공업의 나라다. 철과 알루미늄, 유리, 플라스틱 등의 재료로 건축을 공업화하고 경량화해 최대한의 융통성을 갖는 공간을 만드는 것이 중요하다'고 하였다. 이후 SOM은 여러 도시들에 사무소를 차리고, 레버 하우스를 원형으로 하여 더욱 세련미를 더하여 단순화 속에서도 우아한 일련의 유리탑 건물을 만들어 내었다. 이들은 명확한 형태의 입방체와 전체적인 분위기가 가볍고 투명한 외부피막을 가진 직사각형의 타워 건물들을 만들어내었다. SOM은 강한 수직선과 유리와 알루미늄과 철을 인상적으로 사용한 마천루 건물의 전형을 창안하였다. 디자인과 기술의 조화를 추구하는 SOM은 건축디자이너와 구조 엔지니어가 최고의 파트너십을 이루며 고층빌딩에 적용되는 구조기술과 이에 따른 디자인까지 함께 책임진다.

SOM의 주요 작품으로는 「레버 하우스」, 「코네티컷 생명보험회사 본관」(Connecticut Genaral Life Insurance Office, 1957), 유리상자라는 정통 모더니즘으로부터 탈피한 「램버트 은행」(Banque Lambert, 브뤼셀, 1957–65), 「존 핸콕 센터」(John Hancock Center, 시카고, 1965–70), 높이가 450m에 이르는 110층의 「시어스 타워」(Sears Tower, 시카고, 1972–74) 등이 있다. SOM은 전 세계적으로 50여 개국에 10,000개 이상의 건축과 엔지니어링, 인테리어디자인, 도시계획 등의 프로젝트를 수행했다. 1961년에 미국건축가협회에서 수여하는 첫번째 우수 사무소상(Firm Award)을 수상했으며 1996년에 다시 한번 우수 사무소상을 수상함으로써 이 영예로운 상을 두 번이나 수상한 유일한 회사가 되었다.

SOM, 시카고 존 핸콕 빌딩, 1965–70

램버트 은행은 미스의 노선에서 벗어나 르네상스의 궁전에서 보이는 엄격함이 프리캐스트 콘크리트의 부품으로 율동감있게 표현되었다. 1960년에 샌프란시스코에 건설된 존 핸콕 빌딩에서는 종래의 수직선과 유리의 커튼월을 거부하고 하나하나 구분한 창과 내력벽인 외벽을 단위로 한 외벽 구성방식을 도입했다. 1층과 중2층의 표현주의적 오더를 형성하고 있는 나팔꽃 모양으로 열린 콘크리트 기둥과 부드러운 곡선의 아치는 강력한 구조적 표현을 주고 있다. 1970년에 건설된 시카고의 존 핸콕 센터는 최초의 대규모 다기능 복합건물로서 주거를 위한 공간과 사무소, 상점들이 하나의 단일 건물에 결합되어 있으며, 외관에 혁신적인 건축기법인 X-브레이싱(X-bracing) 기법을 사용한 대표적인 건물이다. '빅존(Big John)'이라는 애칭을 가지고 있는 존 핸콕 센터는 높이 344m의 100층이며, 받침대 모양의 독특한 형태를 띠고 있고 꼭대기의 두 안테나와 벽면의 X자 모양의 철골이 인상적이다.

레버 하우스 「레버 하우스」(Lever House, 뉴욕, 1950-52)는 금속과 유리의 기하학이라고 불리는 미스의 양식을 오피스 빌딩으로서 상업화에 성공한 극히 초기 사례의 하나로서, 기능적 요구들에 부합되며 형태적으로 경쾌한 분위기를 만들어내었다. 레버 하우스는 영국의 비누회사인 Lever Brothers의 미국 본사로 세워졌다. 이 건물의 설계를 담당한 사람은 스키드모어의 부하였던 고든 번샤프트로서, 그는 SOM의 스타일을 확립하는 데 크게 기여하였다. 당시 석회암과 화강암의 중후한 거리 속에 유리붙임의 24층의 고층동과 내측에 중정을 가진 2층 높이의 저층동의 출현은 획기적이었으며, 근대건축을 미국에 정착시키는 데 큰 기여를 하였다. 국제 건축양식의 총결산이라고도 할 만한 이 작품은 SOM의 가장 주목할 만하며 이후 전 세계의 건축계에 커다란 영향을 주었다. 이 찬란한 성공 이후 1950년대 말기까지 커튼월, 필로티, 92미터 높이의 단순한 상자형의 이 오피스 빌딩을 모방한 건물들이 런던, 파리, 베를린, 코펜하겐, 카라카스 등 세계 여러 곳에서 세워졌다.

제 10 장

구조주의 건축가

01 벅크민스터 풀러

벅크민스터 풀러(Richard Buckminster Fuller, 1895–1983)는 보스톤의 유복한 상인의 가정에서 태어나 밀톤 아카데미와 하버드에서 교육을 받았으며 버키(Bucky)라는 애칭으로 불렸다. 풀러는 20세기가 낳은 가장 혁신적인 사상가의 한 사람으로서, 수학자며 철학자, 기술자, 발명가, 교사, 저작가 등 해박한 재능의 건축가였다. 벅크민스터 풀러는 기계적 서비스와 구조적 효율성에 의한 기계미학을 건축에 반영시킨 미국 건축가다. 풀러는 1927년 역동성과 최대한의 효용성을 위한 〈다이막시온〉이라는 기계와 같은 주택을 제안하였다.

풀러는 구조기술에 많은 시간과 노력을 기울여서, 최소한의 경량구조로 최대공간을 덮을 수 있는 '측지선(測地線) 돔'을 개발하여 〈지오데식 돔〉(Geodesic dome)이라 명명하였다. 지오데식 돔은 측지선 돔 또는 최단선 돔이라 불리는데, 풀러가 '에너지 통합적'(energitic–synergitic) 기하학이라고 부르는 그의 독특한 수학체계의 산물로 고안되었으며, 많은 3각 형상을 볼트로 연결한 부재를 써서 공모양의 구형(球形)으로 구성한 것이다. 밀폐된 형태의 표면적으로 가장 넓은 공간을 제공할 수 있는 지오데식 돔은 금속과 플라스틱, 또는 하드보드를 재료로 한 8면체나 4면체에 기초를 둔 구조체다. 풀러는 돔이 피복물 자체의 표면면적에 대해서 가장 커다란 부피를 덮을 수 있으며 효율이 좋기 때문에 건축형태로 이를 채택하였다. 구(球)의 장점은 최소표면적으로 최대용력을 포괄하고, 더욱이 내부에서의 압력에 강하다는 장점이 있다. 동일 표면적으로 최대의 부피를 갖는 것은 구(球)이며 4면체는 이와 반대다.

지오데식 돔은 그 어떤 구조보다도 가볍고 강하며 가장 적은 재료로 빠르게 건축할 수 있는 구조로서, 내부 구조물의 지지 없이도 넓은 공간을 만들어낼 수 있다. 풀러에 의한 지오데식 돔의 우아한 그물모양의 구조는 화학연구자들에게도 영감을 주었다. 1996년도 노벨 화학상은 이제까지 알려지지 않았던 형태의 탄소인 풀러린을 발견해 화학의 새로운 분야를 개척한 영국과 미국의 공동 연구진에 수여되었는데, 풀러린은 서로 결합해 새장처럼 균형잡힌 대칭구조를 이루는 탄소원자들의 집단으로, 속이 빈 공 모양을 하고 있다. 연구자들은 이 새로운 형태의 탄소인 C60에 풀러린(Fullerene)이란 기발한 이름을 붙였다. 이는 미국 건축가 R. 벅크민스터 풀러가 1967년도 몬트리올 만국박람회를 위해 설계한 지오데식 돔이 이것과 똑같은 구조를 갖고 있었기 때문에, 연구진은 그의 이름을 따서 '벅크민스터 풀러린'이라고 불렀고, C60을 풀러의 애칭을 따라 '버키볼'(Bucky Ball)이라고 부르기 시작했다.

한편 풀러는 뉴욕 도시의 일부까지 덮을 수 있고 기후도 조정할 수 있는 거대한 돔을 구상하기도 하였다(「맨해튼의 지오데식 돔」, Hypothetical Geodesic dome, 1961). 이는 거대한 공기막의 돔이 마천루까지도 씌워서 지구 전체를 이상적인 기후상태로 지킨다고 하는 새로운 유토피아 도시의 구상이었다. 그는 한 지붕 밑에 거대한 도시가 구성될 수 있으며, 새로운 형태의 도시가 지구상에 나타날 것이라고 믿었다.

풀러는 독창적인 건축 외에 모양을 크게 왜곡시키지 않고 지구의 모든 육지를 그릴 수 있는 지도제작법이나 금형으로 찍어내는 조립식 욕실, 4면체 모습으로 된 떠다니는 도시, 지오데식 돔을 덮은 수중농장, 1회용 종이 돔 등 인간을 위한 포괄적인 환경을 개발하고자 하였다. 그는 포괄적이며 미래지향적이고 독창적인 디자인만이 인간의 주거와 영양, 교통, 공해문제를 해결할 수 있으며, 그런 디자인을 통해 현재 비

효율적으로 사용되는 재료의 한 조각만 가지고도 이 문제들을 해결할 수 있다고 하였다. 풀러는 미국 특허권을 스물여덟 개나 따냈고, 서른 권이 넘는 책을 집필했으며, 예술과 과학 등 다양한 분야에서 47개의 명예박사 학위를 받았으며, 미국건축학회와 영국왕립건축학회의 금메달 등 수십 개의 건축 및 디자인상을 받았다.

벅크민스터 풀러, 다이막시온 하우스, 1927

다이막시온 하우스 풀러는 제1차 세계대전 동안 해군장교로 종군하고 다시 실업계, 공업계 등 각 분야에서 많은 직업을 거친 다음 1927년에 '다이막시온 하우스'(Dymaxion House, 1927)를 제작했다. '다이막시온(Dymaxion)'은 '역동성(Dynamic)'과 '최대한의 효용성(Maximum Effiency)'의 합성어로서, 기계적 서비스가 제공되는 최소한의 공간으로서 가벼우면서 최대의 효율성을 지니는 주거단위를 제시한 주택이다. 그는 이것을 동적이고 최대한의 능률을 갖는 주거라 불렀는데, 일종의 '주거하기 위한 기계'(machine for living in)와 같은 것으로서 미적으로 관망할 대상이 아니라 살림공간과 그에 필요한 기계설비의 집합체로 간주될 정도다.

이 주거는 **두랄르민**(duralium)으로 된 중심기둥의 압축부와 합금강 케이블로 된 인장부로 분리되며, 각종 설비기능을 중앙에 있는 기둥에 집중시키는 한편, 물의 재순환 이용 등 에너지의 자립 공급을 지향하였다. 다이막시온 하우스는 모든 설비를 포함하여 3톤 무게이고 바닥면적은 1600평방피트였다. 풀러는 지구상 어디서도, 누구라도 조립할 수 있는 돔 형식의 쉘터라는 이 주거가 부재와 부품의 공업화, 상품화 주택을 가능하게 한다고 하였다. 풀러는 1932년에서 1935년 사이에 이 아이디어를 발전시켜 모터를 설치한 '다이막시온 3륜자동차'(Dymaxion Three-Wheeled Auto)를 제작하였다.

두랄루민은 알루미늄에 구리, 마그네슘, 망간을 섞어 만든 가벼운 합금으로서, 경도가 높고 기계적 성질이 우수하여 항공기나 자동차 따위를 만드는 데 쓴다.

유니온 탱크차 수리공장의 지오데식 돔 풀러는 루이지아나 배턴루지에 세워진 「유니온 탱크차 수리공장」의 지오데식 돔(Repair Shop for Union Tank Car, 1958)에서 값싸고 신속하게 건설 가능하고 그 자체는 중량을 갖지 않고 대공간을 구성할 수 있는 구조물인 지오데식 돔을 대규모로 처음 이용하였다. 이 공장의 돔은 직경이 384피트(117m), 높이 35m이며, 그 크기는 건설 당시 스팬이 없는 가장 큰 건축물이었으며 19세기의 거대한 전람회장의 하나인 「파리 만국박람회의 기계관」(362피트)을 능가한다.

벅크민스터 풀러, 유니온 탱크차 수리공장, 1958

몬트리올 만국박람회 미국전시관 「몬트리올 만국박람회 미국전시관」(United States Pavilion, Expo '67, 1967)은 풀러의 대표적 작품의 하나로서, 건축의 통상적인 스케일을 벗어난 거대한 공간의 건축이다. 풀러가 '지오데식 마천루 돔'(geodesic skyscraper dome)이라고 부르는 이 건물은 돔의 직경이 약 250피트, 최대높이가 200피트에 이르고, 표면적은 141,000평방피트에 이르고 있다. 이 전시관은 높이나 넓이와 같은 단일의 척도로서가 아니라 건축을 포함하는 자유로운 스케일의 거대함을 보인다. 또한 이 거대한 구조는 투명한 재료를 사용하며 구조를 덮어 마무리 하기에 부분과 전체의 공간이 투명성을 갖는다.

벅크민스터 풀러, 몬트리올 만국박람회 미국전시관 지오데식 돔, 1967

풀러는 돔 내부에서 긴 에스컬레이터에 의하여 연결된 중앙홀, 플랫폼, 그리고 발코니 등이 전시관의 건축적 골조를 형성하도록 하였다. 방문객은 세계에서 가장 긴 에스컬레이터(길이 145피트)를 타고서 최상단의 전시 플랫폼에서 내려온다. 내부공간에 있어서 연속적인 보행자의 동선 시스템은 많은 관람객들이 혼잡하거나 지루하게 대기하지 않고 전시회를 관람할 수 있도록 해주었다. 한편 일반적인 돔들은 반구보다 작은데, 이 미국관의 돔은 3/4구라 할 수 있어 지구에서 쑥 튀어나와 있으며, 그 투명한 거대한 공간에 모노레일이 관통하고 미래도시와 같은 건축들이 조립되어 있다.

02 피에르 네르비

피에르 네르비(Pier Luigi Nervi, 1891-1979)는 기술자이며 건설 시공업자로서, 구조기술적인 천재성과 극적인 디자인 감각을 펼쳐서 '거장 건설자'(master builder)라고 칭호를 받은 건축가다. 네르비는 북부 이탈리아

피에르 네르비, 아르테미오 스타디움, 피렌체, 1930

손드리오(Sondrio)에서 태어나서 볼로냐 대학(Bologna University)에서 토목학을 전공하였고, '빌딩 엔지니어'(building engineer)로 교육받고 훈련하였다. 네르비는 주요 첫 작품으로서 1926년부터 1927년까지 '나폴리 극장'을 설계하였고, 1930년부터 1932년까지 피렌체 시영경기장인 「아르테미오 스타디움」(Stadio Artemio, 1930-32)을 세웠다. 네르비는 나선형 콘크리트의 계단, 하늘로 솟아오르는 듯한 전시장, 경기장, 실내체육관, 공장 등의 설계에서 미학적 의도 없이도 완전히 구조의 진정한 표현으로서 아름답고 뛰어난 건축을 만들어내었다.

이탈리아 구조의 창시자며 세계에 으뜸가는 구조미학 창시자의 한 사람인 네르비는 계산에 의거해 아름다움을 추출하였다. 그는 구조미는 계산의 결과뿐 아니라 어떤 계산을 사용해야 하는가 하는 직관이 만들어내는 것이라고 믿었다. 네르비는 재료나 기술을 비전을 만들어내는 도구로 삼았으며, 기술과 미를 결부시켜 규격과 비례를 결정하고 이러한 재료나 기술이 지닌 자연의 힘에 의해 형태를 만들어내려고 하였다. 네르비는 건축의 목적이 유효성에 있으며, '인간에 대해서 자기 환경을 창조하는 활동은 물고기들에게 플랑크톤이, 인간에게 야채가 필요한 것이나 마찬가지다'라고 하였다. 나아가 그는 자신의 건축물에서 나타나는 유기적 아름다움이 순전히 기술의 부산물이라고 주장하였다: '어느 건물에 있어서든지 미학적 완전성은 기술적 완전성에서 유래된 것이다. 아름다움은 장식효과로서만 얻어지는 것이 아니고 구조적 요소와 완전히 결부됨으로써 얻어진다.'

콘크리트의 시인이라고 칭송되는 네르비는 구조미학에 대한 좋은 말을 남겼다:

> 기술이나 또는 기술적 훈련으로 생기는 정신만으로는 건축을 창

조하는 데 충분치 않다. 그러나 동시에 공학적 기술을 활용하지 않고서는 아무런 건축적 개념이 파악될 수 없는 것은 마치 시인이 마음 속에만 발표되지 않은 시를 읊고 있는 것과 마찬가지다. 미래의 건축가의 임무는 크다. 이것을 완수하려면 무엇보다도 구조에, 또 구조기술에 정통하여야 할 것이다. 20세기는 직접적으로나 간접적으로나 구조에 영향을 주는 모든 요소가 과거와는 전혀 관련없는 새로운 건축을 창조하는 데 중요한 역할을 할 것이다.

네르비는 철근콘크리트 구조의 구조적 및 재료적 본질과 특성에 의해 구조미학을 표현한 건축가다. 네르비는 철근콘크리트를 주로 사용했는데, 그 가능성을 잘 이해하였기 때문에 그의 상상력에 따라 재료를 자유롭게 구사할 수 있었다. 네르비는 철근콘크리트를 '인간이 발견한 가장 훌륭한 재료'로 여겼으며 그의 건축창조의 매개체로 삼았다.

네르비의 최초의 중요한 작품이며 네르비를 세계적으로 유명하게 한 건축은 피렌체에 건설된 시립경기장인 「아르테미오 스타디움」(1930-32)으로서, 노출된 구조재만으로 구성되고 콘크리트의 가능성을 최고도로 표현한 진보적인 근대건축의 사례였다. 이 경기장은 캔틸레버 지붕이 75피트이며 공중에 뜬 반 나선형 계단은 예술적 감동을 느끼게 한다. 더구나 네르비는 1인당 2.9달러라는 놀랄만한 공사비로 1만 5천 석의 이 경기장을 구축하였다.

그 후 네르비는 격납고와 육교, 교량, 사일로, 탱크, 회전장치가 달린 작은 주택(실현되지 않았음) 등 많은 것을 계획하였다. 네르비에 의한 **「이탈리아 공군의 항공기 격납고」**(Aircraft Hangars, 오르비에토, 1936-41)는 바스켓 모양의 철근콘크리트 구조로 2인치 두께의 쉘을 지탱하게 하고 이 거대한 지붕을 대각선 기둥으로 지지하게 하였다. 네르비는 이 항공기 격납고에서 부재를 그물처럼 둘러서 지붕으로 하는 연구를 하였

제2차 세계대전 당시 폭파되어 지주가 부러지고 지붕이 떨어졌는데도 그대로의 형태가 보존되어 있었다고 한다.

는데, 비스듬히 교차하는 콘크리트의 얇은 아치 슬래브에 의해 아름다운 대공간이 얻어졌다. 이탈리아가 에티오피아 전쟁으로 물질적 결핍을 심히 겪던 때에 네르비는 최소의 철과 목재로 거대한 격납고를 만들어내었다. 이후 네르비는 1939년부터 1941년 사이에 건설한 네 개의 격납고에서 재료를 최대한 절약하기 위해 공장제품을 조립하는 구조방식을 채용하는 등 기술적 창안을 발휘함으로써 철근 양은 30%, 콘크리트는 35%, 형틀 목재는 60%를 각각 절약하게 되었다.

오르비에토 항공기 격납고의 지붕문제를 대상으로 하여 창조와 실험을 거듭함으로써 네르비는 미적 및 기술적인 두 견지에서 구조체의 경량화에 있어 일대 진보를 보았다. 1940년 전후에 네르비는 기술적으로나 미적인 견지에서 매우 훌륭한 연구를 맺었는데, 이는 '건물의 형태에 따라 힘이 흐르게 하는' 것으로서, 지금까지 힘은 외벽에만 걸린다는 생각과는 판이한 것이었다. 그는 계속하여 창고와 공장, 격납고, 역사, 여러 가지 전시관 등에서 거대한 지붕을 설계했다.

제2차 세계대전 이후 네르비는 1946년 와이어메시(wiremesh)나 직경이 작은 철근으로 보강한 콘크리트, 모르타르로 된 구조물, 곧 **페로 시멘트**(ferro cement)라고 불리는 것을 고안하였다. 네르비는 가벼움과 강도

페로 시멘트는 이전부터 사용되었는데, 1847년 조셉 람버트는 페로 시멘트를 이용하여 '강성 보강 배'를 만들어 특허를 냈다. 람버트가 쓴 '목재를 대신할 수 있는 재료'(Ferceiment)라는 뜻의 불어에서 페로 시멘트라는 이름이 붙여졌다.

피에르 네르비, 오르비에토 항공기 격납고, 1936–41

를 높이기 위해 강철철망을 사용한 고밀도 철근콘크리트 재료인 이 페로 콘크리트를 사용하여 1948년에 39피트 길이의 요트 선박을 제작하였고, 1948년부터 1949년까지 튜린 전시관에서는 처음으로 건축에 적용하였다. 이후 페로 콘크리트의 신재료를 물결모양으로 굴곡시키고 유리를 결합시켜 콘트리트의 두께를 1$\frac{1}{2}$인치까지로 줄일 수 있었다.

「레그호온의 수영장」(1947), 「튜린의 전시관」과 같은 거대한 건물을 세운 뒤에는 계속해서 작은 건물들도 많이 계획했는데, 모두 철근콘크리트의 같은 지붕구조를 가졌고 내부에는 기둥이 없는 아주 자유로운 공간으로 되어 있다. 한편 네르비는 기술적인 개량에도 힘을 썼는데, 공사장에서 사용할 수 있는 가동식 비례에 관련하여, 공사현장에서 조립할 수 있는 작은 철근콘크리트의 틀을 사용한 철근콘크리트의 프리패브 방식을 개선하고, 또 수경 PS 콘크리트를 고안해 공사가 빨리 진척될 수 있게 하였다.

네르비는 「나폴리의 철도역사」(1954), 「로마의 체육의 전당」(1959), 마르셀 브로이어 및 제르프스(Bernard H. Zerfuss)와 협동한 「파리의 유네스코 본부 회의장」'(1958)의 설계 등에서 볼 수 있듯이 미적인 요소로서 건물에 율동감을 주는 설계를 남겼다. 네르비가 구조책임자로 참여한 유네스코 본부 건물은 고대의 사원을 연상하게 하는 모뉴멘탈한 야성미가 극단적으로 근대적 기술과 미적 감각에 결부된 건축으로서, 그가 말하는 '형태에 따라 힘이 흐르게 하는' 방식이 가져온 것이다. **지오 퐁티**(Giovanni Ponti, 1891–1979) 사무소와 협동으로 밀라노에 지은 「피렐리 회사 빌딩」(1958)에 있어서도 자연의 형태인 나무모양을 기초로 하여 그 억센 힘을 표현하였다.

지오 퐁티는 아주 강한 개성의 건축가로서, 구조와 새로운 건축형태를 결부시키기도 하였다. 그는 '이탈리아의 반은 신에 의하여 만들어졌고, 나머지 반은 건축가에 의하여 만들어졌다' 고 하였다.

네르비는 조개껍데기나 곤충, 꽃 등의 파상모양에서부터 유추하여 건물의 외벽을 구름모양으로 물결치는 모습을 함으로써 억센 힘을 표현했으며, 그의 작품에는 자연 속의 아주 작은 것들이 지니고 있는 신비로운 완성미가 그대로 아름다움과 힘이 되어 나타났다.

네르비는 1947년부터 로마 대학교에서 교수로 재직하면서, 힘의 균형과 재료의 저항력 등 물리적 법칙을 이해하고 각 문제의 핵심요소들을 정확하게 해석하며 과거 방법들의 한계를 벗어나야 진정한 해결책을 찾을 수 있다고 가르쳤다. 네르비는 근대건축에서 철근과 철골, 콘크리트의 구조체가 지니고 있는 공학적 합리성과 미학적 가치를 강하게 표현하였다. 그는 겹쳐지고 구부러진 플레이트와 구불구불한 표면이 상호침투하는 평면을 사용함으로써 건축에 새로운 3차원적인 어휘를 끌어들였는데, 이는 구조물의 재료와 정역학, 건축기술과 경제적 효율성, 기능적 필요에서부터 도출된 것이다. 그는 1957년 미국 미술·문학아카데미의 명예회원으로 추대되었고, 1963년 하버드 대학교에서 명예박사학위를 받았으며, 그 뒤 미국건축가협회(AIA), RIBA 등으로부터 금메달을 받았다.

튜린의 전시관 환상적인 지붕이 있는 이 거대한 「튜린 전시관」(Exhibition Hall, Turin, 1948-49, 이탈리아어로는 토리노)은 콘크리트의 시인이라고 불리는 네르비의 걸작 중의 하나로서, 콘크리트 시대의 기념적 상징이라고 여겨진다. 거대한 이 전시관 건물은 구름모양

피에르 네르비, 튜린 전시관, 1948-49

의 프리패브 부재에 의해 구성된 단일의 지붕구조로 되어 있다. 이 전시관은 페로 콘크리트가 건축에 처음 적용되었으며, 240×309피트의 공간을 단 50만 달러로 건설할 수 있었다. 키더 스미스(Kidder Smith)는 '조셉 팩스톤의 「수정궁」 이후로 유럽에서의 가장 훌륭한 전시회장이며, 르 코르뷔지에의 「마르세이유 주거단위」(유니테)와 더불어 제2차 세계대전 후 유럽에서 가장 중요한 의미를 갖는 건물이다'라고 극찬하였다.

피에르 네르비, 피렐리 회사 빌딩, 밀라노, 1958

피렐리 회사 빌딩 「피렐리 빌딩」(Pirelli Tower, 1958)은 높이가 124m 33층으로서 유럽에 세워진 최초의 초고층빌딩의 하나이며 다른 초고층빌딩에 커다란 영향을 미쳤다. 피렐리 빌딩은 주구조체인 양측의 삼각형 코어와 그 중간을 받치며 상부로 올라감에 따라 단면이 축소되는 2개의 벽기둥이 독특한 조형을 이룬다. 이것은 건물 단면의 발전을 보여주는 하나의 전형이며, 건물의 주축을 이루는 4개의 기둥은 위로 올라감에 따라 더욱 가늘어진다. 이 빌딩은 사무용 건물로서는 처음으로 25m의 긴 스팬 구조를 사용하였다. 세계에서 가장 새로우며 독창적인 구조방식을 채택하여 성공한 이 빌딩은 6각형의 평면계획과 뱃머리처럼 측면을 떨어뜨린 외관을 하며 단정하고 우아한 표정을 만들어내고 있어 그것을 둘러싸고 있는 지역지구의 도시계획에 영향을 미칠 정도다. 네르비와 협력하여 설계한 퐁티는 밀라노 출신의 가장 유명한 근대건축가다.

피에르 네르비, 로마의 체육의 소전당, 1959

로마의 체육의 대전당 네르비는 로마 올림픽(1960)을 위하여 비교적 작지만 아름다운 「체육 소전당」(1957)과 15,000명을 수용할 수 있는 「체육 대전당」, 한 개의 스타디움 등 세 개의 건물을 설계하였다. 로마의 체육 대전당은 올림픽을 위해 건설된 원형 평면의 경기시설로서, 반구형 돔 지붕의 직경은 약 100m(328피트)다. 이

「체육 대전당」(Palazzo dello sport EUR, 현재는 PalaLottomatica, 로마, 1956)은 네르비에 의해 고도의 기술을 배경을 구상되었는데, 비례나 리듬 등 조형적으로도 세련되고 뛰어난 작품이다. 이 체육 대궁전은 콘크리트로 만들어진 파르테논이라고 할 만큼 아름다운 건물이며, 둥근 외주는 완전한 유리붙임으로 마감되었다. 체육 대궁전의 자매건축인 「체육 소전당」(Palazzetto dello sport, 로마, 1957)은 5천 명의 관객을 수용할 수 있는 설계로 되어 프리캐스트 콘크리트 유닛의 반구형 쉘 지붕으로 덮여 있다.

피에르 네르비, 체육 대전당, 1956

에두아르도 토로야 03

에두아르도 토로야(Eduardo Torroja Miret, 1899-1961)는 스페인의 구조공학자며 건축가로서, 콘크리트 쉘 구조 디자인의 선구자다. 토로야는 스페인 마드리드 대학의 수학교수의 아들로 태어나, 처음에는 수학을 전공하려고 했으나 응용면에 흥미를 느껴 토목공학을 공부하여 유럽에서 으뜸가는 구조기술자가 되었다. 그는 여러 대학에서 명예박사 학위를 받았으며, 델 시멘토 건설기술학교(현재 에두아르도 토로야 학교)의 교장을 지냈다. 이 학교는 세계에서 손꼽히는 건설공학, 콘크리트 공학연구소로 주도적인 역할을 하고 있다.

토로야는 20세기 건축의 형태를 창조해 낸 위대한 사람 중의 한 명으로서 위대한 상상력의 소유자였다. 토로야는 기둥의 형태와 아치형태의 차이를 엄격히 구분하고, 파르테논 이래 사용된 기둥의 형태보다는 아치 형태가 더 뛰어나다고 하며 자신의 건축조형의 기본으로 삼

았다: 석궁같이 돌로 만든 아치는 힘찬 응력의 아이디어와 관계되며 먼 거리로의 도약을 의미한다. 그러므로 아치는 승리의 영예를 선언하는 듯하다. 토로야의 작품은 대부분 구부려진 것, 물결모양으로 구불구불 휘어 있는 것, 활 모양의 것, 팽팽하게 뻗쳐 있는 것 같은 형상을 이룬다.

에두아르도 토로야, 알게치라스 마켓홀, 1933

에두아르도 토로야, 자루즈에라 경마장, 바르셀로나, 1943

토로야의 첫번째 큰 프로젝트는 케이블로 지지된 「템풀 수도교」(Tempul, 1926)이었으며, 「알게치라스 마켓홀」(Algecires Market Hall)의 콘크리트 쉘 지붕(1933)으로 인해 토로야의 이름은 국제적으로 알려지게 되었는데, 8개의 외부 지지물 위에 얹혀 있는 콘크리트 쉘 지붕은 직경이 47.5m다. 토로야는 1935년 마드리드 「자루즈에라(Zarzuela) 경마장」을, 1943년에는 「라스 코르츠 축구장」(Las Corts Football Stadium, 바르셀로나)을 설계하였다. 토로야는 자루즈에라 경마장에서 널게 펼쳐진 45피트 길이의 캔틸레버에 의한 홈통이 있는 관객석의 지붕이 지주 뒤에 있는 수직형의 이음막대(타이로드)로 평형을 유지하도록 하였다. 토로야는 라스 코르츠 축구장을 콘크리트 기초 위에 철골구조로 구축하였는데, 물결모양의 그 캔틸레버 지붕은 83피트에 달하는 극적인 곡선을 이룬다. 이 건물은 구조재료로서 철을 다루는 그의 탁월한 능력을 잘 보여주는 작품이다.

토로야가 책임자로 있던 콘크리트 공학연구소는 뛰어난 파고라의 구조와 석탄고 등을 갖추었으며 콘크리트 구조물의 견본과 같은 건축이다. 철근콘크리트조의 「석탄고」(1951)는 순수한 백색 12면체로서 광선과 음영이 수시로 변하며 유쾌하고 행복스런 느낌을 주는 건물이다. 「프론톤 레코레토스」(Fronton Recoletos, 1935, 스페인 내전 때 파괴됨)의 지붕은 수평으로 뻗어가는 이중 배럴 볼트 구조로서, 너비는 60×60m에 이른다. 「퐁데 슈에르 교회당」(Pont de Suert Church, 1952)은 벽돌 볼트로 지붕을 구축하고 특이한 형태의 종탑을 세워 고딕양식의 교회를 현대화하였다. 「헤랄로 교회당」(Xerallo Church, 1952)은 단순한 각추형 구조물과 예리한 하늘을 향한 지붕선이 종교적 분위기를 상징하고 있다. 피레네 남부에 세워진 이 두 건축물은 규모가 작지만 토로야의 구조원리와 조형을 잘 나타내고 있다.

에두아르도 토로야, 퐁데 슈에르 교회당, 1952

토로야는 형태를 수학적으로 분석하여 기하학적 형태가 가지고 있는 기본성질을 높게 평가하였다. 그는 상상력을 중요시했는데, 계산이라는 것은 상상해 낸 것이 실제로 건립될 수 있는가를 보여주는 데 도움이 되는 것이라고 말하였다:

> 예술사에 있어서 처음에 구조는 독립된 개성을 가지고 있었으므로 그 미학적 성질은 정당히 평가하여야 한다. 모든 수학적 곡선은 그 자신 특이한 성질을 가지고 있고, 법칙에 따른 정확성을 가지고 있으며, 한 아이디어를 넉넉히 표현하며, 그대로 한 장점이 될 수 있다. 미래의 건축은 구조적 건축이다. 나는 자연적이고 논리적인 디자인을 의미한다. … 형태와 기능이 각각 독립되지 않고, 온갖 편리성이 결합되며, 한 가지 일을 위한 두 가지 견해가 융합된 결과로 이루어진 건축이 장래의 건축이다.

04 펠릭스 칸델라

펠릭스 칸델라(Felix Candela Outerino, 1910-1997)는 스페인 태생 멕시코의 건축가며 구조디자이너로서, 매우 강하면서도 경제적인 곡면 쉘을 특징으로 하는 보강콘크리트 건축으로 유명하며, 그의 건축은 구조체가 건축의 공간과 형태를 결정하였다. 칸델라는 스페인 마드리드에서 태어났으며, 마드리드의 건축고등기술학교(Madrid Superior Technical School of Architecture)와 성 페르난도 미술학교에 재학 당시부터 기하학과 쉘(shell) 구조에 흥미를 느꼈다. 쉘은 곡선형이고 얇으며 적당히 지지되는 특징을 갖는데, 이 형태는 매우 복잡한 수학적 해결이 필요하며 고도의 경험이 요구된다. 칸델라는 쉘을 주로 다루었던 훈련된 건축가로서, 정통한 수학자이며 건설업자였다. 칸델라는 그에 앞서서 조형적 상상력과 수학 및 실제적 시공기술을 개척한 네르비와 토로야의 경험을 바탕삼아 가장 기교가 뛰어난 건축가로 우뚝 서게 되었다. 칸델라는 1939년 로버트 마이야(Robert Maillart)가 설계한 취리히의 「시멘트 공업관」(Cement Industrial Hall)을 보고 이러한 볼트 구조의 참된 건축가가 될 것을 암시받았다고 한다.

칸델라는 스페인 내란 등으로 인해 1939년 멕시코로 건너가 12년 후 멕시코에 귀화하여 건축가로서 건설업자로서 활동하였고, 1953년부터 1970년까지 멕시코 국립대학교의 교수로 재직하는 등 멕시코 건축의 발전에 큰 기여를 하였다. 쌍곡선의 현수포물곡면(hyperbolic paraboloid shell, 이중곡면의 쉘, HP 쉘)은 칸델라의 전매특허인데, 이 구조방식은 그가 멕시코시티 근처 비야오브레곤의 멕시코 국립대학의 대학도시인 「시우다드 유니버시타리아(Ciudad Universitaria)의 우주선관」(Cosmic

펠릭스 칸델라, 우주선관, 1951

Rays Laboratory, the campus of the National Autonomous University of Mexico, Villa Obregon, 1951)에서 처음 적용되었다. 이 우주선관의 철근콘크리트 지붕은 두께가 1.6cm에서 5cm였으며, 칸델라는 이 프로젝트에 대해서 자신의 첫번째 국제적인 성공작이며 자신에게 많은 것을 고취시켰다고 하였다. HP 쉘은 점점 발달되어 「라 버어진 밀라그로사 교회」(Church of La Virgin Milagrosa, 성모교회; Miraculous Virgin, 1953, 멕시코)에서도 쓰였고, 멕시코의 「산타페 주택지구의 악단무대」(Bandstage of the Santa Fe Housing, 1956)에서는 6개의 HP 쉘로 40피트 길이의 캔틸레버를 구성하였고, 다른 악단무대에서는 120피트를 솟는 것을 설계하기도 하였다. 「로스 마난티알레스 레스토랑」(Los Manantiales Restaulant, 1958)과 「성 빈센트 디 폴 교회당」(Church of San Vicente de Paul, 1960)은 쌍곡선의 포물곡면으로 구성된 아주 아름다운 건물이다.

펠릭스 칸델라, 라 버어진 밀라그로사 교회, 1953

펠릭스 칸델라, 성모교회 내부, 1953

칸델라는 여러 곡면 쉘 구조의 공업용 건물과 다양한 종류의 얇은 쉘 현수구조, 즉 원통형 볼트 지붕을 올린 공장과 창고를 설계하였으며, 직접 건설현장 감독을 맡기도 하였다. 칸델라에 의한 멕시코시티의 「성모교회」(1953)는 두께 3.8cm의 곡면 보강콘크리트 지붕을 올렸으며 그의 이름을 세계적으로 떨친 대표작이다. 그는 1968년 멕시코시티 올림픽에 사용된 「스포츠 궁전」(Sports Palace)을 설계했으며, 미국 하버드 대학교(1961–62)와 일리노이 대학교(1971–77)에서 강의를 하였다. 칸델라는 1971년 이후 미국에 거주하고 1978년 시민권을 획득하였다. 그는국제건축가연맹(UIA)의 오귀스트 페레상과 런던의 구조기술가협회의 금메달 등을 받았다

펠릭스 칸델라, 성 빈센트 디 폴 교회당, 1960

칸델라는 콘크리트 쉘 볼트를 실험하여 근대건축에 표현적이면서도 기능적인 포물면을 도입했으므로, 그의 별명은 '쉘 건축가'(Shell Builder)다. 그가 사용한 쌍곡선의 현수포물곡면 공법은 직선판으로 그 덮개를

펠릭스 칸델라, 스포츠 궁전, 1968

대신할 수 있고 상대적으로 단순한 제작과정 때문에 재료를 상당히 절감할 수 있는 경제적 구조였다. 칸델라는 멕시코 노무자의 임금이 낮아서 콘크리트를 수공업적으로 설치할 수 있고 고가의 철근량을 감소시킬 수 있기 때문에 쉘 구조를 즐겨 사용하였다. 그는 콘크리트 쉘을 사용하여 41,000달러에 큰 교회를, 평방피트당 50센트라는 가격으로 웨어하우스를 건설할 수 있다는 것을 입증하였다. 칸델라는 직선적이며 기능주의만을 고수하며 분석적이고 파괴적인 국제 건축양식을 비평하며, 쉘구조가 자극적이며 과감한 건축형태 창조의 수단이며 새로운 창조의 시기를 가져올 것이라고 믿었다: 쉘 구조는 최소의 재료로 거대한 공간을 덮으며, 그 외에도 흥미롭고 매력적인 구조다.

제11장

전환기의 현대건축

01 근대건축국제회의의 해체 이후의 현대건축

1) 시대적 개관

근대운동(Modern Movement)은 두 차례에 걸친 세계대전 사이의 기간 동안 화려하게 전개되었다. 제2차 세계대전 이후 건축은 새로운 전환기를 맞이하게 되는데, 모더니즘의 몰락과 함께 모더니즘 건축의 상업적 융성이 함께 진행되면서 복합적 상태를 나타낸다. 제2차 세계대전 동안 파괴된 도시에서는 미래에 대한 희망, 과거에 대한 사회공동체적 죄의식이 있었으며, 전쟁 이전보다 더욱 아름답고 질서 정연한 도시를 재건할 필요성과 기회를 제공받았다. 제2차 세계대전의 결과는 끔찍했지만, 한편으로는 재료와 생산과정, 제품의 질과 미적 형태와의 관계 등 디자인의 급진적 변화를 초래하였다. 세계대전 동안 개발된 신소재와 문제해결을 위한 과학적 기법 등은 전쟁 후 새롭고 체계적이며 과학적인 디자인 방법 등 건축과 산업디자인에도 지대한 영향을 미치게 되었다. 1950년대 중반에는 세계정세의 변화와 기술의 급속한 발달에 의한 인간소외 현상이 나타났다. 이러한 인간소외 현상에 반발한 급진적인 현실적 행동주의가 일어났으며, 이들은 기존의 가치평가나 고정된 엄격한 위계에 반발하였고 현실주의적 경향이 나타나게 되었다.

미국의 산업은 전쟁 중 손상되지 않고 산업체계를 급속히 발전시킬 수 있었고 대중문화는 급진적으로 발전하였다. 경제적인 능력을 지닌 미국의 산업에 유럽의 건축가와 디자이너들이 선도적인 역할을 하는 기회가 주어진다. 제2차 세계대전 이후에 새롭게 태어난 모더니즘은 특히, 미국에서 매끈하고 기계 같은 무장식의 이미지가 새로운 미학으로 대두되었고, 철골구조와 유리 커튼월 같은 기술의 발전은 쇼핑센터나 교외의 사무실군(群), 그리고 마천루들을 아주 값싸고 유용하게 만들 수 있게 하였다. 건축 소요경비가 줄어들고 시공 건설속도가 빨라짐에 따라, 모더니즘의 건축은 부동산 개발업자와 도시 행정관리들에게 더욱 설득력을 가지게 되었다.

제2차 세계대전 이후 현대건축의 전환기적 상황은 모더니즘 거장들의 말년 활동, 부동산 개발의 융성, 포스트모더니즘 기운의 발생 등 여러 가지 측면에서 살펴볼 수 있다. 모더니즘 거장들은 르 코르뷔지에의 「롱샹 성당」이나 「샹디가르의 건축물들」, 샤론의 「베를린 필하모닉 콘서트 홀」 등에서 보이듯이 형태적이고 표현주의적인 작품을 만들어내었다. 한편 제2차 세계대전 이후 유럽에서는 파괴된 건물과 도시를 재건하는 것이 당면과제였고, 강철과 유리로 만든 건축은 이해하기 쉬운 매력을 지니며 국제주의 양식적 건축이 세워졌다. 즉, 모더니즘의 건축은 전쟁이 끝나면서 실제 지어지는 건물들에서 뒤늦은 전성기를 누리게 된 것이다. 전후 모더니즘 건축이 자본주의의 부동산 개발단계로 넘어가면서 건물이 갖는 예술성은 소외되고 무표정한 박스와 같은 건물이 되었다. 이러한 상황에서 외관상 박스 형태의 단조로움, 지역성과 인간미의 결여 등 모더니즘 건축의 문제점들이 인식되게 되었다.

2) 근대건축국제회의의 해체와 근대건축

근대건축의 핵심적 추진단체였던 근대건축국제회의의 해체(1956) 후 여러 양식이 혼란스럽게 펼쳐지는 과도기를 맞이하게 되었다. 이로써 합리주의와 기능주의 위주의 국제주의 양식 건축의 한계를 인식하게 되

근대건축의 제1세대는 1920년대부터 근대주의운동을 이끌어 왔던 거장이고, 그 영웅들의 그늘 밑에서 제2세대는 활약하였다. Philip Drew는 양 세계대전 사이(1918-38)에 태어난 건축가들을 제3세대라 하였다.

었으며, 또한 근대건축을 이끌어온 거장 건축가들의 사망과 변신으로 인하여 계보없는 시대, 위기의 시대를 맞이하며 새로운 국면에 돌입하게 되었다. 한편으로는 2, 3세대 건축가들이 등장하여 활약하게 되었는데, 그들은 1세대 건축가들의 지나친 합리주의적이며 기능주의적인 건축양식을 비판하였다. 제3의 건축가 세대가 등장함으로써 근대건축은 비판, 갱신, 성숙이라는 새로운 국면으로 돌입하였다. 2, 3세대 건축가들은 근대건축의 획일적인 건축양식, 도시의 시각적 혼돈과 무질서, 지역성의 상실, 인간의 소외, 건축적 의미와 상징성의 결여 등을 강력히 비판하며, 또한 고도로 발달된 공업기술과 과학의 탁월성을 인식하고 재료와 구조, 역학적인 가능성을 최대한 탐구하였다.

3) 새로운 건축사조의 등장

2, 3세대의 건축가들은 근대건축의 지나친 기능주의적이며 합리주의적 경향에 대한 반발로서 새로운 건축사조를 모색하게 되었다. 즉, 이전의 근대건축에서는 무시되고 배제되었던 상징성과 개별성, 인간성 등을 건축에 반영하고자 하였다. 따라서 그들은 근대건축의 획일적이고 일원적이었던 건축양식에서 탈피하여 다원적인 건축을 전개하게 되었다. 전환기의 현대건축에 있어서 건축가들은 새로운 건축기능과 도시기능을 실현화하며 풍부한 표현력과 개성을 가진 건축을 만들어내려 하였다. 이때에는 거장 건축가들을 비롯한 제1세대 건축가의 영향력이 감소되고 2, 3세대 건축가들이 주도적 역할을 하게 되었다. 이러한 새로운 흐름들을 건축평론가들은 여러 가지 범주로 구분하고 있는데, 주요한 건축사조로서는 브루탈리즘 건축, 형태주의 건축, 공업기술 위주의 유토피아적 건축, 기타 주요 건축가 등을 생각할 수 있다.

브루탈리즘 건축 02

브루탈리즘(Brutalism) 건축은 스미드슨 부부가 그 개념을 최초로 제시하였고, 런던을 중심으로 예술활동을 하고 있던 자유집단(Independent Group)의 중심인물인 건축비평가 레이너 벤험(Reyner Banham, 미국, 1922-1988)에 의해 이론적으로 정의되어 널리 퍼지게 되었다. 브루탈리즘은 미적 요소라고 생각되지 않는 구조재나 설비 등을 표면에 내세우는 경향으로서, 전체를 각 기능별 요소로 분리하고 건축의 구성요소로서 각 요소의 정체성(identity)과 연관성을 강조한다. 이 건축가들은 양식과 유행에 타협하지 않고, 각 구성요소를 정직하고 솔직하게 표현하는 건축의 윤리성과 진실성을 강조한다.

이들은 19세기 공학기술자가 설계한 구조물의 명쾌한 구성 등에 영향을 받았으며, 미스 반 데어 로에와 르 코르뷔지에의 건축이 지닌 명쾌함, 구조와 재료의 솔직하고 정직한 표현을 자신들의 지적인 명료성과 구조와 재료들의 정직한 표현의 기준으로 삼았다. 브루탈리즘 건축가들은 거칠고 투박할 정도로 구조와 재료를 정직하고 솔직하게 표현하고 나아가 설비와 서비스 시설을 노출시킨다. 또한 이들은 특정한 건물에 대해 형이상학적 감각을 가지고 건물에 필요한 공간적 및 구조적, 재료적 개념을 발견해서 그 개념을 뚜렷하게 기억할 수 있는 이미지의 형태로 정직하게 표현하고자 한다.

브루탈리즘은 국제적 브루탈리즘(International Brutalism)과 신브루탈리즘(New Brutalism)으로 분류된다. 국제적 브루탈리즘은 르 코르뷔지에의 후기 작품에서 유래된 노출콘크리트(exposed concrete)의 거친 질감(texture)에 의한 미학적 측면을 강조한 건축사조다. 신브루탈리즘은 스미드슨 부부의 이론에 기반을 두고 건축에 있어서 미학보다는 윤리성과 진실성을 강조하며 주로 영국 내에서 전개된 건축사조다.

이러한 브루탈리즘의 주요한 건축가로서는 스미드슨 부부, 제임스 스털링, 루이스 칸등을 들 수 있다.

(1) 스미드슨 부부

앨리슨 스미드슨(Alison Smithson, 1928-93)은 쉐필드에서 출생, 피터 스미드슨(Peter Smithson, 1923-2003)은 스톡톤-온-티스(Stockton-on-Tees)에서 출생했으며, 피터는 더램 대학교와 런던 왕립아카데미에서, 앨리슨은 더램 대학교에서 건축을 공부한 후, 1950년 런던에 사무소를 함께 개설하였다. 스미드슨 부부는 근대건축국제회의 내의 급진적 성향이었던 팀텐의 구성원으로 활동한 건축가들이며, 신브루탈리즘의 개념을 최초로 주장하였다. 이들 부부의 주요 작품으로는 「헌스탄톤 중고등학교」, 「골든레인 주거단지 계획안」(Golden Lane, 1952), 「쉐필드 대학교 계획안」(Sheffield, 1953), 단일 성격의 도시환경 조건을 창조한 「이코노미스트 빌딩」 등이 있다.

런던의 「이코노미스트 빌딩」(Economist building, 런던, 1964)은 오피스와 은행, 주호로 이루어진 복합건축으로서, 부정형의 광장을 둘러싸고 높이가 다른 3동의 빌딩으로 구성되었다. 주요한 도로인 세인트제임스 가로에 대해서는 작은 은행의 건물을 배치하고, 주위 상가와의 조화와 공존을 꾀하였다. 골든레인 주거단지는 획일적이고 무미건조한 근대주의적 건축에 일대 변화를 꾀하였는 계획이었지만 실제로 지어지지 않았고, 이 중요한 계획요소인 공중가로는 다음 「로빈후드(Robinhood) 주거단지」에서 실현을 보게 된다. '가로로서의 건축'이란 개념은 이 단지에서 격층 복도형의 형식으로 실현되었는데, 길이가 긴 두 개의 주거동이 마주보고 가운데에는 인공적으로 만든 구릉이 위치하였다.

스미드슨 부부, 헌스탄톤 중고등학교, 1954

헌스탄톤 중고등학교 헌스탄톤의 푸른 부지에 세워진 2층 높이의 간소한 「헌스탄톤 중고등학교」(Hunstanton Secondary School, Norfolk, 1954)는 진실한 브루탈리즘적인 최초의 작품이라 할 수 있는데, 정직한 태도로 구조재인 강철이나 벽돌뿐만 아니라 배관과 전기도선, 그 밖의 설비마저 노출시켰다. 이 학교는 1950년 행해진 경기설계의 최우수안으로 스미드슨 부부의 이름을 알리게 되었으며, 단순한 브루탈리즘 이상으로, 엄격한 비례감각과 지적인 소재선택에 의해 아름다운 작품이 된 특징도 갖는다. 형태의 힘과 구조에 대한 강조가 돋보이는 이 학교는 재료를 그대로 사용하고 구조와 설비를 노출시킴으로써 건축의 윤리성과 진실성을 강조한 최초의 브루탈리즘적 작품이라 할 수 있다. 이 건물은 디자인의 엄격성이 너무나 현저하게 나타났기 때문에 세계적인 관심을 불러일으키며 유사한 건물들이 세계 곳곳에 세워지기 시작하는 계기가 되었다. 이 건축은 브루탈리즘의 형태미학을 시대의 사회적 현실의 표현수단으로 채용함으로써 건축이란 이상이 아닌 현실임을 알려서 당시 신세대 건축가들로부터 많은 공감을 얻었다

(2) 제임스 스털링

제임스 스털링(James stirling, 1926-92)은 글래스고에서 태어나, 리버풀 대학교에서 건축을 공부하였고 1953년 런던을 중심으로 활동을 시작하였다. 전후 영국 건축계를 대표하는 건축가인 스털링은 영국에서의 활동 초반기에 독특한 브루탈리즘적 경향의 작품을 남겼다. 초기의 주요 작품으로는 철근콘크리트 구조와 주재료인 벽돌을 시각적으로 솔

직하게 표현한 「햄커먼 공동주택」(Ham Common, 런던, 1955-58), 「레스터 대학교 공학부 건물」 등이 있다. 이들은 붉은 벽돌과 판유리로 된 온실이 서로 극적인 대조를 이루면서 형태적 정교함과 조야함이 드러나는 작품이다.

제임스 스털링, 캠브리지 대학교 역사학부 건물, 1967

스털링은 1960년부터 예일 대학교 건축과 교환교수이자 비평가로서 활동을 시작하며 미국에 그의 이름이 알려지기 시작하였고, 1963년부터 1971년까지 스털링은 혼자서 작품활동을 하며 독창적인 디자인의 작품을 많이 만들어내었다. 「캠브리지 대학교 역사학부 건물」(Cambridge, 1964-67), 옥스퍼드 대학 퀸즈 컬리지 「플로레이 빌딩」(The Queens' College, Florey Building, 1966-71) 등을 대표작으로 들 수 있다. 위의 일련의 대학건물들에서는 벽돌벽과 유리면의 조합이 야성적인 표정을 건물에 주고 있다.

레스터 대학교 공학부 건물 이 공학부 건물(Engineering Department, Leicester University, 1959-63)은 유리와 벽돌에 의한 일련의 작품들

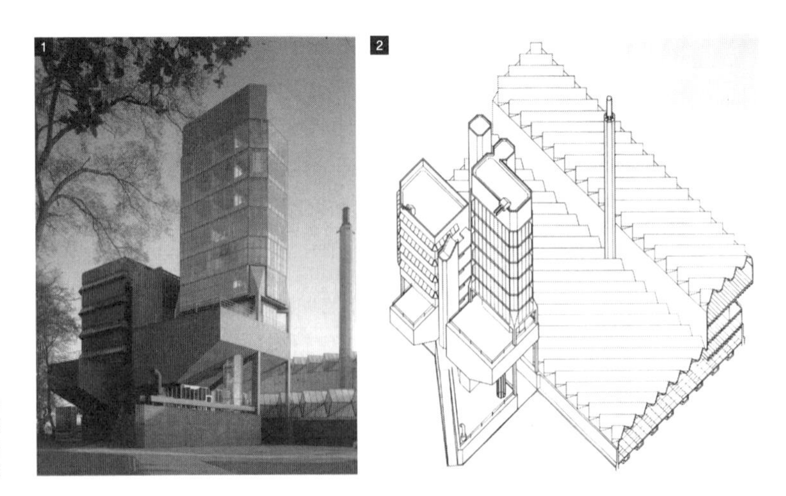
1. 제임스 스털링, 레스터 대학교 공학부 건물, 1963
2. 제임스 스털링, 레스터 대학교 공학부 엑소노메트릭, 1963

중 최초의 것이고, 스털링이 국제적으로 이름을 떨치게 된 최초의 작품이다. 공학부 건물은 평면이 45도 기울어진 톱니모습의 유리지붕을 덮은 실험동의 수평부분과 연구실, 사무실, 강의실의 동선을 위한 3개의 탑으로 이은 수직부분으로 구성되었다. 표면은 피막으로서의 유리와 벽돌, 타일로 마무리되었다. 스털링은 이 건물에서 실험과 연구, 강의 등 요구되는 프로그램에 대해 합리적으로 조합되면서도 여러 가지 구성요소를 개별화하면서도 함께 배열하였다.

형태주의 건축 03

형태주의(Formalism) 건축은 1960년대 현대건축의 전환기에 미국에서 성행한 건축사조다. 제2차 세계대전의 승전국으로서의 번영과 여유가 있었던 미국은 근대건축을 대신할 새로운 건축을 추구하였다. 엔지니어링 건축에 의한 생산성의 진솔한 표현, 대중문화로서의 건축적 가능성, 광활한 자연환경을 배경으로 한 미국의 건축은 거대한 스케일의 광장을 중심으로 웅장한 조형미를 뽐내는 여러 채의 건물들이 둘러싸는 구성을 보였다. 더구나 미국으로 이주해 온 외국건축가들의 활약이 돋보이며, 당시 사회의 뉴모뉴멘탈리즘 운동은 형태주의 건축을 더욱 촉진시켰다. 뉴모뉴멘탈리즘은 신흥제국 미국에서 그 위상에 맞는 상징적 건축물을 추구한 건축운동으로서, 에로 사리넨의 「제퍼슨 국립기념관」, 「유엔 본부」와 「만국박람회장」, 해리슨에 의한 「메트로폴리탄 오페라하우스 계획」과 「링컨 센터」 등과 같은 대도시 도심블록 개발 등이 대표적이다.

형태주의는 거장을 중심으로 한 합리주의 및 기능주의 위주의 근대건축이 쇠퇴한 이후 탈현대주의(Post-Modernism) 건축의 선구적인 역할을 하였다. 형태주의가 추구한 건축 구성원리 및 특성으로는 건축의 표현적 및 조형적 특성을 강조하는 미학적 측면에 관심을 두고 건축의 내용보다도 형태를 강조한 점, 부드러운 지붕곡선과 재미있고 독특한 형태의 조형성을 추구한 것 등을 들 수 있다.

형태주의 건축가들은 근대건축에서 배제되었던 전통적 및 상징적 요소를 도입하여 건축에 있어서 형태표현의 영역을 확장하려 시도하였다. 또한 이들은 과거의 전통적 건축이 지니고 있던 장식적 요소를 현대화하고 현대건축의 규범 속에서 표현의 가능성을 예시하였다. 그리고 이들은 기능주의 건축이 야기한 기계적 반인간적인 성격을 벗어나 인간화시키려고 시도하였다. 형태주의의 주요 건축가로서는 에로 사리넨, 필립 존슨, 폴 루돌프, 미노루 야마사키, 에드워드 듀렐 스톤 등이 있다.

1) 폴 루돌프

폴 루돌프(Paul Marvin Rudolph, 1918-1997)는 켄터키 주 에클톤(Elkton)에서 태어났다. 1935년부터 1940년까지 앨라배마 공과대학에서 건축을 전공하고 1943년부터 1946년까지 하버드 대학원에서 수학하였다. 하버드 대학원에서 휠라이트(Wheelwright) 장학금을 받아 1948년부터 1949년까지 영국과 프랑스, 이탈리아, 스위스, 벨기에를 여행하였다. 루돌프는 제2차 세계대전 동안 미 해군 브루클린 해군조선소에서 선박건조 감독관으로 근무하였으며(1943-46), 1952년 자신의 개인사무소를 개설했고, 1958년부터 1962년까지는 예일 건축학교 학장직을 역임하며 노

폴 루돌프, 워커 하우스, 사니벨 아일랜드, 1952

먼 포스터, 리처드 로저스 등을 가르쳤다. 루돌프는 전후 미국 대학을 졸업한 젊은 작가 가운데 가장 많은 기대를 받은 건축가 중의 한 명으로서, 그는 플로리다 해안 앞바다 사니벨 섬의 작은 영빈관인 「워커 하우스」에서 경첩이 달린 큰 유리판으로 벽을 대신한 차갑고 엄격한 인상을 주는 매력적인 건물을 처음 독자적으로 설계하면서 1954년 제2회 상파울루 비엔날레에서는 우수 청년건축가상(Outstanding Young Architect Award)을 받았다.

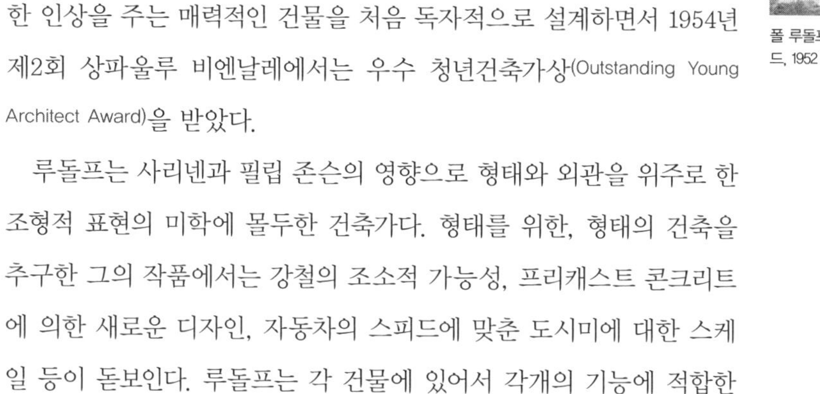

루돌프는 사리넨과 필립 존슨의 영향으로 형태와 외관을 위주로 한 조형적 표현의 미학에 몰두한 건축가다. 형태를 위한, 형태의 건축을 추구한 그의 작품에서는 강철의 조소적 가능성, 프리캐스트 콘크리트에 의한 새로운 디자인, 자동차의 스피드에 맞춘 도시미에 대한 스케일 등이 돋보인다. 루돌프는 각 건물에 있어서 각개의 기능에 적합한 개성을 찾아 광범위한 경향의 디자인을 전개하였다. 그는 기계적 기능주의와 구조파 건축에 염증을 느끼고 건축가의 아이디어의 통일과 예술적 감각의 발로가 중요하다고 하였다.

루돌프는 많은 주택건축을 발표하였는데, 지난 과거 100년을 대표하는 주택건축의 하나로 손꼽히는 「워커 하우스」(Dr. & Mrs. W. Walker Guest House, Sanibel Island. 사니벨 아일랜드, 플로리다, 1952–53)에 대해 쉐어(John Kox Shear)는 '그것은 오늘의 루돌프의 공적을 총 집약하고 있다. 평면과 비례에 보이는 전체구조는 단순한 이미지를 표시하고 있다. 그 공간과 구조는 광선과 음영의 풍부한 효과를 나타내고 있다. 그 가동성 셰이드는 사용과 외관의 융통성을 가능케 하였다. 그것은 지방성과 현실성을 초월하는 규율과 숙고에서 생긴 건축이다'라고 하였다.

루돌프는 Y자형 기둥과 대리석 골재가 드러나 보이는 콘크리트 표현으로 유명한 「그릴리 기념연구소」(Greeley Memorial Laboratory, 1957)를

폴 루돌프, 웰슬리 대학 아트센터, 1958

예일 대학교에서는 처음 설계하였다. 루돌프의 주요 작품으로는 「웰슬리대학 아트센터」, 콘크리트의 조각적 가능성을 초고도로 활용한 구조와 공간의 율동성이 뛰어난 「사라소타 고등학교」(Sarasota High School, 플로리다 주, 1958–59)와 예일 대학교 「삼림조사연구소」(Greeley Forestry Laboratory, 예일 대학교, 1959), 「예일 대학교 예술건축학부 건물」, 「뉴욕 그래픽 아트센터」 등이 있다.

폴 루돌프, 예일 대학교 예술건축학부 건물, 1964

창의성이 풍부하게 표현된 루돌프의 가장 유명한 작품인 「예일 대학교 예술건축학부 건물」(Art and Architecture Building, 예일 대학교, 코네티컷 주, 1958–64)은 일종의 콘크리트 조각과 같으며 특징이 없는 주변 환경과 대조적인 자극을 불러일으키고, 또한 형태들이 서로 맞물려 복합적으로 한 덩어리를 이루고 있으며 매우 다양한 표면질감이 특징적이다. 이 건물에서 사용된 주된 심미적인 어휘는 솔리드한 평면과 보이드한 평면들이 교차하는 방식이며, 전체적인 형태는 모호하지만 선과 모서리들, 색깔과 질감들, 면과 매스들이 하나로 어우러져서 균형과 조화를 이루며 아름답게 구성되어 있다. 「뉴욕 그래픽 아트센터」(Graphic Art Center, 뉴욕, 1967)는 3차원적 요소들이 분리된 채로 매달려 있는 고층건물이다.

웰슬리 대학 아트센터 웰슬리 대학 아트센터(Mary Cooper Jewett Arts Center, Wellesley College, 1958)는 캠퍼스에 있는 고딕풍 건물들과의 폭넓은 환경적 맥락의 조화를 고려하여 설계되었는데, 기존 건물의 배치와 매스에 대응하여 새로운 건물의 배치와 매스를 고려하여 캠퍼스의 중심이 되는 중정을 주었다. 또한 루돌프는 기존 건물의 비례와 디테일을 새 건물에 도입하였고, 삼각형 천창과 알루미늄 그릴은 그 비례를 기존의 것에서 얻었으며, 원근에 의한 시각적 스케일의 차이를 세심하게 고려하였다.

2) 미노루 야마사키

미노루 야마사키(Minoru Yamasaki, 山崎實, 1912-1986)는 시애틀에서 출생한 일본인 2세이며 워싱턴 대학에서 학사를, 뉴욕 대학에서 석사를 받았다. 야마사키는 1934년 뉴욕으로 이주해 설계를 담당하였으며, 1943년부터 1945년까지 컬럼비아 대학교에서 건축설계를 강의하였다. 야마사키는 20세기의 기계문명과 기술의 발전이 점차로 건축에서 인간성을 박탈하고 있다고 느끼며 건축이 우리의 생활을 균형잡힌 평화 속에 가져다 줄 것이라고 하였다. 감각적 호소력을 지닌 작품으로 유명한 그는 스승인 미스에 대해 '미스는 과거에 손으로 만든 건물같이 아름다운 건물을 기계로도 만들 수 있음을 가르쳐준 사람이다. 그러나 우리의 도시가 끝없는 유리와 철과 타일의 연속으로 되는 것은 극히 두려운 일이며, 여하튼 아름답게는 지어져야 할 것이다'라고 하였다.

야마사키의 첫번째 중요한 프로젝트는 세인트루이스 소재의 근대적인 콘크리트조의 「프루트이고 주거단지」(Pruitt-Igoe housing, 1955)이었다. 11층의 아파트 33동으로 이루어진 이 주거단지는 많은 논란을 일으켰으며 1972년 철거되었는데, 이를 근대건축의 종언이며 포스트모던 건축의 시작으로 여기기도 한다. 야마사키는 연속된 콘크리트의 교차 원통형 볼트로 장엄한 느낌을 주는 「램버트 세인트루이스 공항」(Lambert-St. Louis International Airport, 1953-55)을 설계함으로써 국제적인 명성을 얻었고, 이 건물은 그후 미국 공항터미널 설계에 많은 영향을 주었다. 이때부터 그는 콘크리트의 가소성의 묘미와 구조이론과 기술적 방법을 연결시켜 외관에 화려하고 극적인 효과를 추구하려 하였다. 미스 반 데어 로에의 찬미자인 야마사키는 직물과도 같은 화사한 표면의 벽으로 구조부재를 뒤집어 씌우는 것을 즐겨 사용하였다. 예를 들

미노루 야마사키, 프루트이고 주거단지, 1955

면, 디트로이트의 「미술공예협회」와 「미국콘크리트연구소」(1958)에서 마구리를 보이게 블록을 쌓아올린 우산 모양의 벽, 디트로이트의 「레이놀즈 금속회사 빌딩」에서의 금속 그릴 등을 들 수 있는데, 디트로이트 소재의 뛰어난 「레이놀즈 금속회사」(Reynolds Metals Regional Sales Office, 1959) 빌딩은 천창과 식물 및 연못을 이용한 것이 특징적이다. 야마사키는 후반기에 일본 방문과 세계일주를 통하여 자신의 선조가 살던 고향의 전통건축의 아름다음과 유럽의 독특한 건물들에 감동하면서 작품에 새로운 국면을 전개하였다.

미노루 야마사키, 맥그리거 기념관, 1958

야마사키의 걸작인 웨인 주립대학교 「맥그리거 기념관」(McGregor Memorial Conference Center, Wayne State University, 디트로이트, 1958)은 십자형 무늬의 지붕, 기하학적 모습으로 된 연못, 예리하게 돌출된 스카이라인, 붉은 융단의 효과 등이 극적인 구성을 보여준다. 이 기념관은 절판 콘크리트 슬래브가 내외부 공간에 그대로 나타내어 고딕적 감각을 느끼게 하였고, 중앙부를 이층 높이로 올려 천창을 두며 회의실로 계획하였다. 이 건물은 평온함과 즐거움을 전해주는 야마시키의 내부와 외부설계의 본보기로 여겨진다. 그 외 야마사키의 대표작으로는 중정에 고딕양식의 첨두 아치 모뉴멘트를 세운 인상적인 시애틀 만국박람회의 「미국과학관」(Federal Science Pavilion, Seatle, 1961–62), 일리노이 주 글렌코에 소재하는 독특한 설계의 유대교 사원인 「북해안 이스라엘인 총회」(North Shore Congregation Israel, Glencoe, 1964), 세계에서 가장 높은 건축물 가운데 하나로서 110층의 쌍둥이 탑모양과 2만 평방미터나 되는 광장으로 유명한 「세계무역센터」 등이 있다.

세계무역센터 「세계무역센터」(World Trading Center, 뉴욕, 1966-73)는 미국 경제를 상징하는 맨해튼에 세워진 110층의 쌍둥이 건물(417m, 415m)과 플라자를 둘러싸는 3개의 저층동으로 이루어지며, 쌍둥이 건물은 건설 당시 세계 제일의 높이를 자랑했다. 이 빌딩은 측면 외주에 내력벽 튜브 시스템(Bearing Wall tube system)을 적용하여 건물의 외각기둥을 일체화시켜 지상에 솟은 빈 상자형 캔틸레버와 같이 거동케 함으로써, 수평하중에 대한 건물 전체의 강성을 높이면서 내부기둥은 수직하중만 지지케 하여 내부공간의 자유성을 높인 구조 시스템으로 되어 있다. 외주기둥은 스테인리스 스틸로 피복된 고장력 기둥을 약 1m 간격으로 배열한 기둥으로 지상 24m 지점에서 3개가 1개로 통합되는 형태를 갖고 있다. 이 요소들은 수직하중과 풍압에 의한 수평하중에 가장 효율적으로 대응하도록 설계되었다. 야마사키는 이 건물에서 코어와 외주부분의 기둥만으로 전체를 떠받치는 구조에 의해 기둥 없는 집무공간을 달성하고, 무표정한 파사드 등 근대건축이 지향한 목표를 실현시켰지만, 비인간적인 거대한 스케일의 건축이라 할 수 있다. 이 건물은 2001년 9.11테러로 인해 파괴되었다.

미노루 야마사키, 세계무역센터, 1973

04 공업기술 위주의 유토피아적 건축

제2차 세계대전 이후 활발히 펼쳐진 공업기술 위주의 건축은 건축의 수단으로서 공업과 과학기술을 적극적으로 받아들이는 흐름이며, 이들에 대해 지나친 의존과 집착으로 이상향적(Utopia) 성향을 지니기도 한다. 이 공업기술 위주의 건축은 20세기초 미래파와 러시아 구성주의가 예시했던 기능주의적 기계미학의 건축이념에 영향을 받았으며, 이들의 건축이념은 오늘날의 신공업기술주의(Neo-Productivism) 또는 하이테크(High-Tech) 건축에 계승되었다.

공업기술 위주의 건축가들은 사회적 변화와 성장에 대응할 수 있는 가변성과 가동성을 지닌 건축과 도시를 추구하며, 공업기술과 과학을 건축의 주된 수단으로 하여 건축을 공업적 및 기술적 조건에 조화시키려고 시도한다. 공업기술 위주의 유토피아적 건축은 공업생산과 대량생산에 의한 단위부재를 이용하여 조립식 공법으로 건설할 수 있는 건축과 도시를 만들어내고자 하며, 고도의 기계적 서비스가 제공되는 기능적이며 효율적인 구조와 공간을 창조하고자 한다. 공업기술 위주의 유토피아적 주요 관련건축가로서는 아키그램, GEAM, 벅크민스터 풀러, 메타볼리즘, 콘라드 왁스만 등을 들 수 있다.

1) 아키그램

아키그램(Archigram, 1960-74)은 1960년 영국 런던에서 테일러 우드로 건설회사가 '유스톤역 재개발'을 시작할 때 참가하였던 6명의 건축가들이 만든 전위적인 그룹으로서, 피터 쿡, 론 헤론, 워렌 쵸크(Warren Chalk,

1927-88), 데니스 크롬프톤(Dennis Crompton, 1935-), M. 웹(1937-), D. 그린(David Greene, 1930 -) 등이 그 멤버들이다. 〈아키그램〉이라는 이름은 '건축(architecture)'과 '전보(telegram)'의 두 단어의 합성어로서, 세계대전 이후 날로 무의미해져가고 척박해져가는 건축계와 디자인계에 제동을 거는 긴급 안건, 즉, 전보를 띄운다는 의미가 담겨 있다. 한편으로는 꼴라주와 그래픽, 만화 등의 기법들을 통해 '드로잉에 의한 건축'을 시도했던 작업 방식을 나타내기도 하다.

아키그램 그룹과 그들이 발행했던 같은 이름의 잡지 아키그램, 그들의 건축적 방법은 1961년 그들의 급진성과 실험성을 담은 이미지 드로잉을 통해 알려지기 시작하였고, 1963년 현대미술협회가 주최했던 전시회에 출품한 「살아있는 도시」(living city)로 인정받기 시작하였다. 아키그램의 사고는 당시의 공간 탐색 경향과 상상력 넘치는 사고, 비주류문화, 새로운 것을 추구하던 비틀즈(Beatles) 정신, 첨단과학과 기술, 공상과학소설 등에서 비롯되었는 듯하며, 상테리아와 같은 미래파와 벅크민스터 풀러나 브루노 타우트(Bruno Taut), 요나 프리드맨(Yona Friedman), 프레데릭 키슬러(Frederick Kiesler, 1890-1965) 등으로부터 영향을 받았다. 그러나 아키그램을 대표하는 결과물은 900점이 넘은 드로잉 작품들뿐 실제적으로 만들어진 건축물은 없다.

그들은 크레인으로 조립되는 단위부재로 이루어진 구조물, 구성과 해체가 자유로운 조립식의 도시와 마을, 목적지를 향해 걸어다니는 도시, 일인용 주택 등 다소 충격적이며 엉뚱해 보일 정도의 급진적인 실험들을 제시했다. 이러한 전위적이며 다원적인 아키그램의 건축은 소비사회의 다양한 상품과 기술들, 격자형 골격과 튜브, 만화적인 이미지의 잠수함과 우주선을 닮은 도시 모습들, 그리고 로봇과 같은 도시 경관을 표현한 드로잉들을 꼴라주 기법으로 엮어져 표현되었다. 이들은 강요된 환경질서에 존재하는 규범적인 권위주의 체계의 가치를 부정하며, 형식적인 관습에서 벗어나 느슨하고 자유로운 관계에 초점을 맞추었고, 첨단 기술적 오락과 휴식을 향하는 환희적, 유토피아적 세계를 만들어 내려하였다. 또한 이들은 1960년대 소비성과 대중문화, 새로운 기술의 융합과 같은 소비사회의 법칙에 따라 교환 가능한 이동성 및 가변성을 지닌 건축과 환경창조의 주요 수단으로서 기계적 서비스를 강조하였다. 또한 이들은 모두 형태를 패턴화, 체계화하기 위해 시각적인 은유를 사용하였으며, 가변성과 기하학적인 구조체, 이동식 구조물, 캡슐 주택, 부품 키트 등 여러 가지 개념과 사상을 제시하였다.

데이비드 그린, 리빙폿

데이비드 그린, 리빙폿 모듈

기술의 유용성과 마력에 관심을 둔 아키그램의 등장은 팝 아트의 출현과 일치하는데, 팝 아트가 소비자들에게 예술의 이미지를 주거나 미적 표현의 타당한 물건들을 만드는 것과 마찬가지로 아키그램은 기계와 예술적, 건축적 가치가 있는 표현의 품질을 만들었다. 이러한 아키그램의 교환 가능한 가변식 및 이동식 구조물과 캡슐(Capsule) 주택 등의 건축개념은 이후 당시 크게 유행하던 기능주의 양식을 뛰어넘어 유럽과 일본, 미국 등의 전위적 건축에 지대한 영향을 미쳤으며, 렌조 피아노와 리처드 로저스, 일본의 메타볼리즘 등 근대건축에 큰 영향을 미치게 된다.

아키그램의 작품으로는 피터 쿡에 의한 「Fulham Study」(1963), 「플러그 인 도시」, 「인스턴트 도시」(Instant City, 1968), 헤론에 의한 「걸어다니는 도시」, 「쿠쉬클」(웹의 작품), 「Inflatable suit-Home」(헤론의 작품, 1965) 등이 있다.

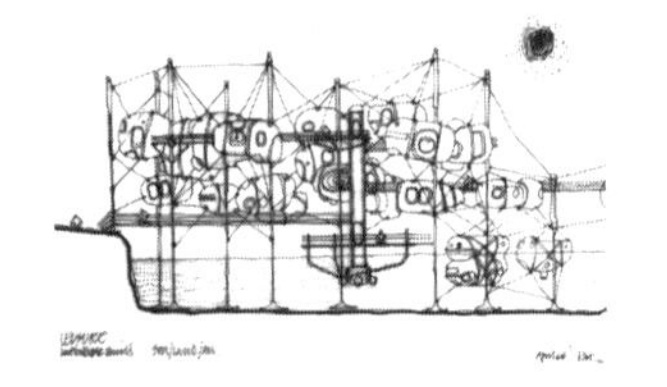
헤론, Inflatable suit-Home, 1965

플러그 인 도시 「플러그 인 도시 계획안」(Plug-in City, 1964-66)은 피터 쿡(Peter Cook, 1936-)에 의한 유토피아 도시의 구상으로서, 가변성과 가동성이 그 테마다. 플러그 인 도시는 크레인에 의해 골조 안에 설치된 자재들을 마음대로 사용하고 또 해체할 수 있는 수천 개의 캡슐로 이루어진 유연성 있는 건축이다. 테크놀로지의 시각적 표현이 미학의 근간을 이루는 모든 도시의 구성요소들은 프로그램화된 내용 연수에 따라 교환 가능한 규칙적인 플러그를 끼워 넣는 구조물로 구성되어 가변성과 가동성을 지니게 된다.

걸어다니는 도시 「걸어다니는 도시 계획안」(Walking City, 1964)은 론 헤론(Ron Herron, 1930-94)에 의한 이동하는 유목적인 성격의 유토피아적 도시의 구상으로서, 고도로 기술화된 수십 층 높이의, 거북등 모습의 마치 거대한 동물과 같은 모습의 주거군=도시 유니트가 삼발이와 같은 다리를 이용하여 집단적으로 돌아다니는 광경을 뉴욕의 초고층빌딩들을 배경으로 SF풍으로 표현되었다.

론 헤론, 걸어다니는 도시 계획안, 1930

쿠쉬클 「쿠쉬클」(Cushicle, 1966-67)은 웹(Michael Webb)이 계획한 것으로, 인간이 완벽한 환경을 자신의 등에 매고 다닐 수 있으며 필요에 따라 공기를 주입하여 펼칠 수 있는 완전한 유목 문화적 설비다. 탐험가와 방랑자들이 최소한의 노력으로 높은 수준의 안락함을 취할 수 있도록 해주는 쿠쉬클은 두 부분들로 구성되는데, 하나는 '보호장비(armature)' 겸 '척추(spinal)' 역할을 하는

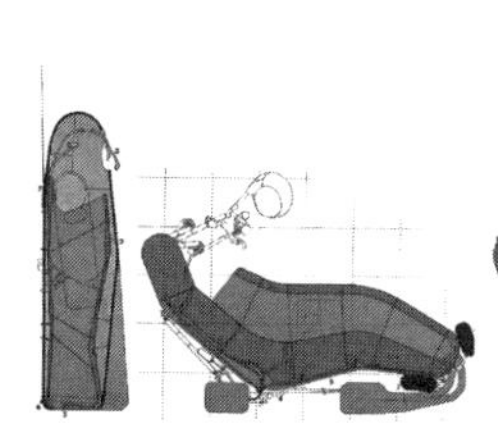
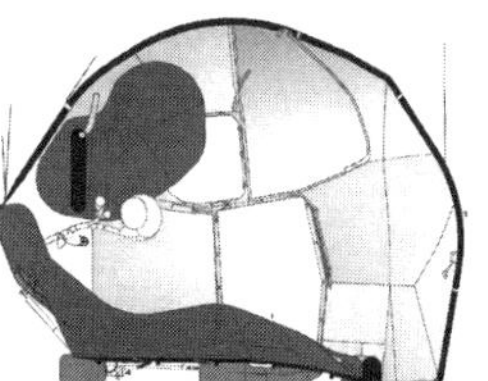
웹, 쿠쉬클, 1966-67

설비로 골조를 형성하고 다른 장치들과 설비들을 지지해준다. 또 다른 하나는 기본적으로 조망창 역할을 하는 별도의 공기주입식 외피인 포장부이다. 쿠쉬클에는 음식과 급수장비, 라디오, 소형 영사기, 그리고 전열기구가 탑재된다.

2) GEAM

Group of Mobile Architecture

GEAM은 '움직이는 건축의 연구그룹'(Groupe d'Etude d'Architecture Mobile)의 약칭으로서, 요나 프리드만, 프라이 오토 등 현대사회의 변동과 변화에 관심을 갖은 몇몇 건축가를 중심으로 1957년 결성된 건축그룹이다. 1956년 제10차 근대건축국제회의(CIAM) 회의에 이스라엘 대표로 참석했던 요나 프리드만은 CIAM ASCOARL에 찬동하지 않고 다음 해인 1957년에 파리로 이주하여 GEAM을 결성하였다. 이 그룹에는 요나 프르드만, 오스커 한스(Osker Hans), 프라이 오토(Frei Otto), 피노 솔탄, 폴 메이몬(Paul Maymont), 루노(Werner Ruhnau) 등 10명이 활동하였다. 그들은 1957년 파리에서 제1차 회의를 시작하여 1963년 7차 회합을 런던에서 가졌으며, 1965년 이를 계승한 G.I.A.P가 결성되었다.

ASCOARL: 건축혁신을 위한 건설자의 모임

Groupe International d'Architecture Prospective

이 그룹은 사회의 생활양식의 변화에 대응할 수 있는 가변성과 유연성을 지닌 건축과 도시의 건설을 주장하였다. 이들은 건축가란 새로운 건축기술과 도시계획 기술에 관심을 가짐으로써 일반 주민의 개인 요구에 적합한 주거방식과 생활양식의 변화에 대응할 수 있어야 한다고 하였다. 즉 건축가는 건축의 이용자가 그 자신의 사회와 그 속에서 움직이고 자신의 사회를 형성하며 나가기 위한 가능성을 줄 수 있는 유연성 있는 움직이는 건축을 창출하여야 한다고 주장하였으며, 고정적인 주요 구조와 변화 가능한 부차적 구조에 의해 구성되는 도시계획도 시도하였다. 이들의 개념은 「파리의 공중도시 계획안」이나 「로스앤젤레스 공중도시 계획안」, 폴 레이몬에 의한 「해상도시」, 프라이 오토의 「텐트 구조」, 루노의 「공기구조」, 데이비드 그린의 「리빙포트 계획안」에 잘 나타나 있으며, 이를 달성하기 위해서 이들은 스페이스 프레임, 플라스틱에 의한 막구조, 현수구조 등 새로운 구조기술을 사용하였다.

(1) 요나 프리드만

요나 프리드만(Yona Friedman, 1923-)은 헝가리 부다페스트에서 출생하여 부다페스트와 하이파에서 공부하였으며, 농업정착 사업과 아파트 설계에 참여하며 하이파 대학에서 교육도 하였다. 프리드만은 고정적인 주요 기본구조와 변화 가능한 부차적 구조에 의해 구성되는 도시계획을 구상하였는데, 그는 지반 위에 매달려 있는 것처럼 보이는 하나의 공간적 지지 구조물을 기본요소로 하고 사용자가 자신들의 환경 속에서 발전시키는 삽입된 내장요소들로 이루어진 부차적인 형상을 고려하였다. 이 요나 프리드만의 도시계획은 1960년대 공업기술 위주의 이상향적 도시계획에 큰 영향을 미치게 되었다. 요나 프리드만은 「공간도시 계획안」(Ville Spatiale, 1959)에서 이동하고 변화할 수 있는 건축과 도시를 입증하려 시도하였으며, 뒤이어 「공간의 파리」(1960), 「아프리카 공중도시」(1959) 등의 계획안도 발표하였다.

(2) 프라이 오토

프라이 오토(Frei Paul Otto, 1925-)는 독일 색스니의 시그마르에서 태어나 베를린의 기술대학교에서 공부하였고, 1952년 베를린에 스튜디오를 개설하였다. 1957년 경량 건축물에 관한 연구소를 설립하여 막구조에 의한 가능성을 추구한 프라이 오토는 디자인 활동과 학문적인 연구 활동을 병행한 위대한 건축가며 구조공학자로서 구조적 및 기술적인 기능주의 접근방식을 취하였다. 그는 공학적 능력만이 아니라, 풍부한 조형 감각을 구사하여 구조적인 지식에 의해서 오히려 긴장감이 있는 멋진 조형을 만들어내었다.

오토는 가벼운 텐트 구조를 현대건축에 중요한 요소로 확립하고 발전시키기 위해 발전된 컴퓨터기술과 공학기술을 과감히 채택하였으며, 매우 복잡한 곡률을 가진 그의 텐트 구조물은 아주 정교하면서도 조각처럼 매력적인 형상을 가지고 있어 낭만적이라고까지 불린다. 〈막구조〉(membrane structures)라는 이름은 1961년 미국의 AIA 저널 2, 4월호에 게재된 프라이 오토의 '텐트'라는 제목의 논문에서 처음 나왔다. 오토는 이 글에서 '건축은 우리가 그 속에 갇혀버리는 고정된 구조여서는 안 되고, 우리와 함께 존재하는 때에 따라 치환할 수도 있는 살아 있는 거대한 환경이어야만 한다'고 하였다.

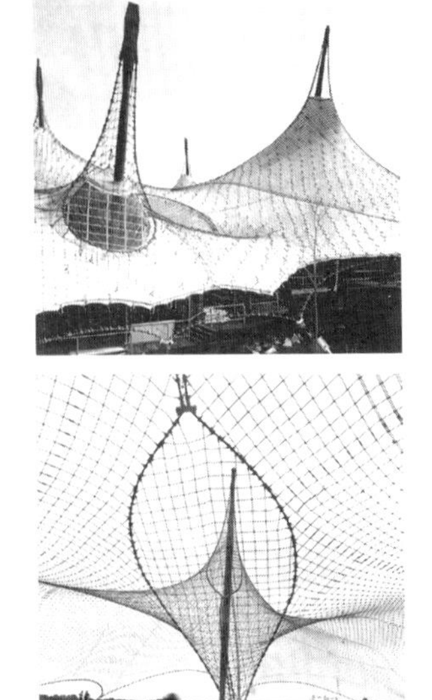

프라이 오토, 몬트리올 박람회 독일전시관, 1965

오토는 자연과 기술과 건축의 모든 분야의 재료물들에서 일어나는 과정을 관찰하고 분석하기 위해 형태가 그 자체로 결정되는 모델과 방법들을 고안하며 새로운 구조 시스템을 개발하였다. 자연의 규칙과 아름다움을 발견해 건축물 위에 투영하려는 오토는 마침내 비누막에서 아이디어를 얻어 1972년 「뮌헨 올림픽 경기장」 위에 설치된 막구조의 지붕을 만들어내었다. 오토는 직물과 철케이블의 두 성질을 잘 조화시키며 신축과 개조가 가능한 구조물들인 현수구조와 텐션(Tension)구조, 박막구조 등을 이용하여 가변성을 지닌 경량의 공간을 창조하였다. 즉 오토는 중력에 대하여 가장 효과적인 '인장 형태 저항'을 구사하고, 그 소재로서는 막, 케이블, 나무를 이용한 많은 수의 경량구조를 창안하며 공간과 소재와 기술의 새로운 분야를 집대성하였다. 오토는 1960년대 중반에 들어서면 이전의 부가적으로 취급되던 직물구조의 파빌리온에서부터 내부의 높은 부분과 낮은 부분을 일정치 않게 분할시켜 비대칭적인 지붕 형상을 연출하기 시작하였다.

프라이 오토, 만하임의 다목적홀, 1974

1950년대의 「연방식물원의 파빌리온」은 여러 작은 직물 구조로 되어 서정적인 면이 잘 나타났고, 「리버사이드 휴식 및 댄스를 위한 파빌리온」(쾰른, 1957)과 물결모양의 작은 「스타 파빌리온」(함부르크, 1963)은 미적인 요소와 구조적인 요소가 하나로 결합되었다. 오토의 대표작으로는 「몬트리올 박람회 독일전시관」(Montreal Expo, 1965), 「접히는 지붕」(바드 헤르스펠트 야외극장, 1968), 「뮌헨 올림픽 경기장 지붕구조물」(1967–72), 「뮌헨 티어파크 동물원의 새장」(1976), 「만하임의 다목적 홀」(Multihalle in Mannheim, 1974) 등이 있다. 몬트리올 박람회 독일전시관은 산의 모습을 연상시켜 주는 자유로운 형태의 지붕형상이 돋보이는 걸작이었으며, 현대적 재료와 새로운 공법이 만나 진보된 시대의 흐름에 적응하며 자연과의 조화도 만족시킨 공간구조인 막구조로 되어 있다.

오토는 주로 자연의 형태 또는 자연에 존재하는 생물체의 구조를 연구하여 최소화된 건축재료의 형태는 유기적 조직체에 있어 필연적인 형태이므로 그 유기체에서 발견된 형태를 건축에 적용하고자 하였다. 그는 오늘날과 같이 변화하는 환경조건에 있어서는 종래의 건축적 수단으로서는 극복할 수 없는 문제가 많이 있고 생물학과 건축학 분야의 대화는 형태의 필연적인 요구이며, '모든 건축의 근본이 되는 것은 항상, 제일 먼저 인류=생물학적인 것이고, 기술적인 문제는 두 번째이다'라고 말하였다.

뮌헨 올림픽 경기장 지붕구조물 「뮌헨 올림픽 경기장」(Olympiapark, 뮌헨, 1967–72)은 프라이 오토와 군터 베니시, 레온 하르트가 공동

프라이 오토, 뮌헨 올림픽 공원, 1967–72

으로 설계한 작품으로, 경기장과 스포츠 공원으로 형성된 복합 공간이다. 오토에 의한 텐트의 투명한 막은 높이를 억누르기 위해 움푹 패인 땅을 이용한 메인 스타디움의 스탠드로부터 옥내 경기장, 옥내 풀로 이어지면서 인조호수와 더불어 자연과 조화되는 공간을 만들어내었다. 오토에 의한 경기장 지붕구조물들은 플렉시글래스 패널, 폴리에스테르 시트에 의한 거대한 망이 여러 방향으로 기울어진 강기둥으로 받쳐지는 구조를 한다. 뮌헨 올림픽 경기장에서는 개개의 시설마다 관련을 지어 전체로서의 경관을 창출하기 위해 오토는 텐트 구조를 사용하였다.

3) 메타볼리즘

메타볼리즘(물질대사): 지구상의 모든 생물체 내에서 생명유지에 필요한 진행과정에서 일어나는 화학적 및 물질적 변화

메타볼리즘(Metabolism)은 성장과 변화, 유동성과 같은 신진대사의 생물학 용어를 건축에 적용함으로써 도시를 하나의 생태계로 인식하고 그 신진대사의 개념을 도시성장에 적용시키고자 하는 유기체적 생명시스템의 사상이다. 메타볼리즘은 하나의 개념이자 그룹으로서, 1960년 일본 동경 세계디자인회의를 통해 겐초 단케, 기요노리 기쿠다케, 기쇼

단케, 도쿄올림픽경기장, 1964

구로가와, 이소자키 아라타(Isozaki Arata, 磯崎新) 등의 일본 건축가들이 결성한 건축그룹이다. 일본 건축가들은 이 회의의 통일된 주제를 결정하기 위해 찾아낸 끊임없이 변화하는 시대상황과 동양적 윤회사상을 바탕으로 하는 교환이론을 1960년대 초의 현대건축 이론과 부합되는 것이라고 여기며 메타볼리즘이라고 이름붙였다.

이들은 지역적인 계획과 건축에서부터 나아가 산업디자인과 다양한 형태의 선전광고물에 이르기까지 광범위하게 활동하였다. 메타볼리즘은 근대건축을 성립시켜 온 기계의 이미지가 아니라 생물학적 이미지, 생물과의 유추에 의한 건축을 주장하였다. 그들은 생물체의 신진대사처럼 성장, 변화할 수 있는 건축을 탐구하였으며, 부품화와 조립화된 단위요소들로 구성되는 거대 구조물을 제안하였다. 메타볼리즘은 1960년대의 일본 건축에 강한 영향을 미쳤고, 1970년 오사카 세계박람회에서 그 절정에 이르렀다.

(1) 기요노리 기쿠다케

기쿠다케(Kiyonori Kikudake, 菊竹清訓, 1928-)는 구루메에서 출생하여 와세다 대학에서 수학한 후 1953년부터 사무소를 개설하여 활동하였다. 그는 일본 메타볼리즘과 밀접한 관계가 있는데, 「타워형상의 공동사회」(1958), 여러 개의 「해양도시 계획안」(1958,1960,1963), 도쿄에 혼자의 힘으로 지은 「스카이 하우스」(1959) 등과 같은 바다에 연유된 도시들에 대한 계획안들을 공식화하는데 큰 역할을 하였다.

기요노리 기쿠다케, 해양도시 계획안

(2) 기쇼 구로가와

기쇼 구로가와(Kisho Kurogawa, 黑川紀章, 1939-)는 1970년 전후 캡슐을 비롯한 공상과학에서 볼 수 있을 듯한 메카니컬한 표현을 추구한 전위

건축가였다. 구로가와는 나고야에서 태어나 겐초 단케 밑에서 일하다가 1961년 도쿄에 자신의 사무소를 개설하였다. 그는 일본 메타볼리즘의 대표자 중 한사람으로서, 자신의 계획안과 건물들, 이론적 저술을 통해 이 운동의 핵심적 역할을 담당하였다. 그는 「벽의 클러스터 계획안」(1961), 「나선형 도시 계획안」(1961) 등을 발표하며, 「나가킨 캡슐 타워」, 「소니 타워」(오사카, 1976) 등을 건축하였다.

기쇼 구로가와, 나가킨 캡슐 타워, 도쿄, 1971

나가킨 캡슐 타워 「나가킨 캡슐 타워」(Nagakin 中銀 Capsule tower, 도쿄, 1971-)는 기쇼 구로가와가 메타볼리즘의 '교체하고, 움직인다'라는 이념을 직접적인 형태로 실현시킨 작품이다. 이 캡슐 타워는 공업화 공법에 의한 사무용 건물로서, 각각의 유니트는 박스형으로 구성되어 있고 내부의 가구 역시 미리 세트화된 부품으로 장치되어 있다. 이 캡슐 타워는 140개의 캡슐로 이루어졌는데, 각 캡슐은 개개가 주거공간으로 완성된 모습을 하고 있으며 공업 생산되고 두 곳의 하이텐션 볼트에 의한 캔틸레버로 달아내어졌다.

참고문헌

Banham, Reyner : Theory and Design in the First Machine Age, The Architectural Press, 1960
Benevolo, Leonardo : History of Modern Architecture, Routledge & Kegan Paul, 1971
Benevolo, Leonardo : History of the City, MIT Press, 1980
Blake, Peter : Form follows Fiasco : Why Modern Architecture Hasn't Worked, Little, Brown and Company, 1977
Collins, Peter : Changing Ideals in Modern Architecture, McGill-Queen's Univ. Press, 1978
Cooke, Catherine : Russian Avant-Garde :Art and Architecture, Architecture Design, 1983
Cooke, Catherine & Ageros, Justin: The Avant-Garde :Russian Architecture in the Twenties, Architecture Design, 1991
Cooke, Catherine : Chernikhov Fantasy and Construction, Architecture Design, 1984
Curtis, William J. R. : Modern Architecture Since 1900, Phaidon Press, 1987
Dal Co, Francesco : Modern Architecture, Rizzoli, 1986
Etlin, Richard A. : Frank Lloyd Wright and Le Corbusier, Manchester Univ. Press, 1994
Fletcher, A History of Architecture on the Comparative Method, Butterworths, 1987
Frampton, Kenneth : Modern Architecture: a Critical History, Thames & Hudson, 1985
Giedion, Sigfried : Space, Time and Architecture, Harvard Univ. Press, 1967
Gossel, Peter. & Leuthauser, Gabriele : Architecture in the Twentieth Century, Taschen, 1991
Hamlin, Talbot : Architecture through the Ages, Putman, 1953
Hollingsworth, Mary : Architecture of the 20th Century, Brompton, 1988
Jenks, Charles : Modern Movements in Architecture, Harmondsworth, 1973
Joedicke, Jurgen : Architecture Since 1945, Frederick A. Praeger, 1969
Klassen, Vincent : History of Western Architecture, San Carlos Publications, 1980
Lampugnani, Vittorio Magnago : Encyclopaedia of 20th Century Architecture, Thames & Hudson, 1986
Moos, Stanislaus von : Le Corbusier. Elements of a Synthesis, The MIT Press, 1983
Pevsner, Nikolaus : Architecture Nineteenth and Twentieth Centuries, Penguin Books, 1968
Pevsner, Nikolaus : Pioneers of Modern Design, Penguin Books, 1960
Pevsner, Nikolaus : The sources of Modern Architecture and Design, Oxford Univ. Press, 1979
Risebero, Bill : Modern Architecture and Design, MIT Press, 1983
Scully, Vincent : Modern Architecture : The architecture of democracy, George Braziller, 1961
Sharp, Dennis : A Visual History of Twentieth-Century architecture, William Heinemann Ltd, 1972
Tafuri, Manfredo & Dal Co, Francesco : Modern Architecture, Harry N. Abrams, Inc., 1979
Warncke, Carsten-Peter : De Stijl 1917-1931, Taschen, 1991
Macmillian Encyclopedia of Architects, The Free Press, 1982

小林文次 외 : 西洋建築史, 彰國社, 1980
山本學治 외 : 近代建築史, 彰國社, 1980
鈴木博之 외 : 建築20世紀 I, II, 新建築社, 1991
佐々木 宏 : 二十世紀の 建築家たち I, II , 相模書房, 1973

찾아보기

내용색인

인명색인

글쓴이 소개 | **정 영 철**

계명대학교 건축공학과 졸업
한양대학교 대학원 졸업 / 공학박사
North Carolina State University 교환교수
현재, 경일대학교 건축학부 교수
　　경상북도 문화재 전문위원
　　대구광역시 문화재 전문위원

저서 및 역서
서양건축사, 기문당, 2004
현대건축사, 세진사, 1988
건축설계의장론, 도서출판 국제, 1990
공간과 장소, 태림문화사, 1995
건축과 유토피아, 세진사, 1987
미국건축의 신경향, 산업도서출판공사, 1986
외 다수

근대건축의 흐름

2012년 3월 1일 1판 1쇄 인쇄
2012년 3월 5일 1판 1쇄 발행
2018년 11월 1일 1판 2쇄 발행

지은이 정 영 철
펴낸이 강 찬 석
펴낸곳 도서출판 미세움
주 소 (07315) 서울시 영등포구 도신로51길 4
전 화 02-703-7507 팩 스 02-703-7508
등 록 제313-2007-000133호

ISBN 978-89-85493-52-9 03540

정가 19,000원

근 대 건 축 의 흐 름

근 대 건 축 의 흐 름

근 대 건 축 의 흐 름

근 대 건 축 의 흐 름